Elementare Wahrscheinlichkeitstheorie I

Andrea Pascucci

Elementare Wahrscheinlichkeitstheorie I

Zufallsvariablen und Verteilungen

Andrea Pascucci [iD]
Dipartimento di Matematica
Alma Mater Studiorum – Università di
Bologna
Bologna, Italien

ISBN 978-3-031-98092-3   ISBN 978-3-031-98093-0   (eBook)
https://doi.org/10.1007/978-3-031-98093-0

Die Deutsche Nationalbibliothek verzeichnet diese Publikation in der Deutschen Nationalbibliografie; detaillierte bibliografische Daten sind im Internet über https://portal.dnb.de abrufbar.

Übersetzung der englischen Ausgabe: „Probability Theory I" von Andrea Pascucci, © The Editor(s) (if applicable) and The Author(s), under exclusive license to Springer Nature Switzerland AG 2024. Veröffentlicht durch Springer Nature Switzerland. Alle Rechte vorbehalten.

Dieses Buch ist eine Übersetzung des Originals in Englisch „Probability Theory I" von Andrea Pascucci, publiziert durch Springer Nature Switzerland AG im Jahr 2024. Die Übersetzung erfolgte mit Hilfe von künstlicher Intelligenz (maschinelle Übersetzung). Eine anschließende Überarbeitung im Satzbetrieb erfolgte vor allem in inhaltlicher Hinsicht, so dass sich das Buch stilistisch anders lesen wird als eine herkömmliche Übersetzung. Springer Nature arbeitet kontinuierlich an der Weiterentwicklung von Werkzeugen für die Produktion von Büchern und an den damit verbundenen Technologien zur Unterstützung der Autoren.

Cino Valentini, Titel „Riga bleu", 2009, Acrylfresko, Privatsammlung.

Springer Spektrum ist ein Imprint der eingetragenen Gesellschaft Springer Nature Switzerland AG und ist ein Teil von Springer Nature.
Die Anschrift der Gesellschaft ist: Gewerbestrasse 11, 6330 Cham, Switzerland

Wenn Sie dieses Produkt entsorgen, geben Sie das Papier bitte zum Recycling.

Meiner Familie gewidmet

Vorwort

„Über zwei Jahrtausende hinweg hat die Logik des Aristoteles das Denken der westlichen Intellektuellen beherrscht. Alle präzisen Theorien, alle wissenschaftlichen Modelle, sogar Modelle des Denkprozesses selbst, haben sich im Prinzip der Zwangsjacke der Logik unterworfen. Aber von ihren schattigen Anfängen bei der Entwicklung von Glücksspielstrategien und der Zählung von Leichen im mittelalterlichen London, treten Wahrscheinlichkeitstheorie und statistische Inferenz nun als bessere Grundlagen für wissenschaftliche Modelle, insbesondere die des Denkprozesses und als wesentliche Bestandteile der theoretischen Mathematik, sogar der Grundlagen der Mathematik selbst, hervor. Wir schlagen vor, dass diese grundlegende Veränderung unserer Perspektive praktisch alle Bereiche der Mathematik im nächsten Jahrhundert beeinflussen wird."

D. Mumford, The Dawning of the Age of Stochasticity [128]

„Zum Abschluss, was haben uns Tversky und Kahneman[1] mit ihrer überzeugenden Reihe von Experimenten gezeigt? Dass der Mensch, selbst der intelligente, gebildete, und sogar mit einigen Kenntnissen der Statistik, kein probabilistisches Tier ist. Die Wahrscheinlichkeitstheorie hat sich sehr spät in der Geschichte des wissenschaftlichen Denkens entwickelt, sie wird nicht in Schulen gelehrt, manchmal wird sie nicht einmal sehr gut von denen verstanden, die sie anwenden sollten."

V. D'Urso, F. Giusberti, Esperimenti di psicologia [54]

---

[1] Nobelpreis für Wirtschaftswissenschaften im Jahr 2002.

Eine (r)evolution in der Mathematik

In der „klassischen" Mathematik (die immer noch den Großteil des in Gymnasien und Universitäten Gelehrten ist) repräsentieren und beschreiben mathematische Konzepte *deterministische* Mengen: Wenn man zum Beispiel über eine reelle Variable oder ein geometrisches Objekt spricht, denkt man jeweils an eine Zahl, die gut bestimmt werden kann, und eine Figur, die analytisch definiert und genau dargestellt werden kann. Die Mathematik wurde immer als die Sprache und das mächtigste Werkzeug betrachtet, um physische und natürliche Phänomene zu beschreiben oder um Wissen über mehrere Aspekte der Realität zu interpretieren und zu erwerben. Aber die Modelle, die die Mathematik liefern kann, sind immer Vereinfachungen und liefern fast nie eine vollständige Beschreibung des zu untersuchenden Phänomens.

Betrachten wir das folgende triviale Beispiel: Wenn ich in den Supermarkt gehe und 1 kg Mehl kaufe, kann ich damit zufrieden sein, dass die Verpackung 1 kg wiegt, weil es auf der Verpackung steht; wenn ich dem nicht vertraue, kann ich diese mit meiner Waage wiegen und herausfinden, dass es vielleicht nicht genau 1 kg ist, sondern ein paar Gramm mehr oder weniger; dann könnte ich mich auch fragen, ob meine Waage wirklich zuverlässig und genau auf das Gramm wiegt und dann realisieren, dass ich vielleicht nie das *wahre* Gewicht der Mehltüte wissen werde. In diesem Fall ist es natürlich nicht so wichtig...Das Beispiel hilft jedoch zu verstehen, dass viele Phänomene (oder vielleicht die gesamte Realität) als die Summe oder Kombination von mehreren Faktoren interpretiert werden können, die als *deterministische Faktoren* (im Sinne von auf makroskopischer Ebene beobachtbar) und *stochastische Faktoren* (im Sinne von zufällig, aleatorisch, nicht beobachtbar oder unvorhersehbar) klassifiziert werden.

Der Begriff „stochastisch" stammt aus dem Griechischen στόχος, was Ziel (des Schießens) oder, bildlich gesprochen, Vermutung bedeutet. Manchmal, wie im Beispiel mit dem Mehl, ist der deterministische Faktor *vorherrschend* im Sinne, dass es aus verschiedenen Gründen nicht lohnt, andere Faktoren zu berücksichtigen und wir bevorzugen es, sie zu vernachlässigen oder haben nicht die Werkzeuge, um sie in unsere Analyse einzubeziehen: analog, auf diese vielleicht vereinfachte Weise könnte man den Ansatz der klassischen Physik und aller Theorien beschreiben, die vor dem 20. Jahrhundert formuliert wurden und die eine Beschreibung auf makroskopischer und beobachtbarer Ebene anstreben. Auf der anderen Seite gibt es viele Phänomene, bei denen der stochastische Faktor nicht nur nicht vernachlässigbar ist, sondern sogar *dominant* ist: Ein eindrucksvolles Beispiel liefern die Haupttheorien der modernen Physik, insbesondere die Quantenmechanik. Bleiben wir nahe am Alltag, dann gibt es heute keinen Anwendungsbereich der Mathematik, in dem der *stochastische Faktor* vernachlässigt werden kann: von der Wirtschaft bis zur Medizin, vom Ingenieurwesen bis zur Meteorologie, müssen mathematische Modelle notwendigerweise Unsicherheit einschließen; tatsächlich kann solch ein Phänomen intrinsisch zufällig sein, wie zum Beispiel der Preis einer Aktie oder das Signal in einer Spracherkennung oder autonomen Fahrsystemen, oder es kann nicht mit Präzision beobachtbar oder schwer zu interpretieren sein wie ein gestörtes Radiosignal, ein tomographisches Bild oder die Position eines subatomaren Partikels.

Es gibt auch eine allgemeinere Ebene, auf der die Rolle der Wahrscheinlichkeit in der Entwicklung der heutigen Gesellschaft nicht ignoriert werden kann: Es wird nun als Bildungsnotstand angesehen, die immer dringendere Notwendigkeit der Verbreitung und Stärkung des probabilistischen Wissens. Eine echte Alphabetisierungskampagne in diesem Bereich kann verhindern, dass triviale Missverständnisse, wie das der „späten" Zahlen im Lotteriespiel, die verheerenden soziale und wirtschaftliche Auswirkungen haben, die wir heute beobachten: Man denke nur daran, dass das Geld basierend auf offiziellen Daten, das die Italiener für Glücksspiele ausgeben (und wir sprechen nur von legalen Spielen) im Jahr 2017 die Grenze von 100 Mrd. EUR überschritten hat, viermal mehr als im Jahr 2004.

Ein positives Signal zeigt sich in der Entwicklung des Wahrscheinlichkeitsunterrichts in den Gymnasien: Bis vor wenigen Jahren war die Wahrscheinlichkeitstheorie in den Lehrplänen nicht vorhanden und gewinnt nun rasch an Präsenz in Lehrbüchern und Prüfungen, was auch bei Lehrkräften aufgrund der schnellen Aktualisierung der Inhalte zu einiger Verwirrung führt. Es ist wichtig zu betonen, dass die stochastische Mathematik (Wahrscheinlichkeit) nicht die klassische Mathematik verdrängen möchte, sondern auf dieser basiert und sie bereichert, indem sie die Verbindungen zu anderen wissenschaftlichen Disziplinen vertieft. Paradoxerweise scheint die Welt der Hochschulen und Universitäten eine größere Trägheit aufzuweisen, die dazu neigt, den Übergang vom deterministischen zum stochastischen Denken zu verlangsamen, wenn nicht gar zu behindern. Dies ist teilweise verständlich: Die Verteidigung des Status quo ist das, was normalerweise im Angesicht jeder tiefgreifenden wissenschaftlichen Revolution geschieht, und in jeder Hinsicht sprechen wir hier von einer echten stillen und unumkehrbaren Revolution, die alle Bereiche der Mathematik betrifft. In diesem Zusammenhang ist das obige Zitat des anglo-amerikanischen Mathematikers David Mumford, ausgezeichnet mit der Fields-Medaille[2] im Jahr 1974 für seine Studien im Bereich der algebraischen Geometrie, erhellend. In dem Artikel, aus dem das Zitat stammt, bestätigt Mumford die Tatsache, dass sich die Wahrscheinlichkeitstheorie sehr spät in der Geschichte des wissenschaftlichen Denkens entwickelt hat[3].

---

[2] Die Internationale Medaille für herausragende Entdeckungen in der Mathematik, oder einfach Fields-Medaille, ist eine Auszeichnung, die Mathematikern verliehen wird, die zum Zeitpunkt des Internationalen Mathematikerkongresses der Internationalen Mathematischen Union (IMU), der alle vier Jahre stattfindet, das Alter von 40 Jahren nicht überschritten haben. Sie wird oft als die höchste Anerkennung angesehen, die ein Mathematiker erhalten kann: Zusammen mit dem Abel-Preis wird sie von vielen als der „Nobelpreis der Mathematik" bezeichnet, obwohl der Vergleich aus verschiedenen Gründen, einschließlich der Altersgrenze bei der Vergabe der Fields-Medaille, unzutreffend ist (Quelle: Wikipedia).

[3] Die klassischen Unterteilungen der Mathematik sind *Geometrie, Algebra* und *Analysis.* Die Wahrnehmung von Raum (durch Sinne und muskuläre Interaktion) ist das primitive Element unserer Erfahrung, auf dem die *Geometrie* basiert. *Analysis,* so würde ich argumentieren, ist das Ergebnis der menschlichen Erfahrung von Kraft und ihren „Kindern", Beschleunigung und Schwingung. *Algebra* scheint aus der Grammatik von Handlungen zu stammen, d. h. der Tatsache, dass wir

Wahrscheinlichkeit in der Vergangenheit

Der Begriff *Wahrscheinlichkeit* stammt vom lateinischen *probabilitas,* das die Eigenschaft einer Person (zum Beispiel eines Zeugen in einem Prozess) beschreibt, zuverlässig, glaubwürdig, ehrlich *(probus)* zu sein. Dies unterscheidet sich teilweise von der modernen Bedeutung von *Wahrscheinlichkeit,* verstanden als die Untersuchung von Methoden zur Quantifizierung und Schätzung von *zufälligen Ereignissen.* Obwohl das Studium von Phänomenen in unsicheren Situationen in allen Zeiten Interesse geweckt hat (beginnend mit Glücksspielen), hat die Wahrscheinlichkeitstheorie als mathematische Disziplin relativ jüngere Ursprünge. Die ersten Studien zur Wahrscheinlichkeit gehen auf das 16. Jahrhundert zurück: Zu den ersten, die sich damit befassten, gehörten Gerolamo Cardano (1501–1576) und Galileo Galilei (1564–1642).

Traditionell wird die Geburt des modernen Konzepts der Wahrscheinlichkeit Blaise Pascal (1623–1662) und Pierre de Fermat (1601–1665) zugeschrieben. Tatsächlich war die Debatte über die eigentliche Natur der Wahrscheinlichkeit sehr lang und artikuliert; sie hat transversal die Wissensfelder von Mathematik bis Philosophie interessiert und dauert bis heute an, wobei verschiedene Interpretationen und Einstellungen hervorgebracht wurden. Für größere Klarheit und Präzision ist es zunächst angebracht, die *Wahrscheinlichkeitstheorie* (die sich mit der mathematischen Formalisierung von Konzepten und der Entwicklung von Theorien auf der Grundlage bestimmter Annahmen befasst) von der *Statistik* zu unterscheiden (die sich mit der Bestimmung oder Schätzung der Wahrscheinlichkeit von zufälligen Ereignissen aus Daten befasst, während sie auch die Ergebnisse der Wahrscheinlichkeitstheorie nutzt). In dieser kurzen Einführung wollen wir eine knappe Zusammenfassung einiger der wichtigsten Interpretationen des Konzepts der Wahrscheinlichkeit geben: einige davon sind nun mehr durch Berechnung und andere durch Wahrscheinlichkeitstheorie motiviert. Wir beginnen, indem wir einige zufällige Ereignisse in aufsteigender Reihenfolge der Komplexität betrachten:

- $E_1 = $ „beim Münzwurf kommt Kopf";
- $E_2 = $ „Herr Schmidt wird in den nächsten 12 Monaten keinen Autounfall haben";
- $E_3 = $ „innerhalb von 10 Jahren wird es vollständig autonome Fahrzeuge geben".

Wir können diese Ereignisse mit verschiedenen Interpretationen des Konzepts der Wahrscheinlichkeit betrachten:

- *klassische Definition:* Die Wahrscheinlichkeit eines Ereignisses ist das Verhältnis zwischen der Anzahl der günstigen Fälle und der Anzahl der Gesamtfälle. Zum Beispiel ist im Fall von E_1 die Wahrscheinlichkeit gleich $\frac{1}{2} = 50\,\%$. Dies ist die

---

Handlungen in spezifischen Reihenfolgen ausführen, eine nach der anderen verknüpfen und verschiedene „höherwertige" Handlungen aus einfacheren, grundlegenderen erstellen. Ich glaube, es gibt einen vierten Zweig der menschlichen Erfahrung, der reproduzierbare mentale Objekte schafft und somit Mathematik erzeugt: unsere Erfahrung des Denkens selbst durch unsere bewusste Beobachtung unseres arbeitenden Geistes. Die mathematische Disziplin, die diesem Erfahrungsbereich entspricht, ist nicht die Logik, sondern *Wahrscheinlichkeit* und *Statistik*. (D. Mumford, [128])

älteste Definition von Wahrscheinlichkeit, welche Pierre Simon Laplace (1749–1827) zugeschrieben wird. Diese Definition beschränkt sich auf Phänomene, die eine *endliche* Anzahl von möglichen Fällen zulassen und bei denen die Fälle *gleich wahrscheinlich* sind: Mit dieser Interpretation ist es nicht klar, wie man die Ereignisse E_2 und E_3 untersucht;

- *frequentistische (oder statistische) Definition:* Es wird angenommen, dass das Ereignis aus dem Erfolg eines Experiments besteht, das eine unbestimmte Anzahl von Malen reproduziert werden kann (zum Beispiel, wenn das Experiment das Werfen einer Münze ist, könnte das Ereignis sein „Kopf zu bekommen"). Wenn S_n die Anzahl der Erfolge in n Experimenten bezeichnet, wird die Wahrscheinlichkeit definiert (es wäre besser zu sagen, *berechnet*) als

$$\lim_{n \to \infty} \frac{S_n}{n}.$$

Grundlage dieser Definition ist das Empirische Gesetz der Zufälligkeit (das in theoretischer Hinsicht dem Gesetz der großen Zahlen entspricht), welches zum Beispiel beim Münzwurf durch empirische Beobachtung besagt, dass sich $\frac{S_n}{n}$ dem Wert von 50 % annähert, wenn n gegen Unendlich strebt. Die frequentistische Definition erweitert das Anwendungsfeld erheblich auf alle Bereiche (Physik, Wirtschaft, Medizin, etc.), in denen statistische Daten über vergangene Ereignisse, die unter ähnlichen Bedingungen aufgetreten sind, verfügbar sind: zum Beispiel kann die Wahrscheinlichkeit des Ereignisses E_2 mit einer statistischen Schätzung auf der Grundlage historischer Daten berechnet werden (wie es Versicherungsgesellschaften üblicherweise tun). Der frequentistische Ansatz erlaubt nicht die Untersuchung des dritten Ereignisses, das nicht das Ergebnis eines „reproduzierbaren zufälligen Experiments" ist;

- *subjektive Definition (oder Bayesianisch[4]):* Wahrscheinlichkeit wird als ein Maß für den Grad der Überzeugung definiert, den ein Subjekt hinsichtlich des Eintretens eines Ereignisses hat. In diesem Ansatz ist die Wahrscheinlichkeit keine intrinsische und objektive Eigenschaft von zufälligen Phänomenen, sondern hängt von der Bewertung des Subjekts ab. Operationell[5], wird die Wahrscheinlichkeit eines Ereignisses als *den Preis, den ein Individuum für fair hält zu zahlen, um 1 zu erhalten, wenn das Ereignis eintritt und 0, wenn das Ereignis nicht eintritt* definiert: zum Beispiel ist die Wahrscheinlichkeit eines Ereignisses gleich 70 % für ein Individuum, das es für fair hält, 70 zu wetten, um 100 zu erhalten, wenn das Ereignis eintritt und sonst alles zu verlieren. Die Definition wird sinnvoll, indem ein Kriterium der *Kohärenz* oder Rationalität der Person, die Wahrscheinlichkeiten so zuweisen muss, dass es nicht möglich ist, einen sicheren Gewinn oder Verlust zu erzielen, angenommen wird (im heutigen Finanzjargon würde man von der Abwesenheit von Arbitragemöglichkeiten sprechen); besondere Aufmerksamkeit muss

---

[4] Thomas Bayes (1701–1761).

[5] Um zu quantifizieren, das heißt, den Grad der Überzeugung eines Subjekts über ein Ereignis in eine Zahl zu übersetzen, ist es die Idee das Subjekt in einer Wette bezüglich des betrachteten Ereignisses zu untersuchen.

dann darauf verwendet werden, Paradoxien des folgenden Typs zu vermeiden: Im Beispiel des Münzwurfs könnte eine Person bereit sein, 1 EUR zu wetten, um 2 EUR im Falle von „Kopf" und 0 EUR im Falle von „Zahl" zu erhalten (wobei sie dem Ereignis „Kopf" eine Wahrscheinlichkeit von 50 % zuschreibt), aber dieselbe Person könnte nicht bereit sein, 1 Mio. EUR auf dieselbe Wette zu setzen. Der subjektive Ansatz wurde von Frank P. Ramsey (1903–1930), Bruno de Finetti (1906–1985) und später von Leonard J. Savage (1917–1971) vorgeschlagen und entwickelt: Er verallgemeinert die vorherigen Ansätze und ermöglicht die Definition von Wahrscheinlichkeiten für Ereignisse wie E_3.

Die Debatte über die möglichen Interpretationen der Wahrscheinlichkeit dauert schon lange an und ist noch immer offen. Aber in der ersten Hälfte des letzten Jahrhunderts gab es einen entscheidenden Wendepunkt, bedingt durch die Arbeit des russischen Mathematikers Andrej N. Kolmogorov (1903–1987). Er war der Erste, der die Grundlagen für die *mathematische Formalisierung* der Wahrscheinlichkeit legte und sie vollständig in den Bereich der mathematischen Disziplinen einbezog. Kolmogorov ließ die schwierigen Probleme der logischen Grundlegung und des Dualismus zwischen den objektiven und subjektiven Ansichten beiseite und konzentrierte sich auf die Entwicklung der Wahrscheinlichkeit als eine *mathematische Theorie.* Kolmogorovs Beitrag ist grundlegend, weil er, die volle Kraft des abstrakten Denkens und des logisch-deduktiven Denkens auf die Untersuchung der Wahrscheinlichkeit anwandte, indem er die erkenntnistheoretischen Probleme umging, und so den Übergang von der *Wahrscheinlichkeitsrechnung* zur *Wahrscheinlichkeitstheorie* erleichterte. Ausgehend von Kolmogorovs Arbeit und dank des Beitrags vieler großer Mathematiker des letzten Jahrhunderts wurden tiefgreifende Ergebnisse erzielt und Forschungsfelder, die noch völlig unerforscht waren, eröffnet.

Nun ist es wichtig zu betonen, dass die mathematische Formalisierung der Wahrscheinlichkeit einen erheblichen Grad an Abstraktion erfordert. Daher ist es absolut natürlich, dass die Theorie der Wahrscheinlichkeit auf den ersten Blick schwierig, wenn nicht unverständlich erscheint. Kolmogorov verwendet die Sprache der *Maßtheorie:* Ein Ereignis wird mit einer *Menge E* identifiziert, deren Elemente einzelne mögliche Ergebnisse des betrachteten Zufallsphänomens darstellen; die Wahrscheinlichkeit $P = P(E)$ ist ein *Maß,* das heißt, eine Mengenfunktion, die einige Eigenschaften besitzt: Um eine Vorstellung zu bekommen, denken Sie an das Lebesgue-Maß. Die Verwendung der abstrakten Sprache der Maßtheorie wird von einigen (sogar von einigen Mathematikern) mit Misstrauen betrachtet, weil sie die Intuition zu schwächen scheint.

Dies ist jedoch der unvermeidliche Preis, der gezahlt werden muss, um die ganze Kraft des abstrakten Denkens und des synthetischen Denkens nutzen zu können, die letztlich die wahre Stärke des mathematischen Ansatzes ist.

In diesem Buch stellen wir die ersten Grundlagen der Wahrscheinlichkeitstheorie nach Kolmogorovs axiomatischem Ansatz vor. Wir werden uns darauf beschränken, die Konzepte von *Wahrscheinlichkeitsraum, Verteilung* und *Zufallsvariable* einzuführen und zu untersuchen. Zieht man eine Parallele zwischen Wahrscheinlichkeit und mathematischer Analyse, entspricht der Inhalt dieses Textes in etwa der Einführung der reellen Zahlen in einem Grundkurs in Analysis: Das bedeutet, dass wir nur die allerersten Schritte im weiten Feld der Wahrscheinlichkeitstheorie unternehmen werden. Der zweite Band [144] ergänzt das aktuelle Material durch die Erforschung fortgeschrittener klassischer Themen in stochastischer Analysis und Kalkül.

Wahrscheinlichkeit in der Gegenwart

Wie wir in David Mumfords Satz am Anfang der Einleitung festgestellt haben, wird die Wahrscheinlichkeitstheorie heute als wesentlicher Bestandteil für die *theoretische Entwicklung der Mathematik und für die Grundlagen der Mathematik selbst* angesehen. Als Beispiel erzählt der wichtige Übersichtsartikel [126] im Detail die unglaublichen Entwicklungen der Forschung in der Theorie der stochastischen Prozesse seit Mitte des letzten Jahrhunderts.

Aus angewandter Sicht ist die Wahrscheinlichkeitstheorie *das Werkzeug,* das zur Modellierung und Bewältigung von Risiken in allen Bereichen eingesetzt wird, in denen Phänomene mit Unsicherheit untersucht werden. Wir werden einige Beispiele dafür geben:

- **Physik und Ingenieurwesen,** wo umfangreicher Gebrauch von Monte Carlo-basierenden stochastisch, numerischer Methoden gemacht wird, die als erstes von Enrico Fermi und John von Neumann formalisiert wurden;
- **Wirtschaft und Finanzen,** ausgehend von der berühmten Black-Scholes-Merton-Formel, für die die Autoren den Nobelpreis erhielten. Finanzmodellierung erfordert im Allgemeinen ein fortgeschrittenes mathematisch-wahrscheinlichkeitstheoretisch-numerisches Hintergrundwissen: der Inhalt dieses Buches entspricht in etwa Anhang A.1 von [143];
- **Telekommunikation:** NASA verwendet die Kalman-Bucy-Methode zur Filterung von Signalen von Satelliten und Sonden, die ins All geschickt werden. Aus [132], S.2: *„Im Jahr 1960 bewiesen Kalman und im Jahr 1961 Kalman und Bucy, was heute als Kalman-Bucy-Filter bekannt ist. Im Grunde genommen gibt der Filter ein Verfahren zur Schätzung des Zustands eines Systems an, das eine „störungsbehaftete" lineare Differentialgleichung erfüllt, basierend auf einer Reihe von „störungsbehafteten" Beobachtungen. Fast sofort fand die Entdeckung Anwendung in der Raumfahrttechnik (Ranger, Mariner, Apollo usw.) und sie hat jetzt eine breite Palette von Anwendungen. Der Kalman-Bucy-Filter ist also ein Beispiel für eine jüngste mathematische Entdeckung, die sich bereits als nützlich erwiesen hat – sie ist nicht nur „potenziell" nützlich. Es ist auch ein Gegenbeispiel zu der Behauptung, dass „angewandte Mathematik schlechte Mathematik" ist und zu der Behauptung, dass „die einzige wirklich nützliche Mathematik die elementare Mathematik" ist. Denn der Kalman-Bucy-Filter – wie das gesamte Gebiet der stochastischen Differential Gleichungen – beinhaltet fortgeschrittene, interessante und erstklassige Mathematik".*

- **Medizin und Botanik:** Der wichtigste stochastische Prozess, die Brownsche Bewegung, ist nach Robert Brown benannt, einem Botaniker, der um 1830 die unregelmäßige Bewegung von kolloidalen Partikeln in Suspension beobachtete. Die Brownsche Bewegung wurde von Louis Jean Baptist Bachelier im Jahr 1900 in seiner Doktorarbeit zur Modellierung von Aktienkursen verwendet und war Gegenstand einer der bekanntesten Arbeiten von Albert Einstein, die 1905 veröffentlicht wurde. Die erste mathematisch rigorose Definition der Brownschen Bewegung wurde von Norbert Wiener im Jahr 1923 gegeben.

- **Genetik:** Es ist die Wissenschaft, die die Übertragung von Merkmalen und die Mechanismen, durch die diese vererbt werden, untersucht. Gregor Johann Mendel (1822–1884), ein tschechischer Augustinermönch, der als Vorreiter der modernen Genetik gilt, leistete einen grundlegenden methodischen Beitrag, indem er die Wahrscheinlichkeitstheorie erstmals auf das Studium der biologischen Vererbung anwandte.

- **Informatik:** Quantencomputer nutzen die Gesetze der Quantenmechanik zur Datenverarbeitung. In einem aktuellen Computer ist die Informationseinheit ein *Bit:* Während wir den Zustand eines Bits immer bestimmen und genau feststellen können, ob es 0 oder 1 ist, können wir den Zustand eines *Qubits,* der Quanteninformationseinheit, nicht mit gleicher Präzision bestimmen, sondern nur die Wahrscheinlichkeiten, dass es die Werte 0 und 1 annimmt.

- **Rechtswissenschaft:** Das Urteil, das ein Richter in einem Gericht fällt, basiert auf der Wahrscheinlichkeit der Schuld des Angeklagten, die aus den von den Ermittlungen gelieferten Informationen geschätzt wird. In diesem Bereich spielt das Konzept der bedingten Wahrscheinlichkeit eine grundlegende Rolle, und seine falsche Anwendung ist die Grundlage für sensationelle Justizirrtümer: Einige davon werden in [146] dargelegt.

- **Meteorologie:** Für Vorhersagen über den fünften Tag hinaus ist es unerlässlich, probabilistische Wettermodelle zu haben; probabilistische Modelle werden in der Regel in den wichtigsten internationalen Wetterzentren eingesetzt, da sie sehr komplexe und rechenintensive statistisch-mathematische Verfahren erfordern. Ab 2020 befindet sich das Rechenzentrum des *Europäischen Zentrums für mittelfristige Wettervorhersagen* (ECMWF) in Bologna, Italien.

- **Militärische Anwendungen:** aus [163, S. 139]: *„1938 hatte Kolmogorov ein Papier veröffentlicht, das die grundlegenden Theoreme für Glättung und Vorhersage stationärer stochastischer Prozesse festlegte. Ein interessanter Kommentar zur Geheimhaltung der Kriegsanstrengungen stammt von Norbert Wiener (1894–1964), der am Massachusetts Institute of Technology während und nach dem Krieg an Anwendungen dieser Methoden auf militärische Probleme arbeitete. Diese Ergebnisse wurden als so wichtig für Amerikas Bemühungen im Kalten Krieg angesehen, dass Wieners Arbeit als streng geheim erklärt wurde. Aber all dies, betonte Wiener, hätte aus Kolmogorovs frühem Papier abgeleitet werden können."*

Letztendlich ist die Wahrscheinlichkeitstheorie ein unverzichtbares Werkzeug für die Entwicklung von Technologien des maschinellen Lernens und alle damit verbundenen Anwendungen zur künstlichen Intelligenz, selbstfahrenden Autos, Sprach- und Bilderkennung usw. (siehe zum Beispiel [75, 155]). Heutzutage ist ein fortgeschrittenes Wissen der Wahrscheinlichkeitstheorie die Mindestanforderung für jeden, der sich mit angewandter Mathematik in einem der oben genannten Bereiche beschäftigen möchte.

Abschließend glaube ich, dass wir übereinstimmen können, dass unser Studium der Mathematik hauptsächlich aus unserer Leidenschaft für das Fach resultiert, anstatt es ausschließlich wegen seiner potenziellen Sicherung zukünftiger Arbeitsplätze zu studieren. Zweifellos geht die Mathematik über die Notwendigkeit einer praktischen Rechtfertigung hinaus.

Aber es ist auch wahr, dass wir nicht auf dem Mond leben und früher oder später müssen wir einen Job finden müssen. Daher ist es wichtig, die realen Anwendungen der Mathematik zu erkennen: Sie sind zahlreich, erfordern fortgeschrittenes, absolut nicht triviales Wissen, und zwar so sehr, dass sie sogar den ästhetischen Geschmack eines sogenannten „reinen Mathematikers" befriedigen können. Letztendlich ist für diejenigen, die zur reinen Forschung neigen, die Wahrscheinlichkeitstheorie sicherlich eines der faszinierendsten und am wenigsten erforschten Felder, in denen der Beitrag der besten jungen Köpfe grundlegend und sehr wünschenswert ist.

Bibliographische Anmerkung

Es gibt viele ausgezeichnete Einführungstexte zur Wahrscheinlichkeitstheorie: Zu meinen Favoriten, die die Hauptquelle für meine Inspiration und Ideen waren, gehören die von Bass [12], Durrett [53], Klenke [90] und Williams [189]. Im Folgenden liste ich in alphabetischer Reihenfolge weitere wichtige Referenztexte auf: Baldi [6], Bass [10], Bauer [16], Biagini und Campanino [19], Billingsley [20], Caravenna und Dai Pra [29], Feller [63], Jacod und Protter [86], Kallenberg [88], Letta [117], Neveu [129], Pintacuda [149], Shiryaev [167], Sinai [169]. Natürlich ist es wichtig zu erwähnen, dass diese Liste keineswegs erschöpfend ist.

Dieses Buch stellt einen weiteren Versuch dar, die Grundkonzepte der Wahrscheinlichkeit auf eine strukturierte, einheitliche und umfassende Weise zu sammeln. Sein Zweck ist es, den Weg für fortgeschrittenere Studien zu ebnen, wie sie im nachfolgenden Band [144] über stochastische Prozesse und stochastische Berechnungen dargestellt sind.

Leser, die Fehler, Tippfehler oder Verbesserungsvorschläge melden möchten, können dies unter der folgenden Adresse tun: `andrea.pascucci@unibo.it`

Die nach der Veröffentlichung eingegangenen Korrekturen werden auf der folgenden Website erscheinen: `unibo.it/sitoweb/andrea.pascucci/`

Häufig verwendete Symbole und Notationen

- $A := B$ bedeutet, dass A *per Definition* gleich B ist
- $\uplus$ symbolisiert die *disjunkte* Vereinigung an
- $A_n \nearrow A$ bedeutet, dass $(A_n)_{n \in \mathbb{N}}$ eine *steigende* Folge von Mengen ist, so dass
  $$A = \bigcup_{n \in \mathbb{N}} A_n$$
- $A_n \searrow A$ bedeutet, dass $(A_n)_{n \in \mathbb{N}}$ eine *abnehmende* Folge von Mengen ist, so dass
  $$A = \bigcap_{n \in \mathbb{N}} A_n$$
- $\sharp A$ oder $|A|$ notieren die Kardinalität der Menge A. $A \leftrightarrow B$ wenn $|A| = |B|$
- $\mathcal{B}_d = \mathcal{B}(\mathbb{R}^d)$ ist die Borel σ-algebra in $\mathbb{R}^d$; $\mathcal{B} := \mathcal{B}_1$
- $m\mathcal{F}$ (bzw. $m\mathcal{F}^+$, $b\mathcal{F}$) ist die Klasse der $\mathcal{F}$-messbaren Funktionen (bzw. $\mathcal{F}$-messbar und nicht-negativ, $\mathcal{F}$-messbar und beschränkt)
- $\mathcal{N}$ ist die Familie der Nullmengen (vgl. Definition 1.1.16)
- numerische Mengen:

  - natürliche Zahlen: $\mathbb{N} = \{1, 2, 3, ...\}$, $\mathbb{N}_0 = \mathbb{N} \cup \{0\}$, $I_n := \{1, \ldots, n\}$ für $n \in \mathbb{N}$
  - reelle Zahlen $\mathbb{R}$, erweiterte reelle Zahlen $\bar{\mathbb{R}} = \mathbb{R} \cup \{\pm\infty\}$, positive reelle Zahlen $\mathbb{R}_{>0} =]0, +\infty[$, nicht-negative reelle Zahlen $\mathbb{R}_{\geq 0} = [0, +\infty[$

- Leb_d bezeichnet das d-dimensionale Lebesgue-Maß; $\mathrm{Leb} := \mathrm{Leb}_1$
- Indikatorfunktion einer Menge A

$$\mathbb{1}_A(x) := \begin{cases} 1 \text{ wenn } x \in A \\ 0 \text{ sonst} \end{cases}$$

- Euklidisches Skalarprodukt:

$$\langle x, y \rangle = x \cdot y = \sum_{i=1}^{d} x_i y_i, \qquad x = (x_1, \ldots, x_d), \ y = (y_1, \ldots, y_d) \in \mathbb{R}^d$$

In Matrixoperationen wird der d-dimensionale Vektor x mit der $d \times 1$ Spaltenmatrix identifiziert.
- Maximum und Minimum von reellen Zahlen:

$$x \wedge y = \min\{x, y\}, \qquad x \vee y = \max\{x, y\}$$

- positive und negative Teile:

$$x^+ = x \vee 0, \qquad x^- = (-x) \vee 0$$

- Argument des Maximums und Minimums von $f : A \longrightarrow \mathbb{R}$:

$$\arg\max_{x \in A} f(x) = \{y \in A \mid f(y) \geq f(x) \text{ für alle } x \in A\}$$

$$\arg\min_{x \in A} f(x) = \{y \in A \mid f(y) \leq f(x) \text{ für alle } x \in A\}$$

Abkürzungen

Z. v. = Zufallsvariable, f. s. = fast sicher. Eine bestimmte Eigenschaft gilt f. s. wenn es eine $N \in \mathcal{N}$ (Nullmenge) gibt, so dass die Eigenschaft für jedes $\omega \in \Omega \setminus N$ wahr ist

f. ü. = fast überall (bezogen auf das Lebesgue-Maß)

Wir kennzeichnen die Bedeutung der Ergebnisse mit den folgenden Symbolen:

[!]   bedeutet, dass wir genau aufpassen müssen und versuchen sollten, es gut zu verstehen, weil ein wichtiges Konzept, eine neue Idee oder eine neue Technik eingeführt wird

[!!]   bedeutet, dass das Ergebnis sehr wichtig ist

[!!!] bedeutet, dass das Ergebnis grundlegend ist

Punkte, die mit dem helleren „Grauton" gekennzeichnet sind, erfordern Aufmerksamkeit.

Bologna   Andrea Pascucci
April 2024

Competing Interests Der/die Autor*in hat keine für den Inhalt dieses Manuskripts relevanten Interessenkonflikte.

Inhaltsverzeichnis

Kapitel 1
Maße und Wahrscheinlichkeitsräume

*Die Philosophie der Grundlagen der Wahrscheinlichkeit muss
von der Mathematik und Statistik getrennt werden, genau so wie
die Diskussion unseres intuitiven Raumkonzepts jetzt von der
Geometrie getrennt ist.*

William Feller

Wahrscheinlichkeit bezieht sich im Allgemeinen auf unsichere Phänomene, deren
Ausgang nicht mit Sicherheit bekannt ist. Wie Costantini [34] hervorhebt, ist es nicht
einfach, eine allgemeine Definition zu geben, und im Laufe der Jahrhunderte haben
viele Akademiker Antworten auf Fragen wie die folgenden gesucht:

1) was ist Wahrscheinlichkeit?
2) wie wird Wahrscheinlichkeit berechnet[1]?
3) wie funktioniert Wahrscheinlichkeit[2]?

Andererseits wurde erst relativ kürzlich die unterschiedliche Natur solcher Fragen
und die Tatsache verstanden, dass sie mit spezifischen Methoden und Werkzeugen
verschiedener und unterschiedlicher Disziplinen untersucht werden müssen:

---

[1] Es gibt viele Fälle, in denen es wichtig ist, die Wahrscheinlichkeit eines unsicheren Ereignisses zu berechnen oder zumindest abzuschätzen. Zum Beispiel ist ein Spieler daran interessiert,
die Wahrscheinlichkeit zu kennen, eine bestimmte Hand im Poker zu bekommen; eine Versicherungsgesellschaft muss die Wahrscheinlichkeit abschätzen, dass einer ihrer Versicherungsnehmer
während eines Jahres einen oder mehrere Unfälle haben wird; ein Autohersteller möchte die Wahrscheinlichkeit abschätzen, dass der Preis für Stahl einen bestimmten Wert nicht überschreiten wird;
eine Fluggesellschaft kann auf der Grundlage der Wahrscheinlichkeit, dass eine bestimmte Anzahl
von Reisenden nicht zum Einsteigen erscheinen wird, Überbuchungen vornehmen.

[2] Mit anderen Worten, ist es möglich, die Prinzipien und allgemeinen Regeln der Wahrscheinlichkeit
in rigorosen mathematischen Begriffen zu formalisieren, analog zu dem, was zum Beispiel in der
euklidischen Geometrie gemacht wird?

© Der/die Autor(en), exklusiv lizenziert an Springer Nature Switzerland AG 2025
A. Pascucci, *Elementare Wahrscheinlichkeitstheorie I*,
https://doi.org/10.1007/978-3-031-98093-0_1

1) in der *Philosophie* wird das Konzept der Wahrscheinlichkeit und seine mögliche Bedeutung untersucht, besonders wird versucht, eine Definition zu finden und ihre Natur aus einer allgemeinen Perspektive zu studieren. Der philosophische Ansatz hat zu sehr unterschiedlichen Interpretationen und Definitionen geführt;

2) *Statistik* ist die Disziplin, die die Methoden zur Schätzung und Bewertung der Wahrscheinlichkeit auf der Grundlage von Beobachtungen und verfügbaren Daten über das betrachtete Zufallsphänomen untersucht;

3) *Wahrscheinlichkeitstheorie* ist die rein mathematische Disziplin, die abstraktes Denken und logisch-deduktives Denken anwendet, um Wahrscheinlichkeit und ihre Regeln zu formalisieren, ausgehend von Axiomen und primitiven Definitionen (wie es die Konzepte von Punkt und Linie in der Geometrie sind).

Beim ersten Herangehen an das Studium der Wahrscheinlichkeit können Verwirrung und Missverständnisse entstehen, wenn die verschiedenen Ansätze (philosophisch, statistisch und mathematisch) nicht ausreichend unterschieden werden. In diesem Text wenden wir ausschließlich die mathematische Perspektive an: Unser Ziel ist es, eine Einführung in die Wahrscheinlichkeitstheorie zu geben.

1.1 Messbare Räume und Wahrscheinlichkeitsräume

Die Wahrscheinlichkeitstheorie untersucht Phänomene, deren Ausgang unsicher ist: Diese werden *Zufallsphänomene* (oder *Zufallsexperimente*) genannt. Triviale Beispiele für Zufallsphänomene sind das Werfen einer Münze oder das Ziehen einer Karte aus einem Kartenspiel. Die Ergebnisse eines Zufallsphänomens sind nicht notwendigerweise alle „gleichwertig" in dem Sinne, dass aus irgendeinem Grund ein Ergebnis „wahrscheinlicher" (plausibler, wahrscheinlicher, erwarteter usw.) sein kann als ein anderes. Beachten Sie, dass, da per Definition keines der möglichen Ergebnisse a priori ausgeschlossen werden kann, die Wahrscheinlichkeitstheorie nicht darauf abzielt, das Ergebnis eines Zufallsphänomens *vorherzusagen* (was unmöglich ist!), sondern die Zuverlässigkeit (die Wahrscheinlichkeit) der einzelnen möglichen Ergebnisse oder die Kombination einiger von ihnen zu schätzen, im Sinne des *Messens*. Aus diesem Grund basieren die mathematischen Werkzeuge und die Sprache, auf denen die moderne Wahrscheinlichkeitstheorie beruht, auf der *Maßtheorie*, die auch der Ausgangspunkt unseres Traktats ist. Abschn. 1.1.1 ist der Erinnerung an die ersten Definitionen und Konzepte der Maßtheorie gewidmet; im folgenden Abschn. 1.1.2 geben wir ihre probabilistische Interpretation.

1.1.1 *Measurable spaces*

Definition 1.1.1 (Measurable space) Ein *messbarer Raum* ist ein Paar $(\Omega, \mathscr{F})$, mit den folgenden Eigenschaften:

i) Ω ist eine nicht-leere Menge;
ii) $\mathscr{F}$ ist eine *σ-Algebra auf* Ω, das heißt, $\mathscr{F}$ ist eine nicht-leere Familie von Teilmengen von Ω, sodass:
  ii-a) wenn $A \in \mathscr{F}$ dann $A^c := \Omega \setminus A \in \mathscr{F}$;
  ii-b) die abzählbare Vereinigung von Elementen von $\mathscr{F}$ gehört zu $\mathscr{F}$.

Zu Eigenschaft ii-a) sagt man auch, dass $\mathscr{F}$ eine Familie ist, die *abgeschlossen unter Komplementbildung* ist; zu Eigenschaft ii-b) sagt man auch, dass $\mathscr{F}$ eine Familie ist, die *σ-$\cup$-abgeschlossen (abgeschlossen unter abzählbarer Vereinigung)* ist.

Bemerkung 1.1.2 Aus Eigenschaft ii-b) folgt auch, dass wenn $A, B \in \mathscr{F}$ dann $A \cup B \in \mathscr{F}$, das heißt, $\mathscr{F}$ ist *$\cup$-abgeschlossen (abgeschlossen unter endlicher Vereinigung)*. Tatsächlich, gegeben $A, B \in \mathscr{F}$, kann man die Sequenz $C_1 = A, C_n = B$ für jedes $n \geq 2$ konstruieren; dann

$$A \cup B = \bigcup_{n=1}^{\infty} C_n \in \mathscr{F}.$$

Eine σ-Algebra $\mathscr{F}$ ist per Definition nicht leer und daher gibt es $A \in \mathscr{F}$ und, durch ii-a), haben wir $A^c \in \mathscr{F}$: dann auch $\Omega = A \cup A^c \in \mathscr{F}$ und, wieder durch ii-a), $\emptyset \in \mathscr{F}$. Wir beobachten dass $\{\emptyset, \Omega\}$ die *kleinste* σ-Algebra auf Ω ist; umgekehrt ist die Potenzmenge $\mathscr{P}(\Omega)$ die *größte* σ-Algebra auf Ω.

Wir stellen auch fest, dass die endliche oder abzählbare Schnittmenge von Elementen einer σ-Algebra $\mathscr{F}$ zu $\mathscr{F}$ gehört: tatsächlich, wenn (A_n) eine endliche oder abzählbare Familie in $\mathscr{F}$ ist, kombinieren wir die Eigenschaften ii-a) und ii-b), sodass

$$\bigcap_n A_n = \left(\bigcup_n A_n^c \right)^c \in \mathscr{F}.$$

Als Konsequenz sagen wir, dass $\mathscr{F}$ $\cap$-abgeschlossen und σ-$\cap$-abgeschlossen ist.

Definition 1.1.3 (Maß) Ein *Maß* auf dem messbaren Raum $(\Omega, \mathscr{F})$ ist eine Funktion

$$\mu : \mathscr{F} \longrightarrow [0, +\infty],$$

sodass:

iii-a) $\mu(\emptyset) = 0$;
iii-b) μ ist σ-additiv auf $\mathscr{F}$, das heißt, für jede Sequenz $(A_n)_{n \in \mathbb{N}}$ von disjunkten Elementen von $\mathscr{F}$ haben wir[3]

$$\mu \left(\biguplus_{n=1}^{\infty} A_n \right) = \sum_{n=1}^{\infty} \mu(A_n).$$

---

[3] Wir erinnern daran, dass das Symbol $\uplus$ disjunkte Vereinigung darstellt. Wir stellen fest, dass $\biguplus_{n \in \mathbb{N}} A_n \in \mathscr{F}$, da $\mathscr{F}$ eine σ-Algebra ist.

Bemerkung 1.1.4 Jedes Maß μ ist *additiv* im Sinne, dass für jede *endliche* Familie $A_1, \ldots, A_n$ von disjunkten Mengen in $\mathscr{F}$, haben wir

$$\mu\left(\biguplus_{k=1}^{n} A_k\right) = \sum_{k=1}^{n} \mu\left(A_k\right).$$

Tatsächlich, wenn wir $A_k = \emptyset$ für $k > n$ setzen, haben wir

$$\mu\left(\biguplus_{k=1}^{n} A_k\right) = \mu\left(\biguplus_{k=1}^{\infty} A_k\right) =$$

(durch σ-Additivität)

$$= \sum_{k=1}^{\infty} \mu\left(A_k\right) =$$

(da $\mu(\emptyset) = 0$)

$$= \sum_{k=1}^{n} \mu\left(A_k\right).$$

Definition 1.1.5 Ein Maß μ auf $(\Omega, \mathscr{F})$ wird als *endlich* bezeichnet, wenn $\mu(\Omega) < \infty$ und wird als *σ-endlich* bezeichnet, wenn es eine Sequenz (A_n) in $\mathscr{F}$ gibt, so dass

$$\Omega = \bigcup_{n \in \mathbb{N}} A_n \quad \text{und} \quad \mu(A_n) < +\infty, \quad n \in \mathbb{N}.$$

Beispiel 1.1.6 Das erste Beispiel eines σ-endlichen Maßes, welchem wir in Kursen der mathematischen Analysis begegnen, ist das Lebesgue-Maß; es ist definiert auf dem euklidischen d-dimensionalen Raum, $\Omega = \mathbb{R}^d$, ausgestattet mit der σ-Algebra der Lebesgue-messbaren Mengen.

1.1.2 *Wahrscheinlichkeitsräume*

Definition 1.1.7 (Wahrscheinlichkeitsraum) Ein Maßraum $(\Omega, \mathscr{F}, \mu)$, in dem $\mu(\Omega) = 1$ ist, wird als *Wahrscheinlichkeitsraum* bezeichnet: in diesem Fall verwenden wir normalerweise den Buchstaben P anstelle von μ und sagen, dass P ein *Wahrscheinlichkeitsmaß* (oder einfach eine *Wahrscheinlichkeit*) ist.

In einem Wahrscheinlichkeitsraum $(\Omega, \mathscr{F}, P)$ wird jedes Element $\omega \in \Omega$ als *Ergebnis;* jedes $A \in \mathscr{F}$ wird als *Ereignis* bezeichnet und die Zahl $P(A)$ ist die *Wahrscheinlichkeit von A*. Außerdem sagen wir, dass Ω der *Stichprobenraum* ist und $\mathscr{F}$ die *σ-Algebra der Ereignisse* ist.

Wenn Ω endlich oder abzählbar ist, nehmen wir immer an, dass $\mathscr{F} = \mathscr{P}(\Omega)$ und sagen, dass $(\Omega, \mathscr{P}(\Omega), P)$ (oder, einfacher, (Ω, P)) ein *diskreter Wahrscheinlichkeitsraum* ist. Wenn Ω hingegen überabzählbar ist, sprechen wir von einem *kontinuierlichen (oder allgemeinen) Wahrscheinlichkeitsraum.*

Beispiel 1.1.8 [!] Betrachten wir das Zufallsphänomen des Wurfs eines fairen sechsseitigen Würfels. Der Stichprobenraum

$$\Omega = \{1, 2, 3, 4, 5, 6\}$$

repräsentiert die möglichen Zustände (Ergebnisse) des betrachteten Zufallsexperiments. Intuitiv ist *ein Ereignis eine Aussage über den Ausgang des Experiments,* zum Beispiel:

i) $A = $ „das Ergebnis des Wurfs ist eine ungerade Zahl";
ii) $B = $ „das Ergebnis des Wurfs ist die Zahl 4";
iii) $C = $ „das Ergebnis des Wurfs ist größer als 7".

Jede Aussage entspricht einer Teilmenge von Ω:

i) $A = \{1, 3, 5\}$;
ii) $B = \{4\}$;
iii) $C = \emptyset$.

Dies erklärt, warum wir mathematisch ein Ereignis als Teilmenge von Ω definiert haben. Insbesondere wird B als *elementares Ereignis* bezeichnet, da es aus einem einzigen Ergebnis besteht. Man beachte, dass wir das *Ergebnis* 4 vom *elementaren Ereignis* $\{4\}$ unterscheiden.

Die *logischen Operationen* zwischen Ereignissen haben eine Übersetzung in Bezug auf *Mengenoperationen,* zum Beispiel:

- „A oder B" entspricht $A \cup B$;
- „A und B" entspricht $A \cap B$;
- „nicht A" entspricht $A^c = \Omega \setminus A$;
- „A aber nicht B" entspricht $A \setminus B$.

Beispiel 1.1.9 Ein Läufer hat eine 30 % Chance, das 100-Meter-Rennen zu gewinnen, eine 40 % Chance, das 200-Meter-Rennen zu gewinnen, und eine 50 % Chance, mindestens eines der beiden Rennen zu gewinnen. Wie hoch ist die Wahrscheinlichkeit, dass er beide Rennen gewinnt?

Wir definieren die Ereignisse:

i) $A = $ „der Läufer gewinnt das 100-Meter-Rennen",
ii) $B = $ „der Läufer gewinnt das 200-Meter-Rennen",

die Daten des Problems sind: $P(A) = 30\,\%$, $P(B) = 40\,\%$, und $P(A \cup B) = 50\,\%$. Wir sollen $P(A \cap B)$ bestimmen. Mit Hilfe von Mengenoperationen (siehe auch folgendes Lemma 1.1.25) erhalten wir:

$$P(A \cap B) = P(A) + P(B) - P(A \cup B) = 20\,\%.$$

Bemerkung 1.1.10 Der Stichprobenraum Ω ist per Definition ein *generische nicht-leere Menge:* Es ist legitim zu fragen, welchen Sinn es macht, einen solchen Grad an Allgemeinheit anzunehmen. Tatsächlich werden wir sehen, dass in klassischen Problemen, Ω einfach eine *endliche Menge* oder der *euklidische Raum* $\mathbb{R}^d$ sein wird. Allerdings, in den interessantesten Anwendungen, kann es auch vorkommen, dass Ω ein *Funktionenraum* (wie zum Beispiel der Raum der stetigen Funktionen) ist. Oft wird Ω auch eine bestimmte Struktur haben, zum Beispiel die eines *metrischen Raums,* um einige nützliche Werkzeuge für die Entwicklung der Theorie zu haben.

Beispiel 1.1.11 (Diskrete gleichförmige Wahrscheinlichkeit) Sei Ω endlich sein. Für jedes $A \subseteq \Omega$, sei $|A|$ die Kardinalität von A und wir setzen

$$P(A) = \frac{|A|}{|\Omega|}. \tag{1.1}$$

Dann ist P ein Wahrscheinlichkeitsmaß, genannt *gleichförmige Wahrscheinlichkeit.* Per Definition haben wir

$$P(\{\omega\}) = \frac{1}{|\Omega|}, \qquad \omega \in \Omega,$$

das heißt, jedes Ergebnis ist „gleich wahrscheinlich". Die gleichförmige Wahrschein-lichkeit entspricht dem klassischen Konzept der Wahrscheinlichkeit nach Laplace, wie in der Vorrede erwähnt. Zum Beispiel ist es im Fall des Würfelns eines fairen sechsseitigen Würfels natürlich, die gleichförmige Wahrscheinlichkeit zu betrachten

$$P(\{\omega\}) = \frac{1}{6}, \qquad \omega \in \Omega := \{1, 2, 3, 4, 5, 6\}.$$

Bemerkung 1.1.12 Ein Wahrscheinlichkeitsraum, in dem jedes elementare Ereignis gleich wahrscheinlich ist und positive Wahrscheinlichkeit hat, ist notwendigerweise endlich. Folglich ist es zum Beispiel *nicht möglich, eine gleichförmige Wahrschein-lichkeit auf* $\mathbb{N}$ *zu definieren:* Tatsächlich sollte es für jedes $n \in \mathbb{N}$ $P(\{n\}) = 0$ gelten und folglich, aufgrund der σ-Additivität, auch $P(\mathbb{N}) = 0$, was absurd ist.

Bemerkung 1.1.13 [!] Es sei (Ω, P) ein diskreter Wahrscheinlichkeitsraum. Nun betrachte die Funktion

$$p : \Omega \longrightarrow [0, 1], \qquad p(\omega) = P(\{\omega\}), \qquad \omega \in \Omega.$$

Es ist klar, dass p eine nicht-negative Funktion ist, die die Eigenschaft

$$\sum_{\omega \in \Omega} p(\omega) = \sum_{\omega \in \Omega} P(\{\omega\}) = P(\Omega) = 1 \tag{1.2}$$

hat. Man beachte, dass die Summen in (1.2) Reihen mit nicht-negativen Termen sind und daher hängt ihr Wert nicht von der Reihenfolge der Summanden ab. Die zweite Gleichheit in (1.2) ist eine Folge der σ-Additivität von P.

Tatsächlich gibt es *eine bijektive Beziehung zwischen p und P* im Sinne, dass jede gegebe nicht-negative Funktion p mit $\sum_{\omega \in \Omega} p(\omega) = 1$ mit einer eindeutigen Wahrscheinlichkeit P assoziiert werden kann, d.h.:

$$P(A) := \sum_{\omega \in A} p(\omega), \qquad A \subseteq \Omega,$$

ist P eine diskrete Wahrscheinlichkeit auf Ω.

Mit anderen Worten, *eine diskrete Wahrscheinlichkeit wird eindeutig durch die Wahrscheinlichkeiten von individuellen elementaren Ereignissen definiert.*

Aus operationeller Sicht ist es viel einfacher, die Wahrscheinlichkeit von individuellen Ergebnissen (d.h. p) zu definieren, als P explizit durch die Zuweisung der Wahrscheinlichkeit aller Ereignisse zu definieren. Betrachten wir zum Beispiel, dass, wenn Ω eine Kardinalität von 100 hat, dann wird p durch die hundert Werte $p(\omega)$ definiert, mit $\omega \in \Omega$, während P auf $\mathscr{P}(\Omega)$ definiert ist, das eine Kardinalität von $2^{100} \approx 10^{30}$ hat.

Bemerkung 1.1.14 (Wahrscheinlichkeit in der Oberstufe) [!] Die vorherige Beobachtung schlägt eine vernünftige und prägnante Methode vor, um das Konzept der Wahrscheinlichkeit in der Oberstufe einzuführen: Betrachten wir den Fall einer endlichen (oder höchstens abzählbaren) Stichprobe Raum

$$\Omega = \{\omega_1, \ldots, \omega_N\},$$

mit $N \in \mathbb{N}$; wir beschreiben die Konzepte von Ergebnis und Ereignis wie im Beispiel 1.1.8. Dann können wir erklären, dass die Einführung eines Wahrscheinlichkeitsmaßes P auf Ω bedeutet, die Wahrscheinlichkeiten von einzelnen Ergebnissen zuzuweisen: genau genommen, einige Zahlen $p_1, \ldots, p_N$ sind festgelegt, so dass

$$p_1, \ldots, p_N \geq 0 \quad \text{und} \quad p_1 + \cdots + p_N = 1, \tag{1.3}$$

wo p_i die Wahrscheinlichkeit des i-ten elementaren Ereignisses ist, d.h.,

$$p_i = P(\{\omega_i\}), \qquad i = 1, \ldots, N.$$

Schließlich definieren wir für jedes Ereignis A

$$P(A) = \sum_{\omega \in A} P(\{\omega\}). \tag{1.4}$$

Diese Definition des Wahrscheinlichkeitsraums (Ω, P) entspricht der allgemeinen Definition (Definition 1.1.7, offensichtlich im Fall eines endlichen Ω). Die sogenannte *klassische (oder gleichförmige) Wahrscheinlichkeit* ist diejenige, bei der die Ergebnisse gleich wahrscheinlich sind, $p_1 = p_2 = \cdots = p_N$, so dass aus (1.3) folgt, dass ihr gemeinsamer Wert $\frac{1}{N}$ ist. Daher ist die klassische Wahrscheinlichkeit nur ein sehr spezieller Fall, wenngleich äußerst bedeutend, unter den unendlichen Wahrscheinlichkeitsmaßen, die gewählt werden können: in diesem Fall reduziert sich (1.4) offensichtlich auf die Formel von „günstige Ergebnisse über Gesamtergebnisse".

Beispiel 1.1.15 Wir geben eine alternative Lösung zu dem Problem von Beispiel 1.1.9. Wir können als Stichprobenraum $\Omega = \{vv, vs, sv, ss\}$ verwenden, wobei vv das Ergebnis ist, bei dem der Läufer beide Rennen gewinnt, vs ist das Ergebnis, bei dem der Läufer das erste Rennen gewinnt und das zweite verliert, und so weiter: daher $A = \{vv, vs\}$ und $B = \{vv, sv\}$. Wenn $p = p(\omega)$ die Wahrscheinlichkeit von einzelnen Ergebnissen ist, dann erhalten wir das lineare System

$$\begin{cases} p(vv) + p(vs) = 30\,\% \\ p(vv) + p(sv) = 40\,\% \\ p(vv) + p(vs) + p(sv) = 50\,\% \end{cases}$$

aus dem wir folgern, dass $p(vv) = P(A \cap B) = 20\,\%$, $p(vs) = 10\,\%$, $p(sv) = 20\,\%$ und $p(ss) = 1 - p(vv) - p(vs) - p(sv) = 50\,\%$.

Wir schließen den Abschnitt mit einigen Definitionen ab, die wir später oft verwenden werden.

Definition 1.1.16 (Nullmengen und fast sichere Mengen) In einem Wahrscheinlichkeitsraum $(\Omega, \mathscr{F}, P)$ sagen wir, dass:

- eine Teilmenge N von Ω ist *eine P-Nullmenge oder P-vernachlässigbar* wenn $N \subseteq A$ mit $A \in \mathscr{F}$ so dass $P(A) = 0$;
- eine Teilmenge C von Ω ist *P-fast sicher* wenn ihr Komplement vernachlässigbar ist oder, äquivalent, wenn es ein $B \in \mathscr{F}$ gibt, so dass $B \subseteq C$ und $P(B) = 1$.

Wir bezeichnen mit $\mathcal{N}$ die Familie der Nullmengen in $(\Omega, \mathscr{F}, P)$.

Nullmengen und fast sichere Mengen *sind nicht notwendigerweise Ereignisse* und daher im Allgemeinen ist die Wahrscheinlichkeit $P(N)$ nicht definiert für eine Nullmenge oder fast sichere Menge N.

Definition 1.1.17 (Vollständiger Raum) Ein Wahrscheinlichkeitsraum $(\Omega, \mathscr{F}, P)$ ist *vollständig* wenn $\mathcal{N} \subseteq \mathscr{F}$.

Bemerkung 1.1.18 In einem vollständigen Raum sind P-Nullmengen (und folglich auch fast sichere Mengen) Ereignisse. Daher haben wir in einem vollständigen Raum, dass

- N eine Nullmenge ist genau dann, wenn $P(N) = 0$;
- C ist fast sicher genau dann, wenn $P(C) = 1$.

Offensichtlich hängt die Vollständigkeitseigenschaft von dem betrachteten Wahrscheinlichkeitsmaß ab. Wir werden später sehen, dass es immer möglich ist, einen Wahrscheinlichkeitsraum zu „vervollständigen" (vgl. Bemerkung 1.4.3) und erklären die Bedeutung der Vollständigkeitseigenschaft (siehe zum Beispiel, Bemerkungen 2.1.11 und 2.1.14).

1.1.3 Algebren und σ-Algebren

Das Suffix „σ-" (zum Beispiel in σ-Algebra oder σ-Additivität) wird verwendet, um anzugeben, dass eine Definition oder eine Eigenschaft für *abzählbare* Mengen und nicht nur *endliche* gültig ist. In Analogie zum Konzept der σ-Algebra geben wir die folgende nützliche Definition:

Definition 1.1.19 (Algebra). Eine *Algebra* ist eine nicht-leere Familie $\mathcal{A}$ von Teilmengen von Ω, so dass:

i) $\mathcal{A}$ abgeschlossen unter Komplement ist;
ii) $\mathcal{A}$ $\cup$-abgeschlossen ist (d.h., abgeschlossen unter endlicher Vereinigung).

Jede σ-Algebra ist eine Algebra.
    Wenn $A, B \in \mathcal{A}$ dann $A \cap B = (A^c \cup B^c)^c \in \mathcal{A}$ und folglich ist $\mathcal{A} \cap$-abgeschlossen.

Beispiel 1.1.20 [!] In $\mathbb{R}$, betrachten wir die Familie $\mathcal{A}$ von *endlichen* Vereinigungen von Intervallen (nicht notwendigerweise begrenzt) von der Art

$$]a, b], \quad -\infty \leq a \leq b \leq +\infty,$$

wo wir konventionell festlegen

$$]a, a] = \emptyset, \quad]a, b] = \{x \in \mathbb{R} \mid x > a\} \quad \text{im Fall } b = +\infty.$$

Wir stellen fest, dass $\mathcal{A}$ eine Algebra ist, aber keine σ-Algebra, da zum Beispiel $\bigcup_{n \geq 1}]0, 1 - \frac{1}{n}] =]0, 1[\notin \mathcal{A}$.

Da es nützlich sein wird, Maße zu betrachten, die auf Algebren definiert sind, geben wir die folgende Erweiterung des Maßbegriffs (vgl. Definition 1.1.3).

Definition 1.1.21 (Maß) Sei $\mathcal{A}$ eine Familie von Teilmengen von Ω, so dass $\emptyset \in \mathcal{A}$. Ein *Maß* auf $\mathcal{A}$ ist eine Funktion

$$\mu : \mathcal{A} \longrightarrow [0, +\infty]$$

derart, dass:

i) $\mu(\emptyset) = 0$;

ii) μ ist σ-additiv auf $\mathcal{A}$, d. h. für jede Sequenz $(A_n)_{n \in \mathbb{N}}$ von disjunkten Elementen von $\mathcal{A}$, *so dass* $A := \biguplus_{n \in \mathbb{N}} A_n \in \mathcal{A}$ haben wir

$$\mu(A) = \sum_{n=1}^{\infty} \mu(A_n).$$

Wir beweisen einige grundlegende Eigenschaften von Maßen (und daher insbesondere von Wahrscheinlichkeitsmaßen).

Proposition 1.1.22 Es sei μ ein Maß auf einer Algebra $\mathcal{A}$. Dann gelten die folgenden Eigenschaften:

i) *Monotonie:* für jedes $A, B \in \mathcal{A}$ mit $A \subseteq B$ haben wir

$$\mu(A) \leq \mu(B); \tag{1.5}$$

außerdem, falls $\mu(A) < \infty$ dann

$$\mu(B \setminus A) = \mu(B) - \mu(A). \tag{1.6}$$

Insbesondere, wenn P ein Wahrscheinlichkeitsmaß ist dann

$$P(A^c) = 1 - P(A); \tag{1.7}$$

ii) *σ-Subadditivität:* für jedes $A \in \mathcal{A}$ und jede Folge $(A_n)_{n \in \mathbb{N}}$ in $\mathcal{A}$, haben wir

$$A \subseteq \bigcup_{n \in \mathbb{N}} A_n \implies \mu(A) \leq \sum_{n=1}^{\infty} \mu(A_n).$$

Beweis Wir beweisen i): wenn $A \subseteq B$ dann, haben wir durch die Additivität von μ und $B \setminus A \in \mathcal{A}$, dass

$$\mu(B) = \mu(A \uplus (B \setminus A)) = \mu(A) + \mu(B \setminus A).$$

Aus der Tatsache, dass $\mu(B \setminus A) \geq 0$ folgt (1.5) und, im besonderen Fall wo $\mu(A) < \infty$, folgt auch (1.6).

Um ii) zu beweisen, setzen wir

$$\tilde{A}_1 := A_1 \cap A, \qquad \tilde{A}_{n+1} := A \cap A_{n+1} \setminus \bigcup_{k=1}^{n} A_k.$$

Man merke, dass $\tilde{A}_n \subseteq A_n$. Darüber hinaus gehören die Mengen $\tilde{A}_n$ zur Algebra $\mathcal{A}$, da sie durch endliche Operationen aus Elementen von $\mathcal{A}$ bestehen und zusammen mit unseren Annahmen haben wir

$$\biguplus_{n\in\mathbb{N}} \tilde{A}_n = A \in \mathcal{A}.$$

Aus der Monotonie folgern wir

$$\mu(A) = \mu\left(\biguplus_{n\in\mathbb{N}} \tilde{A}_n\right) =$$

(durch σ-Additivität und dann wieder durch Monotonie)

$$= \sum_{n=1}^{\infty} \mu(\tilde{A}_n) \leq \sum_{n=1}^{\infty} \mu(A_n).$$

Beispiel 1.1.23 Formel (1.7) ist nützlich für die Lösung von Problemen des folgenden Typs: Berechne die Wahrscheinlichkeit, mindestens eine 6 zu bekommen, wenn man einen Würfel 8 Mal wirft. Wir definieren Ω als die Menge der möglichen Folgen von Würfen: dann gilt $|\Omega| = 6^8$. Wir können die Wahrscheinlichkeit des Ereignisses, das uns interessiert (nennen wir es A), leichter bestimmen, indem wir A^c betrachten, das heißt, die Menge der Folgen, die keine 6 enthalten: in der Tat, wir haben $|A^c| = 5^8$ und daher durch (1.7)

$$P(A) = 1 - P(A^c) = 1 - \frac{5^8}{6^8}.$$

Übung 1.1.24 Es seien A, B sichere Ereignisse mit $P(A) = P(B) = 1$. Beweise, dass $A \cap B$ auch ein sicheres Ereignis ist.

Lemma 1.1.25 Es sei $\mathcal{A}$ eine Algebra sein. Eine Funktion

$$\mu : \mathcal{A} \longrightarrow [0, +\infty]$$

so dass $\mu(\emptyset) = 0$, ist additiv genau dann, wenn

$$\mu(A \cup B) + \mu(A \cap B) = \mu(A) + \mu(B), \qquad A, B \in \mathscr{F}. \tag{1.8}$$

Beweis Wenn μ additiv ist dann

$$\mu(A \cup B) + \mu(A \cap B) = \mu(A) + \mu(B \setminus A) + \mu(A \cap B) = \mu(A) + \mu(B).$$

Umgekehrt, aus (1.8) mit disjunkten A, B haben wir die Additivität von μ. $\qquad\square$

Bemerkung 1.1.26 Im Fall von Wahrscheinlichkeitsmaßen kann (1.8) in die folgende nützliche Form umgeschrieben werden

$$P(A \cup B) = P(A) + P(B) - P(A \cap B) \tag{1.9}$$

Beispiel 1.1.27 Beim Würfeln von zwei Würfeln, wie hoch ist die Wahrscheinlichkeit, dass mindestens einer der beiden Würfe ein Ergebnis hat, das kleiner oder gleich 3 ist?

Lassen Sie $I_n = \{k \in \mathbb{N} \mid k \leq n\}$ und betrachten Sie den Stichprobenraum $\Omega = I_6 \times I_6$ von möglichen Paaren von Würfelergebnissen. Weiterhin sei $A = I_3 \times I_6$ (und entsprechend $B = I_6 \times I_3$) das Ereignis, bei dem das Ergebnis des ersten Würfels (bzw. des zweiten Würfels) kleiner oder gleich 3 ist. Wir werden gebeten, die Wahrscheinlichkeit von $A \cup B$ zu berechnen. Beachte, dass A, B nicht disjunkt sind und mit Hilfe der gleichmäßigen Wahrscheinlichkeit P haben wir

$$P(A) = P(B) = \frac{3 \cdot 6}{6 \cdot 6} = \frac{1}{2}, \qquad P(A \cap B) = \frac{3 \cdot 3}{6 \cdot 6} = \frac{1}{4}.$$

Daher, durch (1.9), haben wir

$$P(A \cup B) = P(A) + P(B) - P(A \cap B) = \frac{1}{2} + \frac{1}{2} - \frac{1}{4} = \frac{3}{4}.$$

Bemerkung 1.1.28 (1.8) lässt sich leicht auf den Fall von drei Mengen $A_1, A_2, A_3 \in \mathscr{F}$ verallgemeinern:

$$\begin{aligned}
P(A_1 \cup A_2 \cup A_3) &= P(A_1) + P(A_2 \cup A_3) - P((A_1 \cap A_2) \cup (A_1 \cap A_3)) \\
&= P(A_1) + P(A_2) + P(A_3) - P(A_1 \cap A_2) - P(A_1 \cap A_3) \\
&\quad - P(A_2 \cap A_3) + P(A_1 \cap A_2 \cap A_3).
\end{aligned}$$

Im Allgemeinen wird die folgende Formel durch Induktion bewiesen

$$P\left(\bigcup_{k=1}^{n} A_k\right) = \sum_{k=1}^{n} (-1)^{k-1} \sum_{\{i_1,\ldots,i_k\} \subseteq \{1,\ldots,n\}} P(A_{i_1} \cap \cdots \cap A_{i_k})$$

wobei die letzte Summe über alle Teilmengen von $\{1, \ldots, n\}$ mit k Elementen verstanden wird.

Beispiel 1.1.29 Seien A, B Ereignisse in $(\Omega, \mathscr{F}, P)$. Wenn $P(A) = 1$ ist, dann ist $P(A \cap B) = P(B)$. Tatsächlich haben wir durch die endliche Additivität von P

$$P(B) = P(A \cap B) + P(A^c \cap B) = P(A \cap B)$$

da nach (1.5) $P(A^c \cap B) \leq P(A^c) = 0$.

1.1.4 Endliche Additivität und σ-Additivität

In einem allgemeinen Wahrscheinlichkeitsraum ist σ-Additivität eine stärkere Eigenschaft als Additivität. Wir werden bald, in Proposition 1.1.32, die Bedeutung der Forderung nach σ-Additivität in der Definition von Wahrscheinlichkeitsmaßen verstehen: Dies ist ein eher heikler Punkt, wie wir im nächsten Beispiel demonstrieren.

Beispiel 1.1.30 (Kontinuierliche gleichförmige Wahrscheinlichkeit) Angenommen wir wollen den Begriff der gleichförmigen Wahrscheinlichkeit auf dem reellen Intervall $\Omega = [0, 1]$ definieren. Aus einer intuitiven Sichtweise ist es natürlich

$$P([a, b]) = b - a, \qquad 0 \le a \le b \le 1 \tag{1.10}$$

zu setzen. Dann ist offensichtlich $P(\Omega) = 1$ und die Wahrscheinlichkeit des Ereignisses $[a, b]$ (das als das Ereignis interpretiert werden kann, dass „ein zufällig in $[0, 1]$ gewählter Punkt zu $[a, b]$ gehört") hängt nur von der Länge des Intervalls $[a, b]$ ab und ist daher invariant unter Translation. Beachte, dass für jedes $x \in [0, 1]$ $P(\{x\}) = P([x, x]) = 0$, das heißt, jedes Ergebnis hat eine Nullwahrscheinlichkeit, und P ist nichts anderes als das Lebesgue-Maß. Giuseppe Vitali bewies 1905 (vgl. [187]), dass es nicht möglich ist, das Lebesgue-Maß auf die gesamte Menge der Teile $\mathscr{P}(\Omega)$ zu erweitern oder, mit anderen Worten, es existiert kein P definiert auf der Menge der Teile von $[0, 1]$, das σ-additiv ist und (1.10) erfüllt. Wenn dies zutrifft, dann wird es im Kontext von allgemeinen Wahrscheinlichkeitsräumen *notwendig,* eine σ-Algebra von Ereignissen einzuführen, auf der P definiert wird: im Allgemeinen wird diese σ-Algebra *kleiner* sein als die Potenzmenge von Ω.

In unserem Kontext kann Vitalis Ergebnis wie folgt formuliert werden: Es existiert kein Wahrscheinlichkeitsmaß P auf $([0, 1], \mathscr{P}([0, 1]))$, das invariant unter Translationen ist, das heißt also, dass $P(A) = P(A_x)$ für jede $A \subseteq [0, 1]$ und $x \in [0, 1]$, wobei

$$A_x = \{y \in [0, 1] \mid y = a + x \text{ oder } y = a + x - 1 \text{ für ein } a \in A\}.$$

Der Beweis erfolgt durch Widerspruch und basiert auf dem Auswahlaxiom. Betrachte auf $[0, 1]$ die Äquivalenzrelation $x \sim y$ genau dann, wenn $(x - y) \in \mathbb{Q}$: Durch das Auswahlaxiom ist es möglich, aus jeder Äquivalenzklasse einen Vertreter auszuwählen, welchen wir mit der Menge A bezeichnen. Nun haben wir nach unserer Annahme $P(A_q) = P(A)$ für jedes $q \in \mathbb{Q} \cap [0, 1]$ und außerdem $A_q \cap A_p = \emptyset$ für $q \ne p$ in $\mathbb{Q} \cap [0, 1]$. Daher erhalten wir

$$[0, 1] = \biguplus_{q \in \mathbb{Q} \cap [0, 1]} A_q.$$

Wäre P nun σ-additiv, dann hätten wir

$$1 = P([0, 1]) = \sum_{q \in \mathbb{Q} \cap [0,1]} P(A_q) = \sum_{q \in \mathbb{Q} \cap [0,1]} P(A).$$

Die letzte Summe kann jedoch nur den Wert 0 annehmen (wenn $P(A) = 0$) oder divergieren (wenn $P(A) > 0$) und dies führt zu einem Widerspruch. Beachte, dass der Widerspruch eine Folge der Voraussetzung nach *abzählbar-unendlicher* Additivität (d. h., σ-Additivität) von P ist.

Notation 1.1.31 Wir schreiben

$$A_n \nearrow A \quad \text{und} \quad B_n \searrow B$$

womit wir meinen, dass $(A_n)_{n \in \mathbb{N}}$ eine *steigende* Folge von Mengen ist, so dass $A = \bigcup_{n \in \mathbb{N}} A_n$, und $(B_n)_{n \in \mathbb{N}}$ ist eine *fallende* Folge von Mengen, so dass $B = \bigcap_{n \in \mathbb{N}} B_n$.

Die σ-Additivität hat die folgenden wichtigen Charakterisierungen.

Proposition 1.1.32 [!] Sei $\mathcal{A}$ eine Algebra auf Ω und $\mu : \mathcal{A} \to [0, +\infty]$ eine Funktion. Die folgenden Aussagen sind äquivalent:

i) μ ist σ-additiv auf $\mathcal{A}$;
ii) μ ist σ-subadditiv[4];
iii) μ ist von unten stetig, d. h., für jede Folge $(A_n)_{n \in \mathbb{N}}$ in $\mathcal{A}$ so dass $A_n \nearrow A$, mit $A \in \mathcal{A}$, haben wir

$$\lim_{n \to \infty} \mu(A_n) = \mu(A).$$

Darüber hinaus, wenn i) gilt, dann haben wir auch

iv) μ ist von oben stetig, d. h., für jede Folge $(B_n)_{n \in \mathbb{N}}$ in $\mathcal{A}$, so dass $\mu(B_1) < \infty$ und $B_n \searrow B \in \mathcal{A}$, haben wir

$$\lim_{n \to \infty} \mu(B_n) = \mu(B).$$

Schließlich, wenn $\mu(\Omega) < \infty$ dann sind i), ii), iii) und iv) äquivalent.

Beweis Zunächst stellen wir fest, dass μ monoton ist: Dies wurde in Proposition 1.1.22-i) bewiesen.
  [i) $\Rightarrow$ ii)] Dies folgt direkt aus Proposition 1.1.22-ii).
  [ii) $\Rightarrow$ iii)] Es sei $\mathcal{A} \ni A_n \nearrow A \in \mathcal{A}$. Durch die Monotonie haben wir

---

[4] Für jedes $A \in \mathcal{A}$ und für jede Folge $(A_n)_{n \in \mathbb{N}}$ von Elementen von $\mathcal{A}$, so dass $A \subseteq \bigcup_{n \in \mathbb{N}} A_n$, gilt

$$\mu(A) \leq \sum_{n=1}^{\infty} \mu(A_n).$$

$$\lim_{n\to\infty} \mu(A_n) \le \mu(A).$$

Andererseits gilt

$$C_1 = A_1, \qquad C_{n+1} = A_{n+1} \setminus A_n, \quad n \in \mathbb{N}.$$

Dann ist (C_n) eine disjunkte Folge in $\mathcal{A}$ und wir haben

$$\mu(A) = \mu\left(\biguplus_{k\ge 1} C_k\right) \le$$

(durch die σ-Subadditivität von μ)

$$\le \sum_{k=1}^{\infty} \mu(C_k) = \lim_{n\to\infty} \sum_{k=1}^{n} \mu(C_k) =$$

(durch die endliche Additivität von μ)

$$= \lim_{n\to\infty} \mu(A_n).$$

[iii) $\Rightarrow$ i)] Es sei $(A_n)_{n\in\mathbb{N}}$ eine Folge von disjunkten Elementen von $\mathcal{A}$, so dass $A := \biguplus_{n\in\mathbb{N}} A_n \in \mathcal{A}$. Dann haben wir mit

$$\bar{A}_n = \bigcup_{k=1}^{n} A_k,$$

dass $\bar{A}_n \nearrow A$ und $\bar{A}_n \in \mathcal{A}$ für jede n. Mit der Annahme der Kontinuität von unten von μ haben wir

$$\mu(A) = \lim_{n\to\infty} \mu(\bar{A}_n) =$$

(durch die endliche Additivität von μ)

$$= \lim_{n\to\infty} \sum_{k=1}^{n} \mu(A_k) = \sum_{k=1}^{\infty} \mu(A_k),$$

wobei wir anmerken, dass der Grenzwert der Partialsummen existiert, endlich oder nicht, da μ nicht-negative Werte hat.

[iii) $\Rightarrow$ iv)] Nehmen wir an, dass iii) gilt. Wenn $B_n \searrow B$ dann ist $A_n := B_1 \setminus B_n$ so, dass $A_n \nearrow A := B_1 \setminus B$. Wenn $\mu(B_1) < \infty$, haben wi durch die Eigenschaft (1.6), die unter der alleinigen Annahme der Additivität gilt[5]

$$\mu\left(B\right) = \mu\left(B_1 \setminus A\right)$$
$$= \mu(B_1) - \mu(A) =$$

(durch Kontinuität von unten von μ)

$$= \mu(B_1) - \lim_{n\to\infty}\mu(A_n) = \lim_{n\to\infty}\left(\mu(B_1) - \mu(A_n)\right) = \lim_{n\to\infty}\mu(B_n).$$

[iv) $\Rightarrow$ iii)] Unter der Annahme, dass $\mu(\Omega) < \infty$ ist, wird die Tatsache, dass iv) impliziert iii) wie zuvor bewiesen. Es sei $B_n = \Omega \setminus A_n$, dann gilt, falls $(A_n)_{n\in\mathbb{N}}$ zunimmt, dass $(B_n)_{n\in\mathbb{N}}$ abnimmt und offensichtlich $\mu(B_1) < \infty$. $\qquad\square$

1.2 Endliche Räume und Zählprobleme

In diesem Abschnitt nehmen wir an, dass Ω endlich ist und betrachten einige Probleme, bei denen die *diskrete uniforme Wahrscheinlichkeit* des Beispiels 1.1.11 verwendet wird. Diese werden als *Zählprobleme* bezeichnet, weil, wie in (1.1) angegeben, das Berechnen von Wahrscheinlichkeiten darauf hinausläuft, die Kardinalität der Ereignisse zu berechnen.

Die Kombinatorik ist das mathematische Werkzeug, das diese Berechnungen ermöglicht. Obwohl es sich um Probleme handelt, die eine elementare Formulierung haben (z. B. Münzen, Würfel, Karten usw.), kann die Berechnung oft sehr kompliziert sein und auf den ersten Blick einschüchternd wirken. Es ist wichtig, diesen Aspekt herunterzuspielen, denn es handelt sich um eine eher technische Komplikation, die keine ungerechtfertigten Bedenken hervorrufen sollte. Die diskrete gleichförmige Wahrscheinlichkeit ist definitiv ein geringer und begrenzter Aspekt der Wahrscheinlichkeitstheorie, was ihre allgemeine Bedeutung und ihren Anreiz einschränkt. Tatsächlich kann *dieser Abschnitt entweder übersprungen oder zunächst schnell durchgelesen werden*, falls kein besonderes Interesse an dem Thema besteht.

1.2.1 Kardinalität von Mengen

Erinnern wir uns an einige grundlegende Begriffe über die Kardinalität endlicher Mengen. Im Folgenden verwenden wir die folgenden Notationen:

---

[5] Im Detail: wir haben $B_1 \setminus \bigcup_{n=1}^{\infty} A_n = B_1 \cap \bigcap_{n=1}^{\infty} A_n^c = \bigcap_{n=1}^{\infty} \left(B_1 \cap A_n^c\right) = \bigcap_{n=1}^{\infty} B_n.$

Notation 1.2.1

$$I_n = \{k \in \mathbb{N} \mid k \leq n\} = \{1, 2, \ldots, n\}, \qquad n \in \mathbb{N}.$$

Wir sagen, dass eine Menge A die Kardinalität $n \in \mathbb{N}$ hat, und schreiben $|A| = n$ oder $\sharp A = n$, wenn es eine bijektive Funktion von I_n nach A gibt. Außerdem ist $|A| = 0$ per Definition, wenn $A = \emptyset$. Wir schreiben $A \leftrightarrow B$, wenn $|A| = |B|$. In diesem Abschnitt betrachten wir nur Mengen mit endlicher Kardinalität.

Der Beweis der folgenden Eigenschaften ist eine Übung:

i) Es gilt $|A| = |B|$ genau dann, wenn es eine bijektive Funktion von A nach B gibt;

ii) wenn A, B disjunkt sind, dann

$$|A \uplus B| = |A| + |B|$$

und allgemeiner, diese Eigenschaft erstreckt sich auf den Fall einer endlichen disjunkten Vereinigung;

iii) für jedes A, B haben wir

$$|A \times B| = |A||B| \tag{1.11}$$

(1.11) kann unter Verwendung von ii) und der Tatsache, dass

$$A \times B = \biguplus_{x \in A} \{x\} \times B$$

wo die Vereinigung disjunkt ist und $|\{x\} \times B| = |B|$ für jedes $x \in A$, gezeigt werden;

iv) wir bezeichnen mit A^B die Menge der Funktionen von B nach A. Dann haben wir

$$\left| A^B \right| = |A|^{|B|} \tag{1.12}$$

da $A^B \leftrightarrow \underbrace{A \times \cdots \times A}_{|B|\,\text{mal}}$.

1.2.2　Drei Referenz-Zufallsexperimente: Ziehungen aus einer Urne

Bei der Verwendung von Kombinatorik für die Untersuchung eines Zufallsexperiments ist die Wahl des Stichprobenraums wichtig, weil sie das Zählen von Gesamt- und günstigen Fällen vereinfachen kann. Die günstigste Wahl hängt in der Regel vom zu betrachtenden Zufallsphänomen ab. Es ist jedoch oft nützlich, das Zufallsexperiment (oder gegebenenfalls jedes Unter-Zufallsexperiment, in das es zerlegt werden

Tab. 1.1 Klassifikation der Ziehungen aus einer Urne

REIHENFOLGE WIEDERHOLUNG	*Ohne* **Wiederholung**	*Mit* **Wiederholung**
Reihenfolge wird berücksichtigt	Ziehung *ohne Zurücklegen*	Ziehung *mit Zurücklegen*
Reihenfolge wird *nicht* berücksichtigt	*Gleichzeitige* Ziehung	—

kann) als eine geeignete Ziehung von Kugeln aus einer Urne (mit Zurücklegen, ohne Zurücklegen, gleichzeitig) zu beschreiben. Dies erläutern wir nun näher.

Betrachte eine Urne, die n Kugeln enthält, beschriftet mit $e_1, e_2, \ldots, e_n$. Wir ziehen k Kugeln aus der Urne auf eine der folgenden drei Arten:

1) Ziehung *mit Zurücklegen*, mit $k \in \mathbb{N}$, bei der die gezogene Kugel für die nächste Ziehung in die Urne zurückgelegt wird;
2) Ziehung *ohne Zurücklegen*, mit $k \in \{1, \ldots, n\}$, bei der die gezogene Kugel nicht in die Urne zurückgelegt wird;
3) *gleichzeitige* Ziehung, mit $k \in \{1, \ldots, n\}$, bei der die k Kugeln gleichzeitig gezogen werden.

Beachte, dass:

- bei der Ziehung mit Zurücklegen die Gesamtzahl der Kugeln in der Urne gleich bleibt und ihre Zusammensetzung in den nachfolgenden Ziehungen konstant ist; da wir eine Kugel nach der anderen ziehen, berücksichtigen wir die *Reihenfolge der Ziehung;* außerdem kann es *Wiederholungen* geben, d. h., es ist möglich, die gleiche Kugel mehrmals zu ziehen;
- bei der Ziehung ohne Zurücklegen wird bei jeder Ziehung die Gesamtzahl der Kugeln in der Urne um eine Einheit reduziert und daher ändert sich die Zusammensetzung der Urne jedes Mal; in diesem Fall berücksichtigen wir auch die Reihenfolge der Ziehung; jedoch sind Wiederholungen nicht mehr möglich (tatsächlich wird die Kugel, sobald sie gezogen wurde, nicht in die Urne zurückgelegt);
- die gleichzeitige Ziehung entspricht der Ziehung ohne Zurücklegen, bei der *wir nicht* die Reihenfolge der Ziehung berücksichtigen (Tab. 1.1).

Wir fassen diese Überlegungen in folgendem Schema zusammen:

Wir werden später auf den vierten Fall zurückkommen, der der leeren Box entspricht, und insbesondere darauf, warum er nicht berücksichtigt wurde (siehe Bemerkung 1.2.13). Für jede der drei oben beschriebenen Ziehungsarten möchten wir einen Stichprobenraum Ω mit der kleinstmöglichen Kardinalität bestimmen, der es uns ermöglicht, ein solches Zufallsexperiment zu beschreiben. Wir werden dieses Thema in Abschn. 1.2.4 behandeln, wo wir sehen werden, dass Ω jeweils wie folgt gegeben sein wird:

1) die Menge $\mathbf{DR}_{n,k}$ der *geordneten Anordnungen von k Elementen von* $\{e_1, \ldots, e_n\}$, im Fall der Ziehung mit Zurücklegen;

2) die Menge $\mathbf{D}_{n,k}$ der *einfachen Anordnungen von k Elementen von* $\{e_1, \ldots, e_n\}$, im Fall der Ziehung ohne Zurücklegen;

3) die Menge $\mathbf{C}_{n,k}$ der *Kombinationen von k Elementen von* $\{e_1, \ldots, e_n\}$, im Fall der gleichzeitigen Ziehung.

Bevor wir diese drei grundlegenden Mengen einführen, illustrieren wir eine allgemeine Methode, die wir verwenden werden, um die Kardinalität von $\mathbf{DR}_{n,k}$, $\mathbf{D}_{n,k}$, $\mathbf{C}_{n,k}$ und anderen endlichen Mengen zu bestimmen.

1.2.3 Methode der aufeinanderfolgenden Auswahl

In diesem Abschnitt illustrieren wir einen Algorithmus, bekannt als die *Methode der aufeinanderfolgenden Auswahl* (oder *Schema der aufeinanderfolgenden Auswahl* oder auch *grundlegendes Prinzip der Kombinatorik*), welcher es uns ermöglicht, die Kardinalität einer Menge zu bestimmen, sobald ihre Elemente eindeutig durch eine endliche Anzahl von aufeinanderfolgenden Auswahlmöglichkeiten charakterisiert sind.

Methode der aufeinanderfolgenden Auswahl. *Gegeben sei eine endliche Menge A, deren Kardinalität $|A|$ wir bestimmen wollen. Dabei gehen wir wie folgt vor:*

1) *im ersten Schritt wählen wir eine Partition von A mit $n_1 \in \mathbb{N}$ Teilmengen $A_1, \ldots, A_{n_1}$, alle mit der* **gleichen Kardinalität;** *diese Partition wird durch eine „Auswahl" erreicht, d.h., die Elemente von A werden aufgrund einer Eigenschaft, die sie besitzen, unterschieden;*

2) *im zweiten Schritt, für jedes $i = 1, \ldots, n_1$, verfahren wir wie in Punkt 1) mit der Menge A_i anstelle von A, indem wir eine Partition $A_{i,1}, \ldots, A_{i,n_2}$ von A_i in n_2 Teilmengen betrachten, die alle die* **gleiche Kardinalität** *haben, mit $n_2 \in \mathbb{N}$, das* **nicht von** *i abhängt;*

3) *wir fahren auf diese Weise fort, bis nach einer endlichen Anzahl $k \in \mathbb{N}$ von Schritten die Elemente der Partition eine Kardinalität von 1 haben.*

Die Kardinalität von A ist dann gegeben durch

$$|A| = n_1 n_2 \cdots n_k.$$

Zum Beispiel wenden wir die Methode der aufeinanderfolgenden Auswahl an, um die Formel

$$\left| A^B \right| = |A|^{|B|}.$$

zu beweisen. Sei $n = |A|$ die Kardinalität von A und bezeichnen wir ihre Elemente durch $a_1, \ldots, a_n$. Ähnlich sei $k = |B|$ die Kardinalität von B und bezeichnen wir ihre Elemente durch $b_1, \ldots, b_k$. Da A^B die Menge der Funktionen von B nach A ist, können wir jede Funktion in A^B durch die folgenden $k = |B|$ aufeinanderfolgenden Auswahlmöglichkeiten eindeutig charakterisieren:

1) als erste Wahl legen wir den Wert fest, den die Funktionen von A^B in Übereinstimmung mit b_1 annehmen; wir haben $n = |A|$ Möglichkeiten (also $n_1 = n$), d. h., diese erste Wahl bestimmt eine Partition von A in n Teilmengen (wir müssen nicht schreiben, welche diese Teilmengen sind, sondern nur wie viel n_1 ist);
2) als zweite Wahl legen wir den Wert fest, den die Funktionen von A^B in Übereinstimmung mit b_2 annehmen; wir haben $n = |A|$ Möglichkeiten (also $n_2 = n$);
3) $\cdots$
4) als die k-te und letzte Wahl (mit $k = |B|$) legen wir den Wert fest, den die Funktionen von A^B in Übereinstimmung mit b_k annehmen; wir haben $n = |A|$ Möglichkeiten (also $n_k = n$).

Aus der Methode der aufeinanderfolgenden Auswahl folgt, dass

$$\left|A^B\right| = \underbrace{|A| \cdots |A|}_{k=|B|\,\text{mal}} = |A|^{|B|}.$$

Später, wenn wir die Methode der aufeinanderfolgenden Auswahl anwenden, werden wir dem in Punkten 1)–4) skizzierten Verfahren folgen, wobei wir jede Wahl, die in jedem Schritt getroffen wird, und die Anzahl der verfügbaren Möglichkeiten (oder Optionen) angeben. Wir werden nicht explizit die Partition erwähnen, die aus jeder Wahl resultiert, da sie in der Regel klar ist.

1.2.4 Anordnungen und Kombinationen

In diesem Abschnitt betrachten wir eine Menge mit $n \in \mathbb{N}$ Elementen

$$E = \{e_1, e_2, \ldots, e_n\}$$

die eine Urne mit n nummerierte Kugeln entspricht, mit denen die Zufallsexperimente der Ziehung durchgeführt werden.

Definition 1.2.2 (Anordnungen mit Wiederholung) Es sei $k \in \mathbb{N}$. Wir sagen, dass

$$\mathbf{DR}_{n,k} := \underbrace{E \times \cdots \times E}_{k\,\text{mal}} = \{(\omega_1, \ldots, \omega_k) \mid \omega_1, \ldots, \omega_k \in E\}$$

die Menge der *Anordnungen mit Wiederholung von k Elementen von E* ist. Durch (1.12) haben wir $\left|\mathbf{DR}_{n,k}\right| = n^k$.

Die Menge $\mathbf{DR}_{n,k}$ ist der natürliche Stichprobenraum zur Beschreibung des Ergebnisses von k Ziehungen *mit Zurücklegen* aus einer Urne, die n Kugeln enthält: jedes

Element $\omega = (\omega_1, \ldots, \omega_k)$ gibt die Reihenfolge der gezogenen Kugeln an. Allgemeiner beschreibt $\mathbf{DR}_{n,k}$ alle Wege, auf denen wir eine Anzahl von k Objekten aus einer Menge von n Objekten in einer **geordneten** und **wiederholten** Weise anordnen können.

Beispiel 1.2.3 Sei $E = \{a, b, c\}$. Dann ist $|\mathbf{DR}_{3,2}| = 3^2 = 9$ und genau

$$\mathbf{DR}_{3,2} = \{(a, a), (a, b), (a, c), (b, a), (b, b), (b, c), (c, a), (c, b), (c, c)\}.$$

Übung 1.2.4 Bestimmen Sie die Anzahl der möglichen Ergebnisse der folgenden Zufallsexperimente[6]:

i) ein zufälliges Wort (auch ohne Bedeutung) bestehend aus 8 Buchstaben des englischen Alphabets (welches 26 Buchstaben hat) wird gewählt;
ii) ein Fußballtgruppenticket wird gespielt, bei dem man für jedes von 13 Spielen zwischen 1, 2 oder X wählen kann;
iii) ein fairer sechsseitiger Würfel wird 10 Mal geworfen.

Definition 1.2.5 (Einfache Anordnungen) Es sei $k \leq n$. Wir sagen, dass

$$\mathbf{D}_{n,k} = \{(\omega_1, \ldots, \omega_k) \mid \omega_1, \ldots, \omega_k \in E \text{ mit } \omega_i \neq w_j \text{ für } i \neq j\}$$

die Menge der *einfachen Anordnungen von k Elementen von E* ist. Wir haben

$$|\mathbf{D}_{n,k}| = n(n-1) \cdots (n-k+1) = \frac{n!}{(n-k)!}. \tag{1.13}$$

Die Menge $\mathbf{D}_{n,k}$ ist der natürliche Stichprobenraum zur Beschreibung des Ergebnisses von k Ziehungen *ohne Zurücklegen* aus einer Urne mit n Kugeln: Jedes Element $\omega = (\omega_1, \ldots, \omega_k)$ gibt die Reihenfolge der gezogenen Kugeln an. Allgemeiner ausgedrückt, $\mathbf{D}_{n,k}$ drückt die Wege aus, auf die wir eine Anzahl von k Objekten aus einer Menge von n Objekten in einer **geordneten** und **nicht wiederholten** Weise anordnen können.

Die Formel (1.13) kann mit der Methode der aufeinanderfolgenden Auswahl bewiesen werden, indem das generische Element $(\omega_1, \ldots, \omega_k)$ von $\mathbf{D}_{n,k}$ wie folgt charakterisiert wird:

1) als erste Wahl fixieren wir ω_1: wir haben $n = |E|$ Möglichkeiten, also $n_1 = n$;
2) als zweite Wahl fixieren wir ω_2, verschieden von ω_1: wir haben $n-1$ Möglichkeiten, also $n_2 = n - 1$;
3) $\cdots$
4) als k-te und letzte Wahl fixieren wir ω_k: wir haben $n - k + 1$ Möglichkeiten, da wir bereits $\omega_1, \ldots, \omega_{k-1}$ gewählt haben, also $n_k = n - k + 1$.

Aus der Methode der aufeinanderfolgenden Auswahl wird die Gültigkeit von (1.13) gefolgert.

---

[6] Lösung der Übung 1.2.4: i) $|\mathbf{DR}_{26,8}| = 26^8$; ii) $|\mathbf{DR}_{3,13}| = 3^{13}$; iii) $|\mathbf{DR}_{6,10}| = 6^{10}$.

Beispiel 1.2.6 Sei $E = \{a, b, c\}$. Dann ist $|\mathbf{D}_{3,2}| = \frac{3!}{1!} = 6$ und genau

$$\mathbf{D}_{3,2} = \{(a, b), (a, c), (b, a), (b, c), (c, a), (c, b)\}.$$

Beispiel 1.2.7 Wie hoch ist die Wahrscheinlichkeit, beim Lottospiel (bei dem fünf Zahlen aus den ersten neunzig natürlichen Zahlen ersatzlos gezogen werden) eine aufeinanderfolgende Fünferfolge zu erhalten (bei der die Ziehungsreihenfolge eine Rolle spielt), wenn man davon ausgeht, dass man eine einzige Fünferfolge spielt (z. B. die geordnete Folge 13, 5, 45, 21, 34)? Wie hoch ist die Wahrscheinlichkeit, stattdessen eine einfache Fünferzahlenfolge zu erhalten (bei der die Reihenfolge der Ziehung keine Rolle spielt)?

Lösung *Die Wahrscheinlichkeit, eine aufeinanderfolgende Fünferzahlenfolge zu bekommen, ist* $\frac{1}{|\mathbf{D}_{90,5}|} \approx 1.89 \cdot 10^{-10}$.

Wenn wir stattdessen eine einfache Fünferzahlenfolge ohne Reihenfolge betrachten, müssen wir zuerst zählen, auf wie viele verschiedene Weisen wir 5 Zahlen anordnen können, gleich $|\mathbf{D}_{5,5}| = 5!$. *Die Wahrscheinlichkeit einer einfachen Fünferzahl-Kombination nach 5 Ziehungen ist daher* $\frac{|\mathbf{D}_{5,5}|}{|\mathbf{D}_{90,5}|} \approx 2.27 \cdot 10^{-8}$.

Definition 1.2.8 (Permutationen) Wir bezeichnen $\mathbf{P}_n := \mathbf{D}_{n,n}$ als die Menge der *Permutationen* von n Objekten. Wir haben

$$|\mathbf{P}_n| = n!$$

Die Menge $\mathbf{P}_n$ drückt die Wege aus, auf die wir umsortieren können, das heißt, eine Anzahl n von Objekten in einer **geordneten** und **nicht wiederholten** Weise anordnen können.

Definition 1.2.9 (Kombinationen) Gegeben sei $k \leq n$, wir bezeichnen mit $\mathbf{C}_{n,k}$ die Menge der *Kombinationen von k Elementen aus E*. Diese ist als die Familie der Teilmengen von E mit Kardinalität k definiert, also:

$$\mathbf{C}_{n,k} = \{A \subseteq E \mid |A| = k\}.$$

Die Menge $\mathbf{C}_{n,k}$ ist der natürliche Stichprobenraum zur Beschreibung des Ergebnisses der gleichzeitigen Ziehung von k Kugeln aus einer Urne, die n davon enthält: jedes Element $\omega = \{\omega_1, \ldots, \omega_k\}$ zeigt die Gruppe (Menge) der k gezogenen Kugeln an. Allgemeiner ausgedrückt, drückt $\mathbf{C}_{n,k}$ alle die Gruppen von k Objekten aus, die aus einer Menge von n Objekten auf eine **nicht geordnete** und **nicht wiederholte** Weise ausgewählt werden.

Beispiel 1.2.10 Es sei $E = \{a, b, c\}$. Dann ist $|\mathbf{C}_{3,2}| = 3$ und wir haben

$$\mathbf{C}_{3,2} = \big\{\{a, b\}, \{a, c\}, \{b, c\}\big\}.$$

Tab. 1.2 Klassifizierung von Ziehungen aus einer Urne und Beziehung zu Anordnungen und Kombinationen

REIHENFOLGE WIEDERHOLUNG	*Ohne* **Wiederholung**	*Mit* **Wiederholung**
Reihenfolge wird berücksichtigt	Ziehung *ohne Zurücklegen* $\Omega = \mathbf{D}_{n,k}$ $|\Omega| = \frac{n!}{(n-k)!}$	Ziehung *mit Zurücklegen* $\Omega = \mathbf{DR}_{n,k}$ $|\Omega| = n^k$
Reihenfolge wird *nicht* berücksichtigt	*Gleichzeitige* Ziehung $\Omega = \mathbf{C}_{n,k}$ $|\Omega| = \frac{|\mathbf{D}_{n,k}|}{k!} = \binom{n}{k}$	–

Proposition 1.2.11 Wir haben

$$|\mathbf{C}_{n,k}| = \frac{|\mathbf{D}_{n,k}|}{|\mathbf{P}_k|} = \frac{n!}{k!(n-k)!} = \binom{n}{k}. \tag{1.14}$$

Beweis Im Gegensatz zu $|\mathbf{DR}_{n,k}|$ und $|\mathbf{D}_{n,k}|$ ist es nicht möglich, die Berechnung von $|\mathbf{C}_{n,k}|$ in eine Sequenz von aufeinanderfolgenden Auswahlmöglichkeiten zu zerlegen. Allerdings ist der Beweis von (1.14) äquivalent zu:

$$|\mathbf{D}_{n,k}| = |\mathbf{C}_{n,k}|\,|\mathbf{P}_k|. \tag{1.15}$$

Wir beweisen (1.15), indem wir die Methode der aufeinanderfolgenden Auswahl auf die Menge $\mathbf{D}_{n,k}$ anwenden und das generische Element $\omega = (\omega_1, \ldots, \omega_k)$ von $\mathbf{D}_{n,k}$ nach folgendem Schema charakterisieren:

1) als erste Wahl fixieren wir die Teilmenge $\{\omega_1, \ldots, \omega_k\}$ von E, die aus den Komponenten von ω gebildet wird: wir haben $|\mathbf{C}_{n,k}|$ Möglichkeiten und daher $n_1 = |\mathbf{C}_{n,k}|$;
2) als zweite und letzte Wahl fixieren wir die Permutation der k Elemente $\omega_1, \ldots, \omega_k$ die die Reihenfolge beschreibt, in der sie in ω angeordnet sind: wir haben $|\mathbf{P}_k|$ Möglichkeiten und daher $n_2 = |\mathbf{P}_k|$.

Aus der Methode der aufeinanderfolgenden Auswahl folgern wir die Gültigkeit von (1.15) und somit auch von (1.14). $\qquad\square$

Die Mengen $\mathbf{DR}_{n,k}$, $\mathbf{D}_{n,k}$ (und somit auch $\mathbf{P}_n = \mathbf{D}_{n,n}$) und $\mathbf{C}_{n,k}$ sind wichtig, nicht nur weil sie die Stichprobenräume der drei eingeführten Zufallsexperimente in Abschn. 1.2.2 sind, sondern auch weil die Kardinalitäten solcher Mengen oft den Zahlen $n_1, n_2, \ldots, n_k$ der Methode der aufeinanderfolgenden Auswahl entsprechen; zum Beispiel für die Berechnung von $|\mathbf{D}_{n,k}|$ in (1.15) haben wir $n_1 = |\mathbf{C}_{n,k}|$ und $n_2 = |\mathbf{P}_k|$ gewählt.

Wir können die Tabelle aus Abschn. 1.2.2 vervollständigen und auch die Stichprobenräume und ihre Kardinalitäten (d. h., die „Gesamtfälle") angeben.

Hier sind einige abschließende Bemerkungen zur Tab. 1.2.

Bemerkung 1.2.12 Obwohl drei Zufallsexperimente eingeführt wurden, genügt es, nur die ersten zwei zu betrachten: Ziehung ohne Zurücklegen und Ziehung mit Zurücklegen. Die gleichzeitige Ziehung kann tatsächlich als ein spezieller Fall der Ziehung ohne Zurücklegen angesehen werden, bei der die Reihenfolge nicht berücksichtigt wird. Genauer gesagt, jedem Element von $\mathbf{C}_{n,k}$, d. h. jeder Teilmenge von k Kugeln, die aus n ausgewählt wurden, entsprechen $k!$ Elemente (oder k-Tupel) von $\mathbf{D}_{n,k}$, daher haben wir

$$\frac{\text{günstige Fälle in } \mathbf{C}_{n,k}}{\text{Gesamtfälle in } \mathbf{C}_{n,k}} = \frac{k! \, (\text{günstige Fälle in } \mathbf{C}_{n,k})}{k! \, (\text{Gesamtfälle in } \mathbf{C}_{n,k})} = \frac{\text{günstige Fälle in } \mathbf{D}_{n,k}}{\text{Gesamtfälle in } \mathbf{D}_{n,k}}.$$

Bemerkung 1.2.13 Die leere Zelle in der obigen Tabelle entspricht der Menge der sogenannten „Kombinationen mit Wiederholung", d. h. der Menge aller ungeordnet und möglicherweise wiederholten Gruppen, von k Objekten aus einer Menge von n Objekten. Das entsprechende Zufallsexperiment ist die Ziehung mit Zurücklegen, bei der die Reihenfolge nicht berücksichtigt wird: dieses Zufallsexperiment kann auch durch den Stichprobenraum $\mathbf{DR}_{n,k}$ beschrieben werden, der mit der diskreten gleichförmigen Wahrscheinlichkeit ausgestattet ist. Im Gegensatz dazu kann auf dem Raum der Kombinationen mit Wiederholung die Wahrscheinlichkeit nicht die diskrete gleichförmige sein. Tatsächlich entspricht jede Kombination mit Wiederholung nicht immer der gleichen Anzahl von Elementen von $\mathbf{DR}_{n,k}$ (wie es im Fall von $\mathbf{C}_{n,k}$ und $\mathbf{D}_{n,k}$ der Fall ist) und der Proportionalitätsfaktor hängt davon ab, wie viele Wiederholungen innerhalb der Kombination vorhanden sind: Kombinationen mit mehr Wiederholungen sind weniger wahrscheinlich. Aus diesem Grund ist die Formel „Günstige Fälle/Gesamtfälle" in diesem Raum nicht gültig, d. h. die Techniken der Kombinatorik können nicht angewendet werden.

Beispiel 1.2.14 Betrachten wir erneut die Berechnung der Wahrscheinlichkeit einer einfachen Fünf-Zahlen-Kombination im Lottospiel: Da die Reihenfolge der Ziehung der Zahlen keine Rolle spielt, befinden wir uns im Fall der gleichzeitigen Ziehung, so ist es natürlich $\Omega = \mathbf{C}_{90,5}$ zu betrachten. In der Tat ist die Wahrscheinlichkeit der Fünf-Zahlen-Kombination durch $\frac{1}{|\mathbf{C}_{90,5}|}$ gegeben, was mit dem obigen Ergebnis übereinstimmt, welches wir mit einfachen Anordnungen gefunden hatten, das heißt, $\frac{5!}{|\mathbf{D}_{90,5}|}$.

Übung 1.2.15 Finde die Wahrscheinlichkeit, eine einfache Fünf-Zahlen-Kombination nach $k \geq 5$ Ziehungen zu erhalten.

Lösung *Es sei $\Omega = \mathbf{C}_{90,k}$ und A das Ereignis, an dem wir interessiert sind, das heißt, die Familie der Mengen von k Zahlen, in denen 5 festgelegt sind und die restlichen $k - 5$ können eine der verbleibenden 85 Zahlen sein. Dann haben wir*

$$P(A) = \frac{|\mathbf{C}_{85,k-5}|}{|\mathbf{C}_{90,k}|}.$$

Zum Beispiel, $P(A) \approx 6 \cdot 10^{-6}$ für $k = 10$ und $P(A) \approx 75\,\%$ für $k = 85$.

Übung 1.2.16 Betrachte ein Kartenspiel mit 40 Karten bestehend aus vier Farben: Herzen, Diamanten, Kreuz und Pik. Bestimme die Wahrscheinlichkeit des Ereignisses A, was wie folgt gegeben ist:

(1) Bei 5 Ziehungen ohne Zurücklegen werden 5 Herzen erhalten;
(2) Bei 5 Ziehungen mit Zurücklegen werden 5 Herzen erhalten;
(3) Bei 5 Ziehungen ohne Zurücklegen werden die Zahlen von 1 bis 5 in beliebiger Reihenfolge erhalten, von jeder Farbe, auch unterschiedlich voneinander.

Lösung *(1) Die Ziehung erfolgt ohne Zurücklegen, aber das Ereignis $A = $ „5 Herzen werden erhalten" berücksichtigt nicht die Reihenfolge. Daher kann eine solche Ziehung auch als gleichzeitige Ziehung gesehen werden. So können wir als Stichprobenraum $\Omega = \mathbf{C}_{40,5}$ wählen (die Wahl von $\Omega = \mathbf{D}_{40,5}$ wäre immer noch in Ordnung). Das Ergebnis $\omega = \{\omega_1, \omega_2, \omega_3, \omega_4, \omega_5\}$ entspricht der Menge der gezogenen Karten. Dann $A \leftrightarrow \mathbf{C}_{10,5}$ (die möglichen Auswahlmöglichkeiten, ungeordnet und nicht wiederholt, von 5 Herzen) und daher*

$$P(A) = \frac{\binom{10}{5}}{\binom{40}{5}} \approx 0.04\,\%.$$

(2) In diesem Fall handelt es sich um eine Ziehung mit Zurücklegen, so dass wir $\Omega = \mathbf{DR}_{40,5}$ berücksichtigen müssen (auch in diesem Fall berücksichtigt das Ereignis A die Reihenfolge nicht; wenn es jedoch Wiederholungen gibt, ist der einzige Raum, den wir für die Anwendung der kombinatorischen Techniken wählen können, der Raum der Anordnungen mit Wiederholungen). Das Ergebnis ω kann mit einer geordneten Folge $(\omega_1, \omega_2, \omega_3, \omega_4, \omega_5)$ mit möglichen Wiederholungen der gezogenen Karten identifiziert werden. In diesem Fall gilt $A \leftrightarrow \mathbf{DR}_{10,5}$ (die möglichen Auswahlmöglichkeiten, geordnet und wiederholt, von 5 Herzen) und daher

$$P(A) = \frac{10^5}{40^5} \approx 0.1\,\%.$$

(3) In diesem Fall erfolgt die Ziehung ohne Zurücklegen und das Ereignis $A = $ „die Zahlen von 1 bis 5 werden in beliebiger Reihenfolge erhalten, von jeder Farbe, auch unterschiedlich voneinander" berücksichtigt die Reihenfolge, so dass der natürliche Stichprobenraum $\Omega = \mathbf{D}_{40,5}$ ist. Wir haben, dass $A \leftrightarrow \mathbf{DR}_{4,5}$ (die geordnete Sequenz der Farben der 5 gezogenen Karten wird gewählt) und daher

$$P(A) = \frac{|\mathbf{DR}_{4,5}|}{|\mathbf{D}_{40,5}|} \approx 10^{-3}\,\%.$$

1.2.5   *Binomial- und hypergeometrische Wahrscheinlichkeit*

Wir präsentieren zwei grundlegende Beispiele, die wir weiter untersuchen werden, da sie eng mit zwei bedeutenden Wahrscheinlichkeitsverteilungen verbunden sind: den binomialen und hypergeometrischen Verteilungen. Wir nehmen an, dass

$$0! = 1 \quad \text{und} \quad 0^0 = 1. \tag{1.16}$$

Wir erinnern daran, dass für $k, n \in \mathbb{N}_0$, mit $k \leq n$,

$$\binom{n}{k} = \frac{n!}{k!(n-k)!}.$$

Aus der Definition folgt direkt, dass

$$\binom{n}{k} = \binom{n}{n-k}, \qquad \binom{n}{0} = \binom{n}{n} = 1, \qquad \binom{n}{1} = n.$$

Außerdem gilt für $k, n \in \mathbb{N}$ mit $k < n$,

$$\binom{n}{k} = \binom{n-1}{k-1} + \binom{n-1}{k}. \tag{1.17}$$

Als Übung beweise unter Verwendung von (1.17) durch Induktion die *binomische Formel*[7] (oder Newtons Formel)

$$(a+b)^n = \sum_{k=0}^{n} \binom{n}{k} a^k b^{n-k}, \qquad a, b \in \mathbb{R}. \tag{1.18}$$

Als Spezialfälle von (1.18) haben wir:

- wenn $a = b = 1$ dann gilt

$$\sum_{k=0}^{n} \binom{n}{k} = 2^n. \tag{1.19}$$

Falls $|A| = n$ ist, dann erinnern wir uns, dass $\binom{n}{k} = |\mathbf{C}_{n,k}|$ gleich der Anzahl der Teilmengen von A mit Kardinalität k ist, dann zeigt (1.19), dass $|\mathscr{P}(A)| = 2^n$.

---

[7] Ein alternativer Beweis kombinatorischer Natur der Newtonschen Formel ist der folgende: Das Produkt $(a+b)(a+b)\cdots(a+b)$ von n Faktoren erweitert sich zu einer Summe von Monomen des Grades n vom Typ $a^{n-k}b^k$ mit $0 \leq k \leq n$. Wie viele Monome eines bestimmten Typs (d. h., mit k fest) gibt es? Das Monom $a^{n-k}b^k$ wird durch die Auswahl des Wertes b aus k der n verfügbaren Faktoren im Produkt $(a+b)(a+b)\cdots(a+b)$ erhalten (und daher die Auswahl von a aus den verbleibenden $n-k$), was auf $\binom{n}{k}$ Arten geschieht.

- wenn man sich an die Konvention (1.16) für die Fälle $p = 0$ und $p = 1$ erinnert, haben wir

$$\sum_{k=0}^{n} \binom{n}{k} p^k (1 - p)^{n-k} = 1, \qquad p \in [0, 1]. \tag{1.20}$$

Mit anderen Worten, wenn wir zur Vereinfachung

$$p_k := \binom{n}{k} p^k (1 - p)^{n-k}, \qquad k = 0, \ldots, n,$$

setzen, dann sind $p_0, \ldots, p_n$ nicht-negative Zahlen mit einer Summe gleich 1. Falls wir nun $P(\{k\}) = p_k$ setzen, definieren wir durch Bemerkung 1.1.13 ein Wahrscheinlichkeitsmaß auf dem Stichprobenraum $\Omega = \{0, \ldots, n\}$, welches wir *binomiale Wahrscheinlichkeitsmaß* nennen.

Wir geben eine Interpretation der binomialen Wahrscheinlichkeit im folgenden Beispiel:

Beispiel 1.2.17 (Binomial) [!] Wir betrachten eine Urne, die b weiße Bälle und r rote Bälle enthält, mit $b, r \in \mathbb{N}$, und führen n Ziehungen *mit* Zurücklegen durch. Berechne die Wahrscheinlichkeit des Ereignisses A_k genau k weiße Bälle zu ziehen, wobei $0 \leq k \leq n$.

Zuerst bestimmen wir den Stichprobenraum: a priori spielt die Reihenfolge der Ziehungen keine Rolle, aber wenn man bedenkt, dass es eine Wiederholung gibt (d. h., die Wiederholung eines möglichen bereits gezogenen Balls), dann liegt es nahe $\Omega = \mathbf{DR}_{b+r,n}$ zu betrachten. Das Ergebnis ω kann mit dem k-Tupel identifiziert werden, die eine geordnete Folge mit möglichen Wiederholungen der gezogenen Bälle darstellt (unter der Annahme, dass die Bälle nummeriert wurden, um sie zu identifizieren). Wir charakterisieren das generische Ergebnis $\omega \in A_k$ durch die folgenden aufeinanderfolgenden Entscheidungen:

i) wir wählen die Folge (geordnet und mit möglichen Wiederholungen) der k gezogenen weißen Bälle aus den b in der Urne vorhandenen: es gibt $|\mathbf{DR}_{b,k}|$ mögliche Wege;

ii) wir wählen die Sequenz (geordnet und mit möglichen Wiederholungen) der $n - k$ gezogenen roten Bälle aus den r in der Urne vorhandenen: es gibt $|\mathbf{DR}_{r,n-k}|$ mögliche Wege;

iii) wir wählen, in welchen der n Ziehungen die k weißen Bälle gezogen wurden; es gibt $|\mathbf{C}_{n,k}|$ mögliche Wege[8].

Dann haben wir

$$P(A_k) = |\mathbf{C}_{n,k}| \frac{|\mathbf{DR}_{b,k}| |\mathbf{DR}_{r,n-k}|}{|\mathbf{DR}_{b+r,n}|} = \binom{n}{k} \frac{b^k r^{n-k}}{(b+r)^n},$$

---

[8] Tatsächlich, jede Teilmenge mit Kardinalität k von I_n entspricht k Ziehungen der n, und umgekehrt. Zum Beispiel, wenn $n = 4$ und $k = 2$, entspricht die Teilmenge $\{2, 3\}$ von $I_4 = \{1, 2, 3, 4\}$ der zweiten und dritten Ziehung, und umgekehrt.

oder, äquivalent,

$$P(A_k) = \binom{n}{k} p^k (1-p)^{n-k}, \qquad k = 0, 1, \ldots, n,$$

wobei $p = \frac{b}{b+r}$ die Wahrscheinlichkeit ist, einen weißen Ball zu ziehen, gemäß der gleichmäßigen Wahrscheinlichkeit.

Bemerkung 1.2.18 Wie wir später besser erklären werden, kann die binomiale Wahrscheinlichkeit als *die Wahrscheinlichkeit interpretiert werden, k Erfolge bei einem Experiment mit nur zwei Ausgängen zu haben*, Erfolg mit Wahrscheinlichkeit p und Misserfolg mit Wahrscheinlichkeit $1 - p$, n Mal wiederholt. Zum Beispiel ist die Wahrscheinlichkeit, genau k Köpfe zu bekommen, indem man eine Münze n Mal wirft, gleich $\binom{n}{k} p^k (1-p)^{n-k}$ mit $p = \frac{1}{2}$, das heißt $\binom{n}{k} \frac{1}{2^n}$.

Beispiel 1.2.19 (Hypergeometrisch) Betrachte eine Urne, die b weiße Bälle und r rote Bälle enthält, mit $b, r \in \mathbb{N}$. Wir führen $n \leq b + r$ Ziehungen *ohne* Zurücklegen durch. Berechne die Wahrscheinlichkeit des Ereignisses A_k das darin besteht, genau k weiße Bälle zu ziehen, mit $\max\{0, n - r\} \leq k \leq \min\{n, b\}$. Die Bedingung $\max\{0, n - r\} \leq k \leq \min\{n, b\}$ ist äquivalent zur Forderung, dass die folgenden drei Bedingungen gleichzeitig gelten:

- $0 \leq k \leq n$;
- $k \leq b$, d.h., die Anzahl der gezogenen weißen Bälle übersteigt b nicht;
- $n - k \leq r$, d.h., die Anzahl der gezogenen roten Bälle übersteigt r nicht.

Zuerst bestimmen wir den Stichprobenraum: Da die Ziehungsreihenfolge keine Rolle spielt, können wir $\Omega = \mathbf{C}_{b+r,n}$ betrachten (alternativ können wir $\Omega = \mathbf{D}_{b+r,n}$ wählen). Das Ergebnis ω entspricht der *Menge* der gezogenen Kugeln (unter der Annahme, dass die Kugeln nummeriert wurden, um sie zu identifizieren). Wir charakterisieren das generische Ergebnis $\omega \in A_k$ durch die folgenden aufeinanderfolgenden Auswahlen:

i) Wir wählen die k weißen Kugeln aus den b in der Urne vorhandenen Kugeln: Es gibt $|\mathbf{C}_{b,k}|$ mögliche Wege;
ii) Wir wählen die $n - k$ roten Kugeln aus den r in der Urne vorhandenen Kugeln: Es gibt $|\mathbf{C}_{r,n-k}|$ mögliche Wege.

Dann haben wir

$$P(A_k) = \frac{|\mathbf{C}_{b,k}||\mathbf{C}_{r,n-k}|}{|\mathbf{C}_{b+r,n}|} = \frac{\binom{b}{k}\binom{r}{n-k}}{\binom{b+r}{n}}, \qquad \max\{0, n - r\} \leq k \leq \min\{n, b\}.$$

1.2.6 Beispiele

Die folgenden Beispiele dienen dazu, um mit den Konzepten der vorhergehenden Abschnitte vertrauter zu werden.

Beispiel 1.2.20 Betrachte eine Gruppe von $k \geq 2$ Personen, die im selben Jahr (von 365 Tagen) geboren wurden. Bestimme die Wahrscheinlichkeit, dass mindestens zwei Personen in der Gruppe am selben Tag geboren wurden.

Lösung *Wir können das Problem wie folgt umformulieren: Eine Urne enthält 365 Kugeln, nummeriert von 1 bis 365; Kugel Nummer N entspricht dem N-ten Tag des Jahres; wir ziehen mit Zurücklegen k Kugeln; wie hoch ist die Wahrscheinlichkeit, die gleiche Nummer zweimal zu ziehen? Wir haben das Problem also auf das Ziehen von k Kugeln aus einer Urne mit 365 Kugeln reduziert. Wir wissen, dass der natürliche Stichprobenraum $\Omega = \mathbf{DR}_{365,k}$ ist. Sei A das Ereignis von Interesse, d. h., A =* „*mindestens zwei Personen wurden am selben Tag geboren*". *Dann $A^c \leftrightarrow \mathbf{D}_{365,k}$ und daher*

$$P(A) = 1 - P(A^c) = 1 - \frac{|\mathbf{D}_{365,k}|}{|\mathbf{DR}_{365,k}|} = 1 - \frac{365!}{(365-k)! \cdot 365^k}.$$

Es folgt $P(A) \approx 0.507 > \frac{1}{2}$ für $k = 23$ und $P(A) \approx 97\,\%$ für $k = 50$.

Beispiel 1.2.21 Zwei Karten werden (ohne Zurücklegen) aus einem Deck von 40 Karten gezogen, die mit Farbe (Herz $\heartsuit$, Karo $\diamondsuit$, Kreuz $\clubsuit$, Pik $\spadesuit$) und Nummer von 1 bis 10 identifiziert sind. Bestimme die Wahrscheinlichkeit des Ereignisses A, das auf jede der folgenden Arten definiert ist:

(1) die beiden Karten sind in der Reihenfolge eine Herz Karte und eine Karo Karte;
(2) die beiden Karten sind in der Reihenfolge eine Herz Karte und eine 7;
(3) die beiden Karten sind eine Herz Karte und eine 7, unabhängig von der Reihenfolge.

Lösung

(1) Es sei $\Omega = \mathbf{D}_{40,2}$. Das Ergebnis $\omega = (\omega_1, \omega_2)$ entspricht dem Paar der gezogenen Karten. Wir charakterisieren das generische Ergebnis $\omega = (\omega_1, \omega_2) \in A$ durch die folgenden aufeinanderfolgenden Entscheidungen:

  i) *wir wählen die erste gezogene Karte (d. h., ω_1) unter den Herz Karten: es gibt 10 mögliche Entscheidungen;*

 ii) *wir wählen die zweite gezogene Karte (d. h., ω_2) unter den Karo Karten: es gibt 10 mögliche Entscheidungen.*

Zusammenfassend

$$P(A) = \frac{100}{|\mathbf{D}_{40,2}|} = \frac{5}{78} \approx 6.4\,\%.$$

Wenn wir die Reihenfolge des Ziehens nicht berücksichtigen würden, könnten wir alternativ den Stichprobenraum $\Omega = \mathbf{C}_{40,2}$ betrachten. In diesem Fall entspricht das Ergebnis $\omega = \{\omega_1, \omega_2\}$ der Menge der gezogenen Karten. Also, wie zuvor vorgehend,

$$\frac{100}{|\mathbf{C}_{40,2}|} = \frac{5}{39} = 2P(A).$$

(2) Es sei $\Omega = \mathbf{D}_{40,2}$. Wir können $|A|$ nicht durch die beiden aufeinanderfolgenden Entscheidungen i)–ii) von Punkt (1) bestimmen, da wir auf diese Weise auch das Paar $(7\heartsuit, 7\heartsuit)$ zählen würden, das ausgeschlossen werden muss, da die Karten nicht in das Deck zurückgelegt werden. Anstatt die Methode der aufeinanderfolgenden Entscheidungen direkt auf A anzuwenden, stellen wir fest, dass A die disjunkte Vereinigung von $A_1 = \mathbf{D}_{9,1} \times \mathbf{D}_{4,1}$ (die erste Karte ist eine Herz Karte, die sich von 7 unterscheidet, und die zweite Karte ist eine der vier 7er) und $A_2 = \mathbf{D}_{3,1}$ (die erste Karte ist die 7 von Herz und die zweite Karte ist eine der verbleibenden drei 7er). Daher

$$P(A) = P(A_1) + P(A_2) = \frac{9 \cdot 4}{|\mathbf{D}_{40,2}|} + \frac{3}{|\mathbf{D}_{40,2}|} = \frac{1}{40}.$$

(3) Da die Reihenfolge keine Rolle spielt, ist $P(A)$ doppelt so hoch wie im Fall (2), also $P(A) = \frac{1}{20}$.

$$P(A) = \frac{9 \cdot 4 + 3}{|\mathbf{C}_{40,2}|} = \frac{1}{20}.$$

Beispiel 1.2.22 Teile ein Deck von 40 Karten in zwei Decks von 20. Bestimme je die Wahrscheinlichkeit der folgenden Ereignisses A:

(1) das erste Deck enthält genau eine 7;

(2) das erste Deck enthält mindestens eine 7.

Lösung *Es sei $\Omega = \mathbf{C}_{40,20}$. Das Ergebnis ω kann als Menge der Karten im ersten Deck gedacht werden.*
(1) Wir charakterisieren das generische Ergebnis $\omega \in A$ durch die folgenden aufeinanderfolgenden Entscheidungen:

  i) *wir wählen die 7, die zum ersten Deck gehört: es gibt 4 mögliche Wege;*

 ii) *wir wählen die verbleibenden 19 Karten des ersten Decks aus den verbleibenden 39: es gibt $|\mathbf{C}_{39,19}|$ mögliche Wege.*

Abschließend

$$P(A) = \frac{4|\mathbf{C}_{36,19}|}{|\mathbf{C}_{40,20}|} = \frac{120}{481} \approx 25\,\%.$$

(2) Wir haben

$$P(A) = 1 - P(A^c) = 1 - \frac{|\mathbf{C}_{36,20}|}{|\mathbf{C}_{40,20}|} \approx 95.7\,\%. \qquad (1.21)$$

Um es besser zu verstehen, sehen wir uns alternative Wege zur Lösung des Problems an: Wir könnten versuchen, das generische Ergebnis $\omega \in A$ durch die folgenden aufeinanderfolgenden Entscheidungen zu charakterisieren:

  i) *Wir wählen die 7, die zum ersten Deck gehört: Es gibt 4 mögliche Wege;*

 ii) *Wir wählen die verbleibenden 19 Karten des ersten Decks aus den verbleibenden 39: Es gibt $|\mathbf{C}_{39,19}|$ mögliche Wege.*

In diesem Fall würden wir

$$P(A) = \frac{4\,|\mathbf{C}_{39,19}|}{|\mathbf{C}_{40,20}|} = 2$$

finden, was offensichtlich ein falsches Ergebnis ist. Der Fehler liegt in der Tatsache, dass die aufeinanderfolgenden Auswahlmöglichkeiten ω in dem Sinne nicht eindeutig identifizieren, dass das gleiche ω mehr als einmal „gezählt wird: zum Beispiel wird ein ω, das $7\heartsuit$ und $7\diamondsuit$ enthält, durch die Auswahl von $7\heartsuit$ in Auswahl i) und $7\diamondsuit$ in Auswahl ii) identifiziert, aber auch durch das Vertauschen der Rollen von $7\heartsuit$ und $7\diamondsuit$.

Wenn wir das komplementäre Ereignis nicht verwenden wollen, können wir alternativ $|A|$ berechnen, indem wir A als die Vereinigung von disjunkten Ereignissen $A_k =$ „das erste Deck enthält genau eine Anzahl k von 7en", für $k = 1, 2, 3, 4$ ausdrücken. Das generische Ergebnis $\omega \in A_k$ wird eindeutig durch die folgenden aufeinanderfolgenden Auswahlmöglichkeiten bestimmt:

i) *unter den 7en wählen wir k aus, die zu dem ersten Deck gehören: es gibt $|\mathbf{C}_{4,k}|$ mögliche Wege;*
ii) *wir wählen die verbleibenden $20 - k$ des ersten Decks, die nicht 7 sind: es gibt $|\mathbf{C}_{36,20-k}|$ mögliche Wege.*

Daher gilt

$$P(A_k) = \frac{|\mathbf{C}_{4,k}|\,|\mathbf{C}_{36,20-k}|}{|\mathbf{C}_{40,20}|}, \qquad k = 1, 2, 3, 4,$$

und als Endergebnis erhalten wir wieder (1.21).

Beispiel 1.2.23 Aus einer Urne, die b weiße Kugeln und r rote Kugeln enthält, mit $b, r \in \mathbb{N}$, werden k Kugeln ohne Zurücklegen gezogen, mit $k \leq b + r$. Bestimme die Wahrscheinlichkeit des Ereignisses B_k, das aus dem Ziehen einer weißen Kugel bei der k-ten Ziehung besteht.

Lösung *Es sei $\Omega = \mathbf{D}_{b+r,k}$. Das Ergebnis ω kann mit dem Vektor identifiziert werden, der die geordnete Folge und ohne Wiederholungen der k Ziehungen anzeigt (unter der Annahme, dass die Kugeln nummeriert wurden, um sie zu identifizieren). Dann gilt*

$$B_k \leftrightarrow \{(\omega_1, \dots, \omega_k) \mid \omega_k\,\text{"weiß"}\}.$$

Um $|B_k|$ zu bestimmen, verwenden wir die Methode der aufeinanderfolgenden Auswahlmöglichkeiten, indem wir ein generisches k-Tupel $(\omega_1, \dots, \omega_k)$ durch das folgende Schema charakterisieren:

i) *wir wählen die weiße Kugel der k-ten Ziehung, d. h., ω_k: es gibt b mögliche Wege;*
ii) *wir wählen die Folge (geordnet und ohne Wiederholungen) der $k - 1$ vorherigen Ziehungen: es gibt $|\mathbf{D}_{b+r-1,k-1}|$ mögliche Wege.*

Dann haben wir mit $b + r = n$

$$P(B_k) = \frac{b|\mathbf{D}_{n-1,k-1}|}{|\mathbf{D}_{n,k}|} = \frac{b\frac{(n-1)!}{(n-k)!}}{\frac{n!}{(n-k)!}} = \frac{b}{n}.$$

Daher ist $P(B_k) = \frac{b}{b+r}$ gleich der Wahrscheinlichkeit, eine weiße Kugel bei der ersten Ziehung zu ziehen, d. h., $P(B_k) = P(B_1)$. Diese Tatsache kann erklärt werden, indem man beobachtet, dass B_k bijektiv zu der Menge $\{(\omega_1, \ldots, \omega_k) \mid \omega_1 \text{ „weiß"}\}$ ist.

Beispiel 1.2.24 Betrachte ein Deck von 40 Karten, aus dem k Karten ohne Zurücklegen gezogen werden, mit $k \leq 40$. Bestimme die Wahrscheinlichkeit, dass eine Herzkarte bei der k-ten Ziehung gezogen wird.

Lösung *Dieses Beispiel ähnelt dem vorherigen: Es seien $\Omega = \mathbf{D}_{40,k}$ und $A_k = \text{„eine Herzkarte wird bei der k-ten Ziehung gezogen"}$. Die Wahrscheinlichkeit von A_k ist durch*

$$P(A_k) = \frac{10|\mathbf{D}_{39,k-1}|}{|\mathbf{D}_{40,k}|} = \frac{1}{4}$$

gegeben.

Beispiel 1.2.25 Aus einer Urne, die b weiße Kugeln und r rote Kugeln enthält, werden 2 Kugeln mit Zurücklegen gezogen. Bestimme je die Wahrscheinlichkeit der folgenden Ereignisse A:

(1) die beiden Kugeln haben die gleiche Farbe;
(2) mindestens eine der beiden Kugeln ist rot.

Lösung *Es sei $\Omega = \mathbf{DR}_{b+r,2}$. Das Ergebnis ω kann mit dem Paar (ω_1, ω_2) identifiziert werden, das die geordnete Folge (und mit möglicher Wiederholung) der beiden Ziehungen anzeigt (unter der Annahme, dass die Kugeln nummeriert wurden, um sie zu identifizieren).*

(1) *Wir haben, dass A die disjunkte Vereinigung von $A_1 = \mathbf{DR}_{b,2}$ (die beiden Kugeln sind weiß) und $A_2 = \mathbf{DR}_{r,2}$ (die beiden Kugeln sind rot) ist. Daher*

$$P(A) = P(A_1) + P(A_2) = \frac{|\mathbf{DR}_{b,2}|}{|\mathbf{DR}_{b+r,2}|} + \frac{|\mathbf{DR}_{r,2}|}{|\mathbf{DR}_{b+r,2}|} = \frac{b^2 + r^2}{(b+r)^2}.$$

(2) *Wir haben $P(A) = 1 - P(A^c)$ mit $A^c = \mathbf{DR}_{b,2}$ (die beiden Kugeln sind weiß) und somit*

$$P(A) = 1 - \frac{b^2}{(b+r)^2}.$$

Beispiel 1.2.26 Betrachte ein Pokerdeck mit 52 Karten, die durch die Farbe (Herzen $\heartsuit$, Diamanten $\diamondsuit$, Clubs $\clubsuit$, Spaten $\spadesuit$) und den Typ (eine Zahl von 2 bis 10 oder J, Q, K, A) identifiziert werden. Bestimme die Wahrscheinlichkeit, ein Drilling zu erhalten, d. h. 5 Karten vom Geber zu erhalten, von denen 3 vom gleichen Typ sind, während die anderen beiden sich voneinander und von den ersten drei unterscheiden.

Lösung *Sei $\Omega = \mathbf{C}_{52,5}$ und $A =$ „einen Drilling erhalten". Wir charakterisieren das generische Ergebnis $\omega \in A$ durch die folgenden aufeinanderfolgenden Entscheidungen:*

  i) *Wir wählen den Typ der Karten, die den Drilling bilden: Es gibt 13 mögliche Typen;*
  ii) *Wir wählen die drei Farben des Drillings: Es gibt $|\mathbf{C}_{4,3}|$ mögliche Entscheidungen;*
  iii) *wir wählen die Typen der anderen 2 Karten aus den verbleibenden 12 möglichen Typen: es gibt $|\mathbf{C}_{12,2}|$ mögliche Auswahlmöglichkeiten;*
  iv) *wir wählen die Farbe der anderen 2 Karten aus den 4 möglichen Farben: es gibt $4 \cdot 4 = 16$ mögliche Wege.*

Dann haben wir

$$P(A) = \frac{13 \cdot 4 \cdot |\mathbf{C}_{12,2}| \cdot 16}{|\mathbf{C}_{52,5}|} \approx 2.11\,\%.$$

Wie wir bereits sagten, obwohl die meisten der durch die diskrete gleichförmige Wahrscheinlichkeit beschriebenen Zufallsexperimente auf einem der drei Stichprobenräume $\mathbf{DR}_{n,k}$, $\mathbf{D}_{n,k}$, $\mathbf{C}_{n,k}$ formuliert werden können, gibt es Fälle, in denen dies nicht möglich ist. Es ist jedoch immer möglich, das zufällige Phänomen in geeignete Teilversuche zu zerlegen, die dann mit $\mathbf{DR}_{n,k}$, $\mathbf{D}_{n,k}$ oder $\mathbf{C}_{n,k}$ formuliert werden können: dies ermöglicht es, das ursprüngliche zufällige Ereignis innerhalb ihres kartesischen Produkts zu beschreiben. Untersuche wir dies nun im Detail, in dem wir die folgenden drei Beispiele betrachten.

Beispiel 1.2.27 Betrachte ein Kartenspiel mit 30 Karten (zum Beispiel Herzen, Karo und Kreuz). Nachdem es in drei Stapel mit jeweils 10 Karten aufgeteilt wurde, berechne je die Wahrscheinlichkeit der folgenden Ereignisses A:

(1) die drei Asse sind in verschiedenen Stapeln;
(2) die drei Asse sind im selben Stapel.

Lösung *Es sei $\Omega = \mathbf{C}_{30,10} \times \mathbf{C}_{20,10}$: das Ergebnis $\omega = (\omega_1, \omega_2)$ kann als das Paar betrachtet werden, in dem ω_1 die Menge von Karten im ersten Stapel und ω_2 die Menge von Karten im zweiten Stapel sind.*
(1) Wir charakterisieren das generische Ergebnis $\omega \in A$ durch die folgenden aufeinanderfolgenden Auswahlmöglichkeiten:

  i) *wähle den Stapel, in dem die Asse sind: es gibt $|\mathbf{P}_3| = 6$ mögliche Wege;*

ii) *wähle die verbleibenden 9 Karten des ersten Stapels, in dem sich nun keine Asse mehr befinden: es gibt $|\mathbf{C}_{27,9}|$ mögliche Wege;*

iii) *wähle die verbleibenden 9 Karten des zweiten Stapels, der keine Asse beinhaltet: es gibt $|\mathbf{C}_{18,9}|$ mögliche Wege.*

Dann haben wir

$$P(A) = \frac{6|\mathbf{C}_{27,9}||\mathbf{C}_{18,9}|}{|\mathbf{C}_{30,10}||\mathbf{C}_{20,10}|} = \frac{50}{203} \approx 24.6\,\%.$$

(2) Wir charakterisieren analog das generische Ergebnis $\omega \in A$ durch die folgenden aufeinanderfolgenden Auswahlmöglichkeiten:

i) *wähle den Stapel, in dem die Asse sind: es gibt 3 mögliche Wege;*

ii) *wähle die verbleibenden 7 Karten des Stapels, in dem die Asse sind, die keine Asse sein dürfen: es gibt $|\mathbf{C}_{27,7}|$ mögliche Wege;*

iii) *wähle die 10 Karten des zweiten Stapels, die keine Asse sein dürfen: es gibt $|\mathbf{C}_{20,10}|$ mögliche Wege.*

Dann haben wir

$$P(A) = \frac{3|\mathbf{C}_{27,7}||\mathbf{C}_{20,10}|}{|\mathbf{C}_{30,10}||\mathbf{C}_{20,10}|} = \frac{18}{203} \approx 8.8\,\%.$$

Beispiel 1.2.28 Eine faire Münze wird zehnmal geworfen; dann wird ein zehnseitiger Würfel, der die Zahlen von 1 bis 10 zeigt, geworfen. Bestime die Wahrscheinlichkeit des Ereignisses

$$A = \text{“der Münzwurf, bestimmt durch das Ergebnis des Würfels, ergab Kopf”}.$$

Mit anderen Worten, Ereignis A tritt ein, wenn nach dem zufälligen Wählen eines der 10 Würfe (durch den Wurf des Würfels) das Ergebnis dieses Wurfs Kopf ist.

Lösung *Intuitiv ist die Wahrscheinlichkeit $\frac{1}{2}$. Betrachte $\Omega = \mathbf{DR}_{2,10} \times I_{10}$ (beachte, dass es anstelle der Menge I_{10} möglich ist, gleichermaßen $\mathbf{DR}_{10,1}$, $\mathbf{D}_{10,1}$ oder $\mathbf{C}_{10,1}$ zu verwenden, da $|I_{10}| = |\mathbf{DR}_{10,1}| = |\mathbf{D}_{10,1}| = |\mathbf{C}_{10,1}|$). Das Ergebnis $\omega = (\omega_1, \ldots, \omega_{10}, k)$ entspricht der Folge $\omega_1, \ldots, \omega_{10}$ der Wurfergebnisse und der Wahl k des Wurfs unter den 10 gemachten. Wir charakterisieren das generische Ergebnis $\omega \in A$ durch die folgenden aufeinanderfolgenden Auswahlmöglichkeiten:*

i) *wähle die Nummer k des Wurfs: es gibt 10 mögliche Werte;*

ii) *wähle das Ergebnis der anderen 9 Würfe: es gibt $|\mathbf{DR}_{2,9}|$ mögliche Wege.*

Dann haben wir

$$P(A) = \frac{10|\mathbf{DR}_{2,9}|}{|\mathbf{DR}_{2,10} \times I_{10}|} = \frac{10 \cdot 2^9}{10 \cdot 2^{10}} = \frac{1}{2}.$$

Beispiel 1.2.29

i) Wie viele Möglichkeiten gibt es, 3 Münzen (bezeichnen wir sie als c_1, c_2 und c_3) in 10 Kästen zu arrangieren, wobei jeder Kasten nur eine Münze aufnehmen kann?
ii) Sobald die Münzen arrangiert sind, wie hoch ist die Wahrscheinlichkeit, dass die erste Box eine Münze enthält?
iii) Beantworte die vorherigen Fragen, wenn jede Box höchstens 2 Münzen enthalten kann.

Lösung *1) Wir können uns vorstellen, dass das Experiment wie folgt abläuft: Eine Urne enthält 10 Kugeln, nummeriert von 1 bis 10; jede Kugel entspricht einem Kasten (angenommen, die Kästen wurden auch von 1 bis 10 nummeriert); dann werden drei Kugeln gezogen ohne Zurücklegen: Die Nummer der i-ten gezogenen Kugel gibt an, in welchem Kasten die Münze c_i platziert wird, mit $i = 1, 2, 3$. Wir haben das Experiment also auf das Ziehen von 3 Kugeln ohne Zurücklegen aus einer Urne mit 10 Kugeln reduziert. Wir wissen, dass der natürliche Stichprobenraum $\Omega = \mathbf{D}_{10,3}$ ist. Frage 1) bedeutet nun die „Gesamtfälle", also $|\mathbf{D}_{10,3}| = \frac{10!}{7!} = 720$, zu berechnen.*
2) Intuitiv (?) ist die Wahrscheinlichkeit $\frac{3}{10}$. Um dies zu beweisen, sei A das Ereignis, für das wir die Wahrscheinlichkeit berechnen wollen, das heißt,

$$A = \text{"die erste Box enthält eine Münze"} = \text{"Kugel Nummer 1 wurde gezogen"}.$$

Wir haben, dass

$$P(A) = \frac{|A|}{|\mathbf{D}_{10,3}|} = \frac{|A|}{720}$$

oder alternativ,

$$P(A) = 1 - P(A^c) = 1 - \frac{|A^c|}{|\mathbf{D}_{10,3}|} = 1 - \frac{|A^c|}{720}.$$

Es bleibt, $|A|$ oder $|A^c|$ zu bestimmen. Beachte, dass A^c das Ereignis ist, bei dem die drei Münzen nicht in die erste Box gelegt werden und daher entspricht es dem Platzieren der 3 Münzen in die verbleibenden 9 Boxen (entsprechend kommt bei den drei Ziehungen aus der Urne die Kugel Nummer 1 nicht heraus), das heißt, $A^c \leftrightarrow \mathbf{D}_{9,3}$. aber ist $|A^c| = |\mathbf{D}_{9,3}|$, woraus folgt

$$P(A) = 1 - \frac{|\mathbf{D}_{9,3}|}{|\mathbf{D}_{10,3}|} = 1 - \frac{7}{10} = \frac{3}{10}.$$

Alternativ kann $|A|$ durch die Methode der aufeinanderfolgenden Entscheidungen bestimmt werden, indem man wie folgt vorgeht:

- *wähle die Münze, die in die erste Box gelegt werden soll: 3 mögliche Entscheidungen;*

- *wähle, wo die verbleibenden zwei Münzen in den verbleibenden neun Boxen platziert werden sollen:* $|\mathbf{D}_{9,2}|$ *mögliche Wege.*

Daher ist $|A| = 3|\mathbf{D}_{9,2}|$*, so dass*

$$P(A) = \frac{3|\mathbf{DR}_{9,2}|}{720} = \frac{3}{10}.$$

3) Es sei $\Omega = \Omega_1 \uplus \Omega_2$*, wobei:*

- Ω_1 *die „Gesamtfälle" enthält, in denen die ersten beiden Münzen in derselben Box sind, und folglich die dritte Münze in einer der verbleibenden neun Boxen ist: Es gibt* $10 \cdot 9$ *Gesamtfälle dieser Art, also* $|\Omega_1| = 10 \cdot 9$;
- Ω_2 *enthält die „Gesamtfälle", in denen die ersten beiden Münzen in verschiedenen Boxen sind, während die dritte Münze in einer der zehn Boxen ist: Es gibt* $|\mathbf{D}_{10,2}| \cdot$ 10 *Gesamtfälle dieser Art, also* $|\Omega_2| = |\mathbf{D}_{10,2}| \cdot 10$.

Da $\Omega = \Omega_1 \uplus \Omega_2$*, haben wir*

$$|\Omega| = |\Omega_1| + |\Omega_2| = 10 \cdot 9 + |\mathbf{D}_{10,2}| \cdot 10 = 990.$$

Zusammenfassend vertieft dieser Abschnitt die diskrete gleichförmige Wahrscheinlichkeit, die im Wesentlichen als das Verhältnis zwischen „günstigen Fällen" und „Gesamtfällen" definiert ist. Die Berechnung der gleichförmigen Wahrscheinlichkeit läuft auf ein Zählproblem hinaus, das mit kombinatorischen Werkzeugen lösbar ist. In diesem Rahmen erweist sich die „Methode der aufeinanderfolgenden Auswahl" als wertvoller Algorithmus zur Zählung sowohl „günstiger Fälle" als auch „Gesamtfälle". Die häufigsten Fehler bei der Anwendung dieser Methode sind:

- Zählen von Ergebnissen, die nicht existieren (siehe Beispiel 1.2.21);
- Zählen des gleichen Ergebnisses mehr als einmal (siehe Beispiel 1.2.22);
- Nichtzählen aller Ergebnisse.

Wir haben auch gesehen, dass es im Fall der diskreten gleichförmigen Wahrscheinlichkeit oft nützlich ist, das zufällige Phänomen als ein Experiment (oder möglicherweise eine Folge von Experimenten) umzudenken, bei dem aus einer Urne, die n verschiedene Kugeln enthält, k Kugeln mit Zurücklegen, ohne Zurücklegen oder gleichzeitig gezogen werden. In diesem Kontext haben wir letztendlich zwei bemerkenswerte Beispiele für Wahrscheinlichkeiten vorgestellt: die sogenannten binomialen und hypergeometrischen Verteilungen.

1.3 Bedingte Wahrscheinlichkeit und Unabhängigkeit von Ereignissen

Die Konzepte der Unabhängigkeit und bedingten Wahrscheinlichkeit sind grundlegend für die Wahrscheinlichkeitstheorie. Bis zu diesem Punkt haben wir hauptsächlich einige Konzepte aus der Kombinatorik und Maßtheorie überprüft, indem wir sie mit einer probabilistische Sichtweise betrachtet haben. Die Einführung von Unabhängigkeit und bedingter Wahrscheinlichkeit bringt jedoch völlig neue und charakteristische Konzepte innerhalb der Wahrscheinlichkeitstheorie hervor: sie ermöglichen es uns zu analysieren, wie die Information über das Auftreten eines Ereignisses *die Wahrscheinlichkeit* eines anderen Ereignisses beeinflusst.

1.3.1 Bedingte Wahrscheinlichkeit

Wie bereits erklärt, beschäftigt sich die Wahrscheinlichkeitstheorie mit Phänomenen, deren Ausgang unsicher ist: Unsicherheit über eine Tatsache bedeutet nun im Wesentlichen „teilweises oder totales Fehlen von Wissen" über die Tatsache selbst. Mit anderen Worten, Unsicherheit ist auf einen *Mangel an Informationen* über das Phänomen zurückzuführen, weil es in der Zukunft passieren wird (zum Beispiel der Preis einer Aktie morgen) oder weil es bereits passiert ist, aber es war nicht möglich, es zu beobachten (zum Beispiel das Ziehen einer Karte, die uns nicht gezeigt wird oder die Bahn eines Elektrons). Klarerweise kann es passieren, dass einige Informationen verfügbar werden und in diesem Fall muss der Wahrscheinlichkeitsraum, der das Phänomen beschreibt, aktualisiert werden, um dies zu berücksichtigen. Zu diesem Zweck wird das Konzept der bedingten Wahrscheinlichkeit eingeführt. Betrachten wir zuerst das folgende Beispiel:

Beispiel 1.3.1 [!] Aus einer Urne, die 2 weiße Kugeln und 2 schwarze Kugeln enthält, werden zwei Kugeln nacheinander und ohne Zurücklegen gezogen:

 i) Berechne die Wahrscheinlichkeit, dass die zweite Kugel weiß ist;
 ii) Unter der Bedingung, dass die erste gezogene Kugel schwarz ist, berechne die Wahrscheinlichkeit, dass die zweite Kugel weiß ist;
 iii) Unter der Bedingung, dass die zweite gezogene Kugel schwarz ist, berechne die Wahrscheinlichkeit, dass die erste Kugel weiß ist.

Mithilfe der Kombinatorik lässt sich Frage i) recht einfach lösen. Dazu betrachten wir den Ereignisraum $\Omega = \mathbf{D}4, 2$ der möglichen Ziehungen, wobei die Reihenfolge berücksichtigt wird.

Frage ii) ist aus einer intuitiven Perspektive elementar: Da wir die Information haben, dass die erste gezogene Kugel schwarz ist, besteht die Urne bei der zweiten Ziehung aus zwei weißen Kugeln und einer schwarzen Kugel, und daher beträgt die gesuchte Wahrscheinlichkeit $\frac{2}{3}$. Unter der Bedingung der gegebenen Information hat das Ereignis A nun eine Wahrscheinlichkeit, die größer ist als $\frac{1}{2}$.

Im Gegensatz dazu scheint die letzte Frage keine intuitive Lösung zu haben. Man könnte denken, dass die zweite Ziehung die erste nicht beeinflusst, da sie später erfolgt, aber das ist nicht korrekt. Da wir Informationen über die zweite Ziehung haben, müssen wir davon ausgehen, dass die beiden Ziehungen bereits stattgefunden haben, und in diesem Fall *beeinflusst die Information über das Ergebnis der zweiten Ziehung die Wahrscheinlichkeit des Ergebnisses der ersten*: Tatsächlich, wenn wir wissen, dass die zweite gezogene Kugel eine schwarze Kugel ist, ist es so, als ob diese schwarze Kugel bei der ersten Ziehung „reserviert" gewesen wäre und nicht gezogen werden konnte; daher gibt es zwei von drei Chancen, eine weiße Kugel zu ziehen. Tatsächlich lässt sich auch mithilfe der Kombinatorik leicht beweisen, dass die gesuchte Wahrscheinlichkeit $\frac{2}{3}$ beträgt.

Nun möchten wir die vorherigen Ideen formalisieren.

Definition 1.3.2 (Bedingte Wahrscheinlichkeit) In einem Wahrscheinlichkeitsraum $(\Omega, \mathscr{F}, P)$ sei B ein nicht vernachlässigbares Ereignis, d.h. $P(B) > 0$, also keine Nullmenge. Die *bedingte Wahrscheinlichkeit von A gegeben B* ist definiert durch

$$P(A \mid B) := \frac{P(A \cap B)}{P(B)}, \qquad A \in \mathscr{F}. \tag{1.22}$$

Bemerkung 1.3.3 Definition 1.3.2 wird folgendermaßen motiviert: Wenn wir wissen, dass Ereignis B eingetreten ist, dann wird der Stichprobenraum von Ω auf B „reduziert" und, bedingt auf diese Information, ist es natürlich, die Wahrscheinlichkeit von A wie in (1.22) zu definieren, da:

i)   nur die Ergebnisse von A, die auch in B liegen, auftreten können;

ii) da der neue Stichprobenraum B ist, müssen wir durch $P(B)$ teilen, so dass $P(B \mid B) = 1$.

Proposition 1.3.4 Im Wahrscheinlichkeitsraum $(\Omega, \mathscr{F}, P)$ sei B keine Nullmenge. Wir haben:

i) $P(\cdot \mid B)$ ist ein Wahrscheinlichkeitsmaß auf $(\Omega, \mathscr{F})$;
ii) wenn $A \cap B = \emptyset$ dann ist $P(A \mid B) = 0$;
iii) wenn $A \subseteq B$ dann ist $P(A \mid B) = \frac{P(A)}{P(B)}$ und folglich $P(A \mid B) \geq P(A)$;
iv) wenn $B \subseteq A$ dann ist $P(A \mid B) = 1$;
v)   wenn $P(A) = 0$ dann ist $P(A \mid B) = 0$.

Beweis Die Eigenschaften folgen direkt aus Definition 1.3.2: es ist eine sehr nützliche und lehrreiche Übung die Details zu beweisen. $\square$

Beispiel 1.3.5 [!] Betrachte Punkt ii) von Beispiel 1.3.1 und die Ereignisse $B =$ „die erste gezogene Kugel ist schwarz" und $A =$ „die zweite gezogene Kugel ist weiß". Intuitiv sagen wir, dass die bedingte Wahrscheinlichkeit von A gegeben B gleich $\frac{2}{3}$ ist: jetzt berechnen wir $P(A \mid B)$ mit Definition 1.3.2. Offensichtlich ist $P(B) = \frac{1}{2}$, während im Stichprobenraum $\mathbf{D}_{4,2}$ es 4 mögliche Ziehungen gibt, bei denen die erste Kugel schwarz und die zweite weiß ist, so dass $P(A \cap B) = \frac{4}{12} = \frac{1}{3}$. Daraus folgt, dass

$$P(A \mid B) = \frac{P(A \cap B)}{P(B)} = \frac{2}{3}$$

was das intuitive Ergebnis bestätigt.

Betrechte nun Punkt i) von Beispiel 1.3.1. Wir verwenden nun das Konzept der bedingten Wahrscheinlichkeit, um die Verwendung von Kombinatorik zu vermeiden.

Die Schwierigkeit der Frage liegt darin, dass das Ergebnis der zweiten Ziehung von dem Ergebnis der ersten Ziehung abhängt und letzteres unbekannt ist: aus diesem Grund scheint es auf den ersten Blick unmöglich[9] die Wahrscheinlichkeit des Ereignisses A zu berechnen. Die Idee ist, den Stichprobenraum zu partitionieren und getrennt die Fälle zu betrachten, in denen B eintritt oder nicht, um die Definition der bedingten Wahrscheinlichkeit auszunutzen: wir haben bereits bewiesen, dass $P(A \mid B) = \frac{2}{3}$ und ähnlich kann man sehen, dass $P(A \mid B^c) = \frac{1}{3}$. Dann haben wir

$$
\begin{aligned}
P(A) &= P(A \cap B) + P(A \cap B^c) \\
&= P(A \mid B)P(B) + P(A \mid B^c)P(B^c) \\
&= \frac{2}{3} \cdot \frac{1}{2} + \frac{1}{3} \cdot \frac{1}{2} = \frac{1}{2}
\end{aligned}
$$

was das obige bestätigt.

Proposition 1.3.6 (Gesetz der totalen Wahrscheinlichkeit) [!] Für jedes Ereignis B, für das $0 < P(B) < 1$ gilt, haben wir

$$
P(A) = P(A \mid B)P(B) + P(A \mid B^c)(1 - P(B)), \qquad A \in \mathscr{F}. \tag{1.23}
$$

Allgemeiner gesagt, wenn $(B_i)_{i \in I}$ eine endliche oder abzählbare Partition[10] von Ω ist, mit $P(B_i) > 0$ für jedes $i \in I$, dann haben wir

$$
P(A) = \sum_{i \in I} P(A \mid B_i)P(B_i), \qquad A \in \mathscr{F} \tag{1.24}
$$

Beweis Wir beweisen (1.24). (1.23) ist ein Spezialfall. Da

$$
A = \biguplus_{i \in I}(A \cap B_i),
$$

haben wir durch die σ-Additivität von P

$$
P(A) = \sum_{i \in I} P(A \cap B_i) = \sum_{i \in I} P(A \mid B_i)P(B_i).
$$

$\square$

Wir betrachten ein typisches Beispiel für die Anwendung des Gesetzes der totalen Wahrscheinlichkeit.

---

[9] Eine Umfrage, die in der vierten Klasse einiger italienischer Gymnasien durchgeführt wurde, hat ergeben, dass eine beträchtliche Anzahl von Schülern auf diese Frage geantwortet hat, dass es nicht möglich sei, die Wahrscheinlichkeit des Ereignisses A zu berechnen. Um diese Art von Überzeugung in Frage zu stellen, kann man die Schüler darauf hinweisen, dass es keinen Grund gibt, warum schwarze Kugeln eine höhere Wahrscheinlichkeit haben, als zweite gezogen zu werden, und dass daher intuitiv $P(A)$ gleich $\frac{1}{2}$ sein muss.

[10] Das heißt, $(B_i)_{i \in I}$ ist eine Familie von Ereignissen, die paarweise disjunkt sind, und deren Vereinigung gleich Ω ist. Manchmal wird $(B_i)_{i \in I}$ als *System von Alternativen* bezeichnet.

Beispiel 1.3.7 Wir haben zwei Urnen: Urne α enthält 3 weiße Kugeln und 1 rote Kugel; Urne β enthält 1 weiße Kugel und 1 rote Kugel. Bestimme die Wahrscheinlichkeit, dass bei der zufälligen Ziehung bei einer zufälliger Auswahl einer Urne eine dieser Kugeln weiß ist.

Erste Lösung *Sei A das Ereignis, für das wir die Wahrscheinlichkeit berechnen wollen und B das Ereignis, bei dem Urne α gewählt wird. Es scheint natürlich zu sein, dass*

$$P(B) = \frac{1}{2}, \qquad P(A \mid B) = \frac{3}{4}, \qquad P(A \mid B^c) = \frac{1}{2}.$$

Dann erhalten wir durch (1.23)

$$P(A) = \frac{3}{4} \cdot \frac{1}{2} + \frac{1}{2} \cdot \frac{1}{2} = \frac{5}{8}.$$

Beachte, dass wir $P(A)$ berechnet haben, ohne den Wahrscheinlichkeitsraum überhaupt anzugeben!
Zweite Lösung. Wir geben eine weitere, detailliertere Lösung: Sei dazu

$$\Omega = \{\alpha b_1, \alpha b_2, \alpha b_3, \alpha r, \beta b, \beta r\}$$

wo αb_1 das Ergebnis ist, bei dem die erste Urne gewählt wird und die erste weiße Kugel gezogen wird, und die anderen Ergebnisse sind ähnlich definiert. Offensichtlich ist

$$A = \{\alpha b_1, \alpha b_2, \alpha b_3, \beta b\}$$

und in diesem Fall ist die korrekte Wahrscheinlichkeit nicht die gleichmäßige auf Ω. Tatsächlich muss B, das Ereignis, bei dem Urne α gewählt wird, Wahrscheinlichkeit $\frac{1}{2}$ haben und die Elemente von B sind gleich wahrscheinlich: es folgt, dass $P(\{\omega\}) = \frac{1}{8}$ für jedes $\omega \in B$. Ähnlich $P(B^c) = \frac{1}{2}$ und die Elemente von B^c sind gleich wahrscheinlich, so

$$P(\{\beta b\}) = P(\{\beta r\}) = \frac{1}{4}.$$

Wir können dann berechnen

$$P(A) = P(\{\alpha b_1\}) + P(\{\alpha b_2\}) + P(\{\alpha b_3\}) + P(\{\beta b\}) = \frac{5}{8},$$

was mit dem vorigem Ergebnis übereinstimmt.

Übung 1.3.8 Ein Würfel wird geworfen und dann wird eine Münze so oft geworfen, wie das Ergebnis des Würfelwurfs ist. Wie hoch ist die Wahrscheinlichkeit, genau zwei Köpfe zu bekommen?

Beispiel 1.3.9 Eine Urne enthält 6 weiße Kugeln und 4 schwarze Kugeln. Zieht man 2 Kugeln ohne Zurücklegen, wie hoch ist die Wahrscheinlichkeit, dass beide weiß sind (Ereignis A)?

Wir können die Frage als Zählproblem interpretieren, indem wir die gleichmäßige Wahrscheinlichkeit P auf dem Raum $\Omega = \mathbf{C}_{10,2}$ der Kombinationen von zwei Kugeln aus den 10 verfügbaren verwenden. Dann haben wir

$$P(A) = \frac{|\mathbf{C}_{6,2}|}{|\mathbf{C}_{10,2}|} = \frac{\frac{6!}{2!4!}}{\frac{10!}{2!8!}} = \frac{6 \cdot 5}{10 \cdot 9}. \tag{1.25}$$

Jetzt haben wir, dass $\frac{6}{10} = P(A_1)$, wobei A_1 das Ereignis „die erste gezogene Kugel ist weiß" ist. Andererseits, wenn A_2 das Ereignis „die zweite gezogene Kugel, ist weiß" ist, dann ist $\frac{5}{9}$ die bedingte Wahrscheinlichkeit von A_2 gegeben A_1, das heißt $\frac{5}{9} = P(A_2 \mid A_1)$. Setzen wir nun $A = A_1 \cap A_2$, dann ist (1.25) äquivalent zu

$$P(A_1 \cap A_2) = P(A_1)P(A_2 \mid A_1)$$

und so finden wir genau Formel (1.22), die die bedingte Wahrscheinlichkeit definiert.

Allgemeiner ergibt sich aus der Definition der bedingten Wahrscheinlichkeit direkt das folgende nützliche Ergebnis.

Proposition 1.3.10 (Multiplikationsregel)[!] Seien $A_1, \ldots, A_n$ Ereignisse, so dass $P(A_1 \cap \cdots \cap A_{n-1}) > 0$. Dann haben wir

$$P(A_1 \cap \cdots \cap A_n) = P(A_1)P(A_2 \mid A_1) \cdots P(A_n \mid A_1 \cap \cdots \cap A_{n-1}) \tag{1.26}$$

Übung 1.3.11 Verwende Formel (1.26), um die Wahrscheinlichkeit zu berechnen, dass beim Ziehen von 3 Karten aus einem Stapel von 40 Karten, der Wert jeder Karte nicht größer als 5 ist.

Lösung *Seien A_i, $i = 1, 2, 3$, die Ereignisse „die i-te gezogene Karte ist kleiner oder gleich 5 ". Die gesuchte Wahrscheinlichkeit ist gleich*

$$P(A_1 \cap A_2 \cap A_3) = P(A_1)P(A_2 \mid A_1)P(A_3 \mid A_1 \cap A_2) = \frac{20}{40} \cdot \frac{19}{39} \cdot \frac{18}{38}.$$

Löst man die Aufgabe als Zählproblem, würde man die äquivalente Lösung $\frac{|\mathbf{C}_{20,3}|}{|\mathbf{C}_{40,3}|}$ finden.

Beispiel 1.3.12 Wir berechnen die Wahrscheinlichkeit, ein Paar in der Lotterie mit den Zahlen 1 und 3 (Ereignis A) zu bekommen, wissend, dass die Ziehung bereits stattgefunden hat und drei der fünf gezogenen Zahlen ungerade sind (Ereignis B).

Lösung *Sei $\Omega = \mathbf{C}_{90,5}$: Das Ergebnis $\omega = \omega_1, \ldots, \omega_5$ kann als die Menge der gezogenen Zahlen betrachtet werden. Wir haben $\omega \in A$, wenn $1, 3 \in \omega$, daher $A \leftrightarrow \mathbf{C}_{88,3}$.*

Außerdem, $B \leftrightarrow \mathbf{C}_{45,3} \times \mathbf{C}_{45,2}$ (entsprechend der Auswahl von drei ungeraden Zahlen und zwei geraden Zahlen aus 90), und $A \cap B \leftrightarrow \mathbf{C}_{43,1} \times \mathbf{C}_{45,2}$ (entsprechend der Auswahl der dritten ungeraden Zahl, zusätzlich zu 1 und 3, und zwei geraden Zahlen aus 90). Daher haben wir

$$P(A) = \frac{|\mathbf{C}_{88,3}|}{|\mathbf{C}_{90,5}|} \approx 0.25\,\% \quad und \quad P(A \mid B) = \frac{43|\mathbf{C}_{45,2}|}{|\mathbf{C}_{45,3}||\mathbf{C}_{45,2}|} \approx 0.3\,\%.$$

Bemerkung 1.3.13 Gemäß dem Gesetz der totalen Wahrscheinlichkeit (1.23) mit *$0 < P(B) < 1$ können wir $P(A)$ eindeutig aus $P(B)$, $P(A \mid B)$ und $P(A \mid B^c)$ bestimmen.* Wir stellen auch fest, dass Gl. (1.23) impliziert, dass *$P(A)$ zum Intervall mit den Endpunkten $P(A \mid B)$ und $P(A \mid B^c)$ gehört:* daher liefern $P(A \mid B)$ und $P(A \mid B^c)$ Schätzungen des Wertes von $P(A)$ unabhängig von der Kenntnis von $P(B)$. Insbesondere, wenn $P(A \mid B) = P(A \mid B^c)$ ist, dann haben wir auch $P(A) = P(A \mid B)$ oder äquivalent $P(A \cap B) = P(A)P(B)$.

Wir betrachten nun das Problem der Bewertung von Studentenevaluationen zur Qualität der Lehre, die an einigen Universitäten durchgeführt wird. Wir definieren die folgenden zufälligen Ereignisse:

- $A = $ „ein Professor erhält eine positive Bewertung in der Studentenevaluation";
- $B = $ „ein Professor ist „gut" (vorausgesetzt, wir wissen, was das bedeutet) im Unterrichten".

Im Allgemeinen stimmen die Ereignisse A und B nicht überein. Daher können wir die bedingten Wahrscheinlichkeiten $P(A \mid B)$ und $P(B \mid A)$ wie folgt interpretieren:

- $P(A \mid B)$ ist die Wahrscheinlichkeit, dass ein „guter" Professor eine positive Evaluation erhält;
- $P(B \mid A)$ ist die Wahrscheinlichkeit, dass ein Professor, der eine positive Evaluation erhält, „gut" ist.

Wenn wir sorgfältig über die Bedeutung dieser beiden bedingten Wahrscheinlichkeiten nachdenken, wird klar, dass wir manchmal daran interessiert sein könnten, die eine aus der Kenntnis der anderen abzuleiten. Tatsächlich könnten wir eine allgemeine Schätzung (basierend auf historischen Daten) von $P(A \mid B)$ haben und daran interessiert sein, $P(B \mid A)$ auf der Grundlage der kürzlich durchgeführten Umfrage zu bestimmen. Eine Lösung für dieses Problem wird durch den klassischen Satz von Bayes gegeben.

Theorem 1.3.14 (Bayes' Formel) [!] Seien A, B keine Nullmengen. Dann haben wir

$$P(B \mid A) = \frac{P(A \mid B)P(B)}{P(A)} \tag{1.27}$$

Beweis Gl. (1.27) ist äquivalent zu

$$P(B \mid A)P(A) = P(A \mid B)P(B)$$

und folgt direkt aus der Definition der bedingten Wahrscheinlichkeit.

Beispiel 1.3.15 Betrachten wir Beispiel 1.3.7 noch einmal: Angenommen, eine weiße Kugel wurde gezogen, wie hoch ist die Wahrscheinlichkeit, dass die Urne α gewählt wurde?

Lösung *Wie zuvor bezeichnen wir mit A das Ereignis „eine weiße Kugel wird gezogen" und mit B das Ereignis „Urne α wird gewählt". Wir hatten bereits $P(A) = \frac{5}{8}$ berechnet, während wir $P(A \mid B) = \frac{3}{4}$ und $P(B) = \frac{1}{2}$ annehmen. Dann haben wir nach der Formel von Bayes*

$$P(B \mid A) = \frac{P(A \mid B)P(B)}{P(A)} = \frac{3}{5}.$$

Übung 1.3.16 Angenommen $P(A \mid B) \neq P(A \mid B^c)$, beweise, dass

$$P(B) = \frac{P(A) - P(A \mid B^c)}{P(A \mid B) - P(A \mid B^c)}, \tag{1.28}$$

und somit ist es möglich, $P(B)$ eindeutig aus $P(A)$, $P(A \mid B)$ und $P(A \mid B^c)$ zu bestimmen.

Übung 1.3.17 (Lehrevaluation) Angenommen, auf historischer Basis erhalten „gute" Professoren in 95 % der Fälle eine positive Bewertung, während „weniger gute" Professoren in 10 % der Fälle eine positive Bewertung erhalten (einige Professoren sind gerissen…). Wenn 80 % der Bewertungen positiv sind, wie hoch ist die Wahrscheinlichkeit, dass:

  i) Professoren, die eine positive Bewertung erhalten haben, wirklich „gut" sind?
  ii) Professoren, die eine negative Bewertung erhalten haben, tatsächlich „gut" sind?

Beachte, dass wir durch Kombination des Satzes von Bayes mit Gl. (1.28)

$$P(B \mid A) = \frac{P(A \mid B)P(B)}{P(A)} = \frac{P(A \mid B)\,(P(A) - P(A \mid B^c))}{P(A)\,(P(A \mid B) - P(A \mid B^c))}$$

erhalten.

Lösung *Wie zuvor setzen wir*

- $A =$ *„ein Professor erhält eine positive Bewertung von den Studierenden";*
- $B =$ *„ein Professor ist gut im Unterrichten".*

Uns sind die folgenden Wahrscheinlichkeiten bekannt: $P(A \mid B) = 0.95$, $P(A \mid B^c) = 0.10$ und $P(A) = 0.80$.

  i) *Wir möchten die Wahrscheinlichkeit finden, dass ein Professor, der eine positive Bewertung erhalten hat, tatsächlich „gut" ist, das ist $P(B \mid A)$. Mit der Formel von Bayes haben wir:*

$$P(B \mid A) = \frac{P(A \mid B)P(B)}{P(A)}.$$

Wir kennen den Wert von $P(B)$ nicht, aber wir haben

$$P(B) = \frac{P(A) - P(A \mid B^c)}{P(A \mid B) - P(A \mid B^c)} = \frac{0.80 - 0.10}{0.95 - 0.10} = \frac{0.70}{0.85} \approx 0.8235.$$

Somit erhalten wir

$$P(B \mid A) = \frac{P(A \mid B)P(B)}{P(A)} = \frac{0.95 \cdot 0.8235}{0.80} \approx 0.9768.$$

ii) *Wir möchten die Wahrscheinlichkeit finden, dass ein Professor, der eine negative Bewertung erhalten hat, tatsächlich „gut" ist, das ist $P(B \mid A^c)$. Mit der Formel von Bayes haben wir:*

$$P(B \mid A^c) = \frac{P(A^c \mid B)P(B)}{P(A^c)}.$$

Wir können $P(A^c \mid B)$ und $P(A^c)$ aus den gegebenen Wahrscheinlichkeiten ableiten:

$$P(A^c \mid B) = 1 - P(A \mid B) = 1 - 0.95 = 0.05,$$
$$P(A^c) = 1 - P(A) = 1 - 0.80 = 0.20.$$

Damit haben wir

$$P(B \mid A^c) = \frac{P(A^c \mid B)P(B)}{P(A^c)} = \frac{0.05 \cdot 0.8235}{0.20} \approx 0.2059.$$

Beachte, dass wir durch die Kombination der Bayes'schen Formel mit der Formel (1.28)

$$P(B \mid A) = \frac{P(A \mid B)P(B)}{P(A)} = \frac{P(A \mid B)\,(P(A) - P(A \mid B^c))}{P(A)\,(P(A \mid B) - P(A \mid B^c))}$$

erhalten.

1.3.2   Unabhängigkeit

Definition 1.3.18 In einem Wahrscheinlichkeitsraum $(\Omega, \mathscr{F}, P)$ sagen wir, dass zwei Ereignisse A, B unabhängig unter P sind, wenn

$$P(A \cap B) = P(A)P(B). \qquad (1.29)$$

Das Konzept der Unabhängigkeit *hängt von dem gegebenen* Wahrscheinlichkeitsmaß[11] ab. Es drückt die Tatsache aus, dass *die Information über das Eintreten des Ereignisses B die Wahrscheinlichkeit von A nicht beeinflusst:* tatsächlich, wenn $P(B) > 0$, dann ist (1.29) äquivalent zu

$$P(A \mid B) = P(A),$$

das heißt

$$\frac{P(A \cap B)}{P(B)} = \frac{P(A)}{P(\Omega)}$$

was als Proportionalitätsbeziehung interpretiert werden kann

$$P(A \cap B) : P(B) = P(A) : P(\Omega).$$

Ähnlich, wenn

$$P(A \cap B) > P(A)P(B) \qquad (1.30)$$

dann sagt man, dass A, B *unter P positiv korreliert* sind, da (1.30) [12]

$$P(A \mid B) > P(A), \qquad P(B \mid A) > P(B),$$

impliziert, das heißt, dass sich die Wahrscheinlichkeit von *A bedingt auf die Information über das Eintreten von B erhöht* und umgekehrt.

Bemerkung 1.3.19 Offensichtlich bedeutet die Tatsache, dass A, B unabhängig sind, nicht, dass sie disjunkt sind, im Gegenteil: wenn $P(A) > 0$, $P(B) > 0$ und (1.29) gilt, dann gilt auch $P(A \cap B) > 0$ und daher $A \cap B \neq \emptyset$. Andererseits, wenn $P(A) = 0$, dann ist auch $P(A \cap B) = 0$ (aufgrund von (1.5) und der Tatsache, dass $A \cap B \subseteq A$) und daher gilt (1.29) für jedes B, das heißt, A ist unabhängig von jedem Ereignis B.

Bemerkung 1.3.20 Wir haben das Konzept der Unabhängigkeit definiert, aber nicht das der *Abhängigkeit*. Wenn zwei Ereignisse A, B nicht unabhängig sind, *sagen wir nicht, dass sie abhängig sind:* wir werden später ein Konzept der Abhängigkeit definieren, welches komplett unterschiedlich zu Unabhängigkeit sein wird.

---

[11] Manchmal ist es notwendig, das betrachtete Wahrscheinlichkeitsmaß ausdrücklich zu deklarieren. Tatsächlich können in Anwendungen mehrere Wahrscheinlichkeitsmaße gleichzeitig beteiligt sein: zwei Ereignisse, die unter einem Wahrscheinlichkeitsmaß unabhängig sind, müssen nicht notwendigerweise unter einem anderen Maß unabhängig sein.

[12] Wenn A, B keine Nullmengen unter P sind.

Beispiel 1.3.21 Zwei Athleten haben jeweils eine Wahrscheinlichkeit von 70 % und 80 %, einen Rekord in einem Rennen zu brechen. Wie hoch ist die Wahrscheinlichkeit, dass mindestens einer der beiden den Rekord bricht?

Wenn A das Ereignis „der erste Athlet bricht den Rekord" ist, B das Ereignis „der zweite Athlet bricht den Rekord" ist und wir annehmen, dass A und B unabhängig sind, dann haben wir

$$P(A \cup B) = P(A) + P(B) - P(A \cap B) =$$

(aufgrund der Unabhängigkeit)

$$= P(A) + P(B) - P(A)P(B)$$
$$= 150\% - 70\% \cdot 80\% = 94\%.$$

Beispiel 1.3.22 Die Tatsache, dass zwei Ereignisse unabhängig sind, bedeutet nicht, dass „sie nichts miteinander zu tun haben". Betrachte zum Beispiel den Wurf von zwei Würfeln und die Ereignisse „die Summe der Würfe ist 7" (Ereignis A) und „das Ergebnis des ersten Wurfs ist 3" (Ereignis B). Dann sind A und B unabhängig unter der gleichmäßigen Wahrscheinlichkeit.

Beispiel 1.3.23 Wir werden bald sehen, dass das Konzept der Unabhängigkeit natürlich ist, um ein Experiment zu beschreiben, das wiederholt wird, so dass jede Wiederholung die Wahrscheinlichkeit der anderen Wiederholungen nicht beeinflusst (zum Beispiel eine Folge von Würfelwürfen oder Münzwürfen). In diesem Fall ist es natürlich, einen Stichprobenraum zu verwenden, der ein kartesisches Produkt ist. Zum Beispiel sei $\Omega = \Omega_1 \times \Omega_2$ endlich und mit der gleichmäßigen Wahrscheinlichkeit P ausgestattet: betrachte $A = E_1 \times \Omega_2$ und $B = \Omega_1 \times E_2$ mit $E_i \subseteq \Omega_i$, $i = 1, 2$. Dann

$$P(A \cap B) = P(E_1 \times E_2) = \frac{|E_1||E_2|}{|\Omega|} = \frac{|E_1 \times \Omega_2||\Omega_1 \times E_2|}{|\Omega|^2} = P(A)P(B)$$

und daher sind A und B unabhängig unter P. Wir werden den Zusammenhang zwischen den Konzepten der Unabhängigkeit und des Produkts von Maßen in Abschn. 2.3 vertiefen.

Übung 1.3.24 Im Kino entscheiden zwei Personen α, β, welchen Film sie aus zwei verfügbaren anschauen, unabhängig voneinander und mit den folgenden Wahrscheinlichkeiten:

$$P(\alpha_1) = \frac{1}{3}, \qquad P(\beta_1) = \frac{1}{4}$$

wobei α_1 das Ereignis „α wählt den ersten Film" ist. Finde die Wahrscheinlichkeit, dass α und β den gleichen Film sehen (Ereignis A).

First solution. Wir haben

$$P(A) = P(\alpha_1 \cap \beta_1) + P(\alpha_2 \cap \beta_2) =$$

(by independence and since $P(\alpha_2) = 1 - P(\alpha_1)$)

$$= P(\alpha_1)P(\beta_1) + P(\alpha_2)P(\beta_2) = \frac{7}{12}.$$

Dieses einfache Beispiel zeigt, dass es möglich ist, die Wahrscheinlichkeit eines Ereignisses zu berechnen, das von unabhängigen Ereignissen abhängt, ausgehend von der Kenntnis der Wahrscheinlichkeiten der einzelnen Ereignisse und vor allem ohne die Notwendigkeit, den Wahrscheinlichkeitsraum explizit zu konstruieren.

Zweite Lösung. Es ist auch nützlich, auf die „klassische" Weise vorzugehen und die Aufgabe als ein Zählproblem zu lösen: In diesem Fall müssen wir zunächst den Stichprobenraum konstruieren

$$\Omega = (1, 1), (1, 2), (2, 1), (2, 2)$$

wobei (i, j) das Ergebnis „α wählt Film i und β wählt Film j" mit $i, j = 1, 2$ angibt. Durch die Annahme wissen wir die Wahrscheinlichkeiten der Ereignisse

$$\alpha_1 = \{(1, 1), (1, 2)\}, \qquad \beta_1 = \{(1, 1), (2, 1)\}.$$

Jedoch ist dies nicht ausreichend, um die Wahrscheinlichkeit P eindeutig zu bestimmen, das heißt, die Wahrscheinlichkeiten der einzelnen Ergebnisse zu bestimmen. Tatsächlich ist es notwendig, auch die Annahme der Unabhängigkeit (unter P) von α_1 und β_1 zu verwenden, aus der wir zum Beispiel

$$P(\{(1, 1)\}) = P(\alpha_1 \cap \beta_1) = P(\alpha_1)P(\beta_1) = \frac{1}{12}$$

erhalten. Ähnlich können wir alle Wahrscheinlichkeiten der Ergebnisse berechnen und folglich das Problem lösen. Wir stellen fest, dass dieses zählbasierte Verfahren komplizierter und weniger intuitiv ist.

Proposition 1.3.25 Wenn A, B unabhängig sind, dann sind auch A, B^c unabhängig.

Beweis Wir haben

$$P(A \cap B^c) = P(A \setminus B) = P(A \setminus (A \cap B)) =$$

(durch (1.6))
$$= P(A) - P(A \cap B) =$$

(durch die Annahme der Unabhängigkeit von A, B)

$$= P(A) - P(A)P(B) = P(A)P(B^c). \qquad \square$$

Übung 1.3.26 Im Kino entscheiden zwei Personen α, β, welchen Film sie aus drei verfügbaren folgendermaßen anschauen wollen:

i) α wählt einen Film zufällig mit den folgenden Wahrscheinlichkeiten

$$P(\alpha_1) = \frac{1}{2}, \qquad P(\alpha_2) = \frac{1}{3}, \qquad P(\alpha_3) = \frac{1}{6}$$

aus, wobei α_i das Ereignis „α wählt den i-ten Film" für $i = 1, 2, 3$ ist;

ii) β wirft eine Münze und wenn das Ergebnis „Kopf" ist, dann wählt er den gleichen Film wie α, sonst wählt er einen Film zufällig, unabhängig von α.

Bestimme die Wahrscheinlichkeit $P(A)$, wobei A das Ereignis ist „α und β schauen den gleichen Film".

Lösung *Sei T das Ereignis „das Ergebnis des Münzwurfs ist Kopf". Wir haben $P(T) = \frac{1}{2}$ und nach Annahme $P(A \mid T) = 1$ und $P(\beta_i \mid T^c) = \frac{1}{3}$ für $i = 1, 2, 3$. Außerdem, da $P(\cdot \mid T^c)$ ein Wahrscheinlichkeitsmaß ist, haben wir*

$$P(A \mid T^c) = \sum_{i=1}^{3} P(\alpha_i \cap \beta_i \mid T^c) =$$

(durch Unabhängigkeit der Wahl von α und β bedingt auf das Ereignis T^c)

$$= \sum_{i=1}^{3} P(\alpha_i \mid T^c) P(\beta_i \mid T^c)$$

$$= \frac{1}{3} \sum_{i=1}^{3} P(\alpha_i \mid T^c) = \frac{1}{3},$$

da $\sum\limits_{i=1}^{3} P(\alpha_i \mid T^c) = 1$ ist, weil $P(\cdot \mid T^c)$ ein Wahrscheinlichkeitsmaß ist. Dann, durch (1.23), haben wir

$$P(A) = P(A \mid T)P(T) + P(A \mid T^c)(1 - P(T)) = 1 \cdot \frac{1}{2} + \frac{1}{3} \cdot \frac{1}{2} = \frac{2}{3}.$$

Wir überlassen es dem Leser die Wahrscheinlichkeit, dass α und β den ersten Film wählen, zu berechnen, das heißt $P(\alpha_1 \cap \beta_1)$.

Als nächstes betrachten wir den Fall von mehr als zwei Ereignissen.

Definition 1.3.27 Sei $(A_i)_{i \in I}$ eine Familie von Ereignisse. Wir sagen, dass diese Ereignisse unabhängig sind, wenn

$$P\left(\bigcap_{j \in J} A_j \right) = \prod_{j \in J} P(A_j)$$

für jede $J \subseteq I$ mit J endlich ist.

Betrachte drei Ereignisse A, B, C: Übungen 1.3.41 und 1.3.42 zeigen, dass es im Allgemeinen *keine Implikation* zwischen der Eigenschaft

$$P(A \cap B \cap C) = P(A)P(B)P(C) \tag{1.31}$$

und den Eigenschaften

$$P(A \cap B) = P(A)P(B), \, P(A \cap C) = P(A)P(C), \qquad P(B \cap C) = P(B)P(C) \tag{1.32}$$

gibt. Insbesondere ist eine Familie von paarweise unabhängigen Ereignissen nicht generell eine Familie von unabhängigen Ereignissen.

Wir schließen den Abschnitt mit einem bemerkenswerten Ergebnis ab. Gegeben eine Folge von Ereignissen $(A_n)_{n \geq 1}$, wir setzen[13]

$$(A_n \text{u. o.}) := \bigcap_{n \geq 1} \bigcup_{k \geq n} A_k.$$

Beachte, dass

$$(A_n \text{u. o.}) = \{\omega \in \Omega \mid \forall n \in \mathbb{N} \, \exists k \geq n \text{ so dass } \omega \in A_k\},$$

das heißt, $(A_n \text{u. o.})$ ist das Ereignis, das aus allen $\omega \in \Omega$ besteht, die *zu einer unendlichen Anzahl* von A_n gehören.

Lemma 1.3.28 (Borel-Cantelli) [!] Sei $(A_n)_{n \geq 1}$ eine Folge von Ereignissen im Raum $(\Omega, \mathcal{F}, P)$:

i) wenn

$$\sum_{n \geq 1} P(A_n) < +\infty$$

  dann ist $P(A_n \text{u. o.}) = 0$;

ii) wenn die Mengen A_n *unabhängig* sind und

$$\sum_{n \geq 1} P(A_n) = +\infty$$

  dann ist $P(A_n \text{u. o.}) = 1$.

Beweis Durch die Stetigkeit von oben von P haben wir

$$P(A_n \text{i. o.}) = \lim_{n \to \infty} P\left(\bigcup_{k \geq n} A_k\right) \leq$$

---

[13] u. o. steht für *unendlich oft.*

(durch σ-Subadditivität, Proposition 1.1.22-ii))

$$\leq \lim_{n \to \infty} \sum_{k \geq n} P\left(A_k\right) = 0$$

nach Hypothese. Dies beweist den ersten Teil der These.

Für ii) beweisen wir, dass

$$P\left(\bigcup_{k \geq n} A_k\right) = 1 \tag{1.33}$$

für jedes $n \in \mathbb{N}$, woraus die These folgt. Seien n, N mit $n \leq N$ beliebig fest, dann haben wir

$$P\left(\bigcup_{k=n}^{N} A_k\right) = 1 - P\left(\bigcap_{k=n}^{N} A_k^c\right) =$$

(durch Unabhängigkeit)

$$= 1 - \prod_{k=n}^{N} (1 - P(A_k)) \geq$$

(durch die elementare Ungleichung $1 - x \leq e^{-x}$ gültig für $x \in \mathbb{R}$)

$$\geq 1 - \exp\left(-\sum_{k=n}^{N} P(A_k)\right).$$

Daruas folgt (1.33) durch Grenzübergang für $N \to \infty$. $\qquad\square$

Zusammenfassend sind *bedingte Wahrscheinlichkeit* und *Unabhängigkeit* die ersten wirklich neuen Konzepte, die ausschließlich der Wahrscheinlichkeitstheorie zugeordnet sind und in anderen mathematisch „verwandten" Theorien wie Maßtheorie oder Kombinatorik nicht vorkommen.

Der Zweck beider Konzepte besteht darin, die Wahrscheinlichkeit $P(A \cap B)$ in Bezug auf die Wahrscheinlichkeiten der einzelnen Ereignisse A und B auszudrücken. Dies ist offensichtlich möglich, wenn A, B unabhängig unter P sind, da wir in diesem Fall

$$P(A \cap B) = P(A)P(B),$$

haben, während wir im Allgemeinen

$$P(A \cap B) = P(A \mid B)P(B)$$

haben. Viele Probleme werden viel einfacher, indem man die vorherigen Identitäten (und andere nützliche Formeln wie das Gesetz der totalen Wahrscheinlichkeit, die Multiplikationsregel und die Bayes-Formel) anstelle von Kombinatorik verwendet.

1.3.3 Wiederholte unabhängige Versuche

Definition 1.3.29 [!] In einem Wahrscheinlichkeitsraum $(\Omega, \mathcal{F}, P)$, sei $(C_h)_{h=1,\dots,n}$ eine endliche Familie von unabhängigen und gleich wahrscheinlichen Ereignissen, das heißt $P(C_h) = p \in [0, 1]$ für jedes $h = 1, \dots, n$. Dann sagen wir, dass $(C_h)_{h=1,\dots,n}$ eine *Familie von n wiederholten unabhängigen Versuchen mit Wahrscheinlichkeit p* ist.

Intuitiv kann man sich vorstellen, dass ein Experiment mit zwei Ergebnissen (Erfolg oder Misserfolg) n Mal wiederholt wird: C_h stellt das Ereignis „das h-te Experiment ist erfolgreich" dar. Zum Beispiel, in einer Folge von n Münzwürfen, kann C_h das Ereignis repräsentieren „der h-ten Wurf ist *Kopf*".

Für jedes $n \in \mathbb{N}$ und $p \in [0, 1]$, ist es immer möglich, *einen diskreten Raum* (Ω, P) zu konstruieren, auf dem eine Familie $(C_h)_{h=1,\dots,n}$ von n wiederholten unabhängigen Versuchen mit Wahrscheinlichkeit p definiert ist. Das folgende Ergebnis zeigt auch, dass auf einem allgemeinen diskreten Wahrscheinlichkeitsraum *es nicht möglich ist, eine Folge* $(C_h)_{h\in\mathbb{N}}$ von wiederholten unabhängigen Versuchen zu definieren, es sei denn, sie ist trivial, das heißt, mit $p = 0$ oder $p = 1$.

Proposition 1.3.30 Für jedes $n \in \mathbb{N}$ und $p \in [0, 1]$, gibt es einen diskreten Raum (Ω, P), auf dem eine Familie $(C_h)_{h=1,\dots,n}$ von n wiederholten unabhängigen Versuchen mit Wahrscheinlichkeit p kanonisch definiert ist.

Wenn $(C_h)_{h\in\mathbb{N}}$ eine Folge von unabhängigen Ereignissen auf einem diskreten Raum (Ω, P) ist, so dass $P(C_h) = p \in [0, 1]$ für jedes $h \in \mathbb{N}$, dann muss notwendigerweise $p = 0$ oder $p = 1$ sein.

Beweis Siehe Abschn. 1.5.1. $\square$

Wir untersuchen zwei bedeutende Beispiele.

Beispiel 1.3.31 (Wahrscheinlichkeit des ersten Erfolgs beim Versuch k) [!] Sei $(C_h)_{h=1,\dots,n}$ eine Familie von n wiederholten unabhängigen Versuchen mit Wahrscheinlichkeit p. Das Ereignis „der erste Erfolg ist beim k-ten Versuch" ist definiert als

$$A_k := C_1^c \cap C_2^c \cap \cdots \cap C_{k-1}^c \cap C_k, \qquad 1 \le k \le n.$$

Durch Unabhängigkeit haben wir

$$P(A_k) = (1 - p)^{k-1} p, \qquad 1 \le k \le n. \tag{1.34}$$

Zum Beispiel repräsentiert A_k das Ereignis, bei dem in einer Sequenz von n Münzwürfen, Kopf zum ersten Mal beim k-ten Wurf erhalten wird. Wir stellen fest, dass $P(A_k)$ in (1.34) *nicht von n abhängt:* intuitiv hängt A_k nur davon ab, was bis zum k-ten Versuch passiert ist und ist unabhängig von der Gesamtzahl n der Versuche.

Beispiel 1.3.32 *(Wahrscheinlichkeit von k Erfolgen in n Versuchen)* **[!]** Betrachte eine Familie $(C_h)_{h=1,\dots,n}$ von n wiederholten unabhängigen Versuchen mit Wahrscheinlichkeit p. Wir berechnen die Wahrscheinlichkeit des Ereignisses A_k „genau k Versuche sind erfolgreich".

Erste Methode: Betrachten wir den kanonischen Raum von Proposition 1.3.30 und insbesondere Formel (1.53), dann haben wir $A_k = \Omega_k$. Daher

$$P(A_k) = \sum_{\omega \in \Omega_k} P(\{\omega\}) = |\Omega_k| p^k (1-p)^{n-k} = \binom{n}{k} p^k (1-p)^{n-k}, \qquad 0 \le k \le n.$$

Wir werden sehen, dass $P(A_k)$ mit dem Konzept der *binomialen Verteilung* im Beispiel 1.4.17 verbunden ist.

Zweite Methode: das Ereignis A_k ist vom Typ

$$C_{i_1} \cap \cdots \cap C_{i_k} \cap C_{i_{k+1}}^c \cdots \cap C_{i_n}^c$$

wobei $\{i_1, \dots, i_k\}$ eine Familie von Indizes von I_n ist: die möglichen Auswahlmöglichkeiten solcher Indizes sind genau $|\mathbf{C}_{n,k}|$. Darüber hinaus haben wir durch Unabhängigkeit

$$P\left(C_{i_1} \cap \cdots \cap C_{i_k} \cap C_{i_{k+1}}^c \cdots \cap C_{i_n}^c\right) = p^k (1-p)^{n-k}$$

und so finden wir

$$P(A_k) = \binom{n}{k} p^k (1-p)^{n-k}, \qquad 0 \le k \le n. \tag{1.35}$$

Bemerkung 1.3.33 Betrachte erneut Beispiel 1.2.17, das sich auf die Berechnung der Wahrscheinlichkeit bezieht, genau k weiße Kugeln aus einer Urne mit b weißen und r roten Kugeln zu ziehen. Wenn C_h das Ereignis „die Kugel des h-ten Ziehens ist weiß" ist, dann ist $p = P(C_h) = \frac{b}{b+r}$ und (1.35) liefert die gewünschte Wahrscheinlichkeit, in Übereinstimmung mit dem, was wir in Beispiel 1.2.17 durch Kombinatorik erhalten haben.

Beachte, dass in dem auf Kombinatorik basierenden Ansatz die *gleichförmige Wahrscheinlichkeit* verwendet wird, wie immer bei Zählproblemen. Stattdessen verwenden wir im Ansatz, der auf der Familie von wiederholten unabhängigen Versuchen basiert, implizit den kanonischen Raum von Proposition 1.3.30, ohne jedoch die Notwendigkeit zu haben, den Stichprobenraum und das Wahrscheinlichkeitsmaß explizit zu deklarieren (was in jedem Fall nicht das gleichförmige ist).

1.3.4   Beispiele

Wir schlagen einige zusammenfassende Beispiele und Übungsbeispiele zu den Konzepten der Unabhängigkeit und bedingten Wahrscheinlichkeit vor.

Beispiel 1.3.34

- Herr Schmidt hat zwei Kinder: Wie hoch ist die Wahrscheinlichkeit, dass beide Kinder männlich sind (Ereignis A)?
  Betrachtet man den Stichprobenraum

$$\Omega = \{(M, M), (M, F), (F, M), (F, F)\} \tag{1.36}$$

mit offensichtlicher Bedeutung der Symbole, ist klar, dass $P(A) = \frac{1}{4}$. Die Situation ist in der folgenden Tabelle zusammengefasst, in der die Zellen die vier möglichen Fälle darstellen und die entsprechenden Wahrscheinlichkeiten sind in den Kreisen angegeben: wir haben $A = \{(M, M)\}$.

	Männlich	Weiblich
Männlich	(M,M) $\left(\frac{1}{4}\right)$	(M,F) $\left(\frac{1}{4}\right)$
Weiblich	(F,M) $\left(\frac{1}{4}\right)$	(F,F) $\left(\frac{1}{4}\right)$

- Herr Schmidt hat zwei Kinder. Wissend, dass eines von ihnen männlich ist (Ereignis B), wie hoch ist die Wahrscheinlichkeit dass beide Kinder männlich sind? Die „intuitive" Antwort (die Wahrscheinlichkeit beträgt $\frac{1}{2}$) ist leider falsch. Um dies zu erkennen, genügt es, erneut den Stichprobenraum Ω zu betrachten: Jetzt, da die Information vorliegt, dass (F, F) nicht möglich ist (d. h., es hat „bedingt" auf die gegebene Information, dass das Ereignis B eintritt, eine Wahrscheinlichkeit von null) und unter der Annahme, dass die Ergebnisse (M, M), (M, F), (F, M) gleich wahrscheinlich sind, folgt, dass die gewünschte Wahrscheinlichkeit gleich $\frac{1}{3}$ ist. Die folgende Tabelle zeigt, wie die Wahrscheinlichkeit bedingt auf die Information, dass B eintritt, verteilt wird.

	Männlich	Weiblich
Männlich	(M,M) $\left(\frac{1}{3}\right)$	(M,F) $\left(\frac{1}{3}\right)$
Weiblich	(F,M) $\left(\frac{1}{3}\right)$	(F,F) $\left(0\right)$

- Herr Schmidt hat zwei Kinder. Wissend, dass der Erstgeborene männlich ist (Ereignis C, anders als B des vorherigen Punktes), wie hoch ist die Wahrscheinlichkeit, dass beide Kinder männlich sind?
  Die „intuitive" Antwort (die Wahrscheinlichkeit beträgt $\frac{1}{2}$) ist korrekt, weil in diesem Fall FM und FF beide eine Wahrscheinlichkeit von null haben (bedingt auf die gegebene Information, dass das Ereignis C eintritt). Mit anderen Worten, wenn man weiß, dass der Erstgeborene männlich ist, hängt alles davon ab, ob das zweite Kind männlich oder weiblich ist, d. h., auf zwei gleich wahrscheinlichen Ereignissen mit einer Wahrscheinlichkeit von $\frac{1}{2}$. Die folgende Tabelle zeigt, wie die Wahrscheinlichkeit bedingt auf die Information, dass C eintritt, verteilt wird.

	Männlich	Weiblich
Männlich	(M,M) $\left(\frac{1}{2}\right)$	(M,F) $\left(\frac{1}{2}\right)$
Weiblich	(F,M) $\left(0\right)$	(F,F) $\left(0\right)$

Sei P die gleichförmige Wahrscheinlichkeit auf Ω in (1.36). Wir haben

$$P(A) = P(\{MM\}) = \frac{1}{4}, \, P(B) = P(\{MM, MF, FM\}) = \frac{3}{4}, \, P(C)$$
$$= P(\{MM, MF\}) = \frac{1}{2},$$

und daher gemäß Definition 1.3.2 auch

$$P(A \mid B) = \frac{P(A)}{P(B)} = \frac{1}{3}, \qquad P(A \mid C) = \frac{P(A)}{P(C)} = \frac{1}{2},$$

in Übereinstimmung mit dem, was wir oben intuitiv vermutet hatten.

Übung 1.3.35 Beweise Proposition 1.3.4.

Übung 1.3.36 Verwende die Bayes'sche Formel, um

$$P(B \mid A) = \frac{P(A \mid B)P(B)}{P(A \mid B)P(B) + P(A \mid B^c)(1 - P(B))} \tag{1.37}$$

zu beweisen. Daher ist es möglich, $P(B \mid A)$ eindeutig aus $P(B)$, $P(A \mid B)$ und $P(A \mid B^c)$ zu bestimmen.

Übung 1.3.37 Wir wissen, dass 4 % einer bestimmten Bevölkerung α krank sind. Bei einem experimentellen Test zur Erkennung, ob ein Individuum von α krank ist, sehen wir, dass der Test die folgende Zuverlässigkeit hat:

i) wenn das Individuum krank ist, gibt der Test in 99 % der Fälle ein positives Ergebnis;
ii) wenn das Individuum gesund ist, gibt der Test in 2 % der Fälle ein positives Ergebnis.

Basierend auf diesen Daten, wie hoch ist die Wahrscheinlichkeit, dass ein Individuum von α, das positiv auf den Test reagiert, wirklich krank ist? Nehmen wir dann an, dass wir den Test auf eine andere Bevölkerung β anwenden: unter Berücksichtigung der Zuverlässigkeitsschätzungen i) und ii) und der Beobachtung, dass der Test bei 6 % der Bevölkerung β ein positives Ergebnis liefert, wie hoch ist die Wahrscheinlichkeit, dass ein Individuum von β krank ist?

Lösung *Sei T das Ereignis „der Test bei einem Individuum gibt ein positives Ergebnis" und M das Ereignis „das Individuum ist krank". Nach Annahme, $P(M) = 4\%$, $P(T \mid M) = 99\%$ und $P(T \mid M^c) = 2\%$. Dann haben wir durch (1.37) mit $B = M$ und $A = T$, dass*

$$P(M \mid T) \approx 67.35\%$$

ist und daher gibt es eine hohe Anzahl von „falsch positiven" Fällen. Dies liegt daran, dass der Prozentsatz der kranken Menschen relativ niedrig ist: wir stellen fest, dass im Allgemeinen

$$P(M \mid T) = \frac{P(T \mid M)P(M)}{P(T \mid M)P(M) + P(T \mid M^c)(1 - P(M))} \longrightarrow 0^+ \, wenn \, P(M) \to 0^+$$

während $P(M \mid T) \to 1^-$ wenn $P(M) \to 1^-$. Wir stellen fest, dass wir auf der Grundlage der Daten durch (1.23) auch den Prozentsatz der positiven Tests

$$P(T) = P(T \mid M)P(M) + P(T \mid M^c)(1 - P(M)) \approx 5.88\,\%$$

berechnen können

Bezüglich der zweiten Frage haben wir, dass nach Annahme $P(T \mid M) = 99\,\%$ und $P(T \mid M^c) = 2\,\%$ sind. Wenn für die beobachteten Daten $P(T) = 6\,\%$ gilt, dann erhalten wir aus (1.28)

$$P(M) = \frac{P(T) - P(T \mid M^c)}{P(T \mid M) - P(T \mid M^c)} \approx 4.12\,\%$$

Das Ergebnis kann so interpretiert werden, dass, wenn man die Zuverlässigkeits-schätzungen i) und ii) des Tests als gültig ansieht, von $6\,\%$ der positiven Tests etwa $33\,\%$ falsch positiv sind.

Übung 1.3.38 Beweise die Behauptung in Beispiel 1.3.22 im Detail.

Übung 1.3.39 In Bezug auf Übung 1.3.24, konstruiere ein Wahrscheinlichkeitsmaß Q auf Ω, das von P verschieden ist, so dass wir immer noch

$$Q(\alpha_1) = \frac{1}{3}, \qquad Q(\beta_1) = \frac{1}{4}$$

haben, aber α_1 und β_1 dürfen nicht unabhängig unter Q sein.

Übung 1.3.40 Betrachte ein Kartenspiel mit 40 Karten mit gleichförmiger Wahrscheinlichkeit: Überprüfe, dass

i) die Ereignisse „eine ungerade Karte ziehen" (Ereignis A) und „eine 7 ziehen" (Ereignis B) nicht unabhängig sind;
ii) die Ereignisse „eine ungerade Karte ziehen" (Ereignis A) und „eine Karo-Karte ziehen" (Ereignis B) unabhängig sind.

Übung 1.3.41 ((1.32) **impliziert nicht** (1.31)) Betrachte das Würfeln von drei Würfeln und die Ereignisse A_{ij}, die durch „das Ergebnis des i-ten Würfels ist gleich dem des j-ten Würfels" definiert sind. Dann sind A_{12}, A_{13}, A_{23} paarweise unabhängig, aber nicht unabhängig.

Übung 1.3.42 ((1.31) **impliziert nicht** (1.32)) Betrachte das Würfeln von zwei Würfeln und setze $\Omega = I_6 \times I_6$, sowie die Ereignisse

$$A = \{(\omega_1, \omega_2) \mid \omega_2 \in \{1, 2, 5\}\}, \qquad B = \{(\omega_1, \omega_2) \mid \omega_2 \in \{4, 5, 6\}\},$$
$$C = \{(\omega_1, \omega_2) \mid \omega_1 + \omega_2 = 9\}.$$

Dann ist (1.31) wahr, aber (1.32) nicht.

Übung 1.3.43 Nehme an, dass n Objekte zufällig in r Kästen platziert werden, wobei $r \geq 1$. Bestimme die Wahrscheinlichkeit, dass „genau k Objekte in die erste Box gelegt werden" (Ereignis A_k).

Lösung *Wenn C_h das Ereignis „das h -te Objekt wird in die erste Box gelegt" ist, dann ist $p = P(C_h) = \frac{1}{r}$. Außerdem wird $P(A_k)$ durch (1.35) gegeben.*

1.4 Verteilungen

In diesem Abschnitt befassen wir uns mit der Konstruktion und Charakterisierung von Maßen im euklidischen Raum, mit besonderem Augenmerk auf Wahrscheinlichkeitsmaße auf $\mathbb{R}^d$, die *Verteilungen* genannt werden. Das grundlegende Ergebnis in dieser Richtung ist der Satz von Carathéodory, den wir in Abschn. 1.4.7 angeben und später oft verwenden werden. Die Idee besteht darin, eine Verteilung zunächst auf einer bestimmten Familie $\mathcal{A}$ von Teilmengen des Stichprobenraums Ω zu definieren (zum Beispiel die Familie der Intervalle im Fall $\Omega = \mathbb{R}$) und sie dann auf eine geeignete σ-Algebra zu erweitern, die $\mathcal{A}$ enthält. Das Problem der Auswahl einer solchen σ-Algebra hängt mit der Kardinalität von Ω zusammen: Wenn Ω endlich oder abzählbar ist, entspricht die Angabe einer Wahrscheinlichkeit auf Ω der Zuweisung der Wahrscheinlichkeiten der einzelnen Ergebnisse (vgl. Bemerkung 1.1.13); daher liegt es nahe, $\mathscr{P}(\Omega)$ als die σ-Algebra der Ereignisse anzunehmen. Der allgemeine Fall, wie wir bereits im Beispiel 1.1.30 gesehen haben, ist erheblich komplexer; tatsächlich kann die Kardinalität von $\mathscr{P}(\Omega)$ „zu groß" sein, um darauf ein Wahrscheinlichkeitsmaß zu definieren[14].

1.4.1 Vervollständigung eines Wahrscheinlichkeitsraums

Betrachte eine generische nicht-leere Menge Ω. Wenn $(\mathscr{F}_i)_{i \in I}$ eine Familie (nicht notwendigerweise abzählbar) von σ-Algebren auf Ω ist, dann ist die Schnittmenge

---

[14] Wenn die Kardinalität von Ω endlich ist, sagen wir $|\Omega| = n$, dann ist $\mathscr{P}(\Omega) = 2^n$ und wenn Ω eine abzählbare Kardinalität hat, dann hat $\mathscr{P}(\Omega)$ die Kardinalität des Kontinuums (von $\mathbb{R}$). Wenn jedoch $\Omega = \mathbb{R}$, dann ist nach dem Satz von Cantor die Kardinalität von $\mathscr{P}(\mathbb{R})$ streng größer als die Kardinalität von $\mathbb{R}$.

$$\bigcap_{i \in I} \mathscr{F}_i$$

immer noch eine σ-Algebra. Dies rechtfertigt die folgende Definition.

Definition 1.4.1 Gegeben sei eine Familie $\mathcal{A}$ von Teilmengen von Ω. Wir bezeichnen mit $\sigma(\mathcal{A})$ den Schnitt aller σ-Algebren, die $\mathcal{A}$ enthalten. Da $\sigma(\mathcal{A})$ *die kleinste σ-Algebra ist, die $\mathcal{A}$ enthält*, sagen wir, dass $\mathcal{A}$ die *von $\mathcal{A}$ erzeugte σ-Algebra ist.*

Beispiel 1.4.2 Wenn $\mathcal{A} = \{A\}$ aus einer einzigen Menge $A \subseteq \Omega$ besteht, schreiben wir $\sigma(A)$ anstelle von $\sigma(\{A\})$. Beachte, dass

$$\sigma(A) = \{\emptyset, \Omega, A, A^c\}.$$

Die Schnittmenge von σ-Algebren ist immer noch eine σ-Algebra, aber ein ähnliches Ergebnis gilt nicht für die Vereinigung: Seien $\mathscr{F}_1$ und $\mathscr{F}_2$ zwei σ-Algebren, dann haben wir $\mathscr{F}_1 \cup \mathscr{F}_2 \subseteq \sigma(\mathscr{F}_1 \cup \mathscr{F}_2)$ und die Inklusion kann strikt sein.

Im Allgemeinen ist es schwierig, eine explizite Darstellung der von einer Familie $\mathcal{A}$ erzeugten σ-Algebra zu geben: klar ist, dass $\sigma(\mathcal{A})$ die Komplemente und abzählbaren Vereinigungen von Elementen von $\mathcal{A}$ enthalten muss, aber wie wir im nächsten Abschnitt sehen werden, gibt es Fälle, in denen diese Operationen nicht alle Elemente von $\sigma(\mathcal{A})$ liefern. Aus diesem Grund ist es nützlich, Techniken einzuführen, die es ermöglichen zu beweisen, dass wenn eine bestimmte Eigenschaft wahr ist für die Elemente einer Familie $\mathcal{A}$, dann ist sie auch wahr für alle Elemente von $\sigma(\mathcal{A})$: Diese Art von Ergebnissen sind Gegenstand von Anhang A.

Bemerkung 1.4.3 (Vervollständigung eines Wahrscheinlichkeitsraums) Wir erinnern daran, dass ein Wahrscheinlichkeitsraum $(\Omega, \mathscr{F}, P)$ vollständig ist, wenn $\mathcal{N} \subseteq \mathscr{F}$, d.h., die Nullmengen (und die fast sicheren) sind Ereignisse: Eine Teilmenge N von Ω ist eine P-vernachlässigbar wenn es ein $B \in \mathscr{F}$ gibt, so dass $N \subseteq B$ und $P(B) = 0$. Man kann immer einen Raum $(\Omega, \mathscr{F}, P)$ „vervollständigen", indem man P auf die σ-Algebra $\sigma(\mathscr{F} \cup \mathcal{N})$ in der folgenden Weise erweitert. Zunächst einmal, beachte, dass[15] $\sigma(\mathscr{F} \cup \mathcal{N}) = \bar{\mathscr{F}}$ wo

$$\bar{\mathscr{F}} := \{A \cup N \mid A \in \mathscr{F}, \ N \in \mathcal{N}\}.$$

Dann erweitern wir P auf $\bar{\mathscr{F}}$, indem wir $\bar{P}(A \cup N) := P(A)$ setzen; um zu überprüfen, dass diese Definition wohldefiniert ist, beweisen wir, dass wenn $A_1 \cup N_1 = A_2 \cup N_2$, mit $A_1, A_2 \in \mathscr{F}$ und $N_1, N_2 \in \mathcal{N}$, dann gilt $P(A_1) = P(A_2)$. Tatsächlich,

---

[15] Da $\mathscr{F} \cup \mathcal{N} \subseteq \bar{\mathscr{F}}$, genügt es zu beweisen, dass $\bar{\mathscr{F}}$ eine σ-Algebra ist: Es ist klar dass deise nicht-leer und σ-$\cup$-abgeschlossen ist. Um zu zeigen, dass $\bar{\mathscr{F}}$ unter Komplementbildung abgeschlossen ist, nehmen wir $B \in \mathscr{F}$, so dass $P(B) = 0$ und $N \subseteq B$, und bemerken, dass für $A \cup N \in \bar{\mathscr{F}}$,

$$(A \cup N)^c = (A \cup B)^c \cup (B \setminus (A \cup N)).$$

wenn wir $B = B_1 \cup B_2$ setzen, wobei B_i vernachlässigbare Ereignisse sind, so dass $N_i \subseteq B_i$ für $i = 1, 2$, haben wir

$$A_1 \cup B = (A_1 \cup N_1) \cup B = (A_2 \cup N_2) \cup B = A_2 \cup B$$

was $P(A_1) = P(A_2)$ impliziert. Es ist auch einfach zu überprüfen, dass $\bar{P}$ ein Wahrscheinlichkeitsmaß auf $\bar{\mathscr{F}}$ ist. Offensichtlich hängt die Vervollständigung eines Raums von der σ-Algebra und dem betrachteten Wahrscheinlichkeitsmaß ab siehe (vgl. Übung 1.4.14).

1.4.2 Borel σ-Algebra

Wir führen die σ-Algebra ein, die wir systematisch verwenden, wenn der Stichprobenraum $\mathbb{R}^d$ ist. Tatsächlich betrachten wir, da es keine zusätzliche Schwierigkeit darstellt und später praktisch sein wird, den Fall, in dem der Stichprobenraum ein generischer *metrischer Raum* $(\mathbb{M}, \varrho)$ ist. Neben euklidischen Räumen ist ein bemerkenswertes Beispiel $\mathbb{M} = C[0, 1]$, der Raum der stetigen Funktionen auf dem Intervall $[0, 1]$, ausgestattet mit dem maximalen Abstand

$$\varrho_{\max}(f, g) = \max_{t \in [0,1]} |f(t) - g(t)|, \qquad f, g \in C[0, 1].$$

Dieser Raum ist bedeutend in der Untersuchung von stochastischen Prozessen.

Ein weiteres nützliches Beispiel ist $\mathbb{M} = \overline{\mathbb{R}} := \mathbb{R} \cup \{-\infty, +\infty\}$, die erweiterten reellen Zahlen mit der Metrik $\varrho(x, y) = |\delta(x) - \delta(y)|$, wobei $\delta(x) = \frac{x}{1+|x|}$ die reellen Zahlen $\overline{\mathbb{R}}$ in $[-1, 1]$ abbildet: dieser Raum erweist sich als wesentlich für die Modellierung von Zufallsvariablen, die erweiterte reelle Werte annehmen, wie zufällige Zeiten.

In einem metrischen Raum $(\mathbb{M}, \varrho)$ ist die Borel σ-Algebra $\mathscr{B}_\varrho$ die σ-Algebra, die von der durch ϱ induzierten Topologie (der Familie der offenen Mengen) erzeugt wird.

Definition 1.4.4 (Borel σ-Algebra) Die *Borel σ- Algebra* $\mathscr{B}_\varrho$ ist die kleinste σ-Algebra, die die offenen Mengen von $(\mathbb{M}, \varrho)$ enthält. Die Elemente von $\mathscr{B}_\varrho$ werden Borel-Mengen genannt.

Notation 1.4.5 Im Folgenden werden wir die Borel σ-Algebra im euklidischen Raum $\mathbb{R}^d$ mit $\mathscr{B}_d$ bezeichnen. Es ist bekannt, dass $\mathscr{B}_d$ streng in der σ-Algebra $\mathcal{L}$ der Lebesgue-messbaren Mengen[16] enthalten ist. Im Fall $d = 1$ schreiben wir einfach $\mathscr{B}$ anstelle von $\mathscr{B}_1$.

---

[16] $(\mathbb{R}^d, \mathcal{L}_d, \mathrm{Leb}_d)$ ist die Vervollständigung (vgl. Bemerkung 1.4.3) in Bezug auf das Lebesgue-Maß Leb_d von $(\mathbb{R}^d, \mathscr{B}_d, \mathrm{Leb}_d)$.

Bemerkung 1.4.6 [!] Nach Definition enthält $\mathscr{B}_\varrho$ alle Teilmengen von $\mathbb{M}$, die aus offenen Mengen durch Operationen der Komplementbildung und abzählbaren Vereinigungen erhalten werden: zum Beispiel sind Einzelmengen Borelmengen[17], das heißt, $\{x\} \in \mathscr{B}_\varrho$ für jedes $x \in \mathbb{M}$.

Allerdings können *nicht alle Elemente von $\mathscr{B}_\varrho$ nur durch die Operationen der Komplementbildung und abzählbaren Vereinigungen erreicht werden.* Noch mehr, in [20] wird gezeigt, dass sogar eine abzählbare Folge von Operationen der Komplementbildung und abzählbaren Vereinigungen nicht ausreicht, um $\mathscr{B}_\varrho$ zu erreichen. Genauer gesagt, gegeben sei eine Familie $\mathcal{H}$ von Teilmengen eines Raums Ω, und sei $\mathcal{H}^*$ die Familie, die die Elemente von $\mathcal{H}$, die Komplemente der Elemente von $\mathcal{H}$ und die abzählbaren Vereinigungen von Elementen von $\mathcal{H}$ enthält. Wir definieren auch $\mathcal{H}_0 = \mathcal{H}$ und, durch Rekursion, die steigende Folge von Familien

$$\mathcal{H}_n = \mathcal{H}^*_{n-1}, \qquad n \in \mathbb{N}.$$

Induktiv kann man zeigen, dass $\mathcal{H}_n \subseteq \sigma(\mathcal{H})$ für jedes $n \in \mathbb{N}$; jedoch (vgl. [20] S. 30) wenn $\Omega = \mathbb{R}$ und $\mathcal{H}$ ist wie in Übung 1.4.7-ii), dann haben wir, dass

$$\bigcup_{n=0}^{\infty} \mathcal{H}_n$$

streng in $\mathscr{B} = \sigma(\mathcal{H})$ enthalten ist.

Übung 1.4.7 Sei $\mathscr{B}$ die Borel σ-Algebra in $\mathbb{R}$. Beweise, dass $\mathscr{B} = \sigma(\mathcal{H})$, wobei $\mathcal{H}$ eine der folgenden Familien von Teilmengen von $\mathbb{R}$ ist:

i) $\mathcal{H} = \{\,]a, b] \mid a, b \in \mathbb{R},\ a < b\}$;
ii) $\mathcal{H} = \{\,]a, b] \mid a, b \in \mathbb{Q},\ a < b\}$ (beachte, dass $\mathcal{H}$ abzählbar ist und daher sagen wir, dass $\mathscr{B}$ *abzählbar erzeugt* ist);
iii) $\mathcal{H} = \{\,]-\infty, a] \mid a \in \mathbb{R}\}$.

Ein analoges Ergebnis gilt in Dimensionen größer als eins, wenn man Multi-Intervalle betrachtet.

1.4.3 Verteilungen

Sei $\mathscr{B}_\varrho$ die Borel'sche σ-Algebra auf einem metrischen Raum $(\mathbb{M}, \varrho)$. Klarerweise ist der euklidische Fall $\mathbb{M} = \mathbb{R}^d$ von besonderem Interesse und sollte immer als Referenzpunkt dienen.

---

[17] Tatsächlich,

$$\{x\} = \bigcap_{n \geq 1} D(x, 1/n)$$

wobei die Scheiben $D(x, 1/n) := \{y \in \mathbb{M} \mid \varrho(x, y) < 1/n\} \in \mathscr{B}_\varrho$ per Definition offen sind.

Definition 1.4.8 (Verteilung) Eine *Verteilung* ist ein Wahrscheinlichkeitsmaß auf $(\mathbb{M}, \mathscr{B}_\varrho)$.

Um die Ideen zu festigen, ist es gut, die folgende „physische" Interpretation des Konzepts der Verteilung μ zu geben. Wir denken an den Stichprobenraum $\mathbb{R}^d$ als die Menge der möglichen Positionen im Raum eines Teilchens, das nicht mit Präzision beobachtet werden kann: dann wird $H \in \mathscr{B}_d$ als das Ereignis interpretiert, nach dem „das Teilchen in der Borel-Menge H ist" und $\mu(H)$ ist die Wahrscheinlichkeit dass das Teilchen in H ist.

> Das Konzept der Verteilung wird erst vollständig verstanden, nachdem wir Zufallsvariablen eingeführt haben. Zu diesem Zeitpunkt, besitzen wir noch nicht ausreichend Wissen, um Verteilungen vollständig zu schätzen. Daher werden wir uns darauf beschränken, einige Beispiele zu erwähnen, die wir später in Kap. 2 detaillierter behandeln werden.

Wir beginnen mit dem Beweis einiger allgemeiner Eigenschaften von Verteilungen.

Proposition 1.4.9 (Interne und externe Regularität) Sei μ eine Verteilung auf $(\mathbb{M}, \mathscr{B}_\varrho)$. Für jedes $H \in \mathscr{B}_\varrho$ haben wir

$$\mu(H) = \sup\{\mu(C) \mid C \subseteq H, \ C \text{ geschlossen}\}$$
$$= \inf\{\mu(A) \mid A \supseteq H, \ A \text{ offen}\}.$$

Der Beweis von Proposition 1.4.9 wird auf Abschn. 1.5.2 verschoben. Eine unmittelbare Folge ist das folgende

Korollar 1.4.10 Zwei Verteilungen μ_1 und μ_2 auf $(\mathbb{M}, \mathscr{B}_\varrho)$ sind genau dann gleich, wenn $\mu_1(H) = \mu_2(H)$ für jede offene Menge H (oder für jede geschlossene Menge H).

Bemerkung 1.4.11 Wenn μ eine Verteilung auf $(\mathbb{M}, \mathscr{B}_\varrho)$ ist, dann ist

$$A := \{x \in \mathbb{M} \mid \mu(\{x\}) > 0\}$$

endlich oder höchstens abzählbar. In der Tat, sei

$$A_n = \{x \in \mathbb{M} \mid \mu(\{x\}) > 1/n\}, \qquad n \in \mathbb{N}.$$

Dann gilt für jedes $x_1, \ldots, x_k \in A_n$

$$1 = \mu(\mathbb{M}) \geq \mu(\{x_1, \ldots, x_k\}) \geq \frac{k}{n}$$

und folglich hat A_n höchstens n Elemente. Dann folgt die Behauptung aus der Tatsache, dass $A = \bigcup_{n \geq 1} A_n$, wobei die Vereinigung endlich oder abzählbar ist.

Der „extreme" Fall, in dem μ die gesamte Masse auf einen einzigen Punkt konzentriert, wird in dem folgenden Beispiel veranschaulicht.

Beispiel 1.4.12 Sei $x_0 \in \mathbb{R}^d$. Die *Dirac-Delta-Verteilung δ_{x_0} zentriert auf x_0*, ist definiert durch

$$\delta_{x_0}(H) = \begin{cases} 1 \text{ wenn } x_0 \in H, \\ 0 \text{ wenn } x_0 \notin H, \end{cases} \qquad H \in \mathscr{B}_d.$$

Beachte insbesondere, dass $\delta_{x_0}(\{x_0\}) = 1$ und denke über die „physische" Interpretation dieser Tatsache nach.

Bevor wir andere bemerkenswerte Beispiele für Verteilungen betrachten, stellen wir fest, dass wir durch eine geeignete Kombination von Verteilungen immer eine neue Verteilung erhalten.

Proposition 1.4.13 Sei $(\mu_n)_{n\in\mathbb{N}}$ eine Folge von Verteilungen auf $(\mathbb{M}, \mathscr{B}_\varrho)$ und $(p_n)_{n\in\mathbb{N}}$ eine Sequenz von reellen Zahlen, so dass

$$\sum_{n=1}^{\infty} p_n = 1 \quad \text{und} \quad p_n \geq 0, \ n \in \mathbb{N}. \tag{1.38}$$

Dann ist μ, definiert durch

$$\mu(H) := \sum_{n=1}^{\infty} p_n \mu_n(H), \qquad H \in \mathscr{B}_\varrho,$$

eine Verteilung.

Beweis Es ist einfach zu überprüfen, dass $\mu(\emptyset) = 0$ und $\mu(\mathbb{M}) = 1$. Es bleibt die σ-Additivität zu beweisen: wir haben

$$\mu\left(\biguplus_{k\in\mathbb{N}} H_k\right) = \sum_{n=1}^{\infty} p_n \mu_n\left(\biguplus_{k\in\mathbb{N}} H_k\right) =$$

(durch die σ-Additivität von μ_n)

$$= \sum_{n=1}^{\infty} p_n \sum_{k=1}^{\infty} \mu_n(H_k) =$$

(Umordnung der Terme, da sie nicht negativ sind)

$$= \sum_{k=1}^{\infty} \sum_{n=1}^{\infty} p_n \mu_n(H_k) = \sum_{k=1}^{\infty} \mu(H_k). \qquad \qquad \square$$

Übung 1.4.14 Man erinnere sich an den Begriff der Vervollständigung eines Raumes, der in Bemerkung 1.4.3 gegeben wurde. Betrachte auf $\mathbb{R}$ die Dirac-Delta-Verteilung δ_x zentriert in $x \in \mathbb{R}$, die triviale σ-Algebra $\{\emptyset, \mathbb{R}\}$ und die Borel'sche σ-Algebra $\mathscr{B}$. Beweise, dass der Raum $(\mathbb{R}, \{\emptyset, \mathbb{R}\}, \delta_x)$ vollständig ist, während der Raum $(\mathbb{R}, \mathscr{B}, \delta_x)$ nicht vollständig ist. Die Vervollständigung von $(\mathbb{R}, \mathscr{B}, \delta_x)$ ist der Raum $(\mathbb{R}, \mathscr{P}(\mathbb{R}), \delta_x)$.

1.4.4 Diskrete Verteilungen

Von nun an konzentrieren wir uns auf den Fall $\mathbb{M} = \mathbb{R}^d$.

Definition 1.4.15 Eine *diskrete Verteilung* ist eine Verteilung der Form

$$\mu(H) := \sum_{n=1}^{\infty} p_n \delta_{x_n}(H), \qquad H \in \mathscr{B}_d, \tag{1.39}$$

wobei (x_n) eine Folge von unterschiedlichen Punkten in $\mathbb{R}^d$ und (p_n) die Eigenschaften in (1.38) erfüllt.

Bemerkung 1.4.16 Zu einer diskreten Verteilung der Form (1.39) ist es natürlich die folgende *Funktion* zu betrachten:

$$\bar{\mu} : \mathbb{R}^d \longrightarrow [0, 1],$$

definiert durch

$$\bar{\mu}(x) = \mu(\{x\}), \qquad x \in \mathbb{R}^d,$$

oder expliziter

$$\bar{\mu}(x) = \begin{cases} p_n & \text{wenn } x = x_n, \\ 0 & \text{sonst.} \end{cases}$$

Da

$$\mu(H) = \sum_{x \in H \cap \{x_n \mid n \in \mathbb{N}\}} \bar{\mu}(x), \qquad H \in \mathscr{B}_d, \tag{1.40}$$

ist die Verteilung μ eindeutig mit der Funktion $\bar{\mu}$ verbunden, die manchmal als *Verteilungsfunktion von μ* bezeichnet wird. Wie wir in den folgenden Beispielen sehen werden, ist es im Allgemeinen viel einfacher, die Verteilungsfunktion $\bar{\mu}$ zuzuweisen als die Verteilung μ selbst: Tatsächlich ist μ ein Maß (d. h., eine Mengenfunktion), im Gegensatz zu $\bar{\mu}$, welche eine Funktion auf $\mathbb{R}^d$ ist.

Betrachten wir einige bemerkenswerte Beispiele für diskrete Verteilungen.

Beispiel 1.4.17

i) **(Bernoulli)** Die *Bernoulli-Verteilung mit Parameter* $p \in [0, 1]$ wird mit Be_p notiert und ist definiert als eine lineare Kombination von zwei Dirac-Deltas:

$$\mathrm{Be}_p = p\delta_1 + (1 - p)\delta_0.$$

Explizit haben wir

$$\mathrm{Be}_p(H) = \begin{cases} 0 & \text{wenn } 0, 1 \notin H, \\ 1 & \text{wenn } 0, 1 \in H, \\ p & \text{wenn } 1 \in H, \ 0 \notin H, \\ 1 - p & \text{wenn } 0 \in H, \ 1 \notin H. \end{cases} \qquad H \in \mathscr{B},$$

und die Verteilungsfunktion ist einfach

$$\bar{\mu}(x) = \begin{cases} p & \text{wenn } x = 1, \\ 1 - p & \text{wenn } x = 0, \\ 0 & \text{sonst.} \end{cases}$$

ii) **(Diskrete Gleichverteilung)** Sei $H = \{x_1, \ldots, x_n\}$ eine endliche Teilmenge von $\mathbb{R}^d$. Die *diskrete Gleichverteilung auf H* wird durch Unif_H bezeichnet und ist durch

$$\mathrm{Unif}_H = \frac{1}{n} \sum_{k=1}^{n} \delta_{x_k},$$

definiert, das heißt,

$$\mathrm{Unif}_H(\{x\}) = \begin{cases} \frac{1}{n} & \text{wenn } x \in H, \\ 0 & \text{sonst.} \end{cases}$$

iii) **(Binomial)** Sei $n \in \mathbb{N}$ und $p \in [0, 1]$. Die *Binomialverteilung mit den Parametern n und p* ist auf $\mathbb{R}$ durch

$$\mathrm{Bin}_{n,p} = \sum_{k=0}^{n} \binom{n}{k} p^k (1 - p)^{n-k} \delta_k,$$

definiert, das heißt, die Verteilungsfunktion ist

$$\bar{\mu}(k) = \mathrm{Bin}_{n,p}(\{k\}) = \begin{cases} \binom{n}{k} p^k (1 - p)^{n-k} & \text{für } k = 0, 1, \ldots, n, \\ 0 & \text{sonst.} \end{cases}$$

Beispiel 1.2.17 gibt eine Interpretation der binomialen Verteilung.

iv) **(Geometrisch)** Gegeben sei $p \in \,]0, 1]$, die *geometrische Verteilung mit Parameter p* ist durch

$$\mathrm{Geom}_p = \sum_{k=1}^{\infty} p(1-p)^{k-1}\delta_k$$

definiert. Die Verteilungsfunktion ist

$$\bar{\mu}(k) = \mathrm{Geom}_p(\{k\}) = \begin{cases} p(1-p)^{k-1} & \text{für } k \in \mathbb{N}, \\ 0 & \text{sonst.} \end{cases}$$

Beachte, dass

$$\sum_{k=1}^{\infty} p(1-p)^{k-1} = p\sum_{h=0}^{\infty}(1-p)^h =$$

(da nach Hypothese $0 < p \le 1$)

$$= \frac{p}{1-(1-p)} = 1.$$

Beispiel 1.3.31 gibt eine Interpretation der geometrischen Verteilung.

iv) **(Poisson)** Die *Poisson-Verteilung mit Parameter* $\lambda > 0$, *zentriert in* $x \in \mathbb{R}$, ist durch

$$\mathrm{Poisson}_{x,\lambda} := e^{-\lambda}\sum_{k=0}^{\infty}\frac{\lambda^k}{k!}\delta_{x+k}$$

definiert. Im Fall $x = 0$ sprechen wir einfach von der Poisson-Verteilung mit Parameter $\lambda > 0$ und notieren sie mit $\mathrm{Poisson}_\lambda$: in diesem Fall ist die Verteilungsfunktion

$$\bar{\mu}(k) = \mathrm{Poisson}_\lambda(\{k\}) = \begin{cases} \frac{e^{-\lambda}\lambda^k}{k!} & \text{für } k \in \mathbb{N}_0, \\ 0 & \text{sonst.} \end{cases}$$

1.4.5 *Absolut stetige Verteilungen*

Betrachte eine $\mathscr{B}_d$-messbare[18] Funktion

$$\gamma : \mathbb{R}^d \longrightarrow [0, +\infty[\quad \text{so dass} \quad \int_{\mathbb{R}^d} \gamma(x)dx = 1. \tag{1.41}$$

Dann ist μ mit

$$\mu(H) = \int_H \gamma(x)dx, \qquad H \in \mathscr{B}_d, \tag{1.42}$$

eine Verteilung. Tatsächlich ist offensichtlich, dass $\mu(\emptyset) = 0$ und $\mu(\mathbb{R}^d) = 1$. Darüber hinaus, wenn $(H_n)_{n\in\mathbb{N}}$ eine Folge von disjunkten Borel-Mengen ist, dann haben

---

[18] Das heißt, $\gamma^{-1}(H) \in \mathscr{B}_d$ für jedes $H \in \mathscr{B}$.

wir aufgrund der Eigenschaften des Lebesgue-Integrals[19], dass

$$\mu\left(\biguplus_{n\geq 1} H_n\right) = \int_{\biguplus_{n\geq 1} H_n} \gamma(x)dx = \sum_{n\geq 1}\int_{H_n}\gamma(x)dx = \sum_{n\geq 1}\mu(H_n),$$

was beweist, dass μ σ-additiv ist.

Definition 1.4.18 (Absolut stetige Verteilung) Eine $\mathscr{B}_d$-messbare Funktion γ, die die Eigenschaften in (1.41) erfüllt, wird als *Dichtefunktion* (oder einfach als *Dichte* oder eine *PDF*[20]) bezeichnet. Wir sagen, dass eine Verteilung μ auf $\mathbb{R}^d$ *absolut stetig* ist, und wir schreiben $\mu \in AC$, wenn es eine Dichte γ gibt, für die (1.42) gilt.

Beachte die Analogie zwischen den Eigenschaften (1.41) einer Dichte γ und den Eigenschaften (1.38).

Bemerkung 1.4.19 [!] Die PDF einer Verteilung $\mu \in AC$ ist nicht eindeutig bestimmt: sie ist nur bis auf Borel-Mengen bestimmt, die das Lebesgue-Maß gleich null haben; tatsächlich ändert sich der Wert des Integrals in (1.42) nicht, indem γ auf einer Menge von Lebesgue-Maß null modifiziert wird.

Tatsächlich, wenn γ_1, γ_2 PDFs von $\mu \in AC$ sind, dann gilt $\gamma_1 = \gamma_2$ fast überall (bezogen auf das Lebesgue-Maß). Sei

$$A_n = \{x \mid \gamma_1(x) - \gamma_2(x) \geq 1/n\} \in \mathscr{B}_d, \qquad n \in \mathbb{N}.$$

Dann

$$\frac{\text{Leb}(A_n)}{n} \leq \int_{A_n}(\gamma_1(x) - \gamma_2(x))\,dx = \int_{A_n}\gamma_1(x)dx - \int_{A_n}\gamma_2(x)dx$$
$$= \mu(A_n) - \mu(A_n) = 0,$$

aus dem folgt, dass $\text{Leb}(A_n) = 0$ für jedes $n \in \mathbb{N}$. Es folgt, dass auch

$$\{x \mid \gamma_1(x) > \gamma_2(x)\} = \bigcup_{n=1}^{\infty} A_n$$

Lebesgue-Maß null hat, das heißt, $\gamma_1 \leq \gamma_2$ fast überall. Ebenso haben wir $\gamma_1 \geq \gamma_2$ fast überall.

Bemerkung 1.4.20 [!] Sofern nicht anders angegeben, werden wir immer annehmen, dass die Integrandenfunktion bei Betrachtung eines Lebesgue-Integrals $\mathscr{B}$-messbar ist (und daher insbesondere Lebesgue messbar). Daher bedeutet „messbar", sofern nicht ausdrücklich angegeben, „ $\mathscr{B}$-messbar" und auch in der Definition von

---

[19] Insbesondere verwenden wir hier den Satz von Beppo Levi.

[20] PDF steht für „Probability Density Function" und ist auch der Befehl in der Software Mathematica® für Dichtefunktionen.

L^p (der Raum der integrierbaren Funktionen der Ordnung p) wird die $\mathscr{B}$-Messbarkeit implizit angenommen. Dies ist aus vielen Gründen praktisch: zum Beispiel ist die Komposition von $\mathscr{B}$-messbaren Funktionen immer noch $\mathscr{B}$-messbar (eine Tatsache, die nicht unbedingt für Lebesgue messbare Funktionen zutrifft).

Bemerkung 1.4.21 [!] Wenn μ auf $\mathbb{R}^d$ absolut stetig ist, dann weisen μ Borel-Mengen, die Lebesgue-vernachlässigbar sind, eine Nullwahrscheinlichkeit zu: genau gesagt, haben wir

$$\mathrm{Leb}_d(H) = 0 \quad \Longrightarrow \quad \mu(H) = \int_H \gamma(x)dx = 0. \tag{1.43}$$

Insbesondere, wenn H endlich oder abzählbar ist, dann ist $\mu(H) = 0$. In gewisser Weise sind die Verteilungen in AC „komplementär" zu diskreten Verteilungen (aber es ist Vorsicht geboten wegen der Bemerkung 1.4.23 unten!): tatsächlich weisen letztere positive Wahrscheinlichkeit genau auf einzelne Punkte oder abzählbare Teilmengen von $\mathbb{R}^d$ zu. Bedingung (1.43) ist notwendig[21] für $\mu \in$ AC und bietet einen sehr nützlichen und praktischen Test, um zu überprüfen, dass μ keine Dichte zulässt: wenn es $H \in \mathscr{B}_d$ gibt, so dass $\mathrm{Leb}_d(H) = 0$ und $\mu(H) > 0$, dann $\mu \notin$ AC. Eine typische Anwendung wird in Beispiel 2.1.47 illustriert.

Jede Dichtefunktion liefert eine Verteilung: in der Praxis ist die Zuweisung einer Dichte die einfachste und am häufigsten verwendete Methode, um eine absolut stetige Verteilung zu definieren, wie die folgenden bemerkenswerten Beispiele zeigen.

Beispiel 1.4.22

i) **(Uniform)** Die *Gleichverteilung* Unif_K *auf* K, wobei $K \in \mathscr{B}_d$ das Lebesgue-Maß $0 < \mathrm{Leb}_d(K) < \infty$ hat, ist die Verteilung mit Dichte

$$\gamma = \frac{1}{\mathrm{Leb}_d(K)}\mathbb{1}_K.$$

Dann

$$\mathrm{Unif}_K(H) = \int_{H \cap K} \frac{1}{\mathrm{Leb}_d(K)}dx = \frac{\mathrm{Leb}_d(H \cap K)}{\mathrm{Leb}_d(K)}, \quad H \in \mathscr{B}_d.$$

Was passiert, wenn $\mathrm{Leb}_d(K) = \infty$? Ist es möglich, eine gleichmäßige Wahrscheinlichkeit auf $\mathbb{R}^d$ zu definieren?

ii) **(Exponential)** Die *Exponentialverteilung* Exp_λ *mit Parameter* $\lambda > 0$ ist die Verteilung mit Dichte

$$\gamma(x) = \begin{cases} \lambda e^{-\lambda x} & \text{wenn } x \geq 0, \\ 0 & \text{wenn } x < 0. \end{cases}$$

---

[21] Tatsächlich ist nach dem Radon-Nikodym Theorem B.1.3, (1.43) eine notwendige und hinreichende Bedingung für absolute Stetigkeit.

Dann

$$\mathrm{Exp}_\lambda(H) = \lambda \int_{H \cap [0,+\infty[} e^{-\lambda x} dx, \qquad H \in \mathscr{B}.$$

Beachte, dass $\mathrm{Exp}_\lambda(\mathbb{R}) = \mathrm{Exp}_\lambda(\mathbb{R}_{\geq 0}) = 1$.

iii) **(Normal)** Die *reelle Normalverteilung* $\mathcal{N}_{\mu,\sigma^2}$ *mit Parametern* $\mu \in \mathbb{R}$ *und* $\sigma > 0$ ist die Verteilung auf $\mathscr{B}$ mit Dichte

$$\gamma(x) = \frac{1}{\sqrt{2\pi\sigma^2}} e^{-\frac{1}{2}\left(\frac{x-\mu}{\sigma}\right)^2}, \qquad x \in \mathbb{R}.$$

Dann

$$\mathcal{N}_{\mu,\sigma^2}(H) = \frac{1}{\sqrt{2\pi\sigma^2}} \int_H e^{-\frac{1}{2}\left(\frac{x-\mu}{\sigma}\right)^2} dx, \qquad H \in \mathscr{B}.$$

Die Verteilung $\mathcal{N}_{0,1}$ ($\mu = 0$ und $\sigma = 1$) wird als *Standardnormalverteilung* bezeichnet.

Bemerkung 1.4.23 [!] Nicht alle Verteilungen sind vom bisher analysierten Typ (d. h., diskret oder absolut stetig). Betrachte zum Beispiel das Segment

$$I = \{(x,0) \mid 0 \leq x \leq 1\}$$

in $\mathbb{R}^2$ und die Verteilung

$$\mu(H) = \mathrm{Leb}_1(H \cap I), \qquad H \in \mathscr{B}_2,$$

wobei Leb_1 das 1-dimensionale Lebesgue-Maß (oder genauer gesagt das 1-dimensionale Hausdorff[22] Maß in $\mathbb{R}^2$) bezeichnet. Offensichtlich ist $\mu \notin \mathrm{AC}$, da $\mu(I) = 1$ und I hat Lebesgue-Maß null in $\mathbb{R}^2$; andererseits ist μ keine diskrete Verteilung, weil $\mu(\{(x,y)\}) = 0$ für alle $(x,y) \in \mathbb{R}^2$.

Die Idee ist, dass eine Verteilung Wahrscheinlichkeit auf Teilmengen von $\mathbb{R}^d$ konzentrieren kann, deren Dimension (im Sinne von Hausdorff[23]) *kleiner* als d ist: zum Beispiel eine sphärische Oberfläche (die Hausdorff-Dimension gleich 2 hat) in $\mathbb{R}^3$. Es kann noch komplizierter werden, da die Hausdorff-Dimension bruchzahlig sein kann (vgl. Beispiel 1.4.36).

1.4.6 Kumulative Verteilungsfunktionen (CDF)

Das Konzept der Dichte ermöglicht die Identifizierung einer *Verteilung* (das heißt, dass wir ein Wahrscheinlichkeitsmaß) durch eine *Funktion* auf $\mathbb{R}^d$ definieren können. (dies ist aus mathematischer Sicht handhabbarer als direkt mit einem Maß zu

---

[22] Siehe zum Beispiel Kap. 2 in [112].

[23] Vgl. Abschn. 2.5 in [112].

arbeiten). Natürlich ist dieser Ansatz möglich, wenn die Verteilung absolut stetig ist. Ein ähnliches Ergebnis gilt für diskrete Verteilungen (vgl. Bemerkung 1.1.13).

In diesem Abschnitt stellen wir einen viel allgemeineren Ansatz vor und führen das Konzept der *kumulativen Verteilungsfunktion* ein, das es uns ermöglichen wird, eine generische Verteilung durch eine Funktion zu identifizieren. Für den Moment beschränken wir uns auf den eindimensionalen Fall: im Abschn. 1.4.9 werden wir uns mit dem mehrdimensionalen Fall befassen.

Definition 1.4.24 Die *kumulative Verteilungsfunktion* F_μ einer Verteilung μ auf $(\mathbb{R}, \mathscr{B})$ ist definiert durch

$$F_\mu : \mathbb{R} \longrightarrow [0, 1],$$
$$x \longrightarrow F_\mu(x) := \mu(]-\infty, x]).$$

Wir verwenden die Abkürzung CDF für kumulative Verteilungsfunktionen.

Beispiel 1.4.25

i) Die CDF des Dirac-Deltas δ_{x_0} ist

$$F(x) = \begin{cases} 0 \text{ wenn } x < x_0, \\ 1 \text{ wenn } x \geq x_0. \end{cases}$$

ii) Die CDF der diskreten Verteilung $\text{Unif}_n := \frac{1}{n}\sum_{k=1}^{n} \delta_k$ ist

$$F(x) = \begin{cases} 0 \text{ wenn } x < 1, \\ \frac{k}{n} \text{ wenn } k \leq x < k+1, \text{ für } 1 \leq k \leq n-1, \\ 1 \text{ wenn } x \geq n. \end{cases} \tag{1.44}$$

Siehe Abb. 1.1 für den Fall $n = 5$.

iii) Wie in Abb. 1.2 gezeigt, sind die Dichte und CDF der Verteilung $\text{Unif}_{[1,3]}$ jeweils

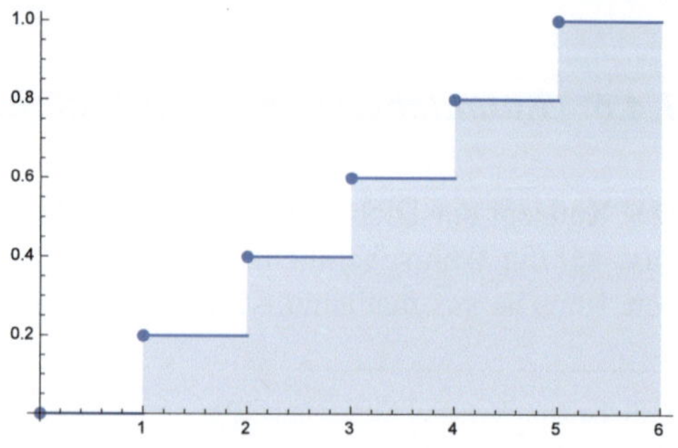

Abb. 1.1 Graph der CDF einer Z.v. mit Verteilung Unif_5

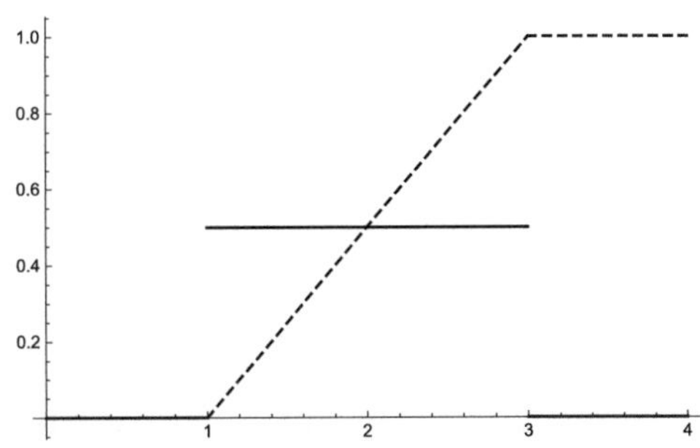

Abb. 1.2 Dichtefunktion (durchgezogene Linie) und Verteilung (gestrichelte Linie) der Verteilung $\mathrm{Unif}_{[1,3]}$

$$\gamma = \frac{1}{2}\mathbb{1}_{[1,3]} \quad \text{und} \quad F(x) = \begin{cases} 0 & x \leq 1, \\ \frac{x-1}{2} & 1 < x \leq 3, \\ 1 & x > 3. \end{cases}$$

iv) Wie in Abb. 1.3 mit $\lambda = 2$ gezeigt, sind die Dichte und CDF der Verteilung Exp_λ jeweils

$$\gamma(x) = \lambda e^{-\lambda x} \quad \text{und} \quad F(x) = 1 - e^{-\lambda x}, \qquad x \geq 0, \tag{1.45}$$

und sind null für $x < 0$.

v) Die CFD von $\mathcal{N}_{\mu,\sigma^2}$ ist

$$F(x) = \frac{1}{\sqrt{2\pi\sigma^2}} \int_{-\infty}^{x} e^{-\frac{1}{2}\left(\frac{t-\mu}{\sigma}\right)^2} dt, \qquad x \in \mathbb{R}.$$

Für die Standardnormalverteilung haben wir

$$F(x) = \frac{1}{2}\left(\mathrm{erf}\left(\frac{x}{\sqrt{2}}\right) + 1\right), \qquad x \in \mathbb{R},$$

wo

$$\mathrm{erf}(x) = \frac{2}{\sqrt{\pi}} \int_{0}^{x} e^{-t^2} dt, \qquad x \in \mathbb{R},$$

ist die *Fehlerfunktion*. Abb. 1.4 zeigt die Dichte und CDF der Standardnormalverteilung.

Theorem 1.4.26 [!] Die CDF F_μ einer Verteilung μ hat die folgenden Eigenschaften:

i) F_μ ist monoton (schwach) steigend;

ii) F_μ ist rechts-stetig, d. h.

$$F_\mu(x) = F_\mu(x+) := \lim_{y \to x^+} F_\mu(y), \qquad x \in \mathbb{R};$$

Abb. 1.3 Dichtefunktion (durchgezogene Linie) und CDF (gestrichelte Linie) der Verteilung Exp_2

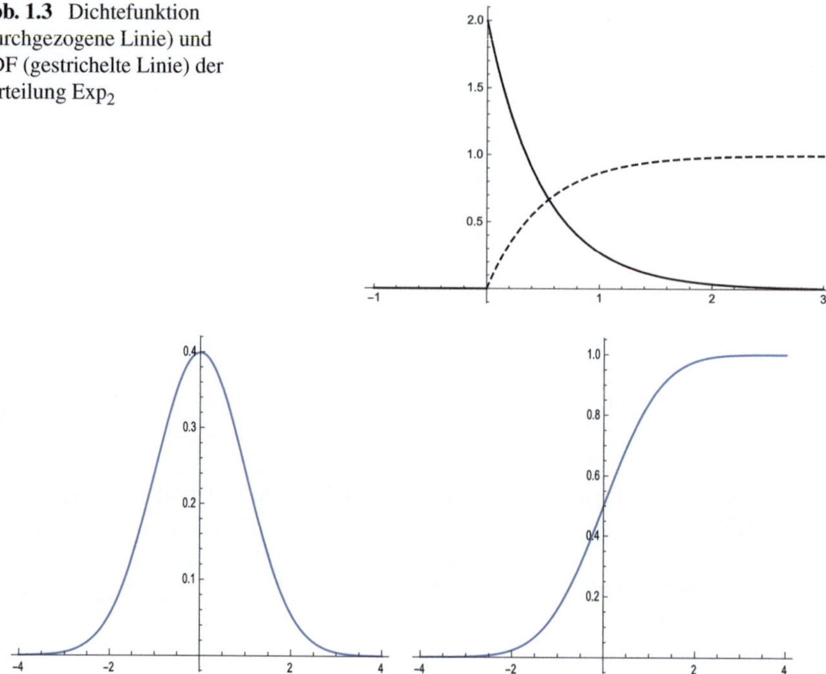

Abb. 1.4 Auf der linken Seite: Darstellung der Standardnormaldichte. Auf der rechten Seite: Darstellung der Standardnormalverteilung. Beachten Sie die unterschiedliche Skala auf der Ordinatenachse

iii) wir haben

$$\lim_{x \to -\infty} F_\mu(x) = 0 \qquad \text{und} \qquad \lim_{x \to +\infty} F_\mu(x) = 1;$$

Beweis Wenn $x \leq y$ dann $]-\infty, x] \subseteq]-\infty, y]$ und daher, durch die Monotonie von μ, $F_\mu(x) \leq F_\mu(y)$, was i) beweist. Betrachte als nächstes eine abnehmende Folge $(x_n)_{n \in \mathbb{N}}$, die gegen x konvergiert, wenn $n \to \infty$: wir haben

$$]-\infty, x] = \bigcap_{n \in \mathbb{N}}]-\infty, x_n]$$

und daher, durch die Stetigkeit von oben von μ (vgl. Proposition 1.1.32-iii))

$$F_\mu(x) = \mu(]-\infty, x]) = \lim_{n \to \infty} \mu(]-\infty, x_n]) = \lim_{n \to \infty} F_\mu(x_n).$$

Dann folgt ii) aus der Beliebigkeit der Folge $(x_n)_{n \in \mathbb{N}}$. Eigenschaft iii) folgt aus der Stetigkeit von oben und unten von μ bzw..

Bemerkung 1.4.27 [!] Unter den Annahmen des vorherigen Satzes zusammen mit der Monotonie von F_μ, existiert auch der linke Grenzwert

$$F_\mu(x-) := \lim_{y \to x^-} F_\mu(y),$$

aber im Allgemeinen haben wir nur

$$F_\mu(x-) \leq F_\mu(x), \qquad x \in \mathbb{R}.$$

Tatsächlich, für jede *steigende* Folge $(x_n)_{n \in \mathbb{N}}$, die gegen x konvergiert, wenn $n \to \infty$, haben wir

$$]-\infty, x_n] \nearrow \,]-\infty, x[$$

und durch die Stetigkeit von unten von P (vgl. Proposition 1.1.32-ii)) haben wir

$$F_\mu(x-) = \mu(]-\infty, x[) \quad \text{und} \quad \mu(\{x\}) = \Delta F_\mu(x) := F_\mu(x) - F_\mu(x-). \tag{1.46}$$

So *weist μ den Punkten positive Wahrscheinlichkeit zu, an denen F_μ unstetig ist und an solchen Punkten ist die Wahrscheinlichkeit gleich der Höhe des Sprungs von F_μ.*
Übrigens ist es leicht zu sehen, dass *eine monoton steigende Funktion*

$$F : \mathbb{R} \longrightarrow \mathbb{R}$$

höchstens abzählbar unendlich viele Unstetigkeitsstellen haben kann. Tatsächlich, sei

$$A_n = \{x \in \mathbb{R} \mid |x| \leq n, \ \Delta F(x) \geq \frac{1}{n}\}, \qquad n \in \mathbb{N},$$

dann ist die Kardinalität $|A_n|$ endlich, da

$$\frac{|A_n|}{n} \leq \sum_{x \in A_n} \Delta F(x) \leq F(n) - F(-n) < \infty.$$

Da die Menge der Unstetigkeitsstellen von F gleich der Vereinigung von $A_n, n \in \mathbb{N}$, ist, bestätigt dies Bemerkung 1.4.11, nach der, *für jede Verteilung μ, die Menge der Punkte, sodass $\mu(\{x\}) > 0$ höchstens abzählbar ist.*

Übung 1.4.28 Beweise, dass die Verteilungsfunktion der Normalverteilung $\mathcal{N}_{\mu,\sigma^2}$ streng monoton steigend ist.

1.4.7 Carathéodorys Erweiterungssatz

Erinnern wir uns an die Definition von Maßen auf Algebren (Definitionen 1.1.21 und 1.1.19). Eines der Ergebnisse, auf denen die gesamte Wahrscheinlichkeitstheorie basiert, ist das folgende

Theorem 1.4.29 (Carathéodorys Satz) [!!!] Sei μ ein σ-endliches Maß auf einer Algebra $\mathcal{A}$. Es existiert genau ein σ-endliches Maß, das μ auf die σ-Algebra erweitert, die von $\mathcal{A}$ erzeugt wird.

Beweis Der Beweis ist lang und ausführlich; in Abschn. 1.5.3 beweisen wir eine allgemeinere Version von Satz 1.4.29, die später einfacher anzuwenden sein wird. $\qquad\square$

Carathéodorys Satz ermöglicht die *Existenz* und *Eindeutigkeit* der Erweiterung von μ von $\mathcal{A}$ auf $\sigma(\mathcal{A})$. Es ist bemerkenswert, dass keine Annahme über Ω erforderlich ist, das irgendeine nicht-leere Menge ist: tatsächlich basiert der Beweis auf rein mengentheoretischen Argumenten.

1.4.8   Von CDFs zu Verteilungen

Die Konstruktion eines probabilistischen Modells auf $\mathbb{R}$ (das ein zufälliges Phänomen darstellt, sei es die Position eines Teilchens in einem physikalischen Modell oder der Preis eines riskobehafteten Vermögenswerts in einem Finanzmodell oder die Temperatur in einem meteorologischen Modell) besteht oft darin, eine bestimmte Verteilung zuzuweisen. Aus praktischer und intuitiver Sicht besteht der erste Schritt darin, festzustellen, wie die Verteilung den *Intervallen,* die die einfachsten vorstellbaren Ereignisse darstellen, eine Wahrscheinlichkeit zuweist: das haben wir in Beispiel 1.1.30 getan, als wir die gleichmäßige Verteilung definiert haben. Tatsächlich, wir wissen (aus Korollar 1.4.10), dass eine reelle Verteilung dadurch identifiziert wird, wie sie auf Intervalle wirkt oder äquivalent, da

$$\mu(]a, b]) = F_\mu(b) - F_\mu(a),$$

von der kumulativen Verteilungsfunktion. Dann liegt es nahe, zu fragen, ob es *bei einer Funktion F, die die die Eigenschaften einer CDF erfüllen muss, eine Verteilung μ existiert, die F als CDF hat.*

Die Antwort ist bejahend und ist in folgendem Satz 1.4.33 enthalten, den wir als Korollar von Carathéodorys Satz 1.4.29 beweisen. Zuerst machen wir einige vorläufige Erinnerungen.

Definition 1.4.30 (Absolut stetige Funktion (AC)). Eine Funktion F ist *absolut stetig*[24] auf $[a, b]$ (in Symbolen, $F \in \mathrm{AC}[a, b]$) wenn sie für ein $\gamma \in L^1([a, b])$ in der Form

$$F(x) = F(a) + \int_a^x \gamma(t)dt, \qquad x \in [a, b], \tag{1.47}$$

geschrieben werden kann.

---

[24] Die wahre Definition der absolut stetigen Funktion ist im Anhang B.4 gegeben: tatsächlich ist Definition 1.4.30 eine äquivalente Charakterisierung der absoluten Stetigkeit.

Das folgende Ergebnis, dessen Beweis im Anhang gegeben ist (siehe Proposition B.3.3), besagt dass absolut stetige Funktionen fast überall differenzierbar sind.

Proposition 1.4.31 Sei $F \in AC[a, b]$ von der Form (1.47). Dann ist F fast überall differenzierbar mit $F' = \gamma$: als Konsequenz haben wir

$$F(x) = F(a) + \int_a^x F'(t)dt, \qquad x \in [a, b]. \tag{1.48}$$

Mit anderen Worten, *absolut stetige Funktionen umfassen die Klasse der Funktionen, für die der Hauptsatz der Analysis gilt*, was einfach ausgedrückt bedeutet, Funktionen, die gleich dem Integral ihrer eigenen Ableitung sind. Es ist erwähnenswert, dass selbst wenn F fast überall differenzierbar ist mit $F' \in L^1([a, b])$, dies nicht die Gültigkeit der Formel (1.48) gewährleistet. Ein triviales Gegenbeispiel ist die Funktion $F = \mathbb{1}_{[1/2,1]}$: wir haben $F' = 0$ fast überall auf $[0, 1]$, aber

$$1 = F(1) - F(0) \neq \int_0^1 F'(x)dx = 0.$$

Wir werden im Beispiel 1.4.36 sehen, dass F auch stetig und fast überall differenzierbar sein kann mit $F' \in L^1([a, b])$ und dies dennoch nicht die Gültigkeit der Formel (1.48) gewährleistet.

$$|f(x) - f(y)| \leq c_K |x - y|, \qquad x, y \in K.$$

Übung 1.4.32 Überprüfe, dass die Funktion

$$F(x) = \begin{cases} 0 & x \leq 0, \\ \sqrt{x} & 0 < x < 1, \\ 1 & x \geq 1, \end{cases}$$

auf $[0, 1]$ absolut stetig ist.

Das Hauptergebnis dieses Abschnitts ist das folgende

Theorem 1.4.33 [!!] Sei $F : \mathbb{R} \longrightarrow \mathbb{R}$ eine monoton steigende[25] und rechtsstetige Funktion (d. h., F erfüllt die Eigenschaften i) und ii) des Theorems 1.4.26). Dann:

i) gibt es ein eindeutiges Maß μ_F auf $(\mathbb{R}, \mathscr{B})$, das σ-endlich ist und

$$\mu_F(]a, b]) = F(b) - F(a), \qquad a, b \in \mathbb{R}, \ a < b \tag{1.49}$$

erfüllt;

---

[25] Nicht notwendigerweise *streng* monoton steigend.

ii) wenn F auch

$$\lim_{x \to -\infty} F(x) = 0 \quad \text{und} \quad \lim_{x \to +\infty} F(x) = 1,$$

erfüllt (d.h., F erfüllt Eigenschaft iii) des Theorems 1.4.26) dann ist μ_F eine Verteilung;

iii) schließlich ist F absolut stetig genau dann, wenn $\mu_F \in AC$: in diesem Fall ist F' eine Dichte von μ_F.

Beweis Siehe Abschn. 1.5.4.   □

Bemerkung 1.4.34 Es ist hervorzuheben, dass Theorem 1.4.33 auch ein *Eindeutigkeits*ergebnis enthält, da jeder Verteilungsfunktion ein eindeutiges Maß, für das Gleichung (1.49) gilt, zugeordnet werden kann. Zum Beispiel ist das mit der Funktion $F(x) = x$ assoziierte Maß das Lebesgue-Maß und das Gleiche gilt für $F(x) = x + c$ für jedes $c \in \mathbb{R}$.

Bemerkung 1.4.35 Es gibt zwei besonders wichtige Fälle in Anwendungen:

1) wenn F stückweise konstant ist und wir mit x_n die Unstetigkeitsstellen von F bezeichnen (die, wie Bemerkung 1.4.27 zeigt, höchstens eine abzählbare Menge sind) dann ist, nach (1.46), μ_F die diskrete Verteilung

$$\mu_F = \sum_n \Delta F(x_n) \delta_{x_n}$$

wobei $\Delta F(x_n)$ die Größe des Sprungs von F bei x_n bezeichnet;

2) wenn F absolut stetig ist, dann ist $\mu_F \in AC$ mit einer Dichte gleich F' (Abb. 1.5).

Beispiel 1.4.36 Die Cantor-Vitali-Funktion

$$V : \mathbb{R} \longrightarrow [0, 1]$$

ist eine stetige und steigende Funktion, so dass $V(x) = 0$ für $x \leq 0$, $V(x) = 1$ für $x \geq 1$ und mit erster Ableitung V', die fast überall existiert und gleich null ist: für eine Konstruktion der Cantor-Vitali-Funktion siehe zum Beispiel [112] S. 192. Da V die Annahmen des Theorems 1.4.33 erfüllt, gibt es eine eindeutige Verteilung μ_V so dass $\mu_V(]a, b]) = V(b) - V(a)$.

Da V stetig ist, haben wir $\mu_V(\{x\}) = 0$ für jedes $x \in [0, 1]$ (vgl. (1.46)) und daher *ist μ_V keine diskrete Verteilung*. Wenn $\mu_V \in AC$ gelten würde, gäbe es eine Dichte γ, so dass

$$V(x) = \mu_V([0, x]) = \int_0^x \gamma(y) dy, \qquad x \geq 0.$$

Aus Proposition 1.4.31 schließen wir $\gamma = V' = 0$ f.ü., aber das ist nicht möglich.

Abb. 1.5 Graph der
Cantor-Vitali-Funktion

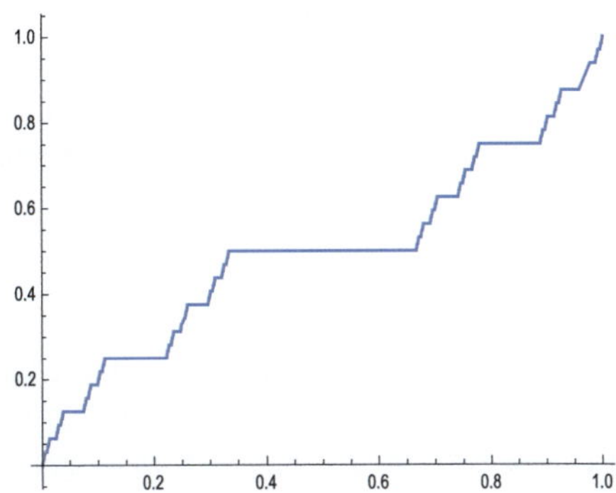

$$1 = V(1) = \int_0^1 \gamma(y)dy = 0.$$

Daher *ist μ_V auch keine absolut stetige Verteilung,* obwohl ihre Verteilungsfunktion
V stetig und fast überall differenzierbar ist.

Für diejenigen, die das Thema vertiefen möchten, ist die Tatsache, dass μ_V der
Cantor-Menge (für weitere Details siehe [112], S. 37) die Wahrscheinlichkeit 1 zu-
weist, die eine Teilmenge des Intervalls $[0, 1]$ mit null Lebesgue-Maß und Hausdorff-
Dimension gleich $\frac{\log 2}{\log 3}$ ist.

Übung 1.4.37 Zeige, dass die Funktion

$$F(x) := \begin{cases} 0 & \text{für } x < 0, \\ \frac{x}{3} & \text{für } 0 \le x < 1, \\ 1 & \text{für } x \ge 1, \end{cases}$$

eine CDF ist. Wenn μ_F die zugehörige Verteilung ist, berechne $\mu_F([0, 1])$, $\mu_F([0, 1[)$
und $\mu_F(\mathbb{Q})$. Überprüfe schließlich, dass $\mu_F = \frac{2}{3}\delta_1 + \frac{1}{3}\text{Unif}_{[0,1]}$.

Übung 1.4.38 Für jedes $n \in \mathbb{N}$ sei

$$F_n(x) = \begin{cases} 0 & \text{für } x < 0, \\ x^n & \text{für } 0 \le x < 1, \\ 1 & \text{für } x \ge 1. \end{cases}$$

Beweise, dass F_n eine absolut stetige CDF ist und bestimme die Dichte γ_n der zuge-
hörigen Verteilung μ_n. Überprüfe, dass

$$F(x) := \lim_{n \to \infty} F_n(x)$$

eine CDF ist und bestimme die zugehörige Verteilung. Ist die Funktion

$$\gamma(x) := \lim_{n \to \infty} \gamma_n(x)$$

eine Dichte?

Übung 1.4.39 Gegeben sei eine Nummerierung $(q_n)_{n\in\mathbb{N}}$ der rationalen Zahlen in $[0, 1]$. Gegeben sei außerdem die Verteilung

$$\mu(\{x\}) = \begin{cases} 2^{-n} & \text{wenn } x = q_n, \\ 0 & \text{sonst.} \end{cases}$$

Ist die CDF F_μ stetig am Punkt 1? Bestimme $F_\mu(1)$ und $F_\mu(1-)$.

Lösung *Sei $\bar{n} \in \mathbb{N}$ mit $q_{\bar{n}} = 1$, dann $\Delta F_\mu(1) = \frac{1}{2^{\bar{n}}}$. Da $F_\mu(1) = 1$, folgt $F_\mu(1-) = 1 - \frac{1}{2^{\bar{n}}}$.*

1.4.9 *Kumulative Verteilungsfunktionen auf $\mathbb{R}^d$*

Der mehrdimensionale Fall ist analog zum eindimensionalen Fall mit einigen kleinen Unterschieden.

Definition 1.4.40 Die *kumulative Verteilungsfunktion* einer Verteilung μ auf $(\mathbb{R}^d, \mathscr{B}_d)$ ist definiert durch

$$F_\mu(x) := \mu(]-\infty, x_1] \times \cdots \times]-\infty, x_d]), \qquad x = (x_1, \ldots, x_d) \in \mathbb{R}^d. \quad (1.50)$$

Beispiel 1.4.41 Wir zeigen die Plots verschiedener zweidimensionaler CDFs:

  i) Dirac Verteilung zentriert bei $(1, 1)$ in Abb. 1.6;
 ii) Gleichmäßige Verteilung auf dem Quadrat $[0, 1] \times [0, 1]$ in Abb. 1.7. Die Dichte ist die Indikatorfunktion $\gamma = \mathbb{1}_{[0,1]\times[0,1]}$;
iii) Bivariate Standardnormalverteilung in Abb. 1.8, mit Dichte

Abb. 1.6 Graph der bivariaten Dirac CDF zentriert in $(1, 1)$

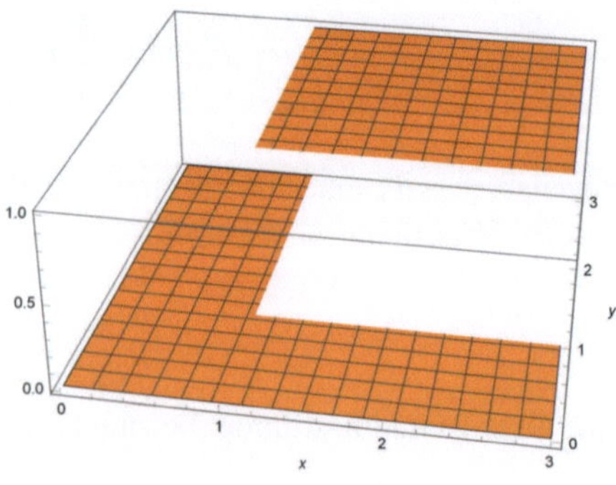

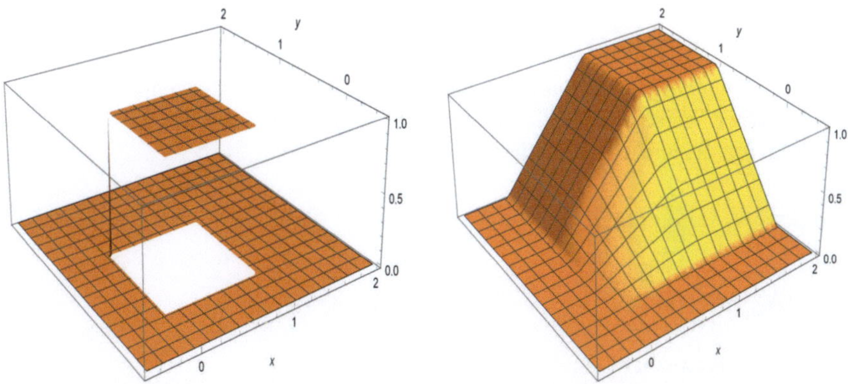

Abb. 1.7 **Verteilung** $\text{Unif}_{[0,1]\times[0,1]}$: Plot der Dichte (links) und der CDF (rechts)

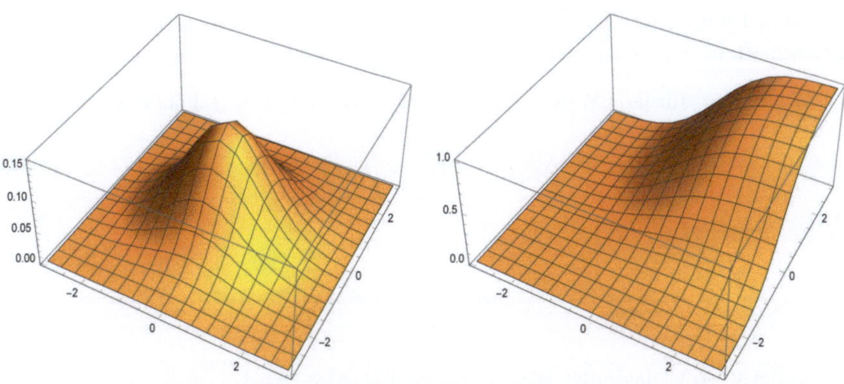

Abb. 1.8 **Standard bivariate Normalverteilung:** Plot der Dichte (links) und der CDF (rechts)

$$\gamma(x, y) = \frac{e^{-\frac{x^2}{2} - \frac{y^2}{2}}}{2\pi}, \qquad (x, y) \in \mathbb{R}^2.$$

Beispiel 1.4.42 Betrachte die bivariate CDF

$$F(x, y) = \left(1 - e^{-y} + \frac{e^{-y(x+1)} - 1}{x + 1} \right) \mathbb{1}_{\mathbb{R}_{\geq 0} \times \mathbb{R}_{\geq 0}}(x, y),$$

und nimm an, dass F absolut stetig ist, d. h.,

$$F(x, y) = \int_{-\infty}^{x} \int_{-\infty}^{y} \gamma(\xi, \eta) d\xi d\eta$$

für einige $\gamma \in m\mathscr{B}^+$. Dann, wie im eindimensionalen Fall (vgl. Theorem 1.4.33-iii)), wird eine Dichte für F einfach durch Differenzieren erhalten:

$$\partial_x \partial_y F(x, y) = y e^{-xy} \mathbb{1}_{\mathbb{R}_{\geq 0} \times \mathbb{R}_{\geq 0}}(x, y).$$

Jetzt stellen wir ein Theorem auf, das die in einer Dimension festgestellten Ergebnisse in natürlicher Weise erweitert. Wir beobachten zunächst, dass für $k \in \{1, \ldots, d\}$, $a \leq b, a, b \in \mathbb{R}$, und $x \in \mathbb{R}^d$, wir

$$\mu(]-\infty, x_1] \times \cdots \times]-\infty, x_{k-1}] \times]a, b] \times]-\infty, x_{k+1}] \times \cdots \times]-\infty, x_d])$$
$$= F_\mu(x_1, \ldots, x_{k-1}, b, x_{k+1}, \ldots, x_d) - F_\mu(x_1, \ldots, x_{k-1}, a, x_{k+1}, \ldots, x_d)$$
$$=: \Delta_{]a,b]}^{(k)} F_\mu(x),$$

haben und allgemeiner

$$\mu(]a_1, b_1] \times \cdots \times]a_d, b_d]) = \Delta_{]a_1, b_1]}^{(1)} \cdots \Delta_{]a_d, b_d]}^{(d)} F_\mu(x). \tag{1.51}$$

Theorem 1.4.43 Die CDF F_μ einer d-dimensionalen Verteilung μ hat die folgenden Eigenschaften:

i) *Monotonie:* für jede Wahl von $b_k > a_k \geq -\infty$, $1 \leq k \leq d$, haben wir

$$\Delta_{]a_1, b_1]}^{(1)} \cdots \Delta_{]a_d, b_d]}^{(d)} F_\mu(x) \geq 0; \tag{1.52}$$

ii) *Rechtsstetigkeit:* für jedes $x \in \mathbb{R}^d$

$$\lim_{y \to x^+} F_\mu(y) = F_\mu(x),$$

     wobei $y \to x^+$ bedeutet, dass $y_k \to x_k^+$ für jedes $k = 1, \ldots, d$;

iii) wenn $x_k \to -\infty$ für ein $k = 1, \ldots, d$ dann $F_\mu(x) \to 0$ und wenn $x_k \to +\infty$ für jedes $k = 1, \ldots, d$ dann $F_\mu(x) \to 1$.

Umgekehrt, wenn

$$F : \mathbb{R}^d \longrightarrow [0, 1]$$

eine Funktion ist, die die Eigenschaften i), ii) und iii) erfüllt, dann existiert eine Verteilung auf $\mathbb{R}^d$ so dass $F = F_\mu$, d.h., (1.50) gilt.

Beweis Der Beweis folgt einem völlig analogen Ansatz wie der im eindimensionalen Fall. Wir stellen nur fest, dass (1.52) direkt aus (1.51) folgt, da μ nicht-negative Werte hat.

Bemerkung 1.4.44 Die Monotonieeigenschaft (1.52) ist nicht trivial: für $d = 2$, wird sie

$$0 \leq \Delta_{]a_1, b_1]}^{(1)} \Delta_{]a_2, b_2]}^{(2)} F(x) = F(b_1, b_2) - F(b_1, a_2) - (F(a_1, b_2) - F(a_1, a_2))$$
$$= F(b_1, b_2) - F(a_1, b_2) - (F(b_1, a_2) - F(a_1, a_2))$$
$$= \Delta_{]a_2, b_2]}^{(2)} \Delta_{]a_1, b_1]}^{(1)} F(x).$$

Zum Beispiel erfüllt die Funktion

$$F(x_1, x_2) = \begin{cases} 1 & \text{wenn } x_1, x_2 \geq 1, \\ 2/3 & \text{wenn } x_1 \geq 1 \text{ und } 0 \leq x_2 < 1, \\ 2/3 & \text{wenn } x_2 \geq 1 \text{ und } 0 \leq x_1 < 1, \\ 0 & \text{sonst,} \end{cases}$$

obwohl sie ïn jeder Richtung monotonïst, nicht (1.52). Tatsächlich,

$$\Delta^{(1)}_{]1/2, 1]}\Delta^{(2)}_{]1/2, 1]}F(x) = -1/3.$$

Falls nun die Verteilung von F existierten würde, würde sie dem Quadrat $]1/2, 1] \times]1/2, 1]$ negative Wahrscheinlichkeit zuweisen, was offensichtlich ein Widerspruch ist.

Übung 1.4.45 Sei $I := [0, 1] \times \{0\} \subseteq \mathbb{R}^2$ und μ die Gleichverteilung auf I, definiert durch

$$\mu(H) = \text{Leb}_1(H \cap I), \qquad H \in \mathscr{B}_2,$$

wobei Leb_1 das eindimensionale Lebesgue-Maß bezeichnet[26]. Bestimme die CDF von μ.

1.4.10 Zusammenfassung

Wie können wir ein Wahrscheinlichkeitsmaß konstruieren und definieren? Das erste allgemeine Werkzeug aus der Maßtheorie ist der Satz von Carathéodory, nach dem jedes auf einer Algebra $\mathcal{A}$ definierte Maß eindeutig auf die von $\mathcal{A}$ erzeugte σ-Algebra erweitert werden kann. Zum Beispiel liefert dieser Satz, dass das Maß, das für jedes Intervall $[a, b]$ als die Länge $b - a$ definiert wird, eindeutig auf das Lebesgue-Maß auf der Borel σ-Algebra erweitert werden kann.

Wahrscheinlichkeitsmaße definiert auf $(\mathbb{R}^d, \mathscr{B}_d)$, auch *Verteilungen* genannt, spielen eine besonders wichtige Rolle. Unter ihnen sind *diskrete* Verteilungen, lineare (sogar abzählbare) Kombinationen von Dirac-Deltas: bemerkenswerte Beispiele sind Bernoulli, diskrete gleichmäßige, binomiale, und Poisson-Verteilungen. Andere wichtige Verteilungen sind die *absolut stetigen,* d.h. die in Form des Lebesgue-Integrals einer bestimmten Funktion, genannt *Dichte,* dargestellt werden können: bemerkenswerte Beispiele sind gleichmäßige, exponentielle und normale Verteilungen (aber wir werden noch viele andere sehen...).

Diskrete und absolut stetige Verteilungen sind in Bezug auf *reelle Funktionen* definiert: die Verteilungsfunktion im ersteren Fall und die Dichte im letzteren. Dies ist eine bedeutende Tatsache, weil es viel einfacher ist, eine Funktion einer reellen

---

[26] Genauer, gegeben $A \in \mathscr{B}$, identifizieren wir $\text{Leb}_1(A)$ mit $\text{Leb}_1(A \times \{0\})$.

Variable (oder allgemein auf $\mathbb{R}^d$) zu handhaben als eine Verteilung (die ein Maß, also eine Funktion von Borel-Mengen, ist). Auf der anderen Seite gibt es Verteilungen, die weder diskret noch absolut stetig sind.

Um eine generische Verteilung in Bezug auf eine reelle Funktion zu charakterisieren, haben wir den Begriff von *kumulativer Verteilungsfunktion* (oder CDF) eingeführt. Eine CDF hat einige allgemeine Eigenschaften: im eindimensionalen Fall ist eine CDF monoton steigend (und daher fast überall differenzierbar), rechts stetig, und hat Grenzwerte bei $-\infty$ und $+\infty$ gleich 0 und 1. Wir haben gezeigt, dass *die Zuweisung einer Verteilung oder ihrer CDF äquivalent ist.*

Schließlich ist die Tatsache, dass eine Verteilung μ eine Dichte hat, äquivalent zu der Tatsache, dass ihre CDF F absolut stetig ist, d.h., zu der Tatsache, dass

$$\mu(]a, x]) = F(x) - F(a) = \int_a^x F'(t)dt, \qquad a < x,$$

und in diesem Fall ist F' eine Dichte von μ.

1.5 Anhang

1.5.1 *Beweis von Proposition 1.3.30*

Proposition 1.3.30 Für jedes $n \in \mathbb{N}$ und $p \in [0, 1]$ gibt es einen diskreten Raum (Ω, P), auf dem eine Familie $(C_h)_{h=1,\ldots,n}$ von n wiederholten unabhängigen Versuchen mit Wahrscheinlichkeit p kanonisch definiert ist.

Wenn $(C_h)_{h\in\mathbb{N}}$ eine Folge unabhängiger Ereignisse auf einem *diskreten* Raum (Ω, P) ist, so dass $P(C_h) = p \in [0, 1]$ für jedes $h \in \mathbb{N}$, dann ist notwendigerweise $p = 0$ oder $p = 1$.

Beweis Sei

$$\Omega = \{\omega = (\omega_1, \ldots, \omega_n) \mid \omega_i \in \{0, 1\}\}.$$

Betrachte die *Partition*

$$\Omega = \bigcup_{k=0}^{n} \Omega_k, \qquad \Omega_k := \{\omega \in \Omega \mid \omega_1 + \cdots + \omega_n = k\}. \tag{1.53}$$

Offensichtlich gehört jedes ω zu genau einem Ω_k: daher ist $\Omega_k \cap \Omega_h = \emptyset$ für $k \neq h$, und $\Omega_k \leftrightarrow \mathbf{C}_{n,k}$ (das Element $(\omega_1, \ldots, \omega_n)$ von Ω_k wird eindeutig durch die Auswahl der k unter n Komponenten bestimmt, die gleich 1 sind) das heißt

$$|\Omega_k| = \binom{n}{k}, \qquad k = 0, \ldots, n. \tag{1.54}$$

Wir definieren P durch

$$P(\{\omega\}) = p^k(1-p)^{n-k} \qquad \omega \in \Omega_k,\ k = 0, \ldots, n.$$

Dann ist P eine Wahrscheinlichkeit, da

$$P(\Omega) = \sum_{k=0}^{n} P(\Omega_k) = \sum_{k=0}^{n} \sum_{\omega \in \Omega_k} P(\{\omega\}) = \sum_{k=0}^{n} \binom{n}{k} p^k(1-p)^{n-k} = 1,$$

nach (1.20).

Wir beweisen, dass die Ereignisse

$$C_h = \{\omega \in \Omega \mid \omega_h = 1\}, \qquad h = 1, \ldots, n,$$

eine *Familie von n wiederholten unabhängigen Versuchen* mit Wahrscheinlichkeit p bilden. Tatsächlich, seien $r \in \mathbb{N}$, $r \leq n$, und $h_1, \ldots, h_r \in I_n$ unterschiedlich. Wir haben[27]

$$P\left(\bigcap_{i=1}^{r} C_{h_i}\right) = \sum_{k=r}^{n} P\left(\Omega_k \cap \left(\bigcap_{i=1}^{r} C_{h_i}\right)\right)$$

$$= \sum_{k=r}^{n} \left| \Omega_k \cap \left(\bigcap_{i=1}^{r} C_{h_i}\right)\right| p^k(1-p)^{n-k} =$$

(wir haben ähnlich zu (1.54), dass die Kardinalität von $\Omega_k \cap \left(\bigcap_{i=1}^{r} C_{h_i}\right)$ genau gleich $\binom{n-r}{k-r}$ ist)

$$= \sum_{k=r}^{n} \binom{n-r}{k-r} p^k(1-p)^{n-k} =$$

(durch die Änderung des Index $j = k - r$)

$$= p^r \sum_{j=0}^{n-r} \binom{n-r}{j} p^j(1-p)^{n-j-r} = p^r.$$

Daher haben wir bewiesen, dass für $r = 1$,

$$P(C_h) = p, \qquad h = 1, \ldots, n,$$

---

[27] Beachte, dass der Index in der Summation bei r beginnt, weil $\Omega_k \cap \left(\bigcap_{i=1}^{r} C_{h_i}\right) = \emptyset$ wenn $k < r$ (warum?).

und für $1 < r \leq n$ haben wir

$$P\left(\bigcap_{i=1}^{r} C_{h_i}\right) = p^r = \prod_{i=1}^{r} P\left(C_{h_i}\right).$$

So ist $(C_h)_{h=1,\dots,n}$ eine *Familie von n wiederholten unabhängigen Versuchen* mit Wahrscheinlichkeit p.

Was den zweiten Teil der Aussage betrifft: sei $(C_k)_{k\in\mathbb{N}}$ eine Folge von unabhängigen Ereignissen auf einem diskreten Raum (Ω, P), sodass $P(C_k) = p \in [0, 1]$ für jedes $k \in \mathbb{N}$. Ohne Beschränkung der Allgemeinheit können wir annehmen, dass $p \geq \frac{1}{2}$, weil es sonst ausreicht, die Folge der komplementären Ereignisse zu betrachten. In diesem Fall beweisen wir, dass notwendigerweise $p = 1$ ist. Tatsächlich, nehmen wir an, dass $p < 1$. Fixiere ein beliebiges Ergebnis $\omega \in \Omega$: für jedes $n \in \mathbb{N}$ setzen wir $\bar{C}_n = C_n$ oder $\bar{C}_n = C_n^c$ abhängig davon, ob $\omega \in C_n$ oder $\omega \in C_n^c$. Beachte, dass $P(\bar{C}_n) \leq P(C_n)$, da wir angenommen haben, dass $P(C_n) = p \geq \frac{1}{2}$. Für jedes $n \in \mathbb{N}$ sind die Ereignisse $\bar{C}_1, \dots, \bar{C}_n$ unabhängig und

$$\{\omega\} \subseteq \bigcap_{k=1}^{n} \bar{C}_k,$$

sodass

$$P(\{\omega\}) \leq \prod_{k=1}^{n} P(\bar{C}_k) \leq p^n.$$

Mit n gegen Unendlichkeit erhalten wir $P(\{\omega\}) = 0$. Da jedoch $\omega \in \Omega$ beliebig war, widerspricht dies der Annahme der Diskretheit von Ω. $\qquad\square$

1.5.2 Beweis von Proposition 1.4.9

Proposition 1.4.9 Sei μ eine Verteilung auf einem metrischen Raum $(\mathbb{M}, \mathscr{B}_\varrho)$. Für jedes $H \in \mathscr{B}_\varrho$ haben wir

$$\mu(H) = \sup\{\mu(C) \mid C \subseteq H,\ C \text{ geschlossen}\} \tag{1.55}$$
$$= \inf\{\mu(A) \mid A \supseteq H,\ A \text{ offen}\}. \tag{1.56}$$

Wir sagen, dass jede Borel-Menge *intern* (nach (1.55)) und *extern* (nach (1.56)) μ-regulär ist.

Beweis Sei $\mathcal{R}$ die Familie der (intern und extern) μ-regulären Borel Mengen. Es ist klar, dass $H \in \mathcal{R}$ genau dann, wenn es für jedes $\varepsilon > 0$ eine geschlossene Menge C und eine offene Menge A gibt, sodass

$$C \subseteq H \subseteq A, \quad \mu(A \setminus C) < \varepsilon.$$

Zuerst beweisen wir, dass $\mathcal{R}$ eine σ-Algebra ist:

- da die leere Menge offen und geschlossen ist, haben wir $\emptyset \in \mathcal{R}$;
- wenn $H \in \mathcal{R}$ dann gibt es für jedes $\varepsilon > 0$ eine geschlossene Menge C_ε und eine offene Menge A_ε, sodass $C_\varepsilon \subseteq H \subseteq A_\varepsilon$ und $\mu(A_\varepsilon \setminus C_\varepsilon) < \varepsilon$. Wenn wir das Komplement nehmen, dann gilt $A^c{}_\varepsilon \subseteq H^c \subseteq C^c{}_\varepsilon$, wobei $A^c{}_\varepsilon$ abgeschlossen ist, $C^c{}_\varepsilon$ offen ist und $C^c{}_\varepsilon \setminus A^c{}_\varepsilon = A_\varepsilon \setminus C_\varepsilon$. Das zeigt, dass $H^c \in \mathcal{R}$ ist.
- Sei $(H_n)_{n\in\mathbb{N}}$ eine Folge in $\mathcal{R}$ und $H = \bigcup_{n\geq 1} H_n$. Dann existieren für alle $\varepsilon > 0$ zwei Folgen, $(C_{n,\varepsilon})_{n\in\mathbb{N}}$ von abgeschlossenen Mengen und $(A_{n,\varepsilon})_{n\in\mathbb{N}}$ von offenen Mengen, sodass $C_{n,\varepsilon} \subseteq H_n \subseteq A_{n,\varepsilon}$ und $\mu(A_{n,\varepsilon} \setminus C_{n,\varepsilon}) < \frac{\varepsilon}{3^n}$. Setzen wir $A_\varepsilon = \bigcup_{n\geq 1} A_{n,\varepsilon}$, so ist A_ε offen und $H \subseteq A_\varepsilon$. Andererseits gibt es durch die Stetigkeit von unten von μ (vgl. Proposition 1.1.32) ein $k \in \mathbb{N}$, so dass $\mu(C \setminus C_\varepsilon) \leq \frac{\varepsilon}{2}$ wobei

$$C := \bigcup_{n=1}^{\infty} C_{n,\varepsilon}, \qquad C_\varepsilon := \bigcup_{n=1}^{n} A_{n,\varepsilon}.$$

Offensichtlich ist C_ε abgeschlossen und $C_\varepsilon \subseteq H$. Schließlich haben wir

$$\mu(A_\varepsilon \setminus C_\varepsilon) \leq \mu(A_\varepsilon \setminus C) + \mu(C \setminus C_\varepsilon) \leq \sum_{n=1}^{\infty} \mu(A_{n,\varepsilon} \setminus C_{n,\varepsilon}) + \frac{\varepsilon}{2} \leq \sum_{n=1}^{\infty} \frac{\varepsilon}{3^n} + \frac{\varepsilon}{2} = \varepsilon.$$

Dies beweist, dass $\mathcal{R}$ eine σ-Algebra ist. Nun beweisen wir, dass $\mathcal{R}$ alle abgeschlossenen Mengen enthält: sei C abgeschlossen und $\varrho(x, C) = \inf_{y\in C} \varrho(x, y)$, sowie

$$A_n = \{x \in \mathbb{M} \mid \varrho(x, C) < 1/n\}, \qquad n \in \mathbb{N}.$$

Dann ist A_n offen und $A_n \searrow C$: tatsächlich, wenn $x \in \bigcap_{n\geq 1} A_n$ dann ist $\varrho(x, C) = 0$ und daher $x \in C$, da C abgeschlossen ist. Aufgrund der Stetigkeit von oben von μ haben wir $\lim_{n\to\infty} \mu(A_n) = \mu(C)$.

Die Behauptung folgt nun aus der Tatsache, dass $\mathscr{B}_\varrho$ die kleinste σ-Algebra ist, die die offenen (und abgeschlossenen) Mengen enthält, und daher $\mathscr{B}_\varrho \subseteq \mathcal{R}$.

1.5.3 Beweis des Carathéodory'schen Theorems 1.4.29

Wir geben eine etwas allgemeinere (und definitiv anwendbarere) Version des Theorems 1.4.29: in diesem Abschnitt folgen wir der Darstellung in [90]. Wir führen die Definition von Prämaßen auf einer generischen Familie von Teilmengen von Ω ein.

Definition 1.5.1 (Prämaß) Sei $\mathcal{A}$ eine Familie von Teilmengen von Ω, so dass $\emptyset \in \mathcal{A}$. Ein Prämaß auf $\mathcal{A}$ ist eine Funktion

$$\mu : \mathcal{A} \longrightarrow [0, +\infty]$$

mit den Eigenschaften:

i) $\mu(\emptyset) = 0$;
ii) μ ist *additiv auf* $\mathcal{A}$ dsa heißt, dass für alle disjunkten $A, B \in \mathcal{A}$ mit $A \cup B \in \mathcal{A}$

$$\mu(A \uplus B) = \mu(A) + \mu(B)$$

gilt;
iii) μ ist *σ-sub-additiv auf* $\mathcal{A}$, das heißt, dass wir für jedes $A \in \mathcal{A}$ und jede Folge von Elementen in $\mathcal{A}$ $(A_n)_{n \in \mathbb{N}}$

$$A \subseteq \bigcup_{n \in \mathbb{N}} A_n \implies \mu(A) \leq \sum_{n \in \mathbb{N}} \mu(A_n)$$

haben.

Wir sagen, dass μ σ-endlich ist, wenn es eine Folge $(A_n)_{n \in \mathbb{N}}$ in $\mathcal{A}$ gibt, so dass $\Omega = \bigcup_{n \in \mathbb{N}} A_n$ und $\mu(A_n) < \infty$ für jedes $n \in \mathbb{N}$.

Definition 1.5.2 (Halbring) Eine Familie $\mathcal{A}$ von Teilmengen von Ω ist ein *Halbring* wenn:

i) $\emptyset \in \mathcal{A}$
ii) $\mathcal{A}$ ist $\cap$-abgeschlossen;
iii) für jedes $A, B \in \mathcal{A}$ ist die Differenz $B \setminus A$ eine endliche disjunkte Vereinigung von Mengen in $\mathcal{A}$.

Beispiel 1.5.3 [!] Die Familie $\mathcal{A}$ der beschränkten Intervalle

$$]a, b], \qquad a, b \in \mathbb{R}, \ a \leq b,$$

ist ein Halbring (aber keine Algebra). Die Familie der *endlichen Vereinigungen* von Intervallen (auch unbeschränkt)

$$]a, b], \qquad -\infty \leq a \leq b \leq +\infty,$$

ist eine Algebra (aber keine σ-Algebra). Solche Familien erzeugen die Borel σ-Algebra von $\mathbb{R}$.

Wir erinnern daran, dass ein Maß μ eine σ-additive Funktion ist, sodass $\mu(\emptyset) = 0$ (vgl. Definition 1.1.21). Wir beobachten, dass durch Proposition 1.1.32 μ genau dann ein Prämaß auf einer Algebra $\mathcal{A}$ ist, wenn μ ein Maß auf $\mathcal{A}$ ist. Darüber hinaus liefert das folgende Lemma ein natürliches Ergebnis, dessen Beweis, den wir bis zum Ende des Abschnitts verschieben, nicht so einfach ist.

Lemma 1.5.4 Wenn μ ein Maß auf einem Halbring $\mathcal{A}$ ist, dann ist μ ein Prämaß auf $\mathcal{A}$.

Theorem 1.5.5 (Carathéodory'sches Theorem – allgemeine Version) Sei μ ein σ-endliches Prämaß auf einem Halbring $\mathcal{A}$. Dann gibt es ein eindeutiges σ-endliches Maß, das μ auf $\sigma(\mathcal{A})$ erweitert.

Bemerkung 1.5.6 Theorem 1.4.29 ist ein Korollar von Theorem 1.5.5: Tatsächlich ist jede Algebra ein Halbring und, nach Lemma 1.5.4, ist jedes Maß auf einem Halbring ein Prämaß.

Beweis von Theorem 1.5.5 Die Eindeutigkeit ist eine Folgerung aus dem Dynkin-Theorem A.0.3: für Details siehe Korollar A.0.5 und Bemerkung A.0.6. Hier beweisen wir die Existenz der Erweiterung: in diesem Beweis verwenden wir nicht die Annahme, dass μ σ-endlich ist; andererseits, wenn μ σ-endlich ist, dann ist seine Erweiterung auch σ-endlich. Wir teilen den Beweis in mehrere Schritte auf.

Schritt 1. Wir führen die Familie der Überdeckungen von $B \subseteq \Omega$ ein, die endlich oder abzählbar sind und aus Elementen von $\mathcal{A}$ bestehen:

$$\mathcal{U}(B) := \{\mathcal{R} \subseteq \mathcal{A} \mid \mathcal{R} \text{ höchstens abzählbar und } B \subseteq \bigcup_{A \in \mathcal{R}} A\}.$$

Wir definieren

$$\mu^* : \mathscr{P}(\Omega) \longrightarrow [0, +\infty]$$

indem wir

$$\mu^*(B) = \inf_{\mathcal{R} \in \mathcal{U}(B)} \sum_{A \in \mathcal{R}} \mu(A), \tag{1.57}$$

mit der Konvention $\inf \emptyset = +\infty$ setzen.

Lemma 1.5.7 μ^* ist ein *äußeres Maß*, das heißt, es hat die folgenden Eigenschaften:

i) $\mu^*(\emptyset) = 0$;
ii) μ^* ist monoton;
iii) μ^* ist σ-sub-additiv.

Außerdem gilt $\mu^*(A) = \mu(A)$ für jedes $A \in \mathcal{A}$.

Beweis Da $\emptyset \in \mathcal{A}$, ist i) offensichtlich. Wenn $B \subseteq C$, dann $\mathcal{U}(C) \subseteq \mathcal{U}(B)$, daher folgt, dass $\mu^*(B) \leq \mu^*(C)$, und dies beweist ii). Sei nun $(B_n)_{n \in \mathbb{N}}$ eine Folge von Teilmengen von Ω und setze $B = \bigcup_{n \in \mathbb{N}} B_n$. Wir beweisen, dass

$$\mu^*(B) \leq \sum_{n \in \mathbb{N}} \mu^*(B_n).$$

Es genügt, den Fall $\mu^*(B_n) < \infty$ für jedes $n \in \mathbb{N}$ zu betrachten, denn es folgt insbesondere, dass $\mathcal{U}(B_n) \neq \emptyset$. Sei $\varepsilon > 0$ beliebig fest, dann gibt es für jedes $n \in \mathbb{N}$ $\mathcal{R}_n \in \mathcal{U}(B_n)$, so dass

$$\sum_{A \in \mathcal{R}_n} \mu(A) \le \mu^*(B_n) + \frac{\varepsilon}{2^n}.$$

Jetzt $\mathcal{R} := \bigcup_{n \in \mathbb{N}} \mathcal{R}_n \in \mathcal{U}(B)$ und daher

$$\mu^*(B) \le \sum_{A \in \mathcal{R}} \mu(A) \le \sum_{n \in \mathbb{N}} \sum_{A \in \mathcal{R}_n} \mu(A) \le \sum_{n \in \mathbb{N}} \mu^*(B_n) + \varepsilon$$

daher folgt die Behauptung aus der Beliebigkeit von ε.

Schließlich beweisen wir, dass μ^* mit μ auf $\mathcal{A}$ übereinstimmt. Für jedes $A \in \mathcal{A}$ haben wir $\mu^*(A) \le \mu(A)$ per Definition. Umgekehrt, da μ σ-sub-additiv auf $\mathcal{A}$ ist, haben wir für jedes $\mathcal{R} \in \mathcal{U}(A)$,

$$\mu(A) \le \sum_{B \in \mathcal{R}} \mu(B)$$

und dann auch $\mu(A) \le \mu^*(A)$.

Schritt 2. Wir bezeichnen mit $\mathcal{M}(\mu^*)$ die Familie von $A \subseteq \Omega$ so dass

$$\mu^*(E) = \mu^*(E \cap A) + \mu^*(E \cap A^c), \qquad \forall E \subseteq \Omega.$$

Die Elemente von $\mathcal{M}(\mu^*)$ werden als μ^*-messbar bezeichnet. Wir werden beweisen, dass $\mathcal{M}(\mu^*)$ ein σ-Algebra ist und μ^* ein Maß auf $\mathcal{M}(\mu^*)$ ist. Wir beginnen mit dem folgenden Teilergebnis.

Lemma 1.5.8 $\mathcal{M}(\mu^*)$ ist eine Algebra.

Beweis Offensichtlich gehört $\emptyset \in \mathcal{M}(\mu^*)$ und $\mathcal{M}(\mu^*)$ ist abgeschlossen unter Komplementen. Wir beweisen, dass die Vereinigung von $A, B \in \mathcal{M}(\mu^*)$ zu $\mathcal{M}(\mu^*)$ gehört: für jedes $E \subseteq \Omega$, haben wir

$$\begin{aligned}
\mu^*(E) &= \mu^*(E \cap A) + \mu^*(E \cap A^c) \\
&= \underbrace{\mu^*(E \cap A \cap B) + \mu^*(E \cap A \cap B^c) + \mu^*(E \cap A^c \cap B)}_{\ge \mu^*(E \cap A \cup B)} + \underbrace{\mu^*(E \cap A^c \cap B^c)}_{= \mu^*(E \cap (A \cup B)^c)},
\end{aligned}$$

da

$$(E \cap A \cup B) \subseteq (E \cap A \cap B) \cup (E \cap A \cap B^c) \cup (E \cap A^c \cap B).$$

Dies beweist, dass

$$\mu^*(E) \ge \mu^*(E \cap (A \cup B)) + \mu^*(E \cap (A \cup B)^c).$$

Andererseits ist μ^* sub-additiv und daher $A \cup B \in \mathcal{M}(\mu^*)$.

Lemma 1.5.9 μ^* ist ein Maß auf $\mathcal{M}(\mu^*)$.

Beweis Es reicht aus zu beweisen, dass μ^* σ-additiv auf $\mathcal{M}(\mu^*)$ ist. Für jedes $A, B \in \mathcal{M}(\mu^*)$ mit $A \cap B = \emptyset$, haben wir

$$\mu^*(A \uplus B) = \mu^*((A \uplus B) \cap A) + \mu^*((A \uplus B) \cap A^c) = \mu^*(A) + \mu^*(B).$$

Daher ist μ^* additiv auf $\mathcal{M}(\mu^*)$. Darüber hinaus wissen wir bereits aus Schritt 1, dass μ^* σ-sub-additiv ist und daher folgt die Behauptung aus Proposition 1.1.32.

Lemma 1.5.10 $\mathcal{M}(\mu^*)$ ist eine σ-Algebra.

Beweis Wir wissen bereits, dass $\mathcal{M}(\mu^*)$ $\cap$-geschlossen ist. Wenn wir überprüfen, dass $\mathcal{M}(\mu^*)$ eine monotone Familie (vgl. Definition A.0.1) ist, folgt die Behauptung aus Lemma A.0.2. Zu diesem Zweck reicht es aus zu zeigen, dass wenn $(A_n)_{n \in \mathbb{N}}$ eine Folge in $\mathcal{M}(\mu^*)$ ist und $A_n \nearrow A$, dann gilt $A \in \mathcal{M}(\mu^*)$. Dank der Sub-Additivität von μ^*, reicht es aus

$$\mu^*(E) \geq \mu^*(E \cap A) + \mu^*(E \cap A^c), \qquad E \subseteq \Omega \tag{1.58}$$

zu beweisen. Sei dazu $A_0 = \emptyset$ und beachte, dass

$$\begin{aligned}
\mu^*(E \cap A_n) &= \mu^*((E \cap A_n) \cap A_{n-1}) + \mu^*((E \cap A_n) \cap A_{n-1}^c) \\
&= \mu^*(E \cap A_{n-1}) + \mu^*(E \cap (A_n \setminus A_{n-1})).
\end{aligned}$$

Daraus folgt

$$\mu^*(E \cap A_n) = \sum_{k=1}^{n} \mu^*(E \cap (A_k \setminus A_{k-1})) \tag{1.59}$$

und, durch die Monotonie von μ^*,

$$\begin{aligned}
\mu^*(E) &= \mu^*(E \cap A_n) + \mu^*(E \cap A_n^c) \\
&\geq \mu^*(E \cap A_n) + \mu^*(E \cap A^c) =
\end{aligned}$$

(durch (1.59))

$$= \sum_{k=1}^{n} \mu^*(E \cap (A_k \setminus A_{k-1})) + \mu^*(E \cap A^c).$$

Wir lassen nun n gegen unendlich gehen und verwenden die σ-Sub-Additivität von μ^*. Dann bekommen wir

$$\mu^*(E) \geq \sum_{k=1}^{\infty} \mu^*(E \cap (A_k \setminus A_{k-1})) + \mu^*(E \cap A^c) \geq \mu^*(E \cap A) + \mu^*(E \cap A^c),$$

was (1.58) beweist und den Beweis abschließt.   □

Schritt 3. Als letzten Schritt beweisen wir, dass

$$\sigma(\mathcal{A}) \subseteq \mathcal{M}(\mu^*).$$

Da $\mathcal{M}(\mu^*)$ eine σ-Algebra ist, reicht es $\mathcal{A} \subseteq \mathcal{M}(\mu^*)$ zu zeigen: Darüber hinaus, da μ^* sub-additiv ist, reicht es aus zu beweisen, dass für jedes $A \in \mathcal{A}$ und $E \subseteq \Omega$, mit $\mu^*(E) < \infty$, wir

$$\mu^*(E) \geq \mu^*(E \cap A) + \mu^*(E \cap A^c) \tag{1.60}$$

haben. Sei $\varepsilon > 0$, dann gibt es eine Überdeckung $(A_n)_{n \in \mathbb{N}}$ von E, die aus Elementen von $\mathcal{A}$ besteht und

$$\sum_{n \in \mathbb{N}} \mu(A_n) \leq \mu^*(E) + \varepsilon. \tag{1.61}$$

Da $\mathcal{A}$ ein Halbring ist, haben wir $A_n \cap A \in \mathcal{A}$ und daher, durch Lemma 1.5.7,

$$\mu^*(A_n \cap A) = \mu(A_n \cap A). \tag{1.62}$$

Andererseits, immer noch aufgrund der Tatsache, dass $\mathcal{A}$ ein Halbring ist, gibt es für jedes $n \in \mathbb{N}$ $B_1^{(n)}, \ldots, B_{k_n}^{(n)} \in \mathcal{A}$ so dass

$$A_n \cap A^c = A_n \setminus A = \biguplus_{j=1}^{k_n} B_j^{(n)}.$$

Dann

$$\mu^*(A_n \cap A^c) = \mu^* \left(\biguplus_{j=1}^{k_n} B_j^{(n)} \right) \leq$$

(da μ^* sub-additiv ist)

$$\leq \sum_{j=1}^{k_n} \mu^*(B_j^{(n)}) =$$

(da $\mu^* = \mu$ auf $\mathcal{A}$ durch Lemma 1.5.7)

$$= \sum_{j=1}^{k_n} \mu(B_j^{(n)}) =$$

(da μ additiv ist)

$$= \mu(A_n \cap A^c). \tag{1.63}$$

Jetzt beweisen wir (1.60): aufgrund der σ-Sub-Additivität von μ^*, haben wir

$$\mu^*(E \cap A) + \mu^*(E \cap A^c) \le \sum_{n \in \mathbb{N}} \left(\mu^*(A_n \cap A) + \mu^*(A_n \cap A^c) \right) \le$$

(durch (1.62) und (1.63))

$$\le \sum_{n \in \mathbb{N}} \left(\mu(A_n \cap A) + \mu(A_n \cap A^c) \right) = \sum_{n \in \mathbb{N}} \mu(A_n) \le$$

(durch (1.61))

$$\le \mu^*(E) + \varepsilon.$$

Da ε beliebig war, folgt die Behauptung. Dies schließt den Beweis von Theorem 1.5.5 ab.

Wir beweisen nun, dass die σ-Algebra $\mathcal{M}(\mu^*)$, die in Schritt 2 des vorgien Beweises konstruiert wurde, die Familie der vernachlässigbaren Mengen enthält. Wir stellen fest, dass im Allgemeinen $\mathcal{M}(\mu^*)$ streng größer ist als $\sigma(\mathcal{A})$: Dies ist der Fall für das Lebesgue-Maß, wenn $\mathcal{A}$ die Familie der beschränkten Intervalle des Typs

$$]a, b], \quad a, b \in \mathbb{R}, \, a \le b$$

ist. In diesem Fall ist $\sigma(\mathcal{A})$ die Borel σ-Algebra und $\mathcal{M}(\mu^*)$ ist die Lebesgue σ-Algebra. Andererseits zeigen wir auch, dass die Elemente von $\mathcal{M}(\mu^*)$ sich von denen von $\sigma(\mathcal{A})$ nur für μ^*-vernachlässigbare Mengen unterscheiden.

Korollar 1.5.11 [!] Unter den Annahmen des Satzes von Carathéodory mit Maßraum $(\Omega, \mathcal{M}(\mu^*), \mu^*)$ gilt:

i) wenn $\mu^*(M) = 0$ dann $M \in \mathcal{M}(\mu^*)$ und daher ist $(\Omega, \mathcal{M}(\mu^*), \mu^*)$ ein *vollständiger* Maßraum;

ii) für jedes $M \in \mathcal{M}(\mu^*)$, so dass $\mu^*(M) < \infty$, gibt es ein $A \in \sigma(\mathcal{A})$ so dass $M \subseteq A$ und $\mu^*(A \setminus M) = 0$.

Beweis Aufgrund der Subadditivität und Monotonie von μ^*, wenn $\mu^*(M) = 0$ und $E \subseteq \Omega$ haben wir

$$\mu^*(E) \le \mu^*(E \cap M) + \mu^*(E \cap M^c) = \mu^*(E \cap M^c) \le \mu^*(E),$$

und das beweist i).

Es ist klar, dass es nach Definition von μ^*, für jedes $n \in \mathbb{N}$ ein $A_n \in \sigma(\mathcal{A})$ gibt, so dass $M \subseteq A_n$ und

$$\mu^*(A_n) \le \mu^*(M) + \frac{1}{n}. \tag{1.64}$$

Setzen wir $A = \bigcap_{n \in \mathbb{N}} A_n \in \sigma(\mathcal{A})$, dann haben wir $M \subseteq A$ und, indem wir den Grenzwert in (1.64) nehmen zusammen mit der Stetigkeit von oben von μ^* auf $\mathcal{M}(\mu^*)$, haben wir $\mu^*(A) = \mu^*(M)$. Da $M \in \mathcal{M}(\mu^*)$. Daraus folgt

$$\mu^*(A) = \mu^*(A \cap M) + \mu^*(A \cap M^c) = \mu^*(M) + \mu^*(A \setminus M)$$

und daher $\mu^*(A \setminus M) = 0$. $\qquad\qquad\square$

Wir schließen den Abschnitt mit dem

Beweis von Lemma 1.5.4. ab. Wenn μ ein Maß auf dem Halbring $\mathcal{A}$ ist, dann sind Eigenschaften i) und ii) des Prämaßes offensichtlich. Wir beweisen, dass μ monoton ist: Wenn $A, B \in \mathcal{A}$ mit $A \subseteq B$ dann gibt es für Eigenschaft iii) des Halbrings $C_1, \dots, C_n \in \mathcal{A}$ so dass

$$B \setminus A = \biguplus_{k=1}^{n} C_k.$$

Daher haben wir

$$\mu(B) = \mu(A \uplus (B \setminus A)) = \mu(A \uplus C_1 \uplus \cdots \uplus C_n)$$

(durch die endliche Additivität von μ)

$$= \mu(A) + \sum_{k=1}^{n} \mu(C_k) \geq \mu(A),$$

woraus die Monotonie von μ folgt.

Der Beweis von Eigenschaft iii), d. h., die σ-Subadditivität von μ, ist eine etwas kompliziertere Version des Beweises von Proposition 1.1.22-ii): Die ganze Schwierigkeit liegt darin, dass μ auf einem Halbring definiert ist (anstatt auf einer Algebra wie in Proposition 1.1.22) und dies begrenzt die Mengenoperationen, die wir verwenden können. Sei $A \in \mathcal{A}$ und $(A_n)_{n \in \mathbb{N}}$ eine Folge in $\mathcal{A}$, sodass

$$A \subseteq \bigcup_{n \in \mathbb{N}} A_n.$$

Wir setzen $\tilde{A}_1 = A_1$ und

$$\tilde{A}_n = A_n \setminus \bigcup_{k=1}^{n-1} A_k = \bigcap_{k=1}^{n-1} (A_n \setminus (A_n \cap A_k)), \qquad n \geq 2. \qquad (1.65)$$

Dann gibt es durch Eigenschaften ii) und iii) des Halbrings $J_n \in \mathbb{N}$ und $C_1^{(n)}, \dots, C_{J_n}^{(n)} \in \mathcal{A}$, sodass

$$\tilde{A}_n = \biguplus_{j=1}^{J_n} C_j^{(n)}.$$

Nun ist $\tilde{A}_n \subseteq A_n$ und daher haben wir durch Monotonie und Additivität

$$\mu(A_n) \geq \mu(\tilde{A}_n) = \sum_{j=1}^{J_n} \mu(C_j^{(n)}). \tag{1.66}$$

Außerdem haben wir durch (1.65),

$$A \subseteq \bigcup_{n \in \mathbb{N}} A_n = \biguplus_{n \in \mathbb{N}} \tilde{A}_n = \biguplus_{n \in \mathbb{N}} \biguplus_{j=1}^{J_n} C_j^{(n)}$$

und daher

$$\mu(A) = \mu\left(\biguplus_{n \in \mathbb{N}} \biguplus_{j=1}^{J_n} \left(A \cap C_j^{(n)} \right) \right) =$$

(da $A \cap C_j^{(n)} \in \mathcal{A}$ und, μ ist nach Annahme ein Maß und daher insbesondere σ-additiv)

$$= \sum_{n \in \mathbb{N}} \sum_{j=1}^{J_n} \mu\left(A \cap C_j^{(n)} \right) \leq$$

(durch Monotonie)

$$\leq \sum_{n \in \mathbb{N}} \sum_{j=1}^{J_n} \mu\left(C_j^{(n)} \right) =$$

(durch (1.66))

$$\leq \sum_{n \in \mathbb{N}} \mu(A_n)$$

und das schließt den Beweis ab.

1.5.4 Beweis von Theorem 1.4.33

Theorem 1.5.12 [!!] Sei $F : \mathbb{R} \longrightarrow \mathbb{R}$ eine wachsende und rechts stetige Funktion (d.h., F erfüllt Eigenschaften i) und ii) von Theorem 1.4.26). Dann:

i) es existiert ein eindeutiges Maß μ_F auf $(\mathbb{R}, \mathscr{B})$, das σ-endlich ist und erfüllt

$$\mu_F(]a, b]) = F(b) - F(a), \qquad a, b \in \mathbb{R}, \ a < b;$$

ii) wenn F auch

$$\lim_{x \to -\infty} F(x) = 0 \quad \text{und} \quad \lim_{x \to +\infty} F(x) = 1,$$

erfüllt (d.h., F erfüllt Eigenschaft iii) von Theorem 1.4.26) dann ist μ_F eine Verteilung;

iii) F ist absolut stetig genau dann, wenn $\mu_F \in \mathrm{AC}$: in diesem Fall ist F' eine Dichte von μ_F.

Beweis **[Teil i)]** Betrachte den Halbring $\mathcal{A}$ aus Beispiel 1.5.3, bestehend aus beschränkten Intervallen

$$]a, b], \qquad a, b \in \mathbb{R}, \ a \le b.$$

Auf $\mathcal{A}$ definieren wir μ_F durch

$$\mu_F(]a, b]) = F(b) - F(a).$$

Die Behauptung folgt aus Carathéodorys Theorem 1.5.5, sobald wir bewiesen haben, dass μ_F ein σ-endliches Prämaß ist (vgl. Definition 1.5.1). Nach Definition ist $\mu_F(\emptyset) = 0$ und offensichtlich ist μ_F σ-endlich. Außerdem ist μ_F additiv, da, wenn $]a, b]$, $]c, d]$ disjunkt sind und ihre Vereinigung ein Intervall ist, dann notwendigerweise[28] $b = c$, so dass

$$\mu_F(]a, b] \uplus]b, d]) = \mu_F(]a, d]) = F(d) - F(a) = (F(b) - F(a)) + (F(d)$$
$$- F(b)) = \mu_F(]a, b]) + \mu_F(]b, d]).$$

Schließlich beweisen wir, dass μ_F σ-sub-additiv ist. Es genügt, $]a, b] \in \mathcal{A}$ und eine Folge $(A_n)_{n \in \mathbb{N}}$ in $\mathcal{A}$, der Art $A_n =]a_n, b_n]$, zu betrachten, so dass $\bigcup_{n \in \mathbb{N}} A_n =]a, b]$ und zu beweisen, dass

$$\mu_F(A) \le \sum_{n=1}^{\infty} \mu_F(A_n).$$

Sei $\varepsilon > 0$ beliebig fest: aufgrund der Rechtsstetigkeit von F gibt es ein $\delta > 0$ und eine Folge von positiven Zahlen $(\delta_n)_{n \in \mathbb{N}}$, sodass

$$F(a + \delta) \le F(a) + \varepsilon, \qquad F(b_n + \delta_n) \le F(b_n) + \frac{\varepsilon}{2^n}. \qquad (1.67)$$

Die Familie $(]a_n, b_n + \delta_n[)_{n \in \mathbb{N}}$ ist eine offene Überdeckung[29] der kompakten Menge $[a + \delta, b]$ und hat daher eine endliche Teilüberdeckung: um die Ideen zu fixieren, bezeichnen wir die Indizes einer solchen Teilüberdeckung mit $(n_k)_{k=1,\dots,N}$. Dann haben wir durch die erste Ungleichheit in (1.67)

$$F(b) - F(a) \le \epsilon + F(b) - F(a + \delta)$$
$$\le \epsilon + \mu_F(]a + \delta, b]) \le$$

---

[28] Ohne Beschränkung der Allgemeinheit können wir annehmen, dass $a \le d$.

[29] Da für jedes $n \in \mathbb{N}$, $]a_n, b_n + \delta_n[\ ]a_n, b_n]$ enthält.

(da μ_F endlich additiv und daher auch endlich subadditiv ist)

$$\leq \epsilon + \sum_{k=1}^{N} \mu_F\left(]a_{n_k}, b_{n_k} + \delta_{n_k}]\right)$$

$$\leq \epsilon + \sum_{n=1}^{\infty} (F(b_n + \delta_n) - F(a_n)) \leq$$

(durch die zweite Ungleichheit in (1.67))

$$\leq \epsilon + \sum_{n=1}^{\infty} \frac{\epsilon}{2^n} + \sum_{n=1}^{\infty} (F(b_n) - F(a_n))$$

$$= 2\epsilon + \sum_{n=1}^{\infty} (F(b_n) - F(a_n)).$$

Da $\epsilon > 0$ beliebig war, folgt die Behauptung.

[Teil ii)] Da

$$\mu_F(\mathbb{R}) = \lim_{x \to +\infty} F(x) - \lim_{x \to -\infty} F(x) = 1,$$

wobei die erste Gleichung durch Konstruktion und die zweite durch Annahme ist, dann ist μ_F eine Wahrscheinlichkeitsmaß auf $\mathbb{R}$, das heißt, eine Verteilung.

[Teil iii)] Wenn F absolut stetig ist haben wir für jedes $a < b$ nach Proposition 1.4.31

$$\mu_F(]a, b]) = F(b) - F(a) = \int_a^b F'(x)dx.$$

Beachte, dass $F' \geq 0$ f.ü. weil es der Grenzwert der Inkremente einer monoton steigenden Funktion ist: indem man den Grenzwert für $a \to -\infty$ und $b \to +\infty$ nimmt, bekommen wir nach Beppo Levi's Theorem

$$1 = \mu_F(\mathbb{R}) = \int_{\mathbb{R}} F'(x)dx$$

und somit ist F' eine Dichte. Betrachte nun die Verteilung, die durch

$$\mu(H) := \int_H F'(x)dx, \qquad H \in \mathscr{B}.$$

definiert ist. Dann stimmt μ_F mit μ auf dem Halbring $\mathcal{A}$ der begrenzten Intervalle des Typs $]a, b]$ überein. Da $\mathcal{A}$ $\mathscr{B}$ erzeugt, haben wir nach dem Eindeutigkeitsergebnis von Carathéodory's Satz $\mu_F = \mu$ auf $\mathscr{B}$ und somit $\mu_F \in$ AC mit Dichte F'.

Umgekehrt, wenn $\mu_F \in$ AC mit Dichte γ ist, dann gilt

$$F(x) - F(a) = \int_a^x \gamma(t)dt, \qquad a < x,$$

und somit ist F absolut stetig und, nach Proposition 1.4.31, $F' = \gamma$ fast überall. $\square$

Kapitel 2
Zufallsvariablen

Die Theorie der Wahrscheinlichkeit als mathematische Disziplin kann und sollte aus Axiomen genau so entwickelt werden wie Geometrie und Algebra.

Andrej N. Kolmogorov

Zufallsvariablen beschreiben *Mengen, die von einem zufälligen Phänomen oder Experiment abhängen:* zum Beispiel, wenn das Experiment das *Würfeln von zwei Würfeln* ist, könnte die Menge (Zufallsvariable), die wir studieren möchten, das *Ergebnis der Summe der beiden Würfe* sein. Das zugrundeliegende Zufallsphänomen wird mit einem Wahrscheinlichkeitsraum $(\Omega, \mathscr{F}, P)$ modelliert (im Beispiel der diskrete Raum $\Omega = I_6 \times I_6$ mit gleichmäßiger Wahrscheinlichkeit) und die Menge von Interesse wird durch die Zufallsvariable X beschrieben, die jedem Ergebnis $\omega \in \Omega$ den Wert $X(\omega)$ zuordnet (d.h., jedem möglichen Ergebnis des zufälligen Phänomens): im Beispiel, $\omega = (\omega_1, \omega_2) \in I_6 \times I_6$ und $X(\omega) = \omega_1 + \omega_2$.

2.1 Zufallsvariablen

Sei $(\Omega, \mathscr{F}, P)$ ein Wahrscheinlichkeitsraum und $d \in \mathbb{N}$. Sei weiterhin $H \subseteq \mathbb{R}^d$ und

$$X : \Omega \longrightarrow \mathbb{R}^d,$$

eine Funktion. Wir bezeichnen mit

$$(X \in H) := X^{-1}(H) = \{\omega \in \Omega \mid X(\omega) \in H\}$$

das Urbild von H durch X. Intuitiv stellt $(X \in H)$ die Menge der Ergebnisse ω dar (d.h., die Zustände des zufälligen Phänomens), so dass $X(\omega) \in H$. Zurück zum Beispiel mit dem Würfeln, wenn $H = \{7\}$ dann stellt $(X \in H)$ das Ereignis „das

© Der/die Autor(en), exklusiv lizenziert an Springer Nature Switzerland AG 2025
A. Pascucci, *Elementare Wahrscheinlichkeitstheorie I*,
https://doi.org/10.1007/978-3-031-98093-0_2

Ergebnis der Summe der Würfe von zwei Würfeln ist 7" dar und besteht aus allen Paaren (ω_1, ω_2), so dass $\omega_1 + \omega_2 = 7$. Im Fall $d = 1$ verwenden wir auch die folgenden Notationen:

$$(X > c) := \{\omega \in \Omega \mid X(\omega) > c\}, \qquad (X = c) := \{\omega \in \Omega \mid X(\omega) = c\}, \qquad c \in \mathbb{R}.$$

Darüber hinaus schreiben wir, wenn X, Y zwei Funktionen von $(\Omega, \mathscr{F}, P)$ nach $\mathbb{R}^d$ sind,

$$(X = Y) := \{\omega \in \Omega \mid X(\omega) = Y(\omega)\}.$$

Es ist zu beachten, dass es nicht immer der Fall ist, dass $(X \in H)$ ein Ereignis ist, d.h., im Allgemeinen $(X \in H) \notin \mathscr{F}$ (abgesehen vom trivialen Fall von diskreten Wahrscheinlichkeitsräumen, in denen wir annehmen dass $\mathscr{F} = \mathscr{P}(\Omega)$ und daher alle Teilmengen von Ω Ereignisse sind). Insbesondere macht es ohne weitere Annahmen keinen Sinn, $P(X \in H)$ zu schreiben. In praktischen Anwendungen liegt unser Fokus jedoch auf der Berechnung dieser Wahrscheinlichkeiten. Diese Begründung rechtfertigt die nachfolgende Definition einer Zufallsvariable.

Definition 2.1.1 (Zufallsvariable) Sei X eine Funktion

$$X : \Omega \longrightarrow \mathbb{R}^d$$

definiert auf einem Wahrscheinlichkeitsraum $(\Omega, \mathscr{F}, P)$, mit Werten in $\mathbb{R}^d$. Wir sagen, dass X eine *Zufallsvariable* (abgekürzt als Z. v.) ist, wenn

$$(X \in H) \in \mathscr{F}, \qquad H \in \mathscr{B}_d$$

wobei $\mathscr{B}_d$ die Borel σ-Algebra ist. In diesem Fall schreiben wir $X \in m\mathscr{F}$ und sagen auch, dass X $\mathscr{F}$-*messbar ist*. Wir bezeichnen mit $m\mathscr{F}^+$ die Klasse der nichtnegativen, $\mathscr{F}$-messbaren Funktionen; darüber hinaus ist $b\mathscr{F}$ die Klasse der beschränkten, $\mathscr{F}$-messbaren Funktionen.

Offensichtlich ist eine Z. v. X auf $(\Omega, \mathscr{F}) = (\mathbb{R}^n, \mathscr{B}_n)$ einfach eine Borel-messbare Funktion.

Bemerkung 2.1.2 [!] In diesem Buch beschränken wir unsere Diskussion hauptsächlich auf Zufallsvariablen, die Werte in $\mathbb{R}^d$ annehmen. Es ist jedoch auch gut, die folgende fallgemeine Definition zu kennen: Sei $(E, \mathscr{E})$ ein messbarer Raum, dann ist eine Z. v. auf $(\Omega, \mathscr{F}, P)$ mit Werten in E eine Funktion

$$X : \Omega \longrightarrow E$$

die $(\mathscr{F}, \mathscr{E})$-messbar ist im Sinne, dass $X^{-1}(\mathscr{E}) \subseteq \mathscr{F}$ d.h., $(X \in H) \in \mathscr{F}$ für jedes $H \in \mathscr{E}$. Um ein konkretes Beispiel für diese „erweiterten" Zufallsvariablen zu betrachten, die Werte in $\overline{\mathbb{R}} = \mathbb{R} \cup \{-\infty, +\infty\}$ annehmen, können wir die allgemeine Definition von Z. v. mit $(E, \mathscr{E}) = (\overline{\mathbb{R}}, \overline{\mathscr{B}})$ verwenden, wobei $\overline{\mathscr{B}}$ die Borel σ-Algebra ist, die mit der Metrik $\varrho(x, y) := |\delta(x) - \delta(y)|$ ausgestattet ist, wobei $\delta(x) = \frac{x}{1+|x|}$ $\overline{\mathbb{R}}$ in $[-1, 1]$ abbildet (vgl. Abschn. 1.4.2). Es ist nicht schwierig zu überprüfen, dass $\overline{\mathscr{B}} = \sigma\left(\mathscr{B} \cup \{\{-\infty\}, \{+\infty\}\}\right)$.

Wie wir oben erläutert haben, ist *im Fall von diskreten Räumen* die Messbarkeitsbedingung automatisch erfüllt und *jede Funktion* $X : \Omega \longrightarrow \mathbb{R}^d$ *ist eine Z. v.* Im Allgemeinen stellt die Bedingung $(X \in H) \in \mathscr{F}$ die Wohldefiniertheit von $P(X \in H)$ sicher, was es uns ermöglicht die Wahrscheinlichkeit zu betrachten, dass X Werte in der Borel-Menge H annimmt.

Bemerkung 2.1.3 (σ-**Algebra erzeugt durch eine Zufallsvariable**) Wenn

$$X : \Omega \longrightarrow \mathbb{R}^d$$

eine beliebige Funktion ist, sowie $H \subseteq \mathbb{R}^d$ und $(H_i)_{i \in I}$ eine beliebige Familie von Teilmengen von $\mathbb{R}^d$, dann haben wir

$$X^{-1}\left(H^c\right) = \left(X^{-1}(H)\right)^c, \qquad X^{-1}\left(\bigcup_{i \in I} H_i\right) = \bigcup_{i \in I} X^{-1}(H_i).$$

Daraus folgt, dass

$$\sigma(X) := X^{-1}(\mathscr{B}_d) = \left\{X^{-1}(H) \mid H \in \mathscr{B}_d\right\}$$

eine σ-Algebra ist, genannt die von X erzeugte σ-algebra. Beachte, dass $X \in m\mathscr{F}$ genau dann gilt, wenn $\sigma(X) \subseteq \mathscr{F}$.

Beispiel 2.1.4 Betrachte $X : I_6 \longrightarrow \mathbb{R}$, definiert durch

$$X(n) = \begin{cases} 1 \text{ wenn } n \text{ gerade ist,} \\ 0 \text{ wenn } n \text{ ungerade ist.} \end{cases}$$

Wir können X als jene Zufallsvariable interpretieren, die angibt, ob das Ergebnis des Wurfs eines Würfels eine gerade oder ungerade Zahl ist. Dann haben wir

$$\sigma(X) = \left\{\emptyset, \Omega, \{2, 4, 6\}, \{1, 3, 5\}\right\}$$

das heißt, $\sigma(X)$ enthält genau die „sinnvollen" Ereignisse für die Zufallsvariable X. In probabilistischen Modellen für Anwendungen wird $\sigma(X)$ als die *σ-Algebra der Information* über X bezeichnet, die die Sammlung von Informationen bezüglich der Zufallsvariable X darstellt. Dies wird zumindest teilweise durch die Einbeziehung von Ereignissen der Form $(X \in H)$ mit $H \in \mathscr{B}$ innerhalb von $\sigma(X)$ gerechtfertigt: Diese Ereignisse gelten als „relevant" für die Untersuchung der Zufallsvariable X, da das Wissen über die Wahrscheinlichkeiten dieser Ereignisse gleichbedeutend mit dem Verständnis der Wahrscheinlichkeiten in Verbindung mit X ist, wenn es seine Werte annimmt.

Lemma 2.1.5 [!] Sei $\mathcal{H}$ eine Familie von Teilmengen von $\mathbb{R}^d$, so dass $\sigma(\mathcal{H}) = \mathscr{B}_d$. Wenn $X^{-1}(\mathcal{H}) \subseteq \mathscr{F}$ dann gilt $X \in m\mathscr{F}$.

Beweis Sei

$$\mathcal{E} = \{H \in \mathscr{B}_d \mid X^{-1}(H) \in \mathscr{F}\}.$$

Dann ist $\mathcal{E}$ eine σ-algebra und da $\mathcal{E} \supseteq \mathcal{H}$ nach Annahme, dann $\mathcal{E} \supseteq \sigma(\mathcal{H}) = \mathscr{B}_d$, was die Behauptung beweist. $\qquad\square$

Lemma 2.1.5 besagt, dass *es ausreicht die Messbarkeitsbedingung auf einer Familie $\mathcal{H}$ von Erzeugern von $\mathscr{B}_d$ zu überprüfen, um zu beweisen, dass eine Funktion X eine Zufallsvariable ist.*

Korollar 2.1.6 Sei $X_k : \Omega \longrightarrow \mathbb{R}$ mit $k = 1, \ldots, d$. Die folgenden Eigenschaften sind äquivalent:

 i) $X := (X_1, \ldots, X_d) \in m\mathscr{F}$;
 ii) $X_k \in m\mathscr{F}$ für jedes $k = 1, \ldots, d$;
 iii) $(X_k \leq x) \in \mathscr{F}$ für jedes $x \in \mathbb{R}$ und $k = 1, \ldots, d$.

Beweis Es ist einfach zu beweisen, dass i) ii) impliziert; das Gegenteil folgt aus Lemma 2.1.5 und der Tatsache, dass

$$((X_1, \ldots, X_d) \in H_1 \times \cdots \times H_d) = \bigcap_{k=1}^{d}(X_k \in H_k)$$

und $\mathcal{H} := \{H_1 \times \cdots \times H_d \mid H_k \in \mathscr{B}\}$ eine Familie von Teilmengen von $\mathbb{R}^d$ ist, sodass $\sigma(\mathcal{H}) = \mathscr{B}_d$.

Schließlich sind ii) und iii) wieder durch Lemma 2.1.5 äquivalent, da die Familie der Intervalle von der Art $]-\infty, x]$ $\mathscr{B}$ erzeugt (vgl. Übung 1.4.7-iii)). $\qquad\square$

Wir präsentieren nun die ersten einfachen Beispiele von Zufallsvariablen, wobei wir auch explizit die σ-Algebra $\sigma(X)$, die von X erzeugt wird, und das Bild $X(\Omega) = \{X(\omega) \mid \omega \in \Omega\}$ (*die Menge der möglichen Werte von X*) verwenden.

Beispiel 2.1.7

 i) Gegeben sei $c \in \mathbb{R}^d$. Betrachte die konstante Funktion $X \equiv c$. Wir haben

$$\sigma(X) = \{\emptyset, \Omega\}$$

und daher ist X eine Zufallsvariable. In diesem Fall ist $X(\Omega) = \{c\}$ und offensichtlich repräsentiert c den einzigen Wert, den X annehmen kann. Daher ist die Variable X „nicht wirklich zufällig".

ii) Gegeben sei ein Ereignis $A \in \mathcal{F}$. Die *Indikatorfunktion von A* ist definiert durch

$$X(\omega) = \mathbb{1}_A(\omega) = \begin{cases} 1 & \omega \in A, \\ 0 & \omega \in A^c. \end{cases}$$

X ist eine Zufallsvariable, da

$$\sigma(X) = \{\emptyset, A, A^c, \Omega\},$$

und in diesem Fall ist $X(\Omega) = \{0, 1\}$.

iii) Sei $(C_h)_{h=1,\ldots,n}$ eine Familie von n wiederholten unabhängigen Versuchen. Betrachte die Zufallsvariable S, die die Anzahl der Erfolge unter den n Tests zählt: mit anderen Worten

$$S(\omega) = \sum_{h=1}^{n} \mathbb{1}_{C_h}(\omega), \qquad \omega \in \Omega.$$

Unter Verwendung des kanonischen Raum von Proposition 1.3.30 haben wir auch

$$S(\omega) = \sum_{h=1}^{n} \omega_h, \qquad \omega \in \Omega,$$

und, wir haben durch Gl. (1.53) $(S = k) = \Omega_k$ mit $k = 0, 1, \ldots, n$. Daher enthält $\sigma(X)$ die leere Menge und alle Vereinigungen von Ereignissen $\Omega_0, \ldots, \Omega_n$. In diesem Fall ist $S(\Omega) = \{0, 1, \ldots, n\}$.

iv) Sei $(C_h)_{h=1,\ldots,n}$ eine Familie von n wiederholten unabhängigen Versuchen. Betrachte die Zufallsvariable T, die den „ersten Zeitpunkt" des Erfolgs unter den n Tests angibt: mit anderen Worten

$$T(\omega) = \min\{h \mid \omega \in C_h\}, \qquad \omega \in \Omega,$$

mit der Konvention $\min \emptyset = n + 1$. In diesem Fall ist $T(\Omega) = \{1, \ldots, n, n+1\}$. Unter Verwendung des kanonischen Raum von Proposition 1.3.30 haben wir auch

$$T(\omega) = \min\{h \mid \omega_h = 1\}, \qquad \omega \in \Omega.$$

$\sigma(X)$ enthält $\emptyset$ und alle Vereinigungen von Ereignissen $(T = 1), \ldots, (T = n + 1)$. Beachte, dass

$$(T = 1) = C_1, \qquad (T = n + 1) = C_1^c \cap \cdots \cap C_n^c$$

und, für $1 < k \leq n$,

$$(T = k) = C_1^c \cap \cdots \cap C_{k-1}^c \cap C_k.$$

Proposition 2.1.8 Es gelten die folgenden Eigenschaften von messbaren Funktionen:

i) Seien
$$X : \Omega \longrightarrow \mathbb{R}^d, \qquad f : \mathbb{R}^d \longrightarrow \mathbb{R}^n,$$

wobei X eine Zufallsvariable ist und $f \in m\mathscr{B}_d$. Dann haben wir

$$\sigma(f \circ X) \subseteq \sigma(X) \tag{2.1}$$

und folglich ist $f(X)$ eine Zufallsvariable, das heißt $f(X) \in m\mathscr{F}$;

ii) wenn $(X_n)_{n \in \mathbb{N}}$ eine Folge in $m\mathscr{F}$ ist, dann gehören auch

$$\inf_n X_n, \qquad \sup_n X_n, \qquad \liminf_{n \to \infty} X_n, \qquad \limsup_{n \to \infty} X_n,$$

zu[1] $m\mathscr{F}$.

Beweis (2.1) folgt aus der Annahme $f^{-1}(\mathscr{B}_n) \subseteq \mathscr{B}_d$ und, dass $f(X) \in m\mathscr{F}$.
ii) folgt aus der Tatsache, dass für jedes $a \in \mathbb{R}$

$$\left(\inf_n X_n < a \right) = \bigcup_n (X_n < a), \qquad \left(\sup_n X_n < a \right) = \bigcap_n (X_n < a),$$

gilt und

$$\liminf_{n \to \infty} X_n = \sup_n \inf_{k \geq n} X_k, \qquad \limsup_{n \to \infty} X_n = \inf_n \sup_{k \geq n} X_k. \qquad \square$$

Bemerkung 2.1.9 Aus i) von Proposition 2.1.8 folgt insbesondere, dass wenn $X, Y \in m\mathscr{F}$ und $\lambda \in \mathbb{R}$ dann $X + Y, XY, \lambda X \in m\mathscr{F}$. Tatsächlich genügt es zu beobachten, dass $X + Y$, XY und λX stetige (und somit $\mathscr{B}$-messbare) Funktionen des Paares (X, Y) sind, welches eine Zufallsvariable nach Korollar 2.1.6 ist.

Darüber hinaus haben wir für jede Folge $(X_n)_{n \in \mathbb{N}}$ von Zufallsvariablen

$$A := \{\omega \in \Omega \mid \text{ es existiert } \lim_{n \to \infty} X_n(\omega)\} = \{\omega \in \Omega \mid \limsup_{n \to \infty} X_n(\omega)$$
$$= \liminf_{n \to \infty} X_n(\omega)\} \in \mathscr{F}. \tag{2.2}$$

Definition 2.1.10 (Fast sichere Konvergenz) Wenn A in (2.2) fast sicher gilt, d. h., $P(A) = 1$, dann sagen wir, dass $(X_n)_{n \in \mathbb{N}}$ *fast sicher konvergiert*.

Wir erinnern uns an Bemerkung 1.4.3, dass ein Raum $(\Omega, \mathscr{F}, P)$ vollständig ist, wenn $\mathscr{N} \subseteq \mathscr{F}$, d. h., vernachlässigbare (und fast sichere) Mengen sind Ereignisse, und es ist immer möglich, $(\Omega, \mathscr{F}, P)$ zu vervollständigen. Die Annahme der Vollständigkeit ist oft nützlich, wie die folgenden Bemerkungen zeigen.

---

[1] Im Allgemeinen, als erweiterte Zufallsvariablen (vgl. Bemerkung 2.1.2).

Bemerkung 2.1.11 (Fast sichere Eigenschaften und Vollständigkeit) Betrachte eine „Eigenschaft" $\mathscr{P} = \mathscr{P}(\omega)$, deren Gültigkeit von $\omega \in \Omega$ abhängt: zum Beispiel haben wir in Bemerkung 2.1.9 $\mathscr{P}(\omega)$=„es existiert $\lim_{n \to \infty} X_n(\omega)$". Wir sagen, dass $\mathscr{P}$ *fast sicher ist* (oder *gilt f. s.*), wenn die Menge

$$A := \{\omega \in \Omega \mid \mathscr{P}(\omega) \text{ ist wahr}\}$$

fast sicher ist: das bedeutet, dass es ein $C \in \mathscr{F}$ gibt, so dass $P(C) = 1$ und $C \subseteq A$ oder, äquivalent, es gibt eine Nullmenge N, so dass $\mathscr{P}(\omega)$ wahr ist für jedes $\omega \in \Omega \setminus N$.

In einem vollständigen Raum gilt $\mathscr{P}$ f. s. genau dann, wenn $P(A) = 1$. Wenn der Raum nicht vollständig ist, ist es nicht notwendigerweise wahr, dass $A \in \mathscr{F}$ und daher ist $P(A)$ nicht definiert. In dem speziellen Fall von Bemerkung 2.1.9 ist die Tatsache, dass $A \in \mathscr{F}$ eine Folge von (2.2) und der Tatsache, dass die X_n Zufallsvariablen sind.

Definition 2.1.12 (Fast sichere Gleichheit) Gegeben seien zwei Funktionen (nicht notwendigerweise Zufallsvariablen)

$$X, Y : \Omega \longrightarrow \mathbb{R}^d.$$

Wir sagen, dass $X = Y$ fast sicher ist, und schreiben $X = Y$ f. s. (oder $X \overset{f.s.}{=} Y$), wenn die Menge $(X = Y)$ fast sicher ist.

Bemerkung 2.1.13 In einem vollständigen Raum gilt nach Bemerkung 1.1.18

$$X \overset{f.s.}{=} Y \quad \Longleftrightarrow \quad P(X = Y) = 1.$$

Ohne die Annahme der Vollständigkeit ist $(X = Y)$ nicht notwendigerweise ein Ereignis (es sei denn, zum Beispiel, X und Y sind beide Zufallsvariablen). Folglich ist $P(X = Y)$ wohldefiniert und es ist nicht korrekt zu behaupten, dass $X = Y$ f. s. äquivalent zu $P(X = Y) = 1$ ist. Außerdem haben wir in einem vollständigen Raum, wenn $X = Y$ f. s. und Y eine Zufallsvariable ist, dass dann auch X eine Zufallsvariable ist: dies ist nicht notwendigerweise wahr, wenn der Raum nicht vollständig ist.

Bemerkung 2.1.14 [!] Sei $(X_n)_{n \in \mathbb{N}}$ eine Folge von Zufallsvariablen, die fast sicher auf dem Ereignis A konvergiert, vergleichsweise (2.2). Setze

$$X(\omega) := \lim_{n \to \infty} X_n(\omega), \qquad \omega \in A,$$

mit Konvention $X(\omega) = 0$ für jedes $\omega \in \Omega \setminus A$. Dann ist X eine Zufallsvariable. Wenn der Raum unvollständig ist, können wir X auf einer vernachlässigbaren (nicht messbaren) Menge modifizieren, um eine Funktion Y zu erhalten, die keine Zufallsvariable ist (d. h., Y ist nicht messbar), und dennoch konvergiert $(X_n)_{n \in \mathbb{N}}$ fast sicher gegen Y. Mit anderen Worten, *in einem unvollständigen Raum bewahrt die fast sichere Konvergenz nicht die Messbarkeitseigenschaft.*

2.1.1 Zufallsvariablen und Verteilungen

Sei $X : \Omega \longrightarrow \mathbb{R}^d$ eine Zufallsvariable auf dem Wahrscheinlichkeitsraum $(\Omega, \mathscr{F}, P)$. Die Verteilung von X ist auf natürliche Weise definiert durch

$$\mu_X(H) := P(X \in H), \qquad H \in \mathscr{B}_d. \tag{2.3}$$

Es ist einfach zu überprüfen, dass μ_X in (2.3) eine Verteilung ist, d. h. ein Wahrscheinlichkeitsmaß auf $\mathscr{B}_d$: tatsächlich haben wir $\mu_X(\mathbb{R}^d) = P(X \in \mathbb{R}^d) = 1$ und für jede disjunkte Folge $(H_n)_{n \in \mathbb{N}}$ in $\mathscr{B}_d$ haben wir auch

$$\mu_X \left(\biguplus_{n=1}^{\infty} H_n \right) = P \left(X^{-1} \left(\biguplus_{n=1}^{\infty} H_n \right) \right) = P \left(\biguplus_{n=1}^{\infty} X^{-1}(H_n) \right) =$$

(durch die σ-Additivität von P)

$$= \sum_{n=1}^{\infty} P \left(X^{-1}(H_n) \right) = \sum_{n=1}^{\infty} \mu_X(H_n).$$

Definition 2.1.15 (Gesetz, Verteilungsfunktion und Dichte einer Zufallsvariable) Für eine Zufallsvariable $X : \Omega \longrightarrow \mathbb{R}^d$ auf $(\Omega, \mathscr{F}, P)$ wird die Verteilung μ_X in (2.3) als die *Verteilung* (oder das *Gesetz*) von X bezeichnet. Wenn X die Verteilung μ_X hat, schreiben wir

$$X \sim \mu_X.$$

Die Funktion[2]

$$F_X(x) := P(X \leq x), \qquad x \in \mathbb{R}^d,$$

wird als die *kumulative Verteilungsfunktion oder Verteilungsfunktion* von X bezeichnet. Beachte, dass F_X die Verteilungsfunktion von μ_X ist. Schließlich sagen wir, wenn $\mu_X \in \mathrm{AC}$ mit Dichte γ_X, dass X absolut stetig ist und Dichte γ_X hat: in diesem Fall haben wir

$$P(X \in H) = \int_H \gamma_X(x) dx, \qquad H \in \mathscr{B}_d.$$

Um die vorherige Definition genauer zu verstehen, betrachte das folgende Beipsiel.

---

[2] Wie üblich, $(X \leq x) = \bigcap_{k=1}^{d} (X_k \leq x_k)$.

Beispiel 2.1.16 [!] Auf dem Wahrscheinlichkeitsraum $(\Omega, \mathscr{F}, P) \equiv (\mathbb{R}, \mathscr{B}, \mathrm{Exp}_\lambda)$, wo λ ein positiver Parameter ist, betrachten wir die Zufallsvariablen

$$X(\omega) = \omega^2, \qquad Y(\omega) = \begin{cases} 0 & \text{wenn } \omega \le 2, \\ 1 & \text{wenn } \omega > 2, \end{cases} \qquad Z(\omega) = \omega, \qquad \omega \in \mathbb{R}.$$

Um die Verteilung von X zu bestimmen, berechnen wir die entsprechende Verteilungsfunktion: für $x < 0$ haben wir $P(X \le x) = 0$, während für $x \ge 0$

$$F_X(x) = P(X \le x) = \mathrm{Exp}_\lambda(\{\omega \in \mathbb{R} \mid \omega^2 \le x\}) = \int_0^{\sqrt{x}} \lambda e^{-\lambda t} dt = 1 - e^{-\lambda \sqrt{x}}$$

gilt. Dann *ist X absolut stetig* mit Dichte

$$\gamma_X(x) = \frac{dF_X(x)}{dx} = \frac{\lambda e^{-\lambda \sqrt{x}}}{2\sqrt{x}} \mathbb{1}_{\mathbb{R}_{\ge 0}}(x).$$

Die Zufallsvariable Y nimmt nur die Werte 0 und 1 an: daher $Y \sim \mathrm{Be}_p$ mit

$$p = P(Y = 1) = \mathrm{Exp}_\lambda(]2, +\infty]) = \int_2^{+\infty} \lambda e^{-\lambda t} dt = e^{-2\lambda}.$$

Als Übung beweise, dass $Z \sim \mathrm{Exp}_\lambda$.

Bemerkung 2.1.17 (Existenz)[!] *Gegeben eine Verteilung μ auf $\mathbb{R}^d$. Dann gibt es eine Zufallsvariable X auf einem Wahrscheinlichkeitsraum $(\Omega, \mathscr{F}, P)$, so dass $\mu = \mu_X$:* zum Beispiel genügt es, die Identität $X(\omega) \equiv \omega$ auf dem Wahrscheinlichkeitsraum $(\mathbb{R}^d, \mathscr{B}_d, \mu)$ zu betrachten. Die Wahl von $(\Omega, \mathscr{F}, P)$ und X ist nicht eindeutig: mit anderen Worten, verschiedene Zufallsvariablen, sogar definiert auf verschiedenen Wahrscheinlichkeitsräumen, können die gleiche Verteilung haben. Zum Beispiel betrachte:

i) Würfeln: $\Omega_1 = I_6 := \{1, 2, 3, 4, 5, 6\}$ mit gleichmäßiger Wahrscheinlichkeit und $X(\omega) = \omega$;
ii) Das Werfen von zwei Würfeln: $\Omega_2 = I_6 \times I_6$ mit gleichmäßiger Wahrscheinlichkeit und $Y(\omega_1, \omega_2) = \omega_1$.

Dann haben X und Y die gleiche Verteilung (die diskrete Gleichverteilung Unif_{I_6}) aber *sie sind auf verschiedenen Wahrscheinlichkeitsräumen definierte Zufallsvariablen.*

Daher liefert die Verteilung einer Zufallsvariable keine vollständige Kenntnis der Zufallsvariable selbst. Die Verteilung einer Zufallsvariable X zu kennen bedeutet zu wissen, „wie die Wahrscheinlichkeit auf die verschiedenen Werte verteilt ist, die X annehmen kann". Für viele Anwendungen ist dies mehr als genug; tatsächlich wird oft *ein probabilistisches Modell definiert, die von einer Verteilung ausgeht* (oder, äquivalent, durch Zuweisung einer Verteilungsfunktion oder einer Dichte, im absolut stetigen Fall) statt durch die explizite Definition des Wahrscheinlichkeitsraums und der betrachteten Zufallsvariable.

Definition 2.1.18 (Äquivalenz in Verteilung) Seien X, Y Zufallsvariablen (nicht notwendigerweise definiert auf demselben Wahrscheinlichkeitsraum). Wir sagen, dass *X und Y in Verteilung gleich sind* (oder *äquivalent in Verteilung*) wenn $\mu_X = \mu_Y$. In diesem Fall schreiben wir

$$X \stackrel{d}{=} Y.$$

Übung 2.1.19 Beweise die folgenden Aussagen:

i)   wenn $X \stackrel{f.s.}{=} Y$ dann $X \stackrel{d}{=} Y$;

ii)   es existieren Zufallsvariablen X, Y, die auf demselben Raum $(\Omega, \mathscr{F}, P)$ definiert sind, so dass $X \stackrel{d}{=} Y$ aber $P(X = Y) < 1$;

iii)   wenn $X \stackrel{d}{=} Y$ und $f \in m\mathscr{B}$ dann $f \circ X \stackrel{d}{=} f \circ Y$.

Lösung

i)   *Wir verwenden die Tatsache, dass $P(X = Y) = 1$. Außerdem haben wir mit Beispiel 1.1.29, dass für jedes z*

$$P(X \in H) = P((X \in H) \cap (X = Y)) = P((Y \in H) \cap (X = Y)) = P(Y \in H).$$

ii)   *In einem Raum $(\Omega, \mathscr{F}, P)$ seien $A, B \in \mathscr{F}$ so, dass $P(A) = P(B)$. Dann haben die Indikator-Zufallsvariablen $X = \mathbb{1}_A$ und $Y = \mathbb{1}_B$ beide eine Bernoulli-Verteilung gleich*

$$P(A)\delta_1 + (1 - P(A))\,\delta_0,$$

da sie nur die Werte 1 und 0 mit Wahrscheinlichkeit $P(A)$ bzw. $1 - P(A)$ annehmen. Für die Verteilungsfunktion haben wir jedoch

$$F_Y(x) = F_X(x) = P(X \le x) = \begin{cases} 0 & \text{wenn } x < 0, \\ P(A^c) & \text{wenn } 0 \le x < 1, \\ 1 & \text{wenn } x \ge 1. \end{cases}$$

iii)   *Für jedes $H \in \mathscr{B}$ haben wir*

$$P\left((f \circ X)^{-1}(H)\right) = P\left(X^{-1}\left(f^{-1}(H)\right)\right) =$$

(da nach Annahme $X \stackrel{d}{=} Y$)

$$= P\left(Y^{-1}\left(f^{-1}(H)\right)\right) = P((f \circ Y)^{-1}(H)).$$

Wir betrachten nun einige Beispiele für *absolut stetige* und *diskrete* Zufallsvariablen. Wir erinnern uns daran, dass X *absolut stetig* ist, wenn

$$P(X \in H) = \int_H \gamma_X(x)dx, \qquad H \in \mathscr{B}_d,$$

wobei die Dichte γ_X eine $\mathscr{B}_d$-messbare, nicht-negative Funktion ist (d. h., $\gamma_X \in m\mathscr{B}_d^+$) mit $\int_{\mathbb{R}^d} \gamma_X(x)dx = 1$.

Wir sagen, dass eine Zufallsvariable X *diskret* ist, wenn ihre Verteilung eine diskrete Verteilung ist (vgl. Definition 1.4.15), d. h., sie ist eine endliche oder abzählbare Kombination von Dirac-Deltas

$$\mu_X = \sum_{k \geq 1} p_k \delta_{x_k}, \tag{2.4}$$

wobei (x_k) eine Folge von unterschiedlichen Punkten in $\mathbb{R}^d$ und (p_k) eine Folge von nicht-negativen Zahlen mit Summe gleich eins ist. Wenn $\bar{\mu}_X$ die Verteilungsfunktion von μ_X bezeichnet, dann haben wir

$$P(X = x_k) = \bar{\mu}_X(x_k) = p_k, \qquad k \in \mathbb{N}.$$

Bemerkung 2.1.20 Die Plots der Dichte γ_X (im Fall von absolut stetigen Verteilungen) und der Verteilungsfunktion $\bar{\mu}_X$ (im Fall von diskreten Verteilungen) bieten eine einfache und klare Darstellung, wie die Wahrscheinlichkeit auf die möglichen Werte von X verteilt ist: wir veranschaulichen diese Tatsache im folgenden Abschnitt anhand einiger Beispiele.

2.1.2 Diskrete Zufallsvariablen

Beispiel 2.1.21 (Binomial) Für eine Zufallsvariable S mit binomialer Verteilung, $S \sim \mathrm{Bin}_{n,p}$ (siehe Beispiel 1.4.17-iii)), haben wir

$$P(S = k) = \binom{n}{k} p^k (1 - p)^{n-k}, \qquad k = 0, 1, \dots, n. \tag{2.5}$$

S repräsentiert die „Anzahl der Erfolge in n wiederholten unabhängigen Versuchen mit Wahrscheinlichkeit p" (vgl. Beispiel 2.1.7-iii)). Beispiele für binomiale Zufallsvariablen sind:

i) Wie in Beispiel 1.2.17, in dem wir das Ziehen mit Zurücklegen aus einer Urne mit b weißen und r roten Bällen betrachten, hat die Zufallsvariable S, die die „Anzahl der gezogenen weißen Bälle in n Ziehungen" repräsentiert, die Verteilung $\mathrm{Bin}_{n,\frac{b}{b+r}}$;

ii) Wie in Beispiel 1.3.43, in dem wir annehmen, dass n Objekte zufällig in r Boxen angeordnet werden, hat die Zufallsvariable S, die die „Anzahl der Objekte in der ersten Box" repräsentiert, die Verteilung $\mathrm{Bin}_{n,\frac{1}{r}}$.

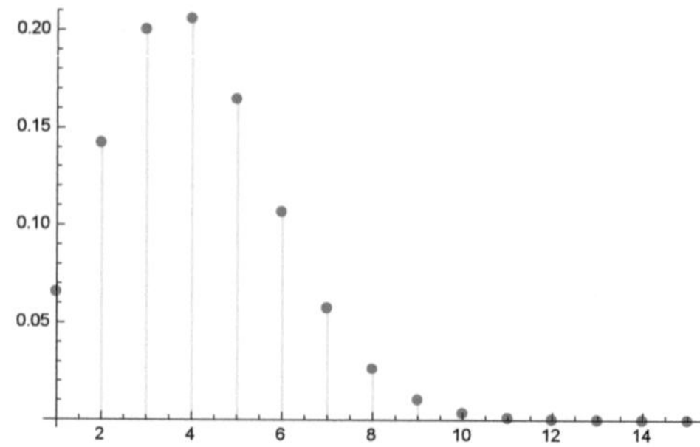

Abb. 2.1 Plot der Verteilungsfunktion einer binomialen Zufallsvariable

In Abb. 2.1 zeigen wir den Plot der Verteilungsfunktion $k \mapsto P(X = k)$ von $X \sim$ $\mathrm{Bin}_{n,p}$ mit $n = 40$ und $p = 10\%$: dieser Plot zeigt *die möglichen Werte von X, d.h., $X(\Omega)$, auf der Abszisse und die entsprechenden Wahrscheinlichkeiten auf der Ordinate.*

Beispiel 2.1.22 (Überbuchung) Angenommen, die Wahrscheinlichkeit, dass ein Reisender nicht zum Einsteigen am Flughafen erscheint, beträgt unabhängig von anderen Reisenden 10 %. Wie viele Reservierungen für einen Flug mit 100 Passagieren können akzeptiert werden, wenn die Wahrscheinlichkeit, dass alle beim Einsteigen anwesenden Reisenden einen Sitzplatz finden, größer als 99 % sein soll?

Lösung *Nehmen wir an, wir akzeptieren n Reservierungen und betrachten die Zufallsvariable X, die gleich der „Anzahl der Passagiere beim Einsteigen" ist: dann gilt $X \sim \mathrm{Bin}_{n,p}$ wobei $p = \frac{9}{10}$ die Wahrscheinlichkeit ist, dass ein Reisender erscheint. Wir müssen den maximalen Wert von n bestimmen, so dass*

$$P(X > 100) = \sum_{k=101}^{n} P(X = k) < 1\%.$$

Da $P(X > 100) = 0.57\%$ wenn $n = 104$ und $P(X > 100) = 1.67\%$ wenn $n = 105$, können wir 104 Reservierungen akzeptieren.

Beispiel 2.1.23 (Poisson) Sei $\lambda > 0$ eine beliebig feste Konstante. Für jedes $n \in \mathbb{N}$, $n \geq \lambda$, sei außerdem $q_n = \frac{\lambda}{n}$. Betrachte nun $X_n \sim \mathrm{Bin}_{n,q_n}$. Für jedes $k = 0, 1, \ldots, n$, sei

$$p_{n,k} := P(X_n = k) = \binom{n}{k} q_n^k (1 - q_n)^{n-k} = \frac{n!}{k!(n-k)!} \left(\frac{\lambda}{n}\right)^k \left(1 - \frac{\lambda}{n}\right)^{n-k}$$

$$\tag{2.6}$$

$$= \frac{\lambda^k}{k!} \cdot \frac{n(n-1)\cdots(n-k+1)}{n^k} \cdot \frac{\left(1 - \frac{\lambda}{n}\right)^n}{\left(1 - \frac{\lambda}{n}\right)^k}.$$

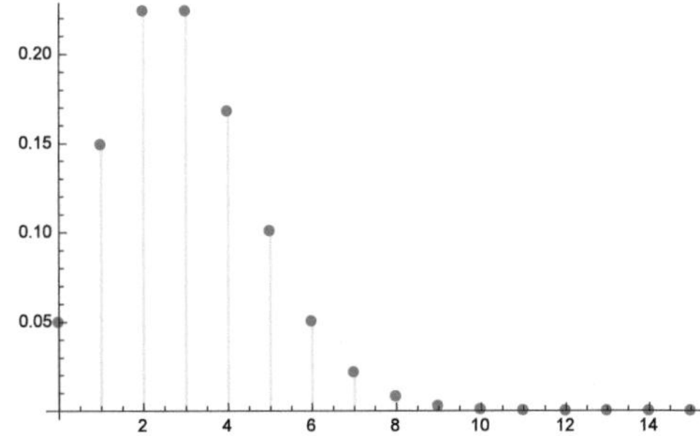

Abb. 2.2 Plot der Verteilungsfunktion einer Poisson-Zufallsvariable

Wir stellen fest, dass

$$\lim_{n \to \infty} p_{n,k} = \frac{e^{-\lambda}\lambda^k}{k!} =: p_k, \qquad k \in \mathbb{N}_0.$$

Wir finden also die Poisson-Verteilung

$$\text{Poisson}_\lambda = \sum_{k=0}^{\infty} p_k \delta_k$$

des Beispiels 1.4.17-iv).

Intuitiv kann $X \sim \text{Poisson}_\lambda$ als Grenze einer Folge von Zufallsvariablen $X_n \sim$ Bin_{n,q_n} betrachtet werden. Mit anderen Worten, die Poisson-Verteilung mit Parameter np approximiert die Binomialverteilung $\text{Bin}_{n,p}$ wenn $n \to +\infty$ (und $p \to 0^+$). Daher schreiben wir

$$\text{Bin}_{n,p} \approx \text{Poisson}_{np} \qquad n \to +\infty, \ p \to 0^+.$$

Dieses Ergebnis wird später in Beispiel 3.3.12 formalisiert. Wir stellen fest, dass der Wert von $p_{n,k}$ in (2.6) für große n in der Praxis aufgrund der Anwesenheit von Fakultäten[3] im Binomialkoeffizienten $\binom{n}{k}$ „schwierig" zu berechnen ist. Daher erweist sich die Verwendung der Poisson-Verteilung als Approximation für die Binomialverteilung als vorteilhaft.

In Abb. 2.2 zeigen wir den Plot der Verteilungsfunktion $k \mapsto P(X = k)$ von $X \sim$ Poisson_λ mit $\lambda = 3$.

Beispiel 2.1.24 Eine Maschine produziert Schrauben und für jede produzierte Schraube besteht eine Wahrscheinlichkeit von 0,01 % dass sie defekt ist (unabhän-

---

[3] Zum Beispiel, $70! > 10^{100}$. Um $n!$ für $n \gg 1$ zu berechnen, kann man die Stirling'sche Näherung verwenden

$$n! \approx \sqrt{2\pi n}\left(\frac{n}{e}\right)^n.$$

gig von den anderen). Berechnee die Wahrscheinlichkeit, dass weniger als 3 defekte Schrauben in einer Box mit 1000 Schrauben sind.

Lösung *Die Z. v. X, die die Anzahl der defekten Schrauben in einer Box mit 1000 Schrauben angibt, hat eine Binomialverteilung* $\mathrm{Bin}_{1000,p}$, *wobei* $p = 0,01\%$ *die Wahrscheinlichkeit ist, dass die einzelne Schraube defekt ist. Dann*

$$P(X < 3) = \sum_{k=0}^{2} P(X = k) = \sum_{k=0}^{2} \binom{1000}{k} p^k (1 - p)^{1000-k} \approx 99{,}9846\,\%.$$

Mit der Approximation durch eine Poisson Z. v., sagen wir $Y \sim Poisson_\lambda$ *mit* $\lambda = np = 0.1$, *erhalten wir*

$$P(Y < 3) = \sum_{k=0}^{2} P(Y = k) = e^{-\lambda} \sum_{k=0}^{2} \frac{\lambda^k}{k!} \approx 99{,}9845\,\%.$$

Beispiel 2.1.25 (Geometrisch) Für T mit geometrischer Verteilung, $T \sim \mathrm{Geom}_p$ mit $p \in\,]0, 1]$, haben wir[4]

$$P(T = k) = p(1 - p)^{k-1}, \qquad k \in \mathbb{N}.$$

Die Z. v. T repräsentiert die „erste Zeit des Erfolgs" in einer Familie von wiederholten unabhängigen Versuchen mit Wahrscheinlichkeit p: in diesem Zusammenhang erinnern wir uns an Beispiel 2.1.7-iv) und 1.3.31.

Wir beweisen nun eine fundamentale Eigenschaft der geometrischen Verteilung, bekannt als *Gedächtnislosigkeit*.

Theorem 2.1.26 Wenn $T \sim \mathrm{Geom}_p$ dann

$$P(T > n) = (1 - p)^n, \qquad n \in \mathbb{N}, \tag{2.7}$$

und wir haben die folgende Gedächtnislosigkeit:

$$P(T > n + k \mid T > n) = P(T > k), \qquad k, n \in \mathbb{N}. \tag{2.8}$$

Umgekehrt, wenn T eine Z. v. mit Werten in $\mathbb{N}$ ist und (2.8) gilt, dann $T \sim \mathrm{Geom}_p$ wobei $p = P(T = 1)$.

Beweis Wenn $T \sim \mathrm{Geom}_p$, dann haben wir für jedes $n \in \mathbb{N}$

---

[4] Nach Konvention setzen wir $0^0 = 1$.

$$P(T > n) = \sum_{k=n+1}^{\infty} P(T = k) = \sum_{k=n+1}^{\infty} p(1-p)^{k-1} = \sum_{h=n}^{\infty} p(1-p)^h$$

$$= p(1-p)^n \sum_{h=0}^{\infty} (1-p)^h = p(1-p)^n \frac{1}{1-(1-p)} = (1-p)^n,$$

und das beweist (2.7). Da $(T > k + n) \subseteq (T > n)$, haben wir

$$P(T > n + k \mid T > n) = \frac{P(T > k + n)}{P(T > n)} = \frac{(1-p)^{k+n}}{(1-p)^n} = (1-p)^k = P(T > k).$$

Umgekehrt nehmen wir nun an, dass T eine Z. v. mit Werten in $\mathbb{N}$ ist, für die (2.8) gilt. Wir stellen fest, dass (2.8) unter der impliziten Annahme, dass $P(T > n) > 0$ für jedes $n \in \mathbb{N}$ ist, Sinn macht und daher haben wir für $k = 1$

$$P(T > 1) = P(T > n + 1 \mid T > n) = \frac{P(T > n + 1)}{P(T > n)}$$

woraus

$$P(T > n + 1) = P(T > n)P(T > 1)$$

folgt und daher

$$P(T > n) = P(T > 1)^n.$$

Darüber hinaus, sei $p = P(T = 1) = 1 - P(T > 1)$, dann haben wir

$$P(T = k) = P(T > k - 1) - P(T > k) = P(T > 1)^{k-1} - P(T > 1)^k$$
$$= P(T > 1)^{k-1}(1 - P(T > 1)) = p(1-p)^{k-1},$$

was die Behauptung beweist. $\qquad\qquad\qquad\qquad\qquad\qquad\qquad\qquad\square$

Korollar 2.1.27 Sei $T \sim \mathrm{Geom}_p$ und $n \in \mathbb{N}$. Wir haben

$$P(T = n + k \mid T > n) = P(T = k), \qquad k \in \mathbb{N},$$

das heißt *unter P ist die Verteilung der Z. v. T gleich der Verteilung der Z. v. von $(T - n)$ unter der bedingten Wahrscheinlichkeit $P(\cdot \mid T > n)$.*

Beweis Wir haben

$$P(T = n + k \mid T > n) = P(T > n + k - 1 \mid T > n) - P(T > n + k \mid T > n) =$$

(nach Theorem 2.1.26)

$$= P(T > k - 1) - P(T > k) = P(T = k).$$

Übung 2.1.28 In einem Lotteriespiel werden einmal pro Woche 5 Zahlen aus einer Urne mit 90 nummerierten Kugeln gezogen. Wie hoch ist die Wahrscheinlichkeit, dass die Nummer 13 für 52 aufeinanderfolgende Wochen nicht gezogen wird? Wenn bekannt ist, dass die 13 für 52 Wochen nicht gezogen wurde, wie hoch ist die Wahrscheinlichkeit, dass sie nicht für die 53. aufeinanderfolgende Woche gezogen wird?

Lösung *Sei dazu* $p = \frac{|\mathbf{C}_{89,4}|}{|\mathbf{C}_{90,5}|} = \frac{5}{90}$ *die Wahrscheinlichkeit, dass bei einer Ziehung die Nummer 13 gezogen wird. Wenn T die erste Woche angibt, in der die 13 gezogen wird, dann haben wir nach* (2.7)

$$P(T > 52) = (1 - p)^{52} \approx 5.11\,\%$$

Alternativ hätten wir die binomiale Z. v. $X \sim Bin_{52,p}$ betrachten können, die angibt, dass unter 52 Ziehungen die 13 gezogen wird, und hätten

$$P(X = 0) = \binom{52}{0} p^0 (1 - p)^{52}$$

berechnen können, was das gleiche Ergebnis liefert. Für die zweite Frage müssen wir

$$P(T > 53 \mid T > 52) = P(T > 1) = \frac{85}{90}$$

berechnen, wobei die erste Gleichheit aus (2.8) *folgt.*

Beispiel 2.1.29 (Hypergeometrisch) Eine Z. v. X mit hypergeometrischer Verteilung repräsentiert die Anzahl der weißen Kugeln, die in n Ziehungen *ohne* Ersatz aus einer Urne mit N Kugeln, von denen b weiß sind: in diesem Zusammenhang erinnern wir uns an Beispiel 1.2.19. Insbesondere, seien $n, b, N \in \mathbb{N}$ mit $n, b \leq N$. Dann $X \sim \mathrm{Hyper}_{n,b,N}$ wenn[5]

$$P(X = k) = \frac{\binom{b}{k}\binom{N-b}{n-k}}{\binom{N}{n}} \qquad k = 0, 1, \ldots, n \wedge b. \tag{2.9}$$

Übung 2.1.30 Sei $(b_N)_{N \in \mathbb{N}}$ eine Folge in $\mathbb{N}_0$, sodass

$$\lim_{N \to \infty} \frac{b_N}{N} = p \in \,]0, 1[.$$

Dann haben wir für jedes $n \in \mathbb{N}$ und $k = 0, 1, \ldots, n$

$$\lim_{N \to \infty} \mathrm{Hyper}_{n,b_N,N}(\{k\}) = \mathrm{Bin}_{n,p}(\{k\}).$$

---

[5] Nach Konvention setzen wir $\binom{n}{k} = 0$ für $k > n$.

Wenn die Anzahl der weißen Kugeln b und die Gesamtzahl der Kugeln N groß sind, dann verändert das Ersetzen oder Nicht-Ersetzen einer Kugel nach der Ziehung die Zusammensetzung der Urne in vernachlässigbarer Weise.

Lösung *Es ist eine direkte Berechnung: für weitere Details siehe, zum Beispiel, Bemerkung 1.40 in* [29].

2.1.3 Absolut stetige Zufallsvariablen

Beispiel 2.1.31 (Exponential) Eine Z. v mit exponentieller Verteilung $X \sim \mathrm{Exp}_\lambda$ hat eine *gedächtnislose Eigenschaft* ähnlich der, die wir in Theorem 2.1.26 für die geometrische Verteilung gesehen haben:

$$P\left(X > t + s \mid X > s\right) = P\left(X > t\right), \qquad t, s \geq 0. \tag{2.10}$$

Tatsächlich, da $(X > t + s) \subseteq (X > s)$, haben wir

$$P\left(X > t + s \mid X > s\right) = \frac{P(X > t + s)}{P(X > s)} =$$

(nach (1.45))

$$= \frac{e^{-\lambda(t+s)}}{e^{-\lambda s}} = e^{-\lambda t} = P\left(X > t\right).$$

Die exponentielle Verteilung gehört zu einer breiten Familie von Verteilungen, die wir in Beispiel 2.1.35 untersuchen werden.

Hier ist ein einfaches, aber nützliches Ergebnis.

Proposition 2.1.32 (Lineare Transformationen und Dichten) Sei X eine Z. v. in $\mathbb{R}^d$, die absolut stetig mit Dichte γ_X ist. Dann gilt für jede invertierbare Matrix A mit Dimension $d \times d$ und $b \in \mathbb{R}^d$, dass die Z. v. $Z := AX + b$ absolut stetig mit Dichte

$$\gamma_Z(z) = \frac{1}{|\det A|} \gamma_X \left(A^{-1}(z - b)\right)$$

ist.

Beweis Für jedes $H \in \mathscr{B}_d$ haben wir

$$P(Z \in H) = P\left(X \in A^{-1}(H - b)\right) = \int_{A^{-1}(H-b)} \gamma_X(x)dx =$$

(durch die Änderung der Variablen $z = Ax + b$)

$$= \frac{1}{|\det A|} \int_H \gamma_X \left(A^{-1}(z - b)\right) dz$$

und das beweist die Behauptung.   □

Beispiel 2.1.33 (Gleichverteilung) Wie im Beispiel 1.4.22-i), betrachten wir eine Zufallsvariable mit gleichmäßiger Verteilung auf $K \in \mathscr{B}_d$, wo K ein positives und endliches Lebesgue-Maß hat. Insbesondere sei K das Dreieck in $\mathbb{R}^2$ mit den Eckpunkten $(0, 0)$, $(1, 0)$ und $(0, 1)$. Sei $(X, Y) \sim \mathrm{Unif}_K$, mit Dichte $\gamma_{(X,Y)}(x, y) = 2\mathbb{1}_K(x, y)$: durch Proposition 2.1.32 können wir leicht die Dichte von $(X + Y, X - Y)$ berechnen. Tatsächlich, da

$$\begin{pmatrix} X + Y \\ X - Y \end{pmatrix} = A \begin{pmatrix} X \\ Y \end{pmatrix}, \qquad A = \begin{pmatrix} 1 & 1 \\ 1 & -1 \end{pmatrix},$$

haben wir $\det A = -2$ und

$$\gamma_{(X+Y,X-Y)}(z, w) = \frac{2}{|\det A|} \mathbb{1}_K \left(A^{-1} \begin{pmatrix} z \\ w \end{pmatrix} \right) = \mathbb{1}_{AK}(z, w)$$

wobei AK das Dreieck mit den Eckpunkten[6] $(0, 0)$, $(1, 1) = A \cdot (1, 0)$, und $(1, -1) = A \cdot (0, 1)$ ist.

Beispiel 2.1.34 (Normal) Eine Zufallsvariable X hat eine Normalverteilung mit den Parametern $\mu \in \mathbb{R}$ und $\sigma > 0$, d.h. $X \sim \mathscr{N}_{\mu,\sigma^2}$, wenn

$$P(X \in H) = \int_H \frac{1}{\sqrt{2\pi\sigma^2}} e^{-\frac{1}{2}\left(\frac{x-\mu}{\sigma}\right)^2} dx, \qquad H \in \mathscr{B}.$$

Beachte, dass $P(X \in H) > 0$ genau dann gilt, wenn $\mathrm{Leb}(H) > 0$, da die Dichte streng positiv ist. Offensichtlich gilt $P(X = x) = 0$ für jedes $x \in \mathbb{R}$, weil X absolut stetig ist.

Obwohl X jeden reellen Wert annehmen kann, ist es gut zu wissen, dass die Wahrscheinlichkeit im Wesentlichen um den Wert μ konzentriert ist. Tatsächlich haben wir

$$\begin{aligned}
P(|X - \mu| \leq \sigma) &\approx 68.27\,\% \\
P(|X - \mu| \leq 2\sigma) &\approx 95.45\,\% \\
P(|X - \mu| \leq 3\sigma) &\approx 99.73\,\%
\end{aligned} \tag{2.11}$$

und das bedeutet, dass extreme Werte (nicht einmal zu weit von μ entfernt) sehr unwahrscheinlich sind (siehe[7] Abb. 2.3). Aus diesem Grund sagen wir, dass die Gaußsche Dichte „dünne Ränder" hat.

---

[6] Hier $A \cdot (1, 0) \equiv A \begin{pmatrix} 1 \\ 0 \end{pmatrix}$.

[7] Abb. 2.3 ist entnommen von https://commons.wikimedia.org/wiki/File:Standard_deviation_diagram.svg

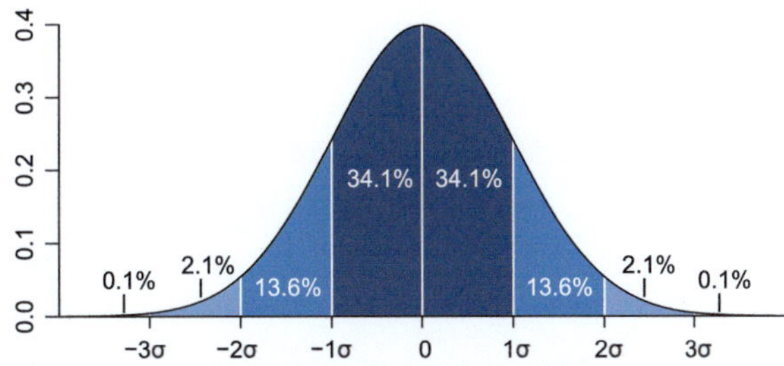

Abb. 2.3 Wahrscheinlichkeit in der Normalverteilung

Auf den ersten Blick mag die Tatsache, dass die Werte in (2.11) *unabhängig von* μ *und* σ sind, ein wenig seltsam erscheinen. Andererseits gilt $P(|X - \mu| \leq \lambda\sigma) = P(|Z| \leq \lambda)$, wo $Z = \frac{X-\mu}{\sigma}$ und durch Proposition 2.1.32 haben wir

$$X \sim \mathcal{N}_{\mu,\sigma^2} \quad \Longleftrightarrow \quad Z \sim \mathcal{N}_{0,1}.$$

Mit anderen Worten, man kann immer eine Normalverteilung durch eine einfache lineare Transformation *standardisieren*.

Beachte, dass die Gaußsche Dichte von $Z \sim \mathcal{N}_{0,1}$ eine gerade Funktion ist und daher haben wir für jedes $\lambda > 0$

$$P(Z \geq -\lambda) = P(-Z \leq \lambda) = P(Z \leq \lambda)$$

und folglich

$$\begin{aligned}
P(|Z| \leq \lambda) &= P(Z \leq \lambda) - P(Z \leq -\lambda) \\
&= P(Z \leq \lambda) - (1 - P(Z \geq -\lambda)) \\
&= 2F_Z(\lambda) - 1,
\end{aligned} \tag{2.12}$$

wobei F_Z die CDF von Z ist.

Beispiel 2.1.35 (Gamma) Erinnern wir uns an die Definition von der Euler'schen Gamma-Funktion:

$$\Gamma(\alpha) := \int_0^{+\infty} x^{\alpha-1} e^{-x} dx, \qquad \alpha > 0. \tag{2.13}$$

Wir stellen fest, dass Γ positive Werte annimmt, $\Gamma(1) = 1$ und $\Gamma(\alpha + 1) = \alpha\Gamma(\alpha)$, da wir durch partielle Integration

$$\Gamma(\alpha + 1) = \int_0^{+\infty} x^\alpha e^{-x} dx = \int_0^{+\infty} \alpha x^{\alpha-1} e^{-x} dx = \alpha\Gamma(\alpha)$$

haben. Es folgt insbesondere, dass $\Gamma(n + 1) = n!$ für jedes $n \in \mathbb{N}$. Ein weiterer bedeutender Wert wird für $\alpha = \frac{1}{2}$ erhalten:

$$\Gamma\left(\tfrac{1}{2}\right) = \int_0^{+\infty} \frac{e^{-x}}{\sqrt{x}}\,dx =$$

(durch die Änderung der Variablen $x = y^2$)

$$= 2\int_0^{+\infty} e^{-y^2}\,dy = \sqrt{\pi}.$$

Wenn wir $\lambda > 0$ fixieren, stellen wir auch fest, dass wir in (2.13) durch die Änderung der Variablen $x = \lambda t$

$$\Gamma(\alpha) := \lambda^\alpha \int_0^{+\infty} t^{\alpha-1} e^{-\lambda t}\,dt, \qquad \alpha > 0$$

erhalten. Es folgt, dass die Funktion

$$\gamma_{\alpha,\lambda}(t) := \frac{\lambda^\alpha}{\Gamma(\alpha)} t^{\alpha-1} e^{-\lambda t} \mathbb{1}_{\mathbb{R}>0}(t), \qquad t \in \mathbb{R}, \tag{2.14}$$

eine Dichte für jedes $\alpha > 0$ und $\lambda > 0$ ist.

Definition 2.1.36 Die Verteilung mit Dichte $\gamma_{\alpha,\lambda}$ in (2.14) wird als *Gamma-Verteilung mit Parametern $\alpha, \lambda > 0$*

$$\mathrm{Gamma}_{\alpha,\lambda}(H) := \frac{\lambda^\alpha}{\Gamma(\alpha)} \int_{H\cap\mathbb{R}_{>0}} t^{\alpha-1} e^{-\lambda t}\,dt, \qquad H \in \mathscr{B}$$

bezechnet (Abb. 2.4).

Beachte, dass die Exponentialverteilung dem speziellen Fall $\alpha = 1$ entspricht:

$$\mathrm{Gamma}_{1,\lambda} = \mathrm{Exp}_\lambda.$$

Die Gamma-Verteilung hat die folgende Skaleninvarianzeigenschaft:

Lemma 2.1.37 Wenn $X \sim \mathrm{Gamma}_{\alpha,\lambda}$ und $c > 0$, dann gilt $cX \sim \mathrm{Gamma}_{\alpha,\frac{\lambda}{c}}$. Insbesondere gilt $\lambda X \sim \mathrm{Gamma}_{\alpha,1}$.

Beweis Wir verwenden die kumulative Verteilungsfunktion, um die Verteilung von cX zu bestimmen:

$$P\left(cX \leq y\right) = P\left(X \leq y/c\right) = \int_0^{\frac{y}{c}} \frac{\lambda^\alpha e^{-\lambda t}}{\Gamma(\alpha) t^{1-\alpha}}\,dt =$$

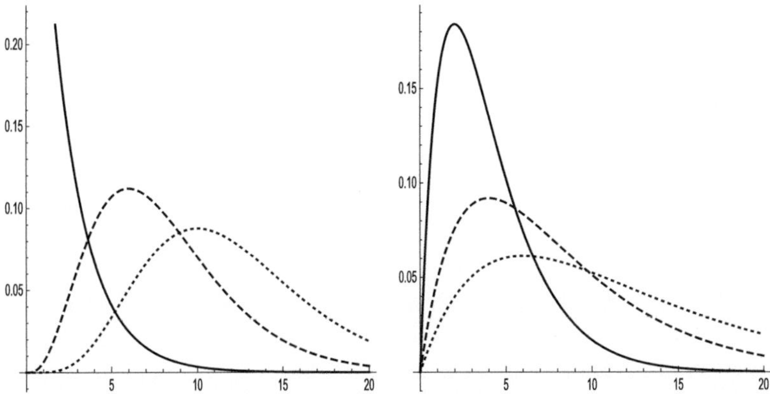

Abb. 2.4 Auf der linken Seite: Darstellung der Dichte $\gamma_{\alpha,2}$ für $\alpha = 1$ (durchgezogene Linie), $\alpha = 4$ (gestrichelte Linie) und $\alpha = 6$ (gepunktete Linie). **Auf der rechten Seite:** Darstellung der Dichte $\gamma_{2,\lambda}$ für $\lambda = \frac{1}{2}$ (durchgezogene Linie), $\lambda = \frac{1}{4}$ (gestrichelte Linie) und $\lambda = \frac{1}{6}$ (gepunktete Linie)

(durch die Änderung der Variable $x = ct$)

$$= \int_0^y \frac{\lambda^\alpha e^{-\frac{\lambda}{c}x}}{c^\alpha \Gamma(\alpha) x^{1-\alpha}} dx = \text{Gamma}_{\alpha, \frac{\lambda}{c}}(]-\infty, y]).$$

$\square$

2.1.4 Andere Beispiele

Beispiel 2.1.38 (χ^2 Verteilung) Sei $X \sim \mathcal{N}_{0,1}$. Wir bestimmen die Verteilung der Z. v. $Z = X^2$ durch Untersuchung ihrer CDF F_Z. Da $Z \geq 0$, haben wir $F_Z(x) = 0$ für $x \leq 0$, während für $x > 0$

$$F_Z(x) = P(X^2 \leq x) = P\left(-\sqrt{x} \leq X \leq \sqrt{x}\right) =$$

(durch Symmetrie)

$$= 2 \int_0^{\sqrt{x}} \frac{1}{\sqrt{2\pi}} e^{-\frac{y^2}{2}} dy = 2 \left(F_X(\sqrt{x}) - F_X(0)\right)$$

wobei F_X die CDF von X ist. Es folgt, dass F_Z absolut stetig ist und daher gilt nach Theorem 1.4.33, dass die Dichte von Z durch

$$\frac{d}{dx} F_Z(x) = 2 \frac{d}{dx} F_X(\sqrt{x}) = F_X'(\sqrt{x}) \frac{1}{\sqrt{x}} = \frac{1}{\sqrt{2\pi x}} e^{-\frac{x}{2}}, \qquad x > 0$$

gegeben ist. Wir erkennen dann, dass

$$Z \sim \mathrm{Gamma}_{\frac{1}{2},\frac{1}{2}}.$$

Die Verteilung $\mathrm{Gamma}_{\frac{1}{2},\frac{1}{2}}$ wird als *Chi-Quadrat-Verteilung* bezeichnet. Manchmal wird sie durch das Symbol χ^2 angezeigt.

Proposition 2.1.39 Seien

$$X : \Omega \longrightarrow I \quad \text{und} \quad f : I \longrightarrow J$$

eine Z. v. auf dem Raum $(\Omega, \mathscr{F}, P)$ mit Werten im reellen Intervall I und eine stetige und streng monoton steigende (also umkehrbare) Funktion mit Werten im reellen Intervall J. Dann ist die CDF der Z. v. $Y := f(X)$

$$F_Y = F_X \circ f^{-1} \tag{2.15}$$

wobei F_X die CDF von X bezeichnet.

Beweis (2.15) folgt einfach aus

$$P(Y \le y) = P\left(f(X) \le y\right) = P\left(X \le f^{-1}(y)\right) = F_X(f^{-1}(y)), \qquad y \in J,$$

wobei in der zweiten Gleichung die Tatsache verwendet wurde, dass f streng monoton steigend ist. $\qquad\square$

Übung 2.1.40 Bestimme die Dichte von $Y := e^X$, wobei $X \sim \mathrm{Unif}_{[0,1]}$.

Korollar 2.1.41 [!] Wenn X eine Z. v. mit Werten innerhalb eines Intervalls I ist und die CDF F_X stetig und streng steigend auf I ist, dann gilt

$$F_X(X) \sim \mathrm{Unif}_{[0,1]}. \tag{2.16}$$

Beweis Sei $Y := F_X(X)$. Offensichtlich haben wir $F_Y(y) = 0$, wenn $y \le 0$. Außerdem gilt $F_Y(y) = 1$, wenn $y \ge 1$ da F_X per Definition Werte in $[0, 1]$ annimmt und stetig ist. Außerdem haben wir nach Proposition 2.1.39, dass $F_Y(y) = y$, wenn $0 < y < 1$, was die Behauptung beweist. $\qquad\square$

Das vorherige Korollar gilt beispielsweise für $X \sim \mathscr{N}_{\mu,\sigma^2}$ mit $I = \mathbb{R}$ und für $X \sim \mathrm{Gamma}_{\alpha,\lambda}$ mit $I = \mathbb{R}_{>0}$.

Übung 2.1.42 Sei $X \sim \frac{1}{2}(\delta_0 + \mathrm{Unif}_{[0,1]})$. Beweise, dass $F_X(X) \sim \frac{1}{2}\big(\delta_{\frac{1}{2}} + \mathrm{Unif}_{[\frac{1}{2},1]}\big)$ und daher kann die Annahme der Stetigkeit von F_X in Korollar 2.1.41 nicht vernachlässigt werden.

Beispiel 2.1.43 Satz 2.1.39 wird häufig verwendet, um eine Zufallsvariable mit einer gegebenen CDF unter Verwendung einer gleichförmigen Zufallsvariable als Basis zu erzeugen oder zu simulieren. Tatsächlich, wenn $Y \sim \mathrm{Unif}_{[0,1]}$ und F eine streng steigende CDF ist, dann hat die Z. v.

$$X := F^{-1}(Y)$$

hat die CDF F.

Nehmen wir zum Beispiel an, dass wir eine exponentielle Zufallsvariable mit einer gleichförmigen Zufallsvariable erzeugen möchten: unter Berücksichtigung, dass

$$F(x) = 1 - e^{-\lambda x}, \qquad x \in \mathbb{R},$$

die CDF der Verteilung Exp_λ ist, dann haben wir

$$F^{-1}(y) = -\frac{1}{\lambda} \log(1 - y), \qquad y \in \,]0, 1[.$$

Dann, durch Satz 2.1.39, wenn $Y \sim \mathrm{Unif}_{]0,1[}$ haben wir

$$-\frac{1}{\lambda} \log(1 - Y) \sim \mathrm{Exp}_\lambda.$$

Korollar 2.1.41, und insbesondere (2.16), bietet *eine Methode zur Erzeugung von Zufallszahlen mit einer gegebenen CDF oder Dichte auf einem Computer, ausgehend von Zufallszahlen mit Verteilung* $\mathrm{Unif}_{[0,1]}$.

Das folgende Ergebnis erweitert Satz 2.1.32.

Proposition 2.1.44 Wenn $X \in \mathrm{AC}$ eine reelle Z. v. mit Dichte γ_X ist und $f \in C^1$ mit $f' \neq 0$ dann $Y := f(X) \in \mathrm{AC}$ und hat die Dichte

$$\gamma_Y = \frac{\gamma_X(f^{-1})}{\left| f'(f^{-1}) \right|}. \tag{2.17}$$

Beweis Zuerst erinnern wir uns daran, dass die Annahmen an f implizieren, dass f invertierbar ist und

$$(f^{-1})' = \frac{1}{f'\left(f^{-1}\right)}. \tag{2.18}$$

Darüber hinaus haben wir für jedes $H \in \mathscr{B}$

$$P\left(Y \in H\right) = P\left(X \in f^{-1}(H)\right) = \int_{f^{-1}(H)} \gamma_X(x)\,dx =$$

(durch den Wechsel der Variablen $y = f(x)$)

$$= \int_H \gamma_X(f^{-1}(y)) \left|(f^{-1})'(y)\right| dy =$$

(durch (2.18) und mit γ_Y definiert wie in (2.17))

$$= \int_H \gamma_Y(y)dy,$$

und dies beweist, dass $Y \in AC$ mit Dichte γ_Y in (2.17). Wenn f streng steigend ist, dann gilt $f' > 0$ und der Betrag in (2.17) ist unnötig. Allerdings ist das Ergebnis auch für streng *abnehmendes* f gültig und in diesem Fall ist der Betrag erforderlich. $\qquad\qquad\square$

Beispiel 2.1.45 (Log-normal Verteilung) Sei $X \sim \mathcal{N}_{0,1}$ und $f(x) = e^x$. Dann ist die Dichte der Z. v. $Y = e^X$ mit Hilfe von (2.17) durch

$$\gamma_Y(y) = \frac{1}{y\sqrt{2\pi}}e^{-\frac{(\log y)^2}{2}}, \qquad y \in \mathbb{R}_{>0} \tag{2.19}$$

gegeben. Die Funktion γ_Y in (2.19) wird als die *Dichte der log-normale Verteilung* bezeichnet. Wenn Y eine log-normale Verteilung hat, dann hat $\log Y$ eine normale Verteilung.

Beispiel 2.1.46 (Bivariate normale Verteilung) Seien X und Y Zufallsvariablen, die die Temperaturschwankung in Bologna von Anfang bis Ende der Monate September und Oktober repräsentieren. Wir nehmen an, dass (X, Y) eine bivariate normale Dichte

$$\gamma(x, y) = \frac{1}{2\pi\sqrt{\det C}}e^{-\frac{1}{2}\langle C^{-1}(x,y),(x,y)\rangle}, \qquad (x, y) \in \mathbb{R}^2$$

hat, wobei

$$C = \begin{pmatrix} 2 & 1 \\ 1 & 3 \end{pmatrix}.$$

Bestimme:

i) $P(Y < -1)$;
ii) $P(Y < -1 \mid X < 0)$.

Wir haben $\gamma(x, y) = \frac{1}{2\sqrt{5}\pi}e^{-\frac{3x^2-2xy+2y^2}{10}}$ und

$$P(Y < -1) = \int_{\mathbb{R}} \int_{-\infty}^{-1} \gamma(x, y)dydx \approx 28\%,$$

$$P(Y < -1 \mid X < 0) = \frac{P((Y < -1) \cap (X < 0))}{P(X < 0)} \approx 39\%,$$

wobei

$$P((Y < -1) \cap (X < 0)) = \int_{-\infty}^{0} \int_{-\infty}^{-1} \gamma(x, y)dydx \approx 19.7\%,$$

$$P(X < 0) = \int_{-\infty}^{0} \int_{\mathbb{R}} \gamma(x, y)dydx = \frac{1}{2}.$$

Beispiel 2.1.47 [!] Sei $X \sim \text{Exp}_\lambda$ und f eine Borel-messbare Funktion von $\mathbb{R}$ nach $\mathbb{R}$. Dann ist die zweidimensionale Zufallsvariable $(X, f(X))$ nicht absolut stetig. Tatsächlich ist das Lebesgue Maß der Menge $H := \{(x, y) \in \mathbb{R}^2 \mid y = f(x)\}$ null, aber $P((X, Y) \in H) = 1$. (vgl. Bemerkung 1.4.21).

2.2 Erwartungswert

In diesem Abschnitt führen wir das Konzept des *Erwartungswertes* (oder der *Erwartung* oder des *Mittelwertes*) einer Zufallsvariable ein. Wenn X eine reelle Zufallsvariable mit einer endlichen diskreten Verteilung

$$X \sim \sum_{k=1}^{m} p_k \delta_{x_k},$$

ist, d.h. $P(X = x_k) = p_k$ für $k = 1, \ldots, m$, dann wird der Erwartungswert von X einfach als

$$E[X] := \sum_{k=1}^{m} x_k P(X = x_k) = \sum_{k=1}^{m} x_k p_k \tag{2.20}$$

definiert. Mit anderen Worten, $E[X]$ ist ein gewichteter Durchschnitt der Werte von X basierend auf der Wahrscheinlichkeit, dass solche Werte angenommen werden. Wenn $m = \infty$ dann wird die Summe in (2.20) zu einer Reihe und Bedingungen für die Konvergenz müssen beachtet werden. Zum Beispiel, auf dem Raum $(\Omega, \mathscr{F}, P) \equiv (\mathbb{N} \cup \{0\}, \mathscr{B}, \text{Poisson}_\lambda)$, wo λ ein positiver Parameter ist, betrachten wir die Zufallsvariable $X(k) := k!$ für $k \in \mathbb{N} \cup \{0\}$. Dann haben wir durch Definition (2.20) mit $x_k = k!$

$$E[X] = \sum_{k=0}^{\infty} k! \, P(X = k!) = \sum_{k=0}^{\infty} k! \, \text{Poisson}_\lambda(\{k\}) = e^{-\lambda} \sum_{k=0}^{\infty} \lambda^k$$

$$= \begin{cases} \frac{e^{-\lambda}}{1-\lambda} & \text{wenn } 0 < \lambda < 1, \\ +\infty & \text{wenn } \lambda \geq 1. \end{cases}$$

Wenn X ein *überabzählbar* unendlich viele Werte annehmen kann, ist es nicht mehr möglich, $E[X]$ als eine Reihe zu definieren: im allgemeinen Fall wird der Erwartungswert $E[X]$ als das Integral von X bezüglich des Wahrscheinlichkeitsmaßes P definiert und gleichermaßen als

$$\int_\Omega X \, dP \quad \text{oder} \quad \int_\Omega X(\omega) P(d\omega) \quad \text{oder} \quad \int_\Omega P(d\omega) X(\omega)$$

definiert.

Um die genaue Definition des Erwartungswertes geben zu können, erinnern wir an einige Elemente der sogenannten *abstrakten Integrationstheorie* auf einem Wahrscheinlichkeitsraum $(\Omega, \mathscr{F}, P)$, wobei wir uns daran erinnern, dass eine Zufallsvariable nichts anderes als eine messbare Funktion ist. Die folgenden Beweise können leicht angepasst werden, um σ-endliche Maßräume zu umfassen, einschließlich $\mathbb{R}^d$ mit Lebesgue-Maß.

Dabei gehen wir wie folgt vor:

- die *theoretische* Definition des abstrakten Integrals in den Abschn. 2.2.1, 2.2.2 und 2.2.3;
- eine *operationale* Charakterisierung des abstrakten Integrals zusammen mit einer expliziten Berechnungsmethode in den Abschn. 2.2.4 und 2.2.5.

2.2.1 Integral von einfachen Zufallsvariablen

Um das abstrakte Integral einzuführen, gehen wir Schritt für Schritt vor, beginnend mit dem Fall von „einfachen" reellen Zufallsvariablen bis hin zum allgemeinen Fall. Wir sagen, dass eine Zufallsvariable X auf einem Wahrscheinlichkeits Raum $(\Omega, \mathscr{F}, P)$ *einfach* ist, wenn sie nur eine endliche Anzahl von unterschiedlichen Werten $x_1, \ldots, x_m \in \mathbb{R}$ annimmt: dann können wir

$$X = \sum_{k=1}^{m} x_k \mathbb{1}_{(X=x_k)}$$

schreiben, wobei $(X = x_1), \ldots, (X = x_m)$ disjunkte Ereignisse sind. Beachte, dass die Wahrscheinlichkeitsverteilung von X, wie im vorherigen einleitenden Abschnitt besprochen, diskret ist. Daher definieren wir wie in Gl. (2.20) das abstrakte Integral von X als

$$\int_{\Omega} X \, dP := \sum_{k=1}^{m} x_k P(X = x_k). \tag{2.21}$$

Wir haben die „wahrscheinlichkeitstheoretische" Interpretation dieses Integrals als gewichteten Durchschnitt der Werte von X gegeben; die „mathematische" Interpretation von (2.21) ist stattdessen eine Riemann-Summe. Dabei kann jeder Term $x_k P(X = x_k)$ als die Fläche eines Rechtecks verstanden werden, die mit „Breite" $\times$ „Höhe" berechnet wird, wobei das Maß der Breite $P(X = x_k)$ ist und die Höhe x_k der Wert von X auf $(X = x_k)$ ist: siehe Abb. 2.5.

Auch wenn es offensichtlich erscheinen mag, ist es wichtig zu bemerken, dass wir *per Definition* für jedes $A \in \mathscr{F}$

$$\int_{\Omega} \mathbb{1}_A \, dP = P(A) \tag{2.22}$$

Abb. 2.5 Interpretation des abstrakten Integrals als eine Riemann-Summe

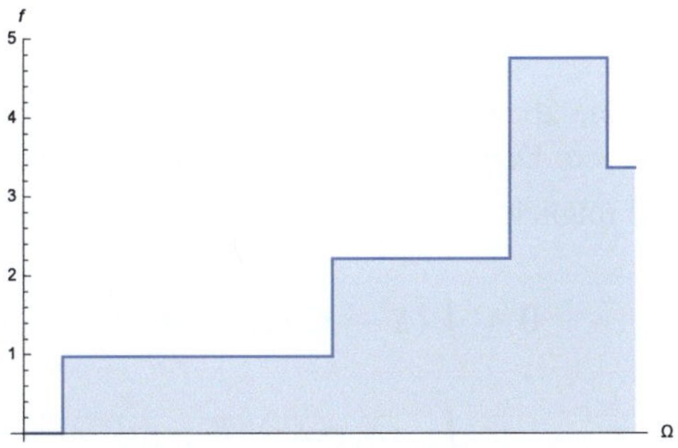

haben. Für jedes einfache X und $A \in \mathscr{F}$, werden wir auch die Notation

$$\int_A X dP := \int_\Omega X \mathbb{1}_A dP$$

verwenden. Es ist klar, dass die folgenden Eigenschaften gelten:

i) *Linearität:* für alle einfachen X, Y und $\alpha, \beta \in \mathbb{R}$ haben wir

$$\int_\Omega (\alpha X + \beta Y) \, dP = \alpha \int_\Omega X dP + \beta \int_\Omega Y dP; \qquad (2.23)$$

ii) *Monotonie:* für alle einfachen X, Y, so dass $X \leq Y$ fast sicher, haben wir

$$\int_\Omega X dP \leq \int_\Omega Y dP. \qquad (2.24)$$

Aus Eigenschaft ii) folgt, dass wenn $X = Y$ fast sicher, dann

$$\int_\Omega X dP = \int_\Omega Y dP.$$

Bevor wir die allgemeine Definition des Integrals geben, beweisen wir einige vorläufige Ergebnisse.

Lemma 2.2.1 Sei $(X_n)_{n \in \mathbb{N}}$ eine Folge von einfachen Zufallsvariablen, sodass $0 \leq X_n \nearrow X$ fast sicher. Wenn X einfach ist, dann gilt

$$\lim_{n \to \infty} \int_\Omega X_n dP = \int_\Omega X dP. \qquad (2.25)$$

Beweis Nach Annahme gibt es ein $A \in \mathscr{F}$ mit $P(A) = 1$, sodass $0 \leq X_n(\omega) \nearrow X(\omega)$ für jedes $\omega \in A$. Für ein festes $\varepsilon > 0$

$$A_{n,\varepsilon} := (X - X_n \geq \varepsilon) \cap A, \qquad n \in \mathbb{N},$$

ist eine abnehmende Folge in $\mathscr{F}$ mit leerer Schnittmenge, d.h., $A_{n,\varepsilon} \searrow \emptyset$ wenn $n \to \infty$. Dann haben wir durch die Stetigkeit von oben von P $\lim\limits_{n \to \infty} P(A_{n,\varepsilon}) = 0$ und folglich

$$0 \leq \int_A (X - X_n)dP = \int_\Omega (X - X_n)dP = \int_{\Omega \setminus A_{n,\varepsilon}} (X - X_n)dP$$
$$+ \int_{A_{n,\varepsilon}} (X - X_n)dP \leq \varepsilon P(\Omega) + P(A_{n,\varepsilon}) \max_\Omega X$$

was (2.25) ergibt. Wir stellen ausdrücklich fest, dass $\max\limits_\Omega X < \infty$, da X nach Annahme einfach ist. $\qquad\square$

Lemma 2.2.2 Seien $(X_n)_{n \in \mathbb{N}}$ und $(Y_n)_{n \in \mathbb{N}}$ Folgen von einfachen Zufallsvariablen, sodass $0 \leq X_n \nearrow X$ und $0 \leq Y_n \nearrow Y$ fast sicher. Wenn $X \leq Y$ fast sicher, dann

$$\lim_{n \to \infty} \int_\Omega X_n dP \leq \lim_{n \to \infty} \int_\Omega Y_n dP.$$

Beweis Für ein festes $k \in \mathbb{N}$ ist die Folge der einfachen Zufallsvariablen $(X_k \wedge Y_n)_{n \in \mathbb{N}}$ so, dass $0 \leq X_k \wedge Y_n \nearrow X_k$ fast sicher, wenn n gegen Unendlich strebt. Daher haben wir

$$\int_\Omega X_k dP = \lim_{n \to \infty} \int_\Omega X_k \wedge Y_n dP \leq \lim_{n \to \infty} \int_\Omega Y_n dP$$

wo die erste Gleichung aus Lemma 2.2.1 folgt, während die Ungleichung darauf zurückzuführen ist, dass $X_k \wedge Y_n \leq Y_n$ fast sicher gilt. Dies schließt den Beweis ab. $\qquad\square$

2.2.2 *Integral von nicht-negativen Zufallsvariablen*

Um die Definition des Integrals auf $m\mathscr{F}^+$ zu erweitern, verwenden wir das folgende Lemma.

Lemma 2.2.3 Für jedes $X \in m\mathscr{F}^+$ gibt es eine *steigende* Folge $(X_n)_{n \in \mathbb{N}}$ in $m\mathscr{F}^+$ von *einfachen* Zufallsvariablen, so dass $X_n \nearrow X$, d.h.

$$\lim_{n \to \infty} X_n(\omega) = X(\omega), \qquad \omega \in \Omega.$$

Beweis Wir definieren eine Folge von SStufenFunktionen auf $[0, +\infty]$ auf folgende Weise: für jedes $n \in \mathbb{N}$ betrachten wir die Partition von $[0, n]$ die durch die Punkte

$$\frac{0}{2^n}, \frac{1}{2^n}, \frac{2}{2^n}, \ldots, \frac{n2^n}{2^n}$$

gebildet wird und wir setzen

$$\varphi_n(x) = \begin{cases} \frac{k-1}{2^n} & \text{wenn } \frac{k-1}{2^n} < x \le \frac{k}{2^n} \text{ für } 1 \le k \le n2^n, \\ n & \text{wenn } x > n. \end{cases} \qquad (2.26)$$

Beachte, dass $0 \le \varphi_n \le \varphi_{n+1}$ für jedes $n \in \mathbb{N}$ und

$$x - \frac{1}{2^n} \le \varphi_n(x) < x, \qquad x \in [0, n],$$

sodass

$$\lim_{n \to \infty} \varphi_n(x) = x, \qquad x \ge 0. \qquad (2.27)$$

Dann reicht es aus, die Folge $X_n := \varphi_n(X)$ zu betrachten.

Da φ_n nach Definition links stetig ist, folgt aus $Y_k \nearrow Y$ $(k \to \infty)$, dass $\varphi_n(Y_k) \nearrow \varphi_n(Y)$. $\qquad \square$

Dank der Lemmas 2.2.2 und 2.2.3 ist die folgende Definition wohldefiniert, d.h., unabhängig von der approximierenden Folge $(X_n)_{n \in \mathbb{N}}$.

Definition 2.2.4 (Integral von nicht-negativen Zufallsvariablen) Für jedes $X \in m\mathscr{F}^+$ definieren wir

$$\int_\Omega X dP := \lim_{n \to \infty} \int_\Omega X_n dP \le +\infty$$

wobei $(X_n)_{n \in \mathbb{N}}$ eine Folge von *einfachen* Zufallsvariablen in $m\mathscr{F}^+$ ist, sodass $X_n \nearrow X$ fast sicher.

Bemerkung 2.2.5 Durch die Monotonieeigenschaft (2.24) für einfache Zufallsvariablen existiert der vorige Grenzwert und ist gleich

$$\sup_{n \in \mathbb{N}} \int_\Omega X_n dP.$$

Per Definition 2.2.4 lassen sich die Eigenschaften der Linearität (2.23) und Monotonie (2.24) leicht auf das Integral von $X \in m\mathscr{F}^+$ erweitern.

Die Definition des abstrakten Integrals ist völlig analog zu der des Lebesgue-Integrals. Auch in diesem Fall ist das zentrale Ergebnis, auf dem die gesamte Entwicklung der Integrationstheorie basiert, das grundlegende Ergebnis über monotone Konvergenz. Dazu beweisen wir zuerst ein vorläufiges Ergebnis.

Lemma 2.2.6 Sei $(x_n^k)_{n,k \in \mathbb{N}}$ eine Folge in $[0, +\infty]$, die „doppelt" wachsend ist, d.h.

$$x_n^k \le x_{n+1}^k, \qquad x_n^k \le x_n^{k+1}, \qquad n, k \in \mathbb{N},$$

so dass die Grenzwerte

$$x^k := \lim_{n \to \infty} x_n^k, \qquad x_n := \lim_{k \to \infty} x_n^k$$

existieren. Dann

$$x_\infty := \lim_{n \to \infty} x_n, \qquad x^\infty := \lim_{k \to \infty} x^k$$

und $x_\infty = x^\infty$.

Beweis Sei $\varepsilon > 0$ beliebig fest und $n_\varepsilon \in \mathbb{N}$ so, dass $x_{n_\varepsilon} \geq x_\infty - \varepsilon$. Sei weiterhin $k_\varepsilon \in \mathbb{N}$ so, dass $x_{n_\varepsilon}^{k_\varepsilon} \geq x_{n_\varepsilon} - \varepsilon$. Dann haben wir

$$x^\infty \geq x^{k_\varepsilon} \geq x_{n_\varepsilon}^{k_\varepsilon} \geq x_\infty - 2\varepsilon.$$

Angesichts der Beliebigkeit von ε, haben wir $x^\infty \geq x_\infty$ und ähnlich beweisen wir, dass $x^\infty \leq x_\infty$. $\qquad\qquad\square$

Theorem 2.2.7 (Beppo Levi's Theorem) [!!!] Wenn $(X_n)_{n \in \mathbb{N}}$ eine Folge in $m\mathscr{F}$ ist, sodass $0 \leq X_n \nearrow X$ fast sicher, dann

$$\lim_{n \to \infty} \int_\Omega X_n dP = \int_\Omega X dP.$$

Beweis Durch (2.24) können wir ohne Beschränkung der Allgemeinheit annehmen, dass $0 \leq X_n(\omega) \nearrow X(\omega)$ für jedes $\omega \in \Omega$. Wir setzen $X_n^k := \varphi_k(X_n)$ mit φ_k wie in (2.26) und bemerken, dass für jedes $k \to \infty$

$$0 \leq \varphi_k(X_n) \nearrow X_n \tag{2.28}$$

dank (2.27); außerdem

$$0 \leq \varphi_k(X_n) \nearrow \varphi_k(X) \tag{2.29}$$

wenn $n \to \infty$, da φ_k linksstetig ist. Somit haben wir durch (2.28) und Lemma 2.2.1

$$\lim_{n \to \infty} \int_\Omega X_n dP = \lim_{n \to \infty} \lim_{k \to \infty} \int_\Omega \varphi_k(X_n) dP =$$

(durch Lemma 2.2.6)

$$= \lim_{k \to \infty} \lim_{n \to \infty} \int_\Omega \varphi_k(X_n) dP =$$

(durch (2.29) und Lemma 2.2.1)

$$= \lim_{k \to \infty} \int_\Omega \varphi_k(X) dP =$$

(durch Definition 2.2.4 und da $0 \le \varphi_k(X) \nearrow X$ wenn $k \to \infty$)

$$= \int_\Omega X dP.$$

Lemma 2.2.8 (Fatou's Lemma) [!] Für jede Folge $(X_n)_{n\in\mathbb{N}}$ in $m\mathscr{F}^+$ haben wir

$$\int_\Omega \liminf_{n\to\infty} X_n dP \le \liminf_{n\to\infty} \int_\Omega X_n dP.$$

Beweis Per Definition

$$\liminf_{n\to\infty} X_n := \sup_{n\in\mathbb{N}} Y_n, \qquad Y_n := \inf_{k\ge n} X_k,$$

und daher $Y_n \nearrow X := \liminf_{n\to\infty} X_n$. Dann haben wir

$$\int_\Omega \liminf_{n\to\infty} X_n dP = \int_\Omega \lim_{n\to\infty} Y_n dP =$$

(nach Beppo Levi's Theorem)

$$= \lim_{n\to\infty} \int_\Omega Y_n dP \le$$

(durch Monotonie)

$$\le \lim_{n\to\infty} \inf_{k\ge n} \int_\Omega X_k dP = \liminf_{n\to\infty} \int_\Omega X_n dP.$$

2.2.3 Integral von Zufallsvektoren

Wir bezeichnen mit x^+ und x^- die positiven und negativen Teile von $x \in \mathbb{R}$.

Definition 2.2.9 (Integral von $\mathbb{R}^d$-wertigen Zufallsvariablen) Sei $X \in m\mathscr{F}$ eine reelle Zufallsvariable: Wenn mindestens eines von $\int_\Omega X^+ dP$ und $\int_\Omega X^- dP$ endlich ist, dann sagen wir, dass X *integrierbar ist* und setzen

$$\int_\Omega X dP := \int_\Omega X^+ dP - \int_\Omega X^- dP \in [-\infty, +\infty].$$

Wenn sowohl $\int_\Omega X^+ dP$ als auch $\int_\Omega X^- dP$ endlich sind, dann sagen wir, dass X *absolut integrierbar (oder summierbar) ist* und schreiben

$$X \in L^1(\Omega, P).$$

Wenn $X = (X_1, \ldots, X_d)$ eine $\mathbb{R}^d$-wertige Zufallsvariable ist, sagen wir, dass X (absolut) integrierbar ist, wenn jede Komponente X_i (absolut) integrierbar ist: In diesem Fall setzen wir

$$\int_\Omega X dP = \left(\int_\Omega X_1 dP, \ldots, \int_\Omega X_d dP \right) \in [-\infty, +\infty]^d.$$

Für eine reelle Zufallsvariable $X \in L^1(\Omega, P)$ haben wir

$$\int_\Omega |X| dP = \int_\Omega X^+ dP + \int_\Omega X^- dP \in \mathbb{R}.$$

Für jede integrierbare Zufallsvariable X gilt die *Dreiecksungleichung*

$$\left| \int_\Omega X dP \right| = \left| \int_\Omega X^+ dP - \int_\Omega X^- dP \right| \leq \int_\Omega X^+ dP + \int_\Omega X^- dP = \int_\Omega |X| dP.$$

Notation 2.2.10 Die folgenden Notationen werden synonym verwendet, insbesondere wenn die Integrationsvariable angegeben wird:

$$\int_\Omega X dP \equiv \int_\Omega X(\omega) P(d\omega) \equiv \int_\Omega P(d\omega) X(\omega).$$

Für das Lebesgue-Integral schreiben wir einfach

$$\int_{\mathbb{R}^d} f(x) dx \quad \text{anstelle von} \quad \int_{\mathbb{R}^d} f d\text{Leb}.$$

Proposition 2.2.11 Das Integral hat die folgenden Eigenschaften:

i) *Linearität:* für alle $X, Y \in L^1(\Omega, P)$ und $\alpha, \beta \in \mathbb{R}$ haben wir

$$\int_\Omega (\alpha X + \beta Y) \, dP = \alpha \int_\Omega X dP + \beta \int_\Omega Y dP.$$

ii) *Monotonie:* für alle $X, Y \in L^1(\Omega, P)$, so dass $X \leq Y$ fast sicher, haben wir

$$\int_\Omega X dP \leq \int_\Omega Y dP.$$

Insbesondere, wenn $X = Y$ fast sicher, dann $\int_\Omega X dP = \int_\Omega Y dP$.

iii) *σ-Additivität:* Sei $A = \biguplus_{n \in \mathbb{N}} A_n$, wo $(A_n)_{n \in \mathbb{N}}$ eine disjunkte Folge in $\mathscr{F}$ ist. Wenn $X \in m\mathscr{F}^+$ oder $X \in L^1(\Omega, P)$ dann haben wir

$$\int_A X\,dP = \sum_{n\in\mathbb{N}} \int_{A_n} X\,dP.$$

Beweis Die Beweise der drei Eigenschaften sind ähnlich, daher konzentrieren wir uns auf einen detaillierten Beweis für Eigenschaft i) im eindimensionalen Fall. Wenn man die positiven und negativen Teile der Zufallsvariablen getrennt betrachtet[8], reicht es aus, den Fall $X, Y \in m\mathscr{F}^+$ und $\alpha, \beta \in \mathbb{R}_{\geq 0}$ zu betrachten. Betrachte die approximierenden Folgen (X_n) und (Y_n) aus Lemma 2.2.3: unter Ausnutzung der Linearität des Erwartungswertes im Fall von einfachen Zufallsvariablen erhalten wir durch Beppo Levi's Theorem

$$\int_\Omega (\alpha X + \beta Y)\,dP = \lim_{n\to\infty} \int_\Omega (\alpha X_n + \beta Y_n)\,dP = \lim_{n\to\infty} \left(\alpha \int_\Omega X_n\,dP + \beta \int_\Omega Y_n\,dP \right)$$

$$= \alpha \int_\Omega X\,dP + \beta \int_\Omega Y\,dP.$$

$\square$

Wir schließen den Abschnitt mit dem klassischen Satz von Lebesgue ab.

Theorem 2.2.12 (Satz von der majorisierten Konvergenz) Sei $(X_n)_{n\in\mathbb{N}}$ eine Folge von Zufallsvariablen auf $(\Omega, \mathscr{F}, P)$, sodass $X_n \to X$ f.s. und $|X_n| \leq Y$ f.s. für jedes n, mit $Y \in L^1(\Omega, P)$. Dann haben wir

$$\lim_{n\to\infty} \int_\Omega X_n\,dP = \int_\Omega X\,dP.$$

Beweis Beim Übergang zur Grenze in $|X_n| \leq Y$ f.s. haben wir auch $|X| \leq Y$ f.s. Dann haben wir

$$0 \leq \limsup_{n\to\infty} \left| \int_\Omega X_n\,dP - \int_\Omega X\,dP \right| \leq$$

(durch die Dreiecksungleichung)

$$\leq \limsup_{n\to\infty} \int_\Omega |X_n - X|\,dP =$$

$$= \int_\Omega 2Y\,dP - \liminf_{n\to\infty} \int_\Omega (2Y - |X_n - X|)\,dP \leq$$

(durch Fatous Lemma)

---

[8] Beachte, dass die Linearität für positive und negative Teile in der Definition des Integrals inhärent ist (vgl. Definition 2.2.9).

$$\leq \int_{\Omega} 2Y \, dP - \int_{\Omega} \liminf_{n \to \infty} (2Y - |X_n - X|) \, dP =$$

$$= \int_{\Omega} 2Y \, dP - \int_{\Omega} 2Y \, dP = 0.$$

$\square$

Eine Verallgemeinerung des majorisierten Konvergenzsatzes ist der Satz von Vitali C.0.2. Das folgende Korollar des Satzes 2.2.12 wird leicht durch Widerspruch bewiesen.

Korollar 2.2.13 (Absolut Stetigkeit des Integrals) Sei $X \in L^1(\Omega, P)$. Für jedes $\varepsilon > 0$ gibt es ein $\delta > 0$, so dass $\int_A |X| dP < \varepsilon$ für jedes $A \in \mathscr{F}$, so dass $P(A) < \delta$.

Wir geben nun ein einfaches, aber nützliches Ergebnis.

Proposition 2.2.14 [!] Sei $X \in m\mathscr{F}$. Dann

$$\int_{(X>0)} X \, dP = 0 \quad \Longrightarrow \quad X \leq 0 \text{ f.s.}$$

Beweis Betrachte die wachsende Sequenz, die durch $A_n = \left(X \geq \frac{1}{n}\right)$ für $n \in \mathbb{N}$ definiert ist. Durch die Monotonie des Integrals haben wir

$$0 = \int_{(X>0)} X \, dP \geq \int_{(X>0)} X \mathbb{1}_{A_n} \, dP \geq \frac{1}{n} \int_{(X>0)} \mathbb{1}_{A_n} \, dP = \frac{P(A_n)}{n},$$

und so $P(A_n) = 0$ für jedes $n \in \mathbb{N}$. Aufgrund der Stetigkeit von unten von P (vgl. Proposition 1.1.32-ii)) und da

$$(X > 0) = \bigcup_{n \in \mathbb{N}} A_n,$$

folgt daraus, dass $P(X > 0) = 0$. $\square$

Korollar 2.2.15 Wenn $X \in m\mathscr{F}^+$ mit $\int_{\Omega} X \, dP = 0$ ist, dann gilt $X = 0$ f.s.

2.2.4 Integration mit Verteilungen

In diesem Abschnitt untersuchen wir das abstrakte Integral bezüglich einer Verteilung mit besonderem Augenmerk auf den Fall von diskreten und absolut stetigen Verteilungen (oder Kombinationen davon). Wir beginnen mit einem einfachen

Beispiel 2.2.16 [!] Betrachte die Dirac-Delta-Verteilung δ_{x_0} auf $(\mathbb{R}^d, \mathscr{B}_d)$. Für jede Funktion $f \in m\mathscr{B}_d$ haben wir

$$\int_{\mathbb{R}^d} f(x)\delta_{x_0}(dx) = f(x_0).$$

Tatsächlich gilt δ_{x_0}-fast überall, dass f gleich zur einfachen Funktion

$$\hat{f}(x) = \begin{cases} f(x_0) & \text{wenn } x = x_0, \\ 0 & \text{sonst} \end{cases}$$

ist. Daher haben wir nach Proposition 2.2.11-ii)

$$\int_{\mathbb{R}^d} f(x)\delta_{x_0}(dx) = \int_{\mathbb{R}^d} \hat{f}(x)\delta_{x_0}(dx) =$$

(nach Definition des Integrals einer einfachen Funktion)

$$= \hat{f}(x_0)\delta_{x_0}(\{x_0\}) = f(x_0).$$

Proposition 2.2.17 Sei

$$\mu = \sum_{n=1}^{\infty} p_n \delta_{x_n}$$

eine diskrete Verteilung auf $(\mathbb{R}^d, \mathscr{B}_d)$ (vgl. Definition 1.4.15). Wenn $f \in m\mathscr{B}_d^+$ oder $f \in L^1(\mathbb{R}^d, \mu)$ dann

$$\int_{\mathbb{R}^d} f d\mu = \sum_{n=1}^{\infty} f(x_n)p_n.$$

Beweis Es folgt direkt durch Anwendung von Proposition 2.2.11-iii) mit $A_n = \{x_n\}$. $\qquad\square$

Beispiel 2.2.18 Für die Bernoulli-Verteilung, $\mathrm{Be}_p = p\delta_1 + (1-p)\delta_0$ mit $0 \le p \le 1$, (vgl. Beispiel 1.4.17-i)) haben wir einfach

$$\int_{\mathbb{R}} f(x)\mathrm{Be}_p(dx) = pf(1) + (1-p)f(0).$$

Für die Poisson$_\lambda$-Verteilung, mit $\lambda > 0$, haben wir

$$\int_{\mathbb{R}} f(x)\mathrm{Poisson}_\lambda(dx) = e^{-\lambda} \sum_{k=0}^{\infty} \frac{\lambda^k}{k!} f(k),$$

vorausgesetzt, dass f integrierbar ist.

Übung 2.2.19 Beweise für $\alpha, \beta > 0$, dass μ_1, μ_2 Verteilungen auf $\mathbb{R}^d$ sind und falls $f \in L^1(\mathbb{R}^d, \mu_1) \cap L^1(\mathbb{R}^d, \mu_2)$, dann ist $f \in L^1(\mathbb{R}^d, \alpha\mu_1 + \beta\mu_2)$, sowie

$$\int_{\mathbb{R}^d} f\, d(\alpha\mu_1 + \beta\mu_2) = \alpha \int_{\mathbb{R}^d} f\, d\mu_1 + \beta \int_{\mathbb{R}^d} f\, d\mu_2.$$

Jetzt sehen wir, dass im Fall einer absolut stetigen Verteilung, *ein abstraktes Integral auf ein Lebesgue-Integral reduziert wird, gewichtet mit der Dichte der Verteilung.*

Proposition 2.2.20 [!] Sei μ eine absolut stetige Verteilung auf $\mathbb{R}^d$ mit Dichte γ. Dann ist f μ-integrierbar (bzw. $f \in L^1(\mathbb{R}^d, \mu)$) genau dann, wenn f Lebesgue-integrierbar ist (bzw.[9] $f\gamma \in L^1(\mathbb{R}^d)$) und in diesem Fall haben wir

$$\int_{\mathbb{R}^d} f(x)\mu(dx) = \int_{\mathbb{R}^d} f(x)\gamma(x)dx.$$

Beweis Betrachte zunächst den Fall, in dem f einfach ist, d. h., $f(\mathbb{R}^d) = \{\alpha_1, \ldots, \alpha_m\}$ so dass

$$f = \sum_{k=1}^{m} \alpha_k \mathbb{1}_{H_k}, \qquad H_k := \{x \in \mathbb{R}^d \mid f(x) = \alpha_k\}, \ k = 1, \ldots, m.$$

Durch Linearität

$$\int_{\mathbb{R}^d} f\, d\mu = \sum_{k=1}^{m} \alpha_k \int_{\mathbb{R}^d} \mathbb{1}_{H_k} d\mu =$$

(nach (2.22))

$$= \sum_{k=1}^{m} \alpha_k \mu(H_k) =$$

(da $\mu \in \mathrm{AC}$ mit Dichte γ)

$$= \sum_{k=1}^{m} \alpha_k \int_{H_k} \gamma(x)dx = \sum_{k=1}^{m} \alpha_k \int_{\mathbb{R}^d} \mathbb{1}_{H_k}(x)\gamma(x)dx =$$

(nach Linearität des Lebesgue-Integrals)

$$= \int_{\mathbb{R}^d} f(x)\gamma(x)dx,$$

was die These beweist.

Nimm nun an, $f \geq 0$ und betrachte $f_n := \varphi_n(f)$ mit φ_n wie in (2.26). Nach dem Satz von Beppo Levi haben wir

---

[9] Hier ist $L^1(\mathbb{R}^d)$ der übliche Raum der absolut integrierbaren Funktionen auf $\mathbb{R}^d$ bezüglich des Lebesgue-Maßes.

$$\int_{\mathbb{R}^d} f\,d\mu = \lim_{n\to\infty} \int_{\mathbb{R}^d} f_n\,d\mu =$$

(nach dem gerade Bewiesenen, da f_n für jedes $n \in \mathbb{N}$ einfach ist)

$$= \lim_{n\to\infty} \int_{\mathbb{R}^d} f_n(x)\gamma(x)\,dx =$$

(wenn wir den Satz von Beppo Levi erneut auf das Lebesgue-Integral anwenden und die Tatsache verwenden, dass $\gamma \geq 0$ nach Annahme und folglich $(f_n\gamma)$ eine monoton steigende Folge von nicht-negativen Funktionen ist)

$$= \int_{\mathbb{R}^d} f(x)\gamma(x)\,dx.$$

Schließlich, wenn f eine generische Funktion in $L^1(\mathbb{R}^d, \mu)$ ist, dann reicht es aus, ihre positiven und negativen Teile zu betrachten, auf die das vorherige Ergebnis zutrifft. Dann folgt die These aus der Linearität des Integrals. $\qquad\square$

Beispiel 2.2.21 Betrachte die Standardnormalverteilung $\mathcal{N}_{0,1}$ und die Funktionen $f(x) = x$ und $g(x) = x^2$. Dann $f, g \in L^1(\mathbb{R}, \mathcal{N}_{0,1})$ und wir haben

$$\int_{\mathbb{R}} f(x)\mathcal{N}_{0,1}(dx) = \frac{1}{\sqrt{2\pi}} \int_{\mathbb{R}} x e^{-\frac{x^2}{2}}\,dx = 0,$$

$$\int_{\mathbb{R}} g(x)\mathcal{N}_{0,1}(dx) = \frac{1}{\sqrt{2\pi}} \int_{\mathbb{R}} x^2 e^{-\frac{x^2}{2}}\,dx = 1.$$

Bemerkung 2.2.22

Der Beweis von Proposition 2.2.20 ist beispielhaft für ein Verfahren, das oft im Kontext der Integrationstheorie und Wahrscheinlichkeit verwendet wird. Dieses Verfahren, manchmal als *Standard Verfahren* oder maßtheoretische Induktion bezeichnet, besteht darin, die Gültigkeit der Behauptung in 4 Schritten zu überprüfen:

1) der Fall von Indikatorfunktionen: normalerweise ist es eine direkte Überprüfung basierend auf der Definition des Integrals;
2) der Fall von einfachen Funktionen: er folgt aus dem vorherigen Fall und der Linearität des Integrals;
3) der Fall von nicht-negativen Funktionen: es genügt, ein Approximationsargument zu verwenden, basierend auf Lemma 2.2.3 und Beppo Levi's Theorem;
4) der Fall von absolut integrierbaren Funktionen: dieser Fall hängt aufgrund der Linearität mit dem vorherigen zusammen, wenn man die positiven und negativen Teile betrachtet.

Eine allgemeinere Formulierung dieses Verfahrens wird durch das zweite Dynkin Theorem (vgl. Theorem A.0.8) gegeben.

Wir schließen den Abschnitt mit einem nützlichen Ergebnis ab, das wir später beweisen werden (vgl. Korollar 2.5.8).

Korollar 2.2.23 [!] Wenn μ, ν Verteilungen sind, sodass

$$\int_{\mathbb{R}} f \, d\mu = \int_{\mathbb{R}} f \, d\nu$$

für alle $f \in bC(\mathbb{R})$ dann $\mu \equiv \nu$. Hier bezeichnet $bC(\mathbb{R})$ den Raum der stetigen und beschränkten Funktionen.

2.2.5 Erwartungswert und Verteilungen

Der Erwartungswert einer Zufallsvariable ist nichts anderes als ihr Integral unter dem Wahrscheinlichkeitsmaß. Wir geben die genaue Definition.

Definition 2.2.24 (Erwartung) Sei X eine integrierbare Zufallsvariable auf einem Wahrscheinlichkeitsraum $(\Omega, \mathscr{F}, P)$. Der Erwartungswert von X ist definiert als

$$E[X] := \int_{\Omega} X \, dP.$$

Beispiel 2.2.25 [!] Ausgehend von der Definition (2.21) des abstrakten Integrals, ist es einfach, den Erwartungswert in zwei besonderen Fällen zu berechnen: konstante und Indikator-Zufallsvariablen. Wir haben

$$E[c] = c, \qquad c \in \mathbb{R}^d,$$
$$E[\mathbb{1}_A] = P(A), \qquad A \in \mathscr{F}.$$

Darüber hinaus, wenn X eine einfache Zufallsvariable der Form

$$X = \sum_{k=1}^{m} x_k \mathbb{1}_{(X=x_k)}$$

ist, haben wir durch Linearität

$$E[X] = \sum_{k=1}^{m} x_k P(X = x_k),$$

das heißt, *$E[X]$ ist ein gewichteter Durchschnitt der Werte von X basierend auf der Wahrscheinlichkeit, dass solche Werte angenommen werden.*

Im Allgemeinen ist die Berechnung eines Erwartungswertes, der als abstraktes Integral über einen generischen Stichprobenraum Ω definiert ist, möglicherweise nicht einfach: das folgende Ergebnis zeigt, dass es möglich ist, den Erwartungswert einer Zufallsvariable X als ein Integral auf dem euklidischen Raum mit Hilfe seiner Verteilung μ_X zu berechnen.

Theorem 2.2.26 [!] Sei

$$X : \Omega \longrightarrow \mathbb{R}^d \qquad \text{und} \qquad f : \mathbb{R}^d \longrightarrow \mathbb{R}^N$$

beziehungsweise eine Zufallsvariable auf $(\Omega, \mathscr{F}, P)$ mit Verteilung μ_X und $f \in m\mathscr{B}_d$ eine $\mathscr{B}_d$-messbare Funktion. Dann ist $f \circ X$ in Bezug auf P genau dann integrierbar auf Ω, wenn f in Bezug auf μ_X integrierbar auf $\mathbb{R}^d$ ist und in diesem Fall

$$E[f(X)] = \int_{\mathbb{R}^d} f d\mu_X. \tag{2.30}$$

Insbesondere, wenn $\mu_X = \sum_{k=1}^{\infty} p_k \delta_{x_k}$ eine diskrete Verteilung ist, dann

$$E[f(X)] = \sum_{k=1}^{\infty} f(x_k) p_k. \tag{2.31}$$

Wenn μ_X absolut stetig mit Dichte γ_X ist, dann haben wir

$$E[f(X)] = \int_{\mathbb{R}^d} f(x) \gamma_X(x) dx. \tag{2.32}$$

Beweis Wir beweisen (2.30) im Fall $f = \mathbb{1}_H$ mit $H \in \mathscr{B}_d$: wir haben

$$E[f(X)] = E[\mathbb{1}_H(X)] = P(X \in H) = \mu_X(H) = \int_{\mathbb{R}^d} \mathbb{1}_H d\mu_X.$$

Der allgemeine Fall folgt durch Anwendung des Standardverfahrens von Bemerkung 2.2.22. Schließlich folgt auf Basis von (2.30), (2.31) aus Proposition 2.2.17 und (2.32) aus Proposition 2.2.20. $\square$

Bemerkung 2.2.27 Durch Anwendung von Theorem 2.2.26 im besonderen Fall der Identität $f(x) = x$, haben wir, dass wenn X integrierbar ist, dann

$$E[X] = \int_{\mathbb{R}^d} x \mu_X(dx).$$

Definition 2.2.28 (Varianz) Die Varianz einer integrierbaren reellen Zufallsvariable X ist definiert als

$$\text{var}(X) := E\left[(X - E[X])^2\right].$$

Die Quadratwurzel der Varianz $\sqrt{\text{var}(X)}$ wird als *Standardabweichung* bezeichnet.

Beachte, dass $0 \leq \text{var}(X) \leq +\infty$ und wenn $X \in L^1(\Omega, P)$ dann haben wir

$$\text{var}(X) = E[X^2] - E[X]^2.$$

Die Standardabweichung ist ein durchschnittlicher Abstand von X von seinem Erwartungswert. Wir werden in Beispiel 2.2.31 sehen, dass die Standardabweichung von $X \in \mathcal{N}_{\mu,\sigma^2}$ gleich σ ist: wir haben σ in Abb. 2.3 verwendet, um die Konfidenzintervalle von X zu definieren.

Durch Linearität haben wir

$$\text{var}(aX + b) = a^2 \text{var}(X), \qquad a, b \in \mathbb{R}.$$

Weiterhin haben wir durch Proposition 2.2.14,

$$\text{var}(X) = 0 \quad \text{genau dann, wenn} \quad X \overset{f.s.}{=} E[X].$$

Beispiel 2.2.29 [!] Wir berechnen den Mittelwert und die Varianz einiger diskreter Zufallsvariablen:

i) wenn $X \sim \delta_{x_0}$, mit $x_0 \in \mathbb{R}^d$, dann haben wir durch (2.30)–(2.31)

$$E[X] = \int_{\mathbb{R}^d} y \delta_{x_0}(dy) = x_0,$$

$$\text{var}(X) = \int_{\mathbb{R}^d} (y - x_0)^2 \delta_{x_0}(dy) = 0.$$

ii) $X \sim \text{Unif}_n$ hat Verteilungsfunktion $\gamma(k) = \frac{1}{n}$ für $k \in I_n = \{1, \ldots, n\}$ und wir haben

$$E[X] = \sum_{k=1}^{n} k\gamma(k) = \frac{1}{n} \sum_{k=1}^{n} k = \frac{1}{n} \cdot \frac{n(n+1)}{2} = \frac{n+1}{2},$$

$$\text{var}(X) = E\left[X^2\right] - E[X]^2 = \sum_{k=1}^{n} k^2 \gamma(k) - \left(\frac{n+1}{2}\right)^2$$

$$= \frac{1}{n} \sum_{k=1}^{n} k^2 - \left(\frac{n+1}{2}\right)^2$$

$$= \frac{1}{n} \cdot \frac{n(n+1)(2n+1)}{6} - \left(\frac{n+1}{2}\right)^2 = \frac{n^2 - 1}{12}.$$

iii) $X \sim \text{Be}_p$ hat eine Verteilungsfunktion γ, definiert durch $\gamma(1) = p, \gamma(0) = 1 - p$ und wir haben

$$E[X] = \sum_{k \in \{0,1\}}^{n} k\gamma(k) = 0 \cdot (1 - p) + p = p,$$

$$\text{var}(X) = E[X^2] - E[X]^2 = \sum_{k \in \{0,1\}} k^2 \gamma(k) - p^2 = p(1 - p).$$

iv) Wenn $X \sim \text{Bin}_{n,p}$ gilt, erhalten wir unmittelbar (siehe auch Proposition 2.6.3)

$$E[X] = np, \qquad \text{var}(X) = np(1 - p). \tag{2.33}$$

v) $X \sim \text{Poisson}_\lambda$ hat eine Verteilungsfunktion $\gamma(k) = e^{-\lambda}\frac{\lambda^k}{k!}$ für $k \in \mathbb{N}_0$ und wir haben

$$E[X] = \sum_{k=0}^{\infty} k\gamma(k) = \sum_{k=1}^{\infty} ke^{-\lambda}\frac{\lambda^k}{k!} = \lambda e^{-\lambda} \sum_{k=1}^{\infty} \frac{\lambda^{k-1}}{(k - 1)!} = \lambda.$$

Ähnlich haben wir $\text{var}(X) = \lambda$.

vi) $X \sim \text{Geom}_p$ hat eine Verteilungsfunktion $\gamma(k) = p(1 - p)^{k-1}$ für $k \in \mathbb{N}$ und daher

$$E[X] = \sum_{k=1}^{\infty} k\gamma(k) = p\sum_{k=1}^{\infty} k(1 - p)^{k-1} = p\sum_{k=1}^{\infty}\left(-\frac{d}{dp}(1 - p)^k\right)$$

$$= -p\frac{d}{dp}\sum_{k=1}^{\infty}(1 - p)^k = -p\frac{d}{dp}\left(\frac{1}{1 - (1 - p)}\right) = \frac{1}{p}.$$

Ähnlich haben wir $\text{var}(X) = \frac{1-p}{p^2}$.

Beispiel 2.2.30 [!] Betrachte ein Glücksspiel, bei dem eine nicht manipulierte Münze geworfen wird: Wenn sie auf Kopf landet, gewinnt man einen Euro und wenn sie auf Zahl landet, verliert man einen Euro. Wenn X die Z. v. ist, die das Ergebnis des Spiels repräsentiert, haben wir

$$E[X] = 1 \cdot \frac{1}{2} + (-1) \cdot \frac{1}{2} = 0$$

und so sagen wir, dass das Spiel *fair* ist. Das Spiel wäre auch fair, wenn die Gewinne und Verluste gleich 1000 EUR wären, aber intuitiv wären wir weniger dazu geneigt zu spielen, weil wir ein größeres Risiko (viel Geld zu verlieren) wahrnehmen. Mathematisch wird dies durch die Tatsache erklärt, dass

$$\mathrm{var}(X) = E\left[X^2\right] = 1^2 \cdot \frac{1}{2} + (-1)^2 \cdot \frac{1}{2} = 1$$

während wenn Y die Z. v. repräsentiert, wenn der Einsatz 1000 EUR beträgt, wir

$$\mathrm{var}(Y) = E\left[Y^2\right] = 1000^2 \cdot \frac{1}{2} + (-1000)^2 \cdot \frac{1}{2} = 1000^2$$

haben. Selbst wenn zwei Wetten den gleichen Erwartungswert haben, begrenzt in der Praxis die Wette mit der geringeren Varianz das Ausmaß der möglichen Verluste.

Beispiel 2.2.31 [!] Wir betrachten einige Beispiele für absolut stetige Zufallsvariablen:

i)　wenn $X \sim \mathrm{Unif}_{[a,b]}$ haben wir

$$E\left[X\right] = \int_{\mathbb{R}} y\,\mathrm{Unif}_{[a,b]}(dy) = \frac{1}{b-a}\int_a^b y\,dy = \frac{a+b}{2},$$

$$\mathrm{var}(X) = \int_{\mathbb{R}} \left(y - \frac{a+b}{2}\right)^2 \mathrm{Unif}_{[a,b]}(dy) = \frac{1}{b-a}\int_a^b \left(y - \frac{a+b}{2}\right)^2$$

$$dy = \frac{(b-a)^2}{12}.$$

Vergleiche dies mit dem analogen diskreten Ergebnis in Beispiel 2.2.29-i).

ii)　Wenn $X \sim \mathcal{N}_{\mu,\sigma^2}$ mit $\sigma > 0$ dann

$$E\left[X\right] = \int_{\mathbb{R}} y\,\mathcal{N}_{\mu,\sigma^2}(dy) = \frac{1}{\sqrt{2\pi\sigma^2}}\int_{\mathbb{R}} y\,e^{-\frac{(y-\mu)^2}{2\sigma^2}}\,dy =$$

(durch die Änderung der Variablen $z = \frac{y-\mu}{\sigma\sqrt{2}}$)

$$= \frac{1}{\sqrt{\pi}}\int_{\mathbb{R}} \left(\mu + z\sigma\sqrt{2}\right)e^{-z^2}dz = \frac{\mu}{\sqrt{\pi}}\int_{\mathbb{R}} e^{-z^2}dz = \mu.$$

Ähnlich sehen wir, dass

$$\mathrm{var}(X) = \int_{\mathbb{R}} (y-\mu)^2\,\mathcal{N}_{\mu,\sigma^2}(dy) = \sigma^2.$$

iii)　Wenn $X \sim \mathrm{Gamma}_{\alpha,1}$ haben wir

$$E\left[X\right] = \int_0^\infty t\gamma_{\alpha,1}(t)dt = \frac{1}{\Gamma(\alpha)}\int_0^\infty t^\alpha e^{-\lambda t}dt = \frac{\Gamma(\alpha+1)}{\Gamma(\alpha)} = \alpha,$$

$$E\left[X^2\right] = \int_0^\infty t^2\gamma_{\alpha,1}(t)dt = \frac{1}{\Gamma(\alpha)}\int_0^\infty t^{1+\alpha}e^{-\lambda t}dt = \frac{\Gamma(\alpha+2)}{\Gamma(\alpha)} = \alpha(\alpha+1)$$

so dass

$$\mathrm{var}(X) = E\left[X^2\right] - E\left[X\right]^2 = \alpha.$$

Wenn $X \sim \mathrm{Gamma}_{\alpha,\lambda}$ haben wir im Allgemeinen nach Lemma 2.1.37

$$E\left[X\right] = \frac{\alpha}{\lambda}, \qquad \mathrm{var}(X) = \frac{\alpha}{\lambda^2}.$$

Insbesondere, wenn $X \sim \mathrm{Exp}_\lambda = \mathrm{Gamma}_{1,\lambda}$ dann

$$E\left[X\right] = \int_{\mathbb{R}} y\mathrm{Exp}_\lambda(dy) = \lambda \int_0^{+\infty} ye^{-\lambda y}dy = \frac{1}{\lambda},$$

$$\mathrm{var}(X) = \int_{\mathbb{R}} \left(y - \frac{1}{\lambda}\right)^2 \mathrm{Exp}_\lambda(dy) = \lambda \int_0^{+\infty} \left(y - \frac{1}{\lambda}\right)^2 e^{-\lambda y}dy = \frac{1}{\lambda^2}.$$

2.2.6 Jensens Ungleichung

Wir beweisen eine wichtige Erweiterung der Dreiecksungleichung für den Erwartungswert auf konvexe Funktionen. Typische Beispiele für konvexe Funktionen, die wir später verwenden werden, sind:

i) $f(x) = |x|^p$ mit $p \in [1, +\infty[$;
ii) $f(x) = e^{\lambda x}$ mit $\lambda \in \mathbb{R}$;
iii) $f(x) = -\log x$ für $x \in \mathbb{R}_{>0}$.

Theorem 2.2.32 (Jensens Ungleichung) [!!] Sei $-\infty \leq a < b \leq +\infty$ und

$$X : \Omega \longrightarrow]a, b[\qquad \text{und} \qquad f :]a, b[\longrightarrow \mathbb{R}$$

beziehungsweise eine Zufallsvariable im Raum $(\Omega, \mathscr{F}, P)$ und eine konvexe Funktion. Wenn $X, f(X) \in L^1(\Omega, P)$ dann haben wir

$$f\left(E\left[X\right]\right) \leq E\left[f(X)\right].$$

Beweis Erinnern wir uns daran, dass wenn f konvex ist, dann existiert für jedes $z \in]a, b[$ ein $m \in \mathbb{R}$, sodass

$$f(w) \geq f(z) + m(w - z), \qquad \forall w \in]a, b[. \tag{2.34}$$

Wir schließen den Beweis der Jensenschen Ungleichung zuerst ab und beweisen (2.34) später. Setze $z = E\left[X\right]$ (beachte, dass $E\left[X\right] \in]a, b[$, da $X(\Omega) \subseteq]a, b[$ nach Annahme) dann haben wir

$$f(X(\omega)) \geq f(E\left[X\right]) + m(X(\omega) - E\left[X\right]), \qquad \omega \in \Omega.$$

Wir verwenden nun den Erwartungswert und die Monotonie

$$E\left[f(X)\right] \geq E\left[f(E\left[X\right]) + m(X - E\left[X\right])\right] =$$

(durch Linearität und die Tatsache, dass $E\left[c\right] = c$ für jede Konstante c)

$$= f(E\left[X\right]) + mE\left[X - E\left[X\right]\right] = f(E\left[X\right]).$$

Jetzt beweisen wir (2.34). Per Definition ist f konvex, wenn wir

$$f((1 - \lambda)x + \lambda y) \leq (1 - \lambda)f(x) + \lambda f(y), \qquad \forall x, y \in \left]a, b\right[, \ \lambda \in [0, 1],$$

haben. Setzen wir $z = (1 - \lambda)x + \lambda y$ dann haben wir äquivalent

$$(y - x)f(z) \leq (y - z)f(x) + (z - x)f(y), \qquad x < z < y. \tag{2.35}$$

Mit der Notation

$$\Delta_{y,x} = \frac{f(y) - f(x)}{y - x}, \qquad a < x < y < b$$

ist es nicht schwer [10]zu überprüfen, dass (2.35) äquivalent zu

$$\Delta_{z,x} \leq \Delta_{y,x} \leq \Delta_{y,z}, \qquad x < z < y \tag{2.36}$$

ist. (2.36) impliziert[11] dass f eine stetige Funktion auf $\left]a, b\right[$ ist und auch, dass die Funktionen

---

[10] Lassen Sie uns zum Beispiel die erste Ungleichung beweisen:

$$\Delta_{z,x} \leq \Delta_{y,x} \quad \Longleftrightarrow \quad \frac{f(z) - f(x)}{z - x}$$

$$\leq \frac{f(y) - f(x)}{y - x} \quad \Longleftrightarrow \quad (f(z) - f(x))(y - x) \leq (f(y) - f(x))(z - x)$$

was äquivalent zu (2.35) ist.

[11] Tatsächlich folgt aus (2.36), insbesondere aus $\Delta_{z,x} \leq \Delta_{y,x}$, dass

$$f(z) \leq f(x) + (z - x)\frac{f(y) - f(x)}{y - x} \longrightarrow f(y) \quad \text{für } z \to y^-.$$

Darüber hinaus, wenn wir $y_0 \in \left]y, b\right[$ festlegen, folgt aus (2.36), insbesondere aus $\Delta_{y,z} \leq \Delta_{y_0,y}$,

$$f(z) \geq f(y) - (y - z)\Delta_{y_0,y} \longrightarrow f(y) \quad \text{für } z \to y^-.$$

Die Kombination der beiden Ungleichungen beweist die Linksstetigkeit von f. Für die Rechtsstetigkeit verfahren wir analog.

$$z \mapsto \Delta_{z,x}, \text{ für } z > x, \quad \text{und} \quad z \mapsto \Delta_{y,z}, \text{ für } z < y,$$

monoton steigend sind. Folglich existieren die Grenzwerte[12]

$$D^- f(z) := \lim_{x \to z^-} \Delta_{z,x} \leq \lim_{y \to z^+} \Delta_{y,z} =: D^+ f(z), \qquad z \in {]a, b[}. \tag{2.37}$$

Wenn $m \in [D^- f(z), D^+ f(z)]$ haben wir nun

$$\Delta_{z,x} \leq m \leq \Delta_{y,z}, \qquad x < z < y,$$

was (2.34) impliziert. $\square$

Bemerkung 2.2.33 Der Beweis der Jensenschen Ungleichung basiert neben der Konvexitätseigenschaft auf den Eigenschaften der Monotonie, Linearität und $E[1] = 1$ der Erwartung. Insbesondere die Tatsache, dass $E[1] = 1$ ist grundlegend: Im Gegensatz zur Dreiecksungleichung gilt Jensens Ungleichung nicht für alle Integrale oder Summen.

2.2.7 L^p-Räume und Ungleichungen

Definition 2.2.34
Sei $(\Omega, \mathscr{F}, P)$ ein Wahrscheinlichkeitsraum und $p \in [1, +\infty[$. Die *p-Norm* einer Zufallsvariable X ist definiert durch

$$\|X\|_p := \left(E\left[|X|^p \right] \right)^{\frac{1}{p}}.$$

Wir bezeichnen mit

$$L^p(\Omega, P) = \{ X \in m\mathscr{F} \mid \|X\|_p < \infty \}$$

den Raum der Zufallsvariablen, für die die p-te Potenz des Betrags integrierbar ist.

Tatsächlich ist $\| \cdot \|_p$ keine Norm, weil $\|X\|_p = 0$ nur $X \overset{f.s.}{=} 0$ impliziert, aber nicht $X \equiv 0$: wir werden in Theorem 2.2.40 sehen, dass $\| \cdot \|_p$ eine *Halbnorm* auf dem Raum $L^p(\Omega, P)$ ist. In der Funktionalanalysis ist es üblich, einen Quotientenraum

---

[12] Um eine Vorstellung zu bekommen, denken Sie an $f(x) = |x|$, für welche wir $-1 = D^- f(0) < D^+ f(0) = 1$ haben. Nach (2.37) ist die Menge der Punkte z, an denen $D^- f(z) < D^+ f(z)$, d.h. wo f nicht differenzierbar ist, höchstens abzählbar.

zu bilden, indem man Äquivalenzklassen von Funktionen betrachtet, die fast überall gleich sind. Mit dieser Identifikation wird $\| \cdot \|_p$ zu einer echten Norm. Allerdings ist in bestimmten Bereichen der Wahrscheinlichkeitstheorie, insbesondere bei fortgeschritteneren Themen, eine solche Identifikation nicht immer möglich. Wir werden später tiefer in diese Frage eintauchen (siehe zum Beispiel Bemerkung 3).

Beispiel 2.2.35 Wenn $X \sim \mathcal{N}_{\mu,\sigma^2}$ dann $X \in L^p(\Omega, P)$ für jedes $p \geq 1$, da

$$E\left[|X|^p\right] = \int_{\mathbb{R}} |x|^p \frac{1}{\sqrt{2\pi\sigma^2}} e^{-\frac{1}{2}\left(\frac{x-\mu}{\sigma}\right)^2} dx < \infty.$$

Es ist einfach, ein Beispiel für $X, Y \in L^1(\Omega, P)$ zu geben, so dass $XY \notin L^1(\Omega, P)$: es genügt $X(\omega) = Y(\omega) = \frac{1}{\sqrt{\omega}}$ im Raum $([0, 1], \mathcal{B}, \mathrm{Leb})$ zu betrachten . Wir geben auch ein Beispiel in einem diskreten Raum.

Beispiel 2.2.36 Betrachte den Wahrscheinlichkeitsraum $\Omega = \mathbb{N}$ mit dem Wahrscheinlichkeitsmaß definiert durch

$$P(\{n\}) = \frac{c}{n^3}, \qquad n \in \mathbb{N},$$

wobei c die positive Konstante[13] ist, die die Summe der $P(\{n\})$ auf 1 normalisiert, so dass P ein Wahrscheinlichkeitsmaß ist. Die Zufallsvariable $X(n) = n$ ist integrierbar unter P, da

$$E[X] = \sum_{n=1}^{\infty} X(n)P(\{n\}) = \sum_{n=1}^{\infty} n \cdot \frac{c}{n^3} < +\infty.$$

Andererseits, $X \notin L^2(\Omega, P)$, da

$$E\left[X^2\right] = \sum_{n=1}^{\infty} n^2 \cdot \frac{c}{n^3} = +\infty.$$

Proposition 2.2.37 Wenn $1 \leq p_1 \leq p_2$ dann

$$\|X\|_{p_1} \leq \|X\|_{p_2}$$

und daher

$$L^{p_2}(\Omega, P) \subseteq L^{p_1}(\Omega, P).$$

Im Allgemeinen ist die Inklusion strikt, wie Beispiel 2.2.36 zeigt.

---

[13] Genauer gesagt, $c = \mathrm{Zeta}(3) \approx 1.20206$, wobei Zeta die Riemannsche Zeta-Funktion bezeichnet.

Beweis Die Behauptung ist eine direkte Folge der Jensenschen Ungleichung mit $f(x) = |x|^q$ und $q = \frac{p_2}{p_1} \geq 1$:

$$E\left[|X|^{p_1}\right]^{\frac{p_2}{p_1}} \leq E\left[|X|^{p_2}\right].$$

$\square$

Theorem 2.2.38 (Hölder) [!] Seien $p, q > 1$ konjugierte Exponenten, d. h. so, dass $\frac{1}{p} + \frac{1}{q} = 1$. Wenn $X \in L^p(\Omega, P)$ und $Y \in L^q(\Omega, P)$ d-dimensionale Zufallsvariablen sind, dann gilt $X \cdot Y \in L^1(\Omega, P)$ und

$$\|X \cdot Y\|_1 \leq \|X\|_p \|Y\|_q. \tag{2.38}$$

Beweis Wir beweisen die Behauptung für $\|X\|_p > 0$, sonst ist sie trivial. Dann folgt (2.38) aus

$$E\left[\tilde{X}|Y|\right] \leq \|Y\|_q, \quad \text{wobei } \tilde{X} = \frac{|X|}{\|X\|_p}.$$

Beachte, dass $\tilde{X}^p \geq 0$ und $E\left[\tilde{X}^p\right] = 1$: Daher betrachten wir die Wahrscheinlichkeit Q mit Dichte $\tilde{X}^p$ in Bezug auf P, definiert durch

$$Q(A) = E\left[\tilde{X}^p \mathbb{1}_A\right], \quad A \in \mathscr{F}.$$

Dann haben wir

$$E^P\left[\tilde{X}|Y|\right]^q = E^P\left[\tilde{X}^p \frac{|Y|}{\tilde{X}^{p-1}} \mathbb{1}_{(\tilde{X}>0)}\right]^q = E^Q\left[\frac{|Y|}{\tilde{X}^{p-1}} \mathbb{1}_{(\tilde{X}>0)}\right]^q \leq$$

(durch Jensens Ungleichung)

$$\leq E^Q\left[\frac{|Y|^q}{\tilde{X}^{q(p-1)}} \mathbb{1}_{(\tilde{X}>0)}\right] =$$

(da $q(p-1) = p$, wobei p, q konjugiert sind)

$$= E^Q\left[\frac{|Y|^q}{\tilde{X}^p} \mathbb{1}_{(\tilde{X}>0)}\right] = E^P\left[|Y|^q \mathbb{1}_{(\tilde{X}>0)}\right] \leq \|Y\|_q^q$$

was die Behauptung beweist. $\square$

Korollar 2.2.39 (Cauchy-Schwarz) [!] Wenn $X, Y \in L^2(\Omega, P)$ d-dimensionale Zufallsvariablen sind, dann gilt

$$|E[X \cdot Y]| \leq \|X\|_2 \|Y\|_2. \tag{2.39}$$

Gleichheit gilt in (2.39) gilt genau dann, wenn $aX + bY \overset{f.s.}{=} 0$ für $(a, b) \in \mathbb{R}^2 \setminus \{(0, 0)\}$.

Beweis (2.39) folgt aus $|E\left[X \cdot Y\right]| \leq E\left[|X||Y|\right]$ und Hölders Ungleichung. Wenn $aX + bY \overset{f.s.}{=} 0$ für $(a, b) \in \mathbb{R}^2 \setminus \{(0, 0)\}$, dann ist es einfach zu überprüfen, dass Gleichheit in (2.39) gilt. Andererseits können wir ohne Beschränkung der Allgemeinheit annehmen, dass $E\left[X \cdot Y\right] \geq 0$ (sonst betrachte einfach $-X$ anstelle von X) und $\|X\|_2, \|Y\|_2 > 0$ (sonst ist die Behauptung offensichtlich): in diesem Fall setzen wir

$$\tilde{X} = \frac{X}{\|X\|_2}, \qquad \tilde{Y} = \frac{Y}{\|Y\|_2}.$$

Wir haben $\|\tilde{X}\|_2 = \|\tilde{Y}\|_2 = 1$ und auch, nach Annahme, $E\left[\tilde{X} \cdot \tilde{Y}\right] = 1$. Dann

$$E\left[(\tilde{X} - \tilde{Y})^2\right] = E\left[\tilde{X}^2\right] + E\left[\tilde{Y}^2\right] - 2E\left[\tilde{X} \cdot \tilde{Y}\right] = 0$$

aus dem $\tilde{X} \overset{f.s.}{=} \tilde{Y}$ folgt. $\qquad\square$

Theorem 2.2.40 Für jedes $p \geq 1$ ist $L^p(\Omega, P)$ ein Vektorraum, auf dem $\|\cdot\|_p$ eine Halbnorm ist, das heißt

i) $\|X\|_p = 0$ genau dann, wenn $X \overset{f.s.}{=} 0$;

ii) $\|\lambda X\|_p = |\lambda| \|X\|_p$ für jedes $\lambda \in \mathbb{R}$ und $X \in L^p(\Omega, P)$;

iii) die *Minkowski-Ungleichung*

$$\|X + Y\|_p \leq \|X\|_p + \|Y\|_p,$$

gilt für jedes $X, Y \in L^p(\Omega, P)$.

Beweis Wenn $X \in L^p(\Omega, P)$ und $\lambda \in \mathbb{R}$, dann ist $\lambda X \in L^p(\Omega, P)$ klar. Außerdem, da

$$(a + b)^p \leq 2^p (a \vee b)^p \leq 2^p \left(a^p + b^p\right), \qquad a, b \geq 0, \ p \geq 1,$$

impliziert $X, Y \in L^p(\Omega, P)$, dass $(X + Y) \in L^p(\Omega, P)$. Daher ist $L^p(\Omega, P)$ ein Vektorraum. Eigenschaften i) und ii) folgen leicht aus den allgemeinen Eigenschaften der Erwartung. Was iii) betrifft, genügt es, den Fall $p > 1$ zu betrachten: durch die Dreiecksungleichung haben wir

$$E\left[|X + Y|^p\right] \leq E\left[|X||X + Y|^{p-1}\right] + E\left[|Y||X + Y|^{p-1}\right] \leq$$

(durch die Hölder-Ungleichung, wobei q der konjugierte Exponent von $p > 1$ ist)

$$\leq \left(\|X\|_p + \|Y\|_p\right) E\left[|X + Y|^{(p-1)q}\right]^{\frac{1}{q}} =$$

(da $(p-1)q = p$)

$$\leq \left(\|X\|_p + \|Y\|_p\right) E\left[|X + Y|^p\right]^{1-\frac{1}{p}},$$

was die Minkowski-Ungleichung beweist. $\qquad\square$

2.2.8 Kovarianz und Korrelation

Definition 2.2.41 (Kovarianz) Die *Kovarianz* von zwei reellen Zufallsvariablen $X, Y \in L^2(\Omega, P)$ ist die reelle Zahl

$$\mathrm{cov}(X, Y) := E\left[(X - E[X])(Y - E[Y])\right] = E[XY] - E[X]\,E[Y].$$

Beispiel 2.2.42 Nimm an, dass (X, Y) die Dichte

$$\gamma_{(X,Y)}(x, y) = y e^{-xy} \mathbb{1}_{\mathbb{R}_{\geq 0} \times [1,2]}(x, y)$$

hat. Dann haben wir

$$E[X] = \iint_{\mathbb{R}^2} x\gamma_{(X,Y)}(x, y)dxdy = \log 2, \quad E[Y] = \iint_{\mathbb{R}^2} y\gamma_{(X,Y)}(x, y)dxdy = \frac{3}{2}$$

und

$$\mathrm{cov}(X, Y) = \iint_{\mathbb{R}^2} (x - \log 2)\left(y - \frac{3}{2}\right)\gamma_{(X,Y)}(x, y)dxdy = 1 - \frac{3}{2}\log 2.$$

In diesem Abschnitt verwenden wir die folgenden Notationen:

- $e_X := E[X]$ für den Erwartungswert von X;
- $\sigma_{XY} := \mathrm{cov}(X, Y) := e_{(X - e_X)(Y - e_Y)} = e_{XY} - e_X e_Y$ für die Kovarianz von X, Y;
- $\sigma_X = \sqrt{\mathrm{var}(X)}$ für die Standardabweichung von X, wobei

$$\mathrm{var}(X) = \mathrm{cov}(X, X) = e_{(X - e_X)^2} = e_{X^2} - e_X^2.$$

Wir stellen fest, dass:

i) wir für jedes $c \in \mathbb{R}$

$$\mathrm{var}(X) = E\left[(X - E[X])^2\right] \leq E\left[(X - c)^2\right]$$

haben und die Gleichheit gilt genau dann, wenn $c = E[X]$. Tatsächlich,

$$\begin{aligned}
E\left[(X - c)^2\right] &= E\left[(X - e_X + e_X - c)^2\right] \\
&= \sigma_X^2 + 2\underbrace{E[X - e_X]}_{=0}(e_X - c) + (e_X - c)^2 \\
&= \sigma_X^2 + (e_X - c)^2 \geq \sigma_X^2.
\end{aligned}$$

ii) Wenn $\sigma_X > 0$ ist, können wir die Zufallsvariable X immer „normalisieren", indem wir

$$Z = \frac{X - e_X}{\sigma_X}$$

setzen, so dass $E[Z] = 0$ und $\operatorname{var}(Z) = 1$.

iii) Wir haben

$$\operatorname{var}(X + Y) = \operatorname{var}(X) + \operatorname{var}(Y) + 2\operatorname{cov}(X, Y). \tag{2.40}$$

Wenn $\operatorname{cov}(X, Y) = 0$ sagen wir, dass X, Y *unkorreliert* sind.

iv) Die Kovarianz $\operatorname{cov}(\cdot, \cdot)$ ist ein *bilinearer und symmetrischer Operator auf* $L^2(\Omega, P) \times L^2(\Omega, P)$, das heißt, für jedes $X, Y, Z \in L^2(\Omega, P)$ und $\alpha, \beta \in \mathbb{R}$ haben wir

$$\operatorname{cov}(X, Y) = \operatorname{cov}(Y, X) \text{ und } \operatorname{cov}(\alpha X + \beta Y, Z) = \alpha\operatorname{cov}(X, Z) + \beta\operatorname{cov}(Y, Z).$$

v) Durch die Cauchy-Schwarz-Ungleichung (2.39) haben wir $|\operatorname{cov}(X, Y)| \leq \sqrt{\operatorname{var}(X)\operatorname{var}(Y)}$, das heißt

$$|\sigma_{XY}| \leq \sigma_X \sigma_Y \tag{2.41}$$

und wir haben Gleichheit in (2.41) genau dann, wenn $aX + bY \overset{f.s.}{=} c$ für einige $(a, b) \in \mathbb{R}^2 \setminus \{(0, 0)\}$ und $c \in \mathbb{R}$: insbesondere, wenn $\sigma_X > 0$ dann ist Y eine lineare Funktion von X im Sinne, dass $Y \overset{f.s.}{=} \bar{a}X + \bar{b}$, wobei die Konstanten $\bar{a}$ und $\bar{b}$ durch

$$\bar{a} = \frac{\sigma_{XY}}{\sigma_X^2}, \qquad \bar{b} = e_Y - e_X \frac{\sigma_{XY}}{\sigma_X^2} \tag{2.42}$$

gegeben sind. Wie wir in Abschn. 2.2.9 sehen werden, wird die Linie der Gleichung $y = \bar{a}x + \bar{b}$ als *Regressionslinie* bezeichnet und stellt intuitiv eine Darstellung der *linearen Abhängigkeit* zwischen zwei Datensätzen dar.

Definition 2.2.43 (Korrelation) Seien $X, Y \in L^2(\Omega, P)$ so, dass $\sigma_X, \sigma_Y > 0$. Der *Korrelationskoeffizient* von X, Y ist definiert durch

$$\varrho_{XY} := \frac{\sigma_{XY}}{\sigma_X \sigma_Y}.$$

Durch (2.41) haben wir $\varrho_{XY} \in [-1, 1]$; insbesondere, $\varrho_{XY} = \pm 1$ genau dann, wenn $Y \overset{f.s.}{=} \bar{a}X + \bar{b}$, wobei $\bar{a}$ das gleiche Vorzeichen wie ρ_{XY} hat. Daher quantifiziert der Korrelationskoeffizient ρ_{XY} den *Grad der linearen Abhängigkeit* zwischen X und Y.

Sei nun $X = (X_1, \ldots, X_d) \in L^2(\Omega, P)$ ein Zufallsvektor in $\mathbb{R}^d$. Die *Kovarianzmatrix von* X ist die $d \times d$ symmetrische Matrix

$$\mathrm{cov}(X) = \left(\sigma_{X_i X_j}\right)_{i,j=1,\ldots,d} = E\left[\underbrace{(X - E\,[X])}_{d \times 1}\underbrace{(X - E\,[X])^*}_{1 \times d}\right],$$

wo M^* die Transponierte der Matrix M bezeichnet. Da

$$\langle\mathrm{cov}(X)y, y\rangle = E\left[\,\big|\,(X - E\,[X])^*\,y\big|^2\right] \geq 0, \qquad y \in \mathbb{R}^d,$$

ist die Kovarianzmatrix *positiv semidefinit*. Beachte, dass die Elemente der Diagonalen die Varianzen $\sigma_{X_i}^2$ für $i = 1,\ldots,d$ sind. Wenn $\sigma_{X_i} > 0$ für jedes $i = 1,\ldots,d$, definieren wir die *Korrelationsmatrix* analog:

$$\varrho(X) = \left(\varrho_{X_i X_j}\right)_{i,j=1,\ldots,d}.$$

Die Matrix $\varrho(X)$ ist symmetrisch, positiv semidefinit und die Elemente der Diagonalen sind gleich eins: zum Beispiel, im Fall $d = 2$ haben wir

$$\varrho(X) = \begin{pmatrix} 1 & \varrho_{X_1 X_2} \\ \varrho_{X_1 X_2} & 1 \end{pmatrix} \qquad \mathrm{cov}(X) = \begin{pmatrix} \sigma_{X_1}^2 & \sigma_{X_1}\sigma_{X_2}\varrho_{X_1 X_2} \\ \sigma_{X_1}\sigma_{X_2}\varrho_{X_1 X_2} & \sigma_{X_2}^2 \end{pmatrix}.$$

Wenn A eine konstante $N \times d$ Matrix und $b \in \mathbb{R}^N$ ist, dann ist $Z := AX + b$ eine $\mathbb{R}^N$-wertige Zufallsvariable mit Erwartungswert

$$E\,[Z] = AE\,[X] + b,$$

und Kovarianzmatrix

$$\mathrm{cov}(Z) = E\left[(AX + b - E\,[AX + b])\,(AX + b - E\,[AX + b])^*\right] = A\mathrm{cov}(X)A^*.$$

Bemerkung 2.2.44 (Cholesky-Zerlegung) Eine symmetrische und positiv semidefinite Matrix C kann in der Form $C = AA^*$ dargestellt werden: Dies folgt aus der Tatsache, dass nach dem Spektralsatz $C = UDU^*$ mit U orthogonal (d.h., solche $U^{-1} = U^*$) und D Diagonalmatrix; daher genügt es, $A = U\sqrt{D}U^*$ zu setzen, wobei $\sqrt{D}$ die Diagonalmatrix bezeichnet, deren Elemente die Quadratwurzeln der Elemente von D sind (die nicht-negativen reelle Zahlen sind, da C symmetrisch und positiv semi-definit ist).

Die Faktorisierung $C = AA^*$ ist nicht eindeutig: der Cholesky-Algorithmus ermöglicht die Bestimmung einer unteren Dreiecksmatrix A, so dass $C = AA^*$. Zum Beispiel sei die Korrelationsmatrix in Dimension zwei durch

$$C = \begin{pmatrix} 1 & \varrho \\ \varrho & 1 \end{pmatrix}$$

gegeben. Dann haben wir die Cholesky-Zerlegung $C = AA^*$ mit

$$A = \begin{pmatrix} 1 & 0 \\ \varrho & \sqrt{1-\varrho^2} \end{pmatrix}.$$

2.2.9 Lineare Regression

In der Statistik haben wir oft mit *Zeitreihen* (oder *Stichproben*) von Daten zu tun, die die Dynamik eines bestimmten Phänomens über die Zeit liefern (zum Beispiel eine Temperatur, der Preis eines Finanz- Vermögenswert, die Anzahl der Mitarbeiter eines Unternehmens, etc.). Im Fall von eindimensionalen Daten ist eine Zeitreihe ein Vektor $x = (x_1, \ldots, x_M)$ von $\mathbb{R}^M$. Wir können den Vektor x als eine „Realisierung" einer diskreten Zufallsvariable X betrachten, die wie folgt definiert ist

$$X : I_M \longrightarrow \mathbb{R}, \qquad X(i) := x_i, \quad i \in I_M = \{1, \ldots, M\}.$$

Statten wir den Stichprobenraums I_M mit gleichförmiger Wahrscheinlichkeit aus, dann sind der Mittelwert und Varianz von X durch

$$E[X] = \frac{1}{M} \sum_{i=1}^{M} x_i, \qquad \mathrm{var}(X) = \frac{1}{M} \sum_{i=1}^{M} (x_i - E[X])^2$$

gegeben. In der Statistik werden $E[X]$ und $\mathrm{var}(X)$ als der *Stichprobenmittelwert* und die *Stichprobenvarianz* der Zeitreihe x bezeichnet und oft durch $E[x]$ und $\mathrm{var}(x)$ bezeichnet.

Nun seien $x = (x_1, \ldots, x_M)$ und $y = (y_1, \ldots, y_M)$ zwei Zeitreihen. Ein einfaches Werkzeug zur Visualisierung des Grades der „Abhängigkeit" zwischen x und y ist das sogenannte *Streudiagramm:* darin werden die Punkte mit den Koordinaten $(x_i, y_i)_{i \in I_M}$ auf der kartesischen Ebene dargestellt. Ein Beispiel ist in Abb. 2.6 gegeben.

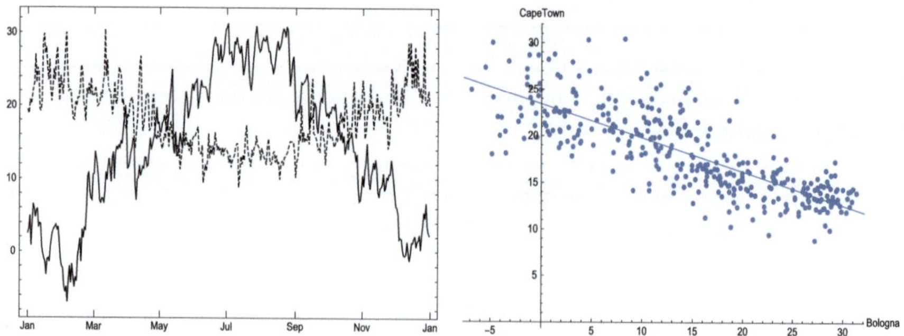

Abb. 2.6 *Links:* Temperaturen im Jahr 2012 für Bologna (durchgezogene Linie) und Kapstadt (gestrichelte Linie). *Rechts:* Streudiagramm der Temperaturen im Jahr 2012 für Bologna (auf der x-Achse) und Kapstadt (auf der y-Achse)

Die *Regressionslinie,* die im Streudiagramm in Abb. 2.6 gezeichnet ist, ist die Linie mit der Gleichung $y = ax + b$, wobei a, b die Abweichungen zwischen $ax_i + b$ und y_i minimieren, in dem Sinne, dass sie den mittleren quadratischen Fehler minimieren

$$Q(a, b) = \sum_{i=1}^{M} (ax_i + b - y_i)^2 .$$

Durch Nullsetzen des Gradienten von Q

$$(\partial_a Q(a, b), \partial_b Q(a, b)) = \left(2 \sum_{i=1}^{M} (ax_i + b - y_i)\, x_i ,\ 2 \sum_{i=1}^{M} (ax_i + b - y_i)\right)$$

werden a, b bestimmt: genau genommen zeigt eine einfache Berechnung, dass

$$a = \frac{\sigma_{xy}}{\sigma_x^2}, \qquad b = E[y] - \frac{\sigma_{xy}}{\sigma_x^2} E[x], \tag{2.43}$$

wenn $\sigma_x^2 = \text{var}(x) > 0$ und

$$\sigma_{xy} = \text{cov}(x, y) = \frac{1}{M} \sum_{i=1}^{M} (x_i - E[x])\, (y_i - E[y])$$

ist die *Stichproben- (oder empirische) Kovarianz* von x und y. Beachte die Analogie mit den Formeln (2.42).

Die Kovarianz σ_{xy} ist proportional und hat das gleiche Vorzeichen wie die Steigung der Regressionslinie. σ_{xy} *ist ein Indikator für die lineare Abhängigkeit zwischen x und y*: wenn $\sigma_{xy} = 0$, d.h., x und y sind *unkorrelierte* Stichproben, gibt es keine lineare Abhängigkeit.

Falls $\sigma_{xy} > 0$, hängen die Stichproben linear in positiver Weise voneinander ab, die Regressionsgerade steigt an, und dies zeigt an, dass y dazu neigt, zuzunehmen, wenn x zunimmt.

Die Größe

$$\varrho_{xy} = \frac{\sigma_{xy}}{\sigma_x \sigma_y}$$

wird als *Stichprobenkorrelation* (oder *empirische Korrelation*) zwischen x und y bezeichnet. Die Korrelation hat den Vorteil, dass sie invariant gegenüber Skalierungsänderungen ist: Für alle $\alpha, \beta > 0$ ist die Korrelation zwischen αx und βy gleich der Korrelation zwischen x und y. Nach der Cauchy-Schwarz-Ungleichung gilt $\varrho_{xy} \in [-1, 1]$. Außerdem gilt $\varrho_{xy} = \pm 1$ genau dann, wenn $Q(a, b) = 0$ mit a, b wie in (2.43).

2.2.10   Zufallsvektoren: Rand- und gemeinsame Verteilungen

Ein Zufallsvektor ist eine mehrdimensionale Zufallsvariable $X = (X_1, \ldots, X_n)$ auf einem Wahrscheinlichkeitsraum $(\Omega, \mathscr{F}, P)$. In diesem Abschnitt untersuchen wir die Beziehung zwischen X und seinen Komponenten

$$X_i : \Omega \longrightarrow \mathbb{R}^{d_i}, \qquad i = 1, \ldots, n,$$

wo $d_i \in \mathbb{N}$ und wir setzen $d = d_1 + \cdots + d_n$.

Notation 2.2.45 Wie üblich bezeichnen wir mit μ_X und F_X die Verteilung und die kumulative Verteilungsfunktion (CDF) von X. Wir werden insbesondere die Fälle untersuchen, in denen:

i) X absolut stetig ist: in diesem Fall bezeichnen wir mit γ_X seine Dichte (die eindeutig bis auf Lebesgue-Nullmengen definiert ist);

ii) X diskret ist: in diesem Fall bezeichnen wir mit $\bar{\mu}_X$ seine Verteilungsfunktion, die durch $\bar{\mu}_X(x) = P(X = x)$ definiert ist.

Später werden wir immer die Vektornotation verwenden: insbesondere, wenn $x, y \in \mathbb{R}^d$ dann bedeutet $x \leq y$, dass $x_i \leq y_i$ für jedes $i = 1, \ldots, d$, und

$$]-\infty, x] := \,]-\infty, x_1] \times \cdots \times \,]-\infty, x_d].$$

Definition 2.2.46 Wir sagen, dass μ_X und F_X die *gemeinsame Verteilung* und die *gemeinsame CDF* der Zufallsvariablen $X_1, \ldots, X_n$ sind. Ebenso sind, falls sie existieren, γ_X und $\bar{\mu}_X$ die *gemeinsame Dichte* und die *gemeinsame Verteilungsfunktion* von $X_1, \ldots, X_n$.

Umgekehrt werden die Verteilungen μ_{X_i}, $i = 1, \ldots, n$, der Zufallsvariablen $X_1, \ldots, X_n$ als *Randverteilungen* von X bezeichnet. Ebenso sprechen wir von *Rand-CDFs, Randdichten* und *Randverteilungsfunktionen von X*.

Der folgende Satz besagt, dass die Randverteilungen einfach aus der gemeinsamen Verteilung abgeleitet werden können. Um die Notationen zu vereinfachen, betrachten wir im folgenden Satz nur die Randverteilungen für die erste Komponente X_1, aber ein analoges Ergebnis gilt für jede Komponente.

Proposition 2.2.47 [!] Sei $X = (X_1, \ldots, X_n)$ ein Zufallsvektor. Wir haben:

$$\mu_{X_1}(H) = \mu_X(H \times \mathbb{R}^{d - d_1}), \qquad\qquad H \in \mathscr{B}_{d_1}, \qquad (2.44)$$

$$F_{X_1}(x_1) = F_X(x_1, +\infty, \ldots, +\infty), \qquad\qquad x_1 \in \mathbb{R}^{d_1}.$$

Darüber hinaus, wenn $X \in AC$ dann $X_1 \in AC$ und

$$\gamma_{X_1}(x_1) := \int_{\mathbb{R}^{d - d_1}} \gamma_X(x_1, x_2, \ldots, x_n) \, dx_2 \cdots dx_n, \qquad x_1 \in \mathbb{R}^{d_1} \qquad (2.45)$$

ist eine Dichte von X_1. Wenn X diskret ist, dann ist X_1 diskret und wir haben

$$\bar{\mu}_{X_1}(x_1) = \sum_{(x_2,\ldots,x_n)\in\mathbb{R}^{d-d_1}} \bar{\mu}_X(x_1, x_2, \ldots, x_n), \qquad x_1 \in \mathbb{R}^{d_1}. \tag{2.46}$$

Beweis Es genügt

$$\mu_{X_1}(H) = P(X_1 \in H) = P(X \in H \times \mathbb{R}^{d-d_1}) = \mu_X(H \times \mathbb{R}^{d-d_1}), \qquad H \in \mathscr{B}_{d_1}$$

zu beobachten. Wenn wir $H =]-\infty, x_1]$ nehmen, wird die zweite Gleichung bewiesen. Darüber hinaus haben wir im Fall $X \in AC$ durch (2.44)

$$P(X_1 \in H) = P(X \in H \times \mathbb{R}^{d-d_1})$$
$$= \int_{H\times\mathbb{R}^{d-d_1}} \gamma_X(x)dx =$$

(nach dem Fubini-Theorem für das Lebesgue-Integral, da γ_X nicht-negativ ist)

$$= \int_H \left(\int_{\mathbb{R}^{d-d_1}} \gamma_X(x_1, \ldots, x_n)dx_2 \cdots dx_n \right) dx_1$$

was (2.45) beweist. Schließlich haben wir

$$\bar{\mu}_{X_1}(x_1) = P(X_1 = x_1) = P(X \in \{x_1\} \times \mathbb{R}^{d-d_1}) =$$

(nach (1.40))

$$= \sum_{x\in\{x_1\}\times\mathbb{R}^{d-d_1}} \bar{\mu}_X(x) = \sum_{(x_2,\ldots,x_n)\in\mathbb{R}^{d-d_1}} \bar{\mu}_X(x_1, x_2, \ldots, x_n). \qquad \square$$

Bemerkung 2.2.48 (Sylvester-Kriterium) Eine $d \times d$ Matrix $\mathbf{C}$ wird als *positiv definit* bezeichnet wird, wenn

$$\langle \mathbf{C}x, x \rangle > 0, \qquad x \in \mathbb{R}^d \setminus \{0\}.$$

Nach dem nützlichen *Sylvester-Kriterium*, ist eine reelle symmetrische Matrix $\mathbf{C}$ genau dann positiv definit, wenn $\mathbf{d}_k > 0$ für jedes $k = 1, \ldots, d$, wobei $\mathbf{d}_k$ die Determinante jener Matrix bezeichnet, die durch das Löschen der letzten $d - k$ Zeilen und der letzten $d - k$ Spalten aus $\mathbf{C}$ erhalten wird.

Beispiel 2.2.49 [!] Nach dem Sylvester-Kriterium ist die symmetrische Matrix

$$\mathbf{C} = \begin{pmatrix} v_1 & c \\ c & v_2 \end{pmatrix}$$

genau dann positiv definit, wenn

$$v_1 > 0 \quad und \quad \det \mathbf{C} = v_1 v_2 - c^2 > 0.$$

Dann ist $\mathbf{C}$ invertierbar mit

$$\mathbf{C}^{-1} = \frac{1}{v_1 v_2 - c^2} \begin{pmatrix} v_2 & -c \\ -c & v_1 \end{pmatrix}$$

und die zweidimensionale Gauß-Funktion

$$\Gamma(x) = \frac{1}{2\pi \sqrt{\det \mathbf{C}}} e^{-\frac{1}{2}\langle \mathbf{C}^{-1}x, x\rangle}, \qquad x \in \mathbb{R}^2,$$

ist eine Dichte, da sie eine positive Funktion ist und

$$\int_{\mathbb{R}^2} \Gamma(x)dx = 1.$$

Die Funktion Γ wird als *Dichte der bivariaten Normalverteilung* bezeichnet: wenn $X = (X_1, X_2)$ die Dichte Γ hat, dann sagen wir, dass X eine bivariate Normalverteilung hat und wir schreiben $X \sim \mathcal{N}_{0,\mathbf{C}}$.

Gemäß Proposition 2.2.47 sind die Randdichten von X_1 und X_2 jeweils

$$\gamma_{X_1}(x_1) = \int_{\mathbb{R}} \Gamma(x_1, x_2)dx_2 = \frac{1}{\sqrt{2\pi v_1}} e^{-\frac{x_1^2}{2v_1}}, \qquad x_1 \in \mathbb{R},$$

$$\gamma_{X_2}(x_2) = \int_{\mathbb{R}} \Gamma(x_1, x_2)dx_1 = \frac{1}{\sqrt{2\pi v_2}} e^{-\frac{x_2^2}{2v_2}}, \qquad x_2 \in \mathbb{R},$$

das heißt, $X_1 \sim \mathcal{N}_{0,v_1}$ und $X_2 \sim \mathcal{N}_{0,v_2}$, *unabhängig* vom Wert von $c \in \mathbb{R}$. Andererseits haben wir

$$\mathrm{cov}(X_1, X_2) = E\,[X_1 X_2] = \int_{\mathbb{R}^2} x_1 x_2 \Gamma(x_1, x_2)dx_1 dx_2 = c.$$

Daher liefert die gemeinsame Verteilung Informationen nicht nur über die einzelnen Randverteilungen, sondern auch *über die Beziehungen zwischen den verschiedenen Komponenten von X*. Umgekehrt können wir aus der Kenntnis der Randverteilungen, $X_1 \sim \mathcal{N}_{0,v_1}$ und $X_2 \sim \mathcal{N}_{0,v_2}$, nichts über die Kovarianz von X_1, X_2 sagen: *schlussendlich* ist es allgemein nicht möglich, die gemeinsame Verteilung aus den Randverteilungen abzuleiten. In diesem Zusammenhang siehe auch Beispiel 2.3.24.

2.3 Unabhängigkeit

In der Wahrscheinlichkeitstheorie dreht sich eine der haupttheoretischen und praktischen Fragen um die Existenz und den Grad der Abhängigkeit zwischen zufälligen Größen. Beispielsweise dient die Korrelation als Indikator für eine spezifische Form der Abhängigkeit, nämlich die *lineare* Beziehung zwischen Zufallsvariablen. In diesem Abschnitt geben wir eine allgemeine Behandlung des Themas durch Einführung der Konzepte der *deterministischen Abhängigkeit* und der *stochastischen Unabhängigkeit*.

2.3.1 Deterministische Abhängigkeit und stochastische Unabhängigkeit

In diesem Abschnitt beschränken wir unsere Analyse auf den Fall von zwei reellen Zufallsvariablen X, Y auf dem Raum $(\Omega, \mathscr{F}, P)$. Da wir systematisch das Konzept der σ-Algebra, die von X erzeugt wird, verwenden werden, erinnern wir an seine Definition:

$$\sigma(X) = X^{-1}(\mathscr{B}) = \{(X \in H) \mid H \in \mathscr{B}\}.$$

Definition 2.3.1 Wir sagen, dass:

i) X und Y *stochastisch unabhängig unter* P sind, wenn die Ereignisse $(X \in H)$ und $(Y \in K)$ unabhängig unter P für jedes $H, K \in \mathscr{B}$ sind. Mit anderen Worten, X und Y sind unabhängig unter P, wenn wenn die erzeugten σ-Algebren gegenseitig unabhängig sind, im Sinne, dass die Elemente von $\sigma(X)$ und $\sigma(Y)$ paarweise unabhängig in P sind;

ii) X *hängt deterministisch von* Y ab, wenn wir die folgende Inklusion haben

$$\sigma(X) \subseteq \sigma(Y), \tag{2.47}$$

das heißt, wenn $X \sigma(Y)$-*messbar ist* und in diesem Fall schreiben wir $X \in m\sigma(Y)$.

Bemerkung 2.3.2 [!] Sei Y eine Zufallsvariable und $f \in m\mathscr{B}$. Wie in (2.1) gesehen, haben wir

$$\sigma(f(Y)) = (f \circ Y)^{-1}(\mathscr{B}) = Y^{-1}\left(f^{-1}(\mathscr{B})\right) \subseteq Y^{-1}(\mathscr{B}) = \sigma(Y)$$

und daher

$$\sigma(f(Y)) \subseteq \sigma(Y). \tag{2.48}$$

Daher hängt $X := f(Y)$ deterministisch von Y ab. Aus der Inklusion (2.9) leiten wir auch das folgende nützliche Ergebnis ab: *wenn* $f, g \in m\mathscr{B}$ *und* X, Y *unabhängige Zufallsvariablen sind, dann sind auch* $f(X), g(Y)$ *unabhängig.*

Der folgende Satz verdeutlicht die Bedeutung der Inklusion (2.47) und charakterisiert sie in Bezug auf die funktionale Abhängigkeit von X von Y.

Theorem 2.3.3 (Doobs Theorem) [!!] Seien X, Y reelle Zufallsvariablen auf $(\Omega, \mathscr{F}, P)$. Dann gilt $X \in m\sigma(Y)$ genau dann, wenn es eine Funktion $f \in m\mathscr{B}$ gibt, so dass $X = f(Y)$.

Bemerkung 2.3.4 Doobs Theorem bleibt gültig (mit einem fast identischen Beweis), wenn X Werte in $\mathbb{R}^d$ annimmt und Y Werte in einem generischen messbaren Raum $(E, \mathscr{E})$. Die allgemeine Aussage lautet wie folgt: $X \in m\sigma(Y)$ genau dann, wenn es eine messbare Funktion[14] $f : E \longrightarrow \mathbb{R}^d$ gibt, so dass $X = f(Y)$.

$$(\Omega, \mathscr{F}) \xrightarrow{\quad X \quad} \left(\mathbb{R}^d, \mathscr{B}_d\right)$$
$$Y \searrow \quad \nearrow f$$
$$(E, \mathscr{E})$$

Beweis von Theorem 2.3.3. Wenn $X = f(Y)$ mit $f \in m\mathscr{B}$ dann $X \in m\sigma(Y)$: dies folgt direkt aus (2.48). Andererseits, sei $X \in m\sigma(Y)$. Mit einer Transformation der Art

$$Z = \frac{1}{2} + \frac{1}{\pi} \arctan X$$

können wir ohne Beschränkung der Allgemeinheit annehmen, dass X Werte in $]0, 1[$ annimmt.

Betrachte zunächst den Fall, in dem X einfach ist, das heißt, X nimmt nur die unterschiedlichen Werte $x_1, \ldots, x_m \in]0, 1[$ an und kann daher in der Form

$$X = \sum_{k=1}^{m} x_k \mathbb{1}_{(X=x_k)}$$

geschrieben werden. Nach Annahme, haben wir $(X = x_k) = (Y \in H_k)$ mit $H_k \in \mathscr{B}$, $k = 1, \ldots, m$. Dann setzen wir

$$f(y) = \sum_{k=1}^{m} x_k \mathbb{1}_{H_k}(y), \qquad y \in \mathbb{R},$$

und bekommen

$$f(Y) = \sum_{k=1}^{m} x_k \mathbb{1}_{H_k}(Y) = \sum_{k=1}^{m} x_k \mathbb{1}_{(Y \in H_k)} = \sum_{k=1}^{m} x_k \mathbb{1}_{(X=x_k)} = X.$$

Nun betrachten wir den allgemeinen Fall, in dem X Werte in $]0, 1[$ annimmt: nach Lemma 2.2.3 gibt es eine Folge $(X_n)_{n\geq 1}$ von einfachen und $\sigma(Y)$-messbaren Zufallsvariablen, sodass

---

[14] $f \in m\mathscr{E}$, das heißt, $f^{-1}(H) \in \mathscr{E}$ für jedes $H \in \mathscr{B}_d$.

$$0 \leq X_n(\omega) \nearrow X(\omega), \qquad \omega \in \Omega. \tag{2.49}$$

Wie zuvor gezeigt, haben wir $X_n = f_n(Y)$ mit $f_n \in m\mathscr{B}$ Werte in $[0, 1[$. Wir definieren

$$f(y) := \limsup_{n \to \infty} f_n(y), \qquad y \in \mathbb{R}.$$

Dann ist $f \in m\mathscr{B}$ (vgl. Proposition 2.1.8) beschränkt und durch (2.49) bekommen wir

$$X(\omega) = \lim_{n \to \infty} X_n(\omega) = \lim_{n \to \infty} f_n(Y(\omega)) = f(Y(\omega)), \qquad \omega \in \Omega.$$

$\square$

Korollar 2.3.5 Seien X, Y, Z reelle Zufallsvariablen auf $(\Omega, \mathscr{F}, P)$ mit $X \geq Z$. Wenn $X, Z \in m\sigma(Y)$ sind, gibt es $f, g \in m\mathscr{B}$ sodass $X = f(Y)$, $Z = g(Y)$, und $f \geq g$.

Beweis Im Fall $Z \equiv 0$ ist die Behauptung eine Folge der Konstruktion von f, die im Beweis von Theorem 2.3.3 gemacht wurde. Im allgemeinen Fall, da $0 \leq X - Z \in m\sigma(Y)$, gibt es $0 \leq h \in m\mathscr{B}$ so dass $X - Z = h(Y)$. Außerdem gibt es $f \in m\sigma(Y)$ so dass $Z + h(Y) = X = f(Y)$ und daher $Z = (f - h)(Y)$ mit $f \geq f - h \in m\sigma(Y)$.

$\square$

Um das Konzept der deterministischen Abhängigkeit zu verstehen, betrachte das folgende Beispiel:

Übung 2.3.6 [!] Seien $\Omega = \{1, 2, 3\}$ und die Bernoulli-Zufallsvariablen X, Y definiert auf Ω wie folgt

$$X(\omega) = \begin{cases} 1 & \text{wenn } \omega \in \{1, 2\}, \\ 0 & \text{wenn } \omega = 3, \end{cases} \qquad Y(\omega) = \begin{cases} 1 & \text{wenn } \omega = 1, \\ 0 & \text{wenn } \omega \in \{2, 3\}. \end{cases}$$

Beachte

$$\sigma(X) = \{\emptyset, \Omega, \{1, 2\}, \{3\}\}, \qquad \sigma(Y) = \{\emptyset, \Omega, \{1\}, \{2, 3\}\}.$$

i) Überprüfe direkt, dass *es keine Funktion f mit $X = f(Y)$ gibt.*

ii) Sind die Zufallsvariablen X und Y unabhängig unter der gleichförmigen Wahrscheinlichkeit?

iii) Gibt es ein Wahrscheinlichkeitsmaß auf Ω, unter dem X und Y unabhängig sind?

Lösung

i) *Falls eine solche Funktion f existierte, hätten wir*

$$1 = X(2) = f(Y(2)) = f(0) = f(Y(3)) = X(3) = 0,$$

was absurd ist. Daher gibt es keine deterministische Abhängigkeit zwischen X und Y. Beachte, dass gemäß Theorem 2.3.3 keine Inklusionen zwischen $\sigma(X)$ und $\sigma(Y)$ bestehen.

ii) *X und Y sind unter der Gleichverteilung nicht unabhängig, da die Ereignisse*
$(X = 1) = \{1, 2\}$ *und* $(Y = 0) = \{2, 3\}$ *nicht unabhängig sind, da*

$$P\left((X = 1) \cap (Y = 0)\right) = P(\{2\}) = \frac{1}{3}$$

aber

$$P(X = 1)P(Y = 0) = \frac{4}{9}.$$

iii) *Ja, zum Beispiel die durch* $P(1) = P(3) = 0$ *und* $P(2) = 1$ *definierte Wahr-*
scheinlichkeit: allgemeiner gesagt, X und Y sind unabhängig unter einer Wahr-
scheinlichkeit wie zum Beispiel bei dem Dirac-Delta zentriert in 1 *oder* 2 *oder*
3 *(siehe in diesem Zusammenhang Punkt i) von Übung* 2.3.8*).*

Bemerkung 2.3.7

Übung 2.3.6 zeigt nochmals, dass *das Konzept der stochastischen Unabhängig-*
keit immer relativ zu einem bestimmten festen Wahrscheinlichkeitsmaß ist. Im
Gegensatz dazu ist *deterministische Abhängigkeit eine allgemeine Eigenschaft,*
die nicht von dem betrachteten Wahrscheinlichkeitsmaß abhängt. Insbesondere sind die Konzepte der stochastischen Unabhängigkeit und deterministische
Abhängigkeit nicht „das Gegenteil voneinander". Darüber hinaus geht die deterministische Abhängigkeit „in eine Richtung": wenn X deterministisch von
Y abhängt, ist es nicht notwendigerweise wahr, dass Y deterministisch von X
abhängt.

Übung 2.3.8 Seien X, Y diskrete Zufallsvariablen auf (Ω, P). Beweise die folgenden Aussagen:

i) wenn X fast sicher konstant ist, $X \overset{f.s.}{=} c$, dann sind X, Y unabhängig;
ii) Sei

$$f : X(\Omega) \longrightarrow \mathbb{R}$$

eine injektive Funktion. Dann sind X und $f(X)$ genau dann unabhängig unter
P, wenn X fast sicher konstant ist.

Lösung

i) *Die Behauptung folgt unmittelbar aus der Tatsache, dass* $P(X \in H) \in \{0, 1\}$
für jedes $H \in \mathscr{B}$.
ii) *Es genügt zu beweisen, dass wenn X und* $f(X)$ *unabhängig sind, dass dann X*
fast sicher konstant ist. Sei $y \in X(\Omega)$: *da* f *injektiv ist, haben wir* $(X = y) =$
$(f(X) = f(y))$ *oder genauer*

$$\{\omega \in \Omega \mid X(\omega) = y\} = \{\omega \in \Omega \mid f(X(\omega)) = f(y)\}.$$

Dann bekommen wir

$$P(X = y) = P\Big((X = y) \cap (f(X) = f(y))\Big) = P(X = y)P(f(X) = f(y))$$
$$= P(X = y)^2$$

aus dem $P(X = y) \in \{0, 1\}$ folgt und daher die Behauptung beweist.

2.3.2 Produktmaß und Fubinis Theorem

Um das Konzept der stochastischen Unabhängigkeit zwischen zwei oder mehr Zufallsvariablen zu vertiefen, führen wir einige grundlegende Ergebnisse über das Produkt von Maßen ein, die für die kommenden Diskussionen von entscheidender Bedeutung sein werden. Gegeben seien zwei endliche Maßräume $(\Omega_1, \mathscr{F}_1, \mu_1)$ und $(\Omega_2, \mathscr{F}_2, \mu_2)$. Wir betrachten das kartesische Produkt

$$\Omega := \Omega_1 \times \Omega_2 = \{(x, y) \mid x \in \Omega_1, \ y \in \Omega_2\},$$

und die Familie der *Rechtecke* definiert durch

$$\mathscr{R} := \{A \times B \mid A \in \mathscr{F}_1, \ B \in \mathscr{F}_2\}.$$

Wir bezeichnen mit
$$\mathscr{F}_1 \otimes \mathscr{F}_2 := \sigma(\mathscr{R})$$

die von den Rechtecken erzeugte σ-Algebra, auch *Produkt σ-Algebra von $\mathscr{F}_1$ und $\mathscr{F}_2$* genannt. Wir haben die folgende Verallgemeinerung von Korollar 2.1.6 und Bemerkung 2.1.9.

Korollar 2.3.9 Für $k = 1, 2$ seien $X_k : \Omega_k \longrightarrow \mathbb{R}$ Funktionen auf den Maßräumen $(\Omega_k, \mathscr{F}_k)$. Die folgenden Eigenschaften sind äquivalent:

i) $(X_1, X_2) \in m(\mathscr{F}_1 \otimes \mathscr{F}_2)$;
ii) $X_k \in m\mathscr{F}_k$ für $k = 1, 2$.

Darüber hinaus, wenn i) oder ii) gilt, dann haben wir für jedes $f \in m\mathscr{B}_2$, dass $f(X_1, X_2) \in m(\mathscr{F}_1 \otimes \mathscr{F}_2)$.

Bemerkung 2.3.10 Jede Scheibe in $\mathbb{R}^2$ ist eine abzählbare Vereinigung von Rechtecken und daher $\mathscr{B} \otimes \mathscr{B} = \mathscr{B}_2$. Auf der anderen Seite, wenn $\mathscr{L}_d$ die σ-Algebra der Lebesgue messbaren Mengen in $\mathbb{R}^d$ bezeichnet, dann ist $\mathscr{L}_1 \otimes \mathscr{L}_1$ *streng in $\mathscr{L}_2$ enthalten.* Tatsächlich, zum Beispiel, wenn $H \subseteq \mathbb{R}$ nicht Lebesgue-messbar ist, dann $H \times \{0\} \in \mathscr{L}_2 \setminus (\mathscr{L}_1 \otimes \mathscr{L}_1)$.

Lemma 2.3.11 Sei

$$f : \Omega_1 \times \Omega_2 \longrightarrow \mathbb{R}$$

eine $\mathscr{F}_1 \otimes \mathscr{F}_2$-messbare Funktion. Dann haben wir:

i) $f(\cdot, y) \in m\mathscr{F}_1$ für jedes $y \in \Omega_2$;
ii) $f(x, \cdot) \in m\mathscr{F}_2$ für jedes $x \in \Omega_1$.

Beweis Ohne Beschränkung der Allgemeinheit können wir annehmen, dass f beschränkt ist. Sei $\mathscr{H}$ die Familie der $\mathscr{F}_1 \otimes \mathscr{F}_2$-messbaren, beschränkten Funktionen, die die Eigenschaften i) und ii) erfüllen. Dann ist $\mathscr{H}$ eine monotone Familie von Funktionen (vgl. Definition A.0.7). Die Familie $\mathscr{R}$ ist $\cap$-geschlossen, erzeugt $\mathscr{F}_1 \otimes \mathscr{F}_2$, und es ist klar, dass $\mathbb{1}_{A \times B} \in \mathscr{H}$ für jedes $(A \times B) \in \mathscr{R}$. Dann folgt die Behauptung aus Dynkins Theorem A.0.8. $\qquad\square$

Bemerkung 2.3.12 Fubinis Theorem für das Lebesgue-Integral besagt, dass wenn $f = f(x, y) \in m\mathscr{L}_2$ (d. h., f ist messbar bezüglich der σ-Algebra $\mathscr{L}_2$ der Lebesgue-messbaren Mengen in $\mathbb{R}^2$) dann $f(x, \cdot) \in m\mathscr{L}_1$ für *fast alle* $x \in \mathbb{R}$. Beachte den Unterschied zu Lemma 2.3.11, das behauptet, dass „$f(x, \cdot) \in m\mathscr{F}_2$ für jedes $x \in \Omega_1$". Dies ist auf die Tatsache zurückzuführen, dass, wie wir bereits beobachtet haben, dass $\mathscr{L}_1 \otimes \mathscr{L}_1$ *streng in* $\mathscr{L}_2$ *enthalten* ist. Für weitere Details verweisen wir auf den Abschnitt „Vervollständigung des Produktmaßes", Kap. 8 in [162].

Lemma 2.3.13 Sei f $\mathscr{F}_1 \otimes \mathscr{F}_2$-messbar und beschränkt. Dann haben wir:

i) $x \mapsto \int_{\Omega_2} f(x, y)\mu_2(dy) \in m\mathscr{F}_1$;
ii) $y \mapsto \int_{\Omega_1} f(x, y)\mu_1(dx) \in m\mathscr{F}_2$;
iii)

$$\int_{\Omega_1} \left(\int_{\Omega_2} f(x, y)\mu_2(dy) \right) \mu_1(dx) = \int_{\Omega_2} \left(\int_{\Omega_1} f(x, y)\mu_1(dx) \right) \mu_2(dy).$$

Beweis Wie im vorherigen Lemma folgt die Behauptung aus dem zweiten Dynkin Theorem angewendet auf die Familie $\mathscr{H}$ der $\mathscr{F}_1 \otimes \mathscr{F}_2$-messbaren und beschränkten Funktionen, die die Eigenschaften i), ii) und iii) erfüllen. Tatsächlich ist $\mathscr{H}$ eine monotone Familie von Funktionen und $\mathbb{1}_{A \times B} \in \mathscr{H}$ für jedes $(A \times B) \in \mathscr{R}$. $\qquad\square$

Proposition 2.3.14 (Produktmaß) Die durch

$$\mu(H) := \int_{\Omega_1} \left(\int_{\Omega_2} \mathbb{1}_H d\mu_2 \right) d\mu_1 = \int_{\Omega_2} \left(\int_{\Omega_1} \mathbb{1}_H d\mu_1 \right) d\mu_2, \qquad H \in \mathscr{F}_1 \otimes \mathscr{F}_2,$$

definierte Funktion ist das einzigartige endliche Maß auf $\mathscr{F}_1 \otimes \mathscr{F}_2$, sodass

$$\mu(A \times B) = \mu_1(A)\mu_2(B), \qquad A \in \mathscr{F}_1, \ B \in \mathscr{F}_2.$$

Wir schreiben $\mu = \mu_1 \otimes \mu_2$ und sagen, dass μ *das Produktmaß der endlichen Maße* μ_1 *und* μ_2 *ist*.

Beweis Dass μ ein Maß ist, folgt aus der Linearität des Integrals und dem Satz von Beppo Levi. Die Eindeutigkeit folgt aus Korollar A.0.5, da $\mathscr{R}$ $\cap$-geschlossen ist und $\mathscr{F}_1 \otimes \mathscr{F}_2$ erzeugt. $\qquad \square$

Theorem 2.3.15 (Fubinis Theorem) [!!!] Auf dem Produktraum $(\Omega_1 \times \Omega_2, \mathscr{F}_1 \otimes \mathscr{F}_2, \mu_1 \otimes \mu_2)$ sei f eine reellwertige $(\mathscr{F}_1 \otimes \mathscr{F}_2)$-messbare Funktion. Wenn f nicht-negativ ist oder absolut integrierbar (d.h., $f \in L^1(\Omega_1 \times \Omega_2, \mu_1 \otimes \mu_2)$) dann haben wir:

$$
\begin{aligned}
\int_{\Omega_1 \times \Omega_2} f d(\mu_1 \otimes \mu_2) &= \int_{\Omega_1} \left(\int_{\Omega_2} f(x,y) \mu_2(dy) \right) \mu_1(dx) \\
&= \int_{\Omega_2} \left(\int_{\Omega_1} f(x,y) \mu_1(dx) \right) \mu_2(dy).
\end{aligned}
\tag{2.50}
$$

Beweis (2.50) ist wahr, wenn $f = \mathbb{1}_{A \times B}$ und daher, nach dem zweiten Dynkin Theorem, auch für f messbar und beschränkt. Beppo Levi's Theorem und die Linearität des Integrals sichern die Gültigkeit von (2.50) für f nicht-negativ und $f \in L^1$. $\quad \square$

Bemerkung 2.3.16 Theorem 2.3.15 bleibt gültig für σ-endliche Räume $(\Omega_1, \mathscr{F}_1, \mu_1)$ und $(\Omega_2, \mathscr{F}_2, \mu_2)$. Ausgehend von Theorem 2.3.15 wird das Produktmaß $\mu_1 \otimes \cdots \otimes \mu_n$ von mehr als zwei Maßen durch Induktion definiert.

Beispiel 2.3.17 [!] Sei $\mu = \text{Exp}_\lambda \otimes \text{Be}_p$ das Produktmaß auf $\mathbb{R}^2$ der Exponential-verteilung Exp_λ und der Bernoulli-Verteilung Be_p. Nach Fubini's Theorem kann die Berechnung des Integrals von $f \in L^1(\mathbb{R}^2, \mu)$ wie folgt durchgeführt werden:

$$
\begin{aligned}
\iint_{\mathbb{R}^2} f(x,y) \mu(dx,dy) &= \int_{\mathbb{R}} \left(\int_{\mathbb{R}} f(x,y) \text{Be}_p(dy) \right) \text{Exp}_\lambda(dx) \\
&= \int_{\mathbb{R}} (pf(x,1) + (1-p)f(x,0)) \text{Exp}_\lambda(dx) \\
&= p\lambda \int_0^{+\infty} f(x,1) e^{-\lambda x} dx + (1-p)\lambda \\
&\quad \int_0^{+\infty} f(x,0) e^{-\lambda x} dx.
\end{aligned}
$$

2.3.3 Unabhängigkeit von σ-Algebren

Da die allgemeine Definition der Unabhängigkeit von Zufallsvariablen in Bezug auf die Unabhängigkeit ihrer erzeugten σ-Algebren gegeben ist, untersuchen wir zuerst das Konzept der Unabhängigkeit zwischen σ-Algebren. Danach ist $(\Omega, \mathscr{F}, P)$ ein fester Wahrscheinlichkeitsraum und I ist eine beliebige Familie von Indizes.

Definition 2.3.18 Wir sagen, dass die Familien von Ereignissen $\mathscr{F}_i$, mit $i \in I$, *unabhängig unter P* sind, wenn

$$P\left(\bigcap_{k=1}^{n} A_k\right) = \prod_{k=1}^{n} P(A_k),$$

für jede Wahl einer *endlichen* Anzahl von Indizes $i_1, \ldots, i_n$ und $A_k \in \mathscr{F}_{i_k}$ für $k = 1, \ldots, n$.

Übung 2.3.19 Sei $\sigma(A) = \{\emptyset, \Omega, A, A^c\}$ die σ-Algebra, die von $A \in \mathscr{F}$ erzeugt wird. Beweise, dass $A_1, \ldots, A_n \in \mathscr{F}$ genau dann unabhängig unter P sind (vgl. Definition 1.3.27), wenn $\sigma(A_1), \ldots, \sigma(A_n)$ unabhängig unter P sind.

Manchmal kann das folgende Korollar von Dynkin's Theorem nützlich sein.

Lemma 2.3.20 [!] Seien $\mathscr{A}_1, \ldots, \mathscr{A}_n$ Familien von Ereignissen in $(\Omega, \mathscr{F}, P)$, die bezüglich der Schnittmenge abgeschlossen sind. Dann sind $\mathscr{A}_1, \ldots, \mathscr{A}_n$ genau dann unabhängig unter P, wenn $\sigma(\mathscr{A}_1), \ldots, \sigma(\mathscr{A}_n)$ unabhängig unter P sind.

Beweis Wir beweisen den Fall $n = 2$: der allgemeine Beweis ist analog. Fixiere $A \in \mathscr{A}_1$ und definiere die endlichen Maße

$$\mu(B) = P(A \cap B), \qquad \nu(B) = P(A)P(B), \qquad B \in \sigma(\mathscr{A}_2).$$

Nach Annahme, $\mu = \nu$ auf $\mathscr{A}_2$ und auch $\mu(\Omega) = P(A) = \nu(\Omega)$. Durch Korollar A.0.5 haben wir $\mu = \nu$ auf $\sigma(\mathscr{A}_2)$ oder mit anderen Worten

$$P(A \cap B) = P(A)P(B), \qquad B \in \sigma(\mathscr{A}_2).$$

Jetzt fixiere $B \in \sigma(\mathscr{A}_2)$ und definiere die endlichen Maße

$$\mu(B) = P(A \cap B), \qquad \nu(B) = P(A)P(B), \qquad A \in \sigma(\mathscr{A}_1).$$

Wir haben bewiesen, dass $\mu = \nu$ auf $\mathscr{A}_1$ und offensichtlich $\mu(\Omega) = P(B) = \nu(\Omega)$. Wir erhalten wieder durch Korollar A.0.5 $\mu = \nu$ auf $\sigma(\mathscr{A}_1)$, was gleichbedeutend mit der Behauptung ist. $\qquad\square$

2.3.4 Unabhängigkeit von Zufallsvektoren

Wir nehmen die Annahmen und Bezeichnungen von Abschn. 2.2.10 an und führen das wichtige Konzept der Unabhängigkeit von Zufallsvariablen ein.

Definition 2.3.21 (Unabhängigkeit von Zufallsvariablen) Wir sagen, dass die Zufallsvariablen $X_1, \ldots, X_n$, definiert auf dem Raum $(\Omega, \mathscr{F}, P)$, unabhängig unter P

sind, wenn die von ihnen erzeugten σ-Algebren $\sigma(X_1), \ldots, \sigma(X_n)$ unabhängig unter P sind oder, äquivalent, wenn

$$P\left(\bigcap_{i=1}^{n}(X_i \in H_i)\right) = \prod_{i=1}^{n} P(X_i \in H_i), \qquad H_i \in \mathscr{B}_{d_i}, \ i = 1, \ldots, n.$$

Eine einfache, aber nützliche Anwendung von Lemma 2.3.20 zeigt, dass zwei reelle Zufallsvariablen X, Y genau dann unabhängig unter P sind, wenn

$$P((X \le x) \cap (Y \le y)) = P(X \le x)P(Y \le y), \qquad x, y \in \mathbb{R}.$$

Im Sinne der Definition 2.3.18 lässt sich der Begriff der Unabhängigkeit auf eine Familie $(X_i)_{i \in I}$ von Zufallsvariablen erweitern, wobei I eine beliebige Menge (nicht notwendigerweise endlich) von Indizes ist.

Bemerkung 2.3.22 [!] Als Konsequenz aus (2.48), wenn $X_1, \ldots, X_n$ unabhängige Zufallsvariablen auf $(\Omega, \mathscr{F}, P)$ sind und $f_1, \ldots, f_n \in m\mathscr{B}$, dann sind auch die Zufallsvariablen $f_1(X_1), \ldots, f_n(X_n)$ unabhängig unter P: mit anderen Worten, *die Eigenschaft der Unabhängigkeit ist invariant für deterministische Transformationen* (speziell die Operation der Komposition mit messbaren Funktionen).

Zum Beispiel, nehmen wir an, dass $X_1, \ldots, X_n, Y_1, \ldots, Y_m$ *reelle* Zufallsvariablen sind und dass $X := (X_1, \ldots, X_n)$ und $Y := (Y_1, \ldots, Y_m)$ unabhängig sind. Dann sind auch die folgenden Paare von Zufallsvariablen unabhängig[15]

i) X_i und Y_j für jedes i und j;
ii) $X_{i_1} + X_{i_2}$ und $Y_{j_1} + Y_{j_2}$ für jedes i_1, i_2, j_1, j_2;
iii) X_i^2 und Y für jedes i.

Das folgende Ergebnis liefert eine wichtige Charakterisierung der Eigenschaft der Unabhängigkeit. Es zeigt auch, dass *im Fall von unabhängigen Zufallsvariablen die gemeinsame Verteilung aus den Randverteilungen abgeleitet werden kann*. Zur Klarheit der Darstellung stellen wir das Ergebnis zunächst für den speziellen Fall von zwei Zufallsvariablen dar und geben dann das allgemeine Ergebnis.

Theorem 2.3.23 [!!] Seien X_1, X_2 Zufallsvariablen auf $(\Omega, \mathscr{F}, P)$ mit Werten jeweils in $\mathbb{R}^{d_1}$ und $\mathbb{R}^{d_2}$. Die folgenden drei Eigenschaften sind äquivalent:

i) X_1, X_2 sind unabhängig unter P;
ii) $F_{(X_1, X_2)}(x_1, x_2) = F_{X_1}(x_1)F_{X_2}(x_2)$ für jedes $x_1 \in \mathbb{R}^{d_1}$ und $x_2 \in \mathbb{R}^{d_2}$;
iii) $\mu_{(X_1, X_2)} = \mu_{X_1} \otimes \mu_{X_2}$;
iv) wenn $(X_1, X_2) \in AC$ dann sind die vorherigen Eigenschaften auch äquivalent zu

$$\gamma_{(X_1, X_2)}(x_1, x_2) = \gamma_{X_1}(x_1)\gamma_{X_2}(x_2) \tag{2.51}$$

für fast alle $(x_1, x_2) \in \mathbb{R}^{d_1} \times \mathbb{R}^{d_2}$;

---

[15] Bestimme als Übung die messbaren Funktionen, mit denen X und Y zusammengesetzt sind.

v) wenn (X_1, X_2) diskret ist, dann sind die Eigenschaften i), ii) und iii) auch äquivalent zu

$$\bar{\mu}_{(X_1, X_2)}(x_1, x_2) = \bar{\mu}_{X_1}(x_1)\bar{\mu}_{X_2}(x_2) \tag{2.52}$$

für jedes $(x_1, x_2) \in \mathbb{R}^{d_1} \times \mathbb{R}^{d_2}$.

Beweis [i) $\implies$ ii)] Wir haben

$$F_{(X_1, X_2)}(x_1, x_2) = P((X_1 \le x_1) \cap (X_2 \le x_2)) =$$

(durch die Unabhängigkeit)

$$= P(X_1 \le x_1)P(X_2 \le x_2) = F_{X_1}(x_1)F_{X_2}(x_2).$$

[ii) $\implies$ iii)] Die Annahme $F_{(X_1, X_2)} = F_{X_1}F_{X_2}$ impliziert, dass die Verteilungen $\mu_{(X_1, X_2)}$ und $\mu_{X_1} \otimes \mu_{X_2}$ auf der Familie der Multi-Intervalle $] - \infty, x_1] \times] - \infty, x_2]$ übereinstimmen: die Behauptung folgt aus der Eindeutigkeit der Maß Erweiterung von Carathéodorys Theorem 1.4.29 (oder siehe Korollar A.0.5, da die Familie der Multi-Intervalle ist $\cap$-geschlossen und $\mathscr{B}_{d_1+d_2}$ generiert).

[iii) $\implies$ i)] Für jedes $H \in \mathscr{B}_{d_1}$ und $K \in \mathscr{B}_{d_2}$ haben wir

$$P((X_1 \in H) \cap (X_2 \in K)) = \mu_{(X_1, X_2)}(H \times K) =$$

(da nach Annahme $\mu_{(X_1, X_2)} = \mu_{X_1} \otimes \mu_{X_2}$)

$$= \mu_{X_1}(H)\mu_{X_2}(K) = P(X_1 \in H)P(X_2 \in K)$$

aus dem die Unabhängigkeit von X_1 und X_2 folgt.

Nehmen wir nun an, dass $(X_1, X_2) \in$ AC und daher, nach Proposition 2.2.47, auch $X_1, X_2 \in$ AC.

[i) $\implies$ iv)] Durch die Unabhängigkeit haben wir

$$P((X_1, X_2) \in H \times K) = P(X_1 \in H)P(X_2 \in K) = \int_H \gamma_{X_1}(x_1)dx$$

$$= \int_{H \times K} \gamma_{X_1}(x_1)\gamma_{X_2}(x_2)dx$$

und daher ist $\gamma_{X_1}\gamma_{X_2}$ die Dichte von (X_1, X_2).

[iv) $\implies$ i)] Wir haben

$$P((X_1, X_2) \in H \times K) = \int_{H \times K} \gamma_{(X_1, X_2)}(x)dx =$$

(nach Annahme)

$$= \int_{H \times K} \gamma_{X_1}(x_1)\gamma_{X_2}(x_2)dx$$

(nach Fubinis Theorem)

$$= \int_H \gamma_{X_1}(x_1)\,dx_1 \int_K \gamma_{X_2}(x_2)\,dx_2 = P(X_1 \in H)P(X_2 \in K),$$

aus dem die Unabhängigkeit von X_1 und X_2 folgt.

Schließlich nehmen wir an, dass die ZV (X_1, X_2) diskret ist und daher, nach Proposition 2.2.47, auch X_1, X_2 diskret sind. Der Beweis ist völlig analog zum vorherigen Fall.

[i) $\implies$ v)] Durch die Unabhängigkeit haben wir

$$\bar{\mu}_{(X_1,X_2)}(x_1, x_2) = P((X_1 = x_1) \cap (X_2 = x_2)) = P(X_1 = x_1)P(X_2 = x_2)$$
$$= \bar{\mu}_{X_1}(x_1)\bar{\mu}_{X_2}(x_2)$$

aus dem (2.52) folgt.

[v) $\implies$ i)] Wir haben

$$P((X_1, X_2) \in H \times K) = \sum_{(x_1,x_2)\in H\times K} \bar{\mu}_{(X_1,X_2)}(x_1, x_2)$$
$$= \sum_{(x_1,x_2)\in H\times K} \bar{\mu}_{X_1}(x_1)\bar{\mu}_{X_2}(x_2) =$$

(da die Summenterme nicht-negativ sind)

$$= \sum_{x_1\in H} \bar{\mu}_{X_1}(x_1) \sum_{x_2\in K} \bar{\mu}_{X_2}(x_2) = P(X_1 \in H)P(X_2 \in K),$$

was die Unabhängigkeit von X_1 und X_2 beweist. $\qquad\square$

Das folgende Beispiel zeigt zwei Paare von Zufallsvariablen mit gleichen Randverteilungen, aber unterschiedlichen gemeinsamen Verteilungen.

Beispiel 2.3.24 [!] Betrachte eine Urne mit n nummerierten Kugeln. Seien

i) X_1, X_2 die Ergebnisse von zwei aufeinanderfolgenden Ziehungen *mit Zurücklegen*;

ii) Y_1, Y_2 die Ergebnisse von zwei aufeinanderfolgenden Ziehungen *ohne Zurücklegen*.

Es ist natürlich anzunehmen, dass die Zufallsvariablen X_1, X_2 eine gleichmäßige Verteilung Unif_n haben und unabhängig sind: nach Theorem 2.3.23-v) ist die gemeinsame Verteilungsfunktion

$$\bar{\mu}_{(X_1,X_2)}(x_1, x_2) = \bar{\mu}_{X_1}(x_1)\bar{\mu}_{X_2}(x_2) = \frac{1}{n^2}, \qquad (x_1, x_2) \in I_n \times I_n,$$

wobei $I_n = \{1, \dots, n\}$.

Die Z. v. Y_1 hat eine gleichmäßige Verteilung Unif_n, ist aber nicht unabhängig von Y_2. Um die gemeinsame Verteilungsfunktion abzuleiten, verwenden wir das Wissen über die bedingte Wahrscheinlichkeit, dass die zweite Ziehung y_2 ist, gegeben, dass die erste gezogene Kugel y_1 ist:

$$P(Y_2 = y_2 \mid Y_1 = y_1) = \begin{cases} \frac{1}{n-1} & \text{wenn } y_2 \in I_n \setminus \{y_1\}, \\ 0 & \text{wenn } y_2 = y_1. \end{cases}$$

Dann haben wir

$$P\big((Y_1, Y_2) = (y_1, y_2)\big) = P\big((Y_1 = y_1) \cap (Y_2 = y_2)\big) \tag{2.53}$$
$$= P(Y_2 = y_2 \mid Y_1 = y_1)\, P(Y_1 = y_1)$$

so dass

$$\bar{\mu}_{(Y_1, Y_2)}(y_1, y_2) = \begin{cases} \frac{1}{n(n-1)} & \text{wenn } y_1, y_2 \in I_n,\ y_1 \neq y_2, \\ 0 & \text{sonst.} \end{cases}$$

Wir betonen die Bedeutung des Übergangs (2.53), bei dem wir aufgrund des Fehlens von Unabhängigkeit die Multiplikationsregel (1.26) angewendet haben. Mit $\bar{\mu}_{(Y_1, Y_2)}$ können wir jetzt $\bar{\mu}_{Y_2}$ berechnen, indem wir (2.46) von Proposition 2.2.47 verwenden: für jedes $y_2 \in I_n$ haben wir

$$\bar{\mu}_{Y_2}(y_2) = \sum_{y_1 \in I_n} \bar{\mu}_{(Y_1, Y_2)}(y_1, y_2) = \sum_{y_1 \in I_n \setminus \{y_2\}} \frac{1}{n(n-1)} = \frac{1}{n},$$

das heißt, $Y_2 \sim \text{Unif}_n$. Abschließend haben Y_1, Y_2 die gleichen gleichmäßigen Randverteilungen wie X_1, X_2, aber eine andere gemeinsame Verteilung.

Theorem 2.3.23 erweitert sich auf den Fall einer endlichen Anzahl von Zufallsvariablen auf folgende Weise:

Theorem 2.3.25 [!!] Seien $X_1, \ldots, X_n$ Zufallsvariablen auf $(\Omega, \mathscr{F}, P)$ mit Werten jeweils in $\mathbb{R}^{d_1}, \ldots, \mathbb{R}^{d_n}$. Setze $X = (X_1, \ldots, X_n)$ und $d = d_1 + \cdots + d_n$. Die folgenden drei Eigenschaften sind äquivalent:

i) $X_1, \ldots, X_n$ sind unabhängig unter P;
ii) für jedes $x = (x_1, \ldots, x_n) \in \mathbb{R}^d$

$$F_X(x_1, \ldots, x_n) = \prod_{i=1}^{n} F_{X_i}(x_i); \tag{2.54}$$

iii) $\mu_X = \mu_{X_1} \otimes \cdots \otimes \mu_{X_n}$.
   Darüber hinaus, wenn $X \in \text{AC}$ dann sind die vorherigen Eigenschaften auch äquivalent zu:

iv) für fast jedes $x = (x_1, \ldots, x_n) \in \mathbb{R}^d$

$$\gamma_X(x) = \prod_{i=1}^{n} \gamma_{X_i}(x_i).$$

Schließlich, wenn X diskret ist, dann sind die Eigenschaften i), ii) und iii) auch äquivalent zu:

v) für jedes $x \in \mathbb{R}^d$

$$\bar{\mu}_X(x) = \prod_{i=1}^{n} \bar{\mu}_{X_i}(x_i).$$

In Abschn. 2.1.1 haben wir bewiesen, dass es möglich ist, einen Zufallsvektor mit vorgegebener Verteilung zu konstruieren (vgl. Bemerkung 2.1.17). Als einfache Konsequenz haben wir auch:

Korollar 2.3.26 (Existenz von unabhängigen Zufallsvariablen) [!] Seien μ_k Verteilungen auf $\mathbb{R}^{d_k}$, $k = 1, \ldots, n$. Es gibt einen Wahrscheinlichkeitsraum $(\Omega, \mathscr{F}, P)$, der Zufallsvariablen $X_1, \ldots, X_n$ unterstützt, die *unabhängig* unter P sind und so dass $X_k \sim \mu_k$ für $k = 1, \ldots, n$.

Beweis Betrachte die Produktverteilung $\mu = \mu_1 \otimes \cdots \otimes \mu_n$ auf $\mathbb{R}^d$ mit $d = d_1 + \cdots + d_n$. Nach Bemerkung 2.1.17 ist die Identitätsfunktion $X(\omega) = \omega$ eine Zufallsvariable auf $(\mathbb{R}^d, \mathscr{B}_d, \mu)$ mit $X \sim \mu$. Nach Theorem 2.3.25 erfüllen die Komponenten von X die Behauptung. $\qquad\square$

Bemerkung 2.3.27 In dem vorherigen Beweis haben wir eine Menge von n unabhängigen Zufallsvariablen konstruiert, indem wir einen Stichprobenraum verwendet haben, der durch den n-dimensionalen euklidischen Raum dargestellt wird. Diese Beobachtung impliziert, dass die Konstruktion einer Folge oder noch herausfordernder, einer überabzählbaren Sammlung von unabhängigen Zufallsvariablen, inhärent komplex ist, da sie einen Stichprobenraum mit unendlicher Dimension erfordern würde.

2.3.5 Unabhängigkeit und Erwartungswert

Eine bemerkenswerte Folge des Theorems 2.3.23 ist das folgende

Theorem 2.3.28 [!!] Seien X, Y reelle unabhängige Zufallsvariablen auf dem Raum $(\Omega, \mathscr{F}, P)$. Dann sind X, Y genau dann integrierbar, wenn XY integrierbar ist und in diesem Fall haben wir

$$E[XY] = E[X]\,E[Y].$$

Beweis Wir haben

$$E[XY] = \int_{\mathbb{R}^2} xy\mu_{(X,Y)}(d(x,y))$$

(nach iii) von Theorem 2.3.23)

$$= \int_{\mathbb{R}^2} xy(\mu_X \otimes \mu_Y)(d(x,y))$$

(nach Fubinis Theorem)

$$= \int_{\mathbb{R}} x\mu_X(dx) \int_{\mathbb{R}} y\mu_Y(dy) = E[X]\,E[Y].$$

$\square$

Bemerkung 2.3.29 Im Allgemeinen, wenn $X, Y \in L^1(\Omega, P)$ sind, ist es generell nicht wahr, dass $XY \in L^1(\Omega, P)$ (vgl. Übung 2.2.36): jedoch ist dies der Fall, wenn X, Y unabhängig sind, nach Theorem 2.3.28.

Korollar 2.3.30 Wenn $X, Y \in L^2(\Omega, P)$ unabhängig sind, dann sind sie *unkorreliert,* das heißt, wir haben

$$\text{cov}(X, Y) = 0 \qquad \text{und} \qquad \text{var}(X + Y) = \text{var}(X) + \text{var}(Y). \qquad (2.55)$$

Beweis Wenn X, Y unabhängig sind, dann sind es auch $\tilde{X} := X - E[X]$ und $\tilde{Y} := Y - E[Y]$, nach Bemerkung 2.3.22: daher haben wir

$$\text{cov}(X, Y) = E\left[\tilde{X}\tilde{Y}\right] = E\left[\tilde{X}\right] E\left[\tilde{Y}\right] = 0.$$

Nach (2.40) haben wir auch, dass $\text{var}(X + Y) = \text{var}(X) + \text{var}(Y)$. $\square$

Beispiel 2.3.31 Ein Beispiel für *unkorrelierte, aber nicht unabhängige Zufallsvariablen* ist das folgende: Sei $\Omega = \{0, 1, 2\}$ mit gleichmäßiger Wahrscheinlichkeit P. Definiere

$$X(\omega) = \begin{cases} 1 & \omega = 0, \\ 0 & \omega = 1, \\ -1 & \omega = 2, \end{cases} \qquad Y(\omega) = \begin{cases} 0 & \omega = 0, \\ 1 & \omega = 1, \\ 0 & \omega = 2. \end{cases}$$

Dann haben wir $E[X] = 0$ und $XY = 0$. Somit ist $\text{cov}(X, Y) = E[XY] - E[X]\,E[Y] = 0$, das heißt, X, Y sind unkorreliert. Jedoch,

$$P((X = 1) \cap (Y = 1)) = 0 \quad \text{und} \quad P(X = 1) = P(Y = 1) = \frac{1}{3}$$

und daher sind X, Y nicht unabhängig unter P.

Beispiel 2.3.32 [!] Das vorherige Beispiel zeigt, dass zwei unkorrelierte Zufallsvariablen nicht notwendigerweise unabhängig sind. Jedoch haben wir im Fall der bivariaten Normalverteilung (siehe Beispiel 2.2.49) das folgende Ergebnis: wenn $(X_1, X_2) \sim \mathcal{N}_{0,\mathbf{C}}$ und $\mathrm{cov}(X_1, X_2) = 0$ dann sind X_1, X_2 unabhängig. Dies folgt aus Theorem 2.3.23-iv und der Tatsache, dass wenn X_1, X_2 unkorreliert sind, dann ist die gemeinsame Dichte gleich dem Produkt der Randdichten. Die Annahme, dass X_1, X_2 eine gemeinsame Normalverteilung haben, ist entscheidend, wie durch Beispiel 2.5.19 unterstrichen wird.

Beispiel 2.3.33 Betrachte zwei unabhängige Zufallsvariablen $X \sim \mathcal{N}_{0,1}$ und $Y \sim$ Poisson$_\lambda$. Nach Theorem 2.3.25 ist die gemeinsame Verteilung von X, Y

$$\mathcal{N}_{0,1} \otimes \text{Poisson}_\lambda$$

und daher haben wir für jede messbare und beschränkte Funktion

$$E\left[f(X, Y)\right] = \int_{\mathbb{R}^2} f(x, y)\left(\mathcal{N}_{0,1} \otimes \text{Poisson}_\lambda\right)(dx, dy) =$$

(nach Fubinis Theorem)

$$= \int_{\mathbb{R}} \int_{\mathbb{R}} f(x, y)\mathcal{N}_{0,1}(dx)\text{Poisson}_\lambda(dy)$$

$$= e^{-\lambda} \sum_{n=0}^{\infty} \frac{\lambda^n}{n!} \int_{\mathbb{R}} f(x, n)\frac{e^{-\frac{x^2}{2}}}{\sqrt{2\pi}}dx.$$

Als Übung berechne $E\left[e^{X+Y}\right]$ und $E\left[e^{XY}\right]$.

Beispiel 2.3.34 Betrachte die bivariate Gleichverteilung auf den folgenden drei Bereichen:

i) das Quadrat $Q = [0, 1] \times [0, 1]$;
ii) der Kreis $C = \{(x, y) \in \mathbb{R}^2 \mid x^2 + y^2 \le 1\}$;
iii) das Dreieck $T = \{(x, y) \in \mathbb{R}^2_{\ge 0} \mid x + y \le 1\}$.

i) Die Dichtefunktion von $(X, Y) \sim \text{Unif}_Q$ ist

$$\gamma_{(X,Y)} = \mathbb{1}_{[0,1]\times[0,1]}.$$

Daher,

$$E[X] = \int_{\mathbb{R}^2} x \mathbb{1}_{[0,1]\times[0,1]}(x,y)dxdy = \frac{1}{2},$$

$$\text{var}(X) = \int_{\mathbb{R}^2} \left(x - \frac{1}{2}\right)^2 \mathbb{1}_{[0,1]\times[0,1]}(x,y)dxdy = \frac{1}{12},$$

$$\text{cov}(X,Y) = \int_{\mathbb{R}^2} \left(x - \frac{1}{2}\right)\left(y - \frac{1}{2}\right) \mathbb{1}_{[0,1]\times[0,1]}(x,y)dxdy = 0,$$

und daher sind X, Y *unkorreliert.* Darüber hinaus, da nach (2.45), die Dichte von X

$$\gamma_X(x) = \int_{\mathbb{R}} \mathbb{1}_{[0,1]\times[0,1]}(x,y)dy = \mathbb{1}_{[0,1]}(x), \qquad x \in \mathbb{R}$$

ist, und ähnlich $\gamma_Y = \mathbb{1}_{[0,1]}$, folgt daraus, dass X, Y *unabhängig* sind wegen (2.51).

ii) Die Dichtefunktion von $(X,Y) \sim \text{Unif}_C$ ist

$$\gamma_{(X,Y)} = \frac{1}{\pi}\mathbb{1}_C.$$

Daher

$$E[X] = \frac{1}{\pi}\int_{\mathbb{R}^2} x \mathbb{1}_C(x,y)dxdy = 0 = E[Y],$$

$$\text{var}(X) = \frac{1}{\pi}\int_{\mathbb{R}^2} x^2 \mathbb{1}_C(x,y)dxdy = \frac{1}{4},$$

$$\text{cov}(X,Y) = \frac{1}{\pi}\int_{\mathbb{R}^2} xy \mathbb{1}_C(x,y)dxdy = 0,$$

und daher sind X, Y *unkorreliert.* Jedoch sind X, Y *nicht unabhängig,* weil nach (2.45), die Dichte von X i

$$\gamma_X(x) = \frac{1}{\pi}\int_{\mathbb{R}} \mathbb{1}_C(x,y)dy = \frac{2\sqrt{1-x^2}}{\pi}\mathbb{1}_{[-1,1]}(x), \qquad x \in \mathbb{R}$$

ist, und ähnlich $\gamma_Y(y) = \frac{2\sqrt{1-y^2}}{\pi}\mathbb{1}_{[-1,1]}(y)$: daher ist *die gemeinsame Dichte nicht das Produkt der Randdichten.* Alternativ zeigt eine direkte Überprüfung, dass

$$P\left(X \geq \frac{1}{2}\right) = \frac{1}{\pi}\int_{\mathbb{R}^2} \mathbb{1}_{[\frac{1}{2},+\infty[}(x)\mathbb{1}_C(x,y)dxdy = \frac{4\pi - 3\sqrt{3}}{12\pi} = P\left(Y \geq \frac{1}{2}\right),$$

$$P\left(\left(X \geq \frac{1}{2}\right) \cap \left(Y \geq \frac{1}{2}\right)\right) = \frac{3 - 3\sqrt{3} + \pi}{12\pi} \neq P\left(X \geq \frac{1}{2}\right)P\left(Y \geq \frac{1}{2}\right).$$

Dieses Beispiel, zusammen mit Beispiel 2.3.31, zeigt, dass Unabhängigkeit eine stärkere Eigenschaft als Unkorrelation ist.

iii) Die Dichtefunktion von $(X, Y) \sim \text{Unif}_T$ ist

$$\gamma_{(X,Y)} = 2\mathbb{1}_T.$$

Daher

$$E[X] = 2\int_{\mathbb{R}^2} x\,\mathbb{1}_T(x, y)dxdy = \frac{1}{3} = E[Y],$$

$$\text{var}(X) = 2\int_{\mathbb{R}^2} \left(x - \frac{1}{3}\right)^2 \mathbb{1}_T(x, y)dxdy = \frac{1}{18},$$

$$\text{cov}(X, Y) = 2\int_{\mathbb{R}^2} \left(x - \frac{1}{3}\right)\left(y - \frac{1}{3}\right)\mathbb{1}_T(x, y)dxdy = -\frac{1}{36},$$

und daher sind X, Y *negativ korreliert* (und daher *nicht unabhängig*). Nach (2.45) ist die Dichte von X

$$\gamma_X(x) = 2\int_{\mathbb{R}} \mathbb{1}_T(x, y)dy = 2(1 - x)\mathbb{1}_{[0,1]}(x), \qquad x \in \mathbb{R}.$$

$\square$

2.4 Bedingte Verteilung und Erwartungswert gegeben ein Ereignis

In einem Wahrscheinlichkeitsraum $(\Omega, \mathscr{F}, P)$, sei B ein nicht vernachlässigbares Ereignis, d. h. $B \in \mathscr{F}$ mit $P(B) > 0$. Wir erinnern uns daran, dass $P(\cdot \mid B)$ die *bedingte Wahrscheinlichkeit gegeben* B bezeichnet, welche ein Wahrscheinlichkeitsmaß auf $(\Omega, \mathscr{F})$ ist und durch

$$P(A \mid B) = \frac{P(A \cap B)}{P(B)}, \qquad A \in \mathscr{F}$$

definiert ist.

Definition 2.4.1 Sei X eine $\mathbb{R}^d$-wertige Zufallsvariable auf $(\Omega, \mathscr{F}, P)$:

i) *die bedingte Verteilung von X gegeben B* ist die Verteilung von X unter der bedingten Wahrscheinlichkeit $P(\cdot \mid B)$, das heißt

$$\mu_{X|B}(H) := P(X \in H \mid B), \qquad H \in \mathscr{B}_d;$$

ii) wenn X unter P integrierbar ist, dann ist *der bedingte Erwartungswert von X gegeben B* der Erwartungswert von X unter der bedingten Wahrscheinlichkeit $P(\cdot \mid B)$, das heißt

$$E[X \mid B] := \int_\Omega X \, dP(\cdot \mid B).$$

Proposition 2.4.2 [!] Für jedes $f \in m\mathscr{B}_d$, sodass $f(X)$ auf $(\Omega, \mathscr{F}, P)$ integrierbar ist, haben wir

$$E[f(X) \mid B] = \frac{1}{P(B)} \int_B f(X) \, dP \tag{2.56}$$

$$= \int_{\mathbb{R}^d} f(x) \mu_{X\mid B}(dx). \tag{2.57}$$

Beweis Es genügt, (2.56) für $f = \mathbb{1}_H$ mit $H \in \mathscr{B}_d$ zu beweisen: der allgemeine Fall folgt aus dem Standardverfahren von Bemerkung 2.2.22. Da $\mathbb{1}_H(X) = \mathbb{1}_{(X \in H)}$, haben wir

$$E\left[\mathbb{1}_{(X \in H)} \mid B\right] = P(X \in H \mid B) = \frac{P((X \in H) \cap B)}{P(B)} = \frac{1}{P(B)} \int_B \mathbb{1}_H(X) \, dP.$$

Da, nach (2.56), $f(X)$ unter $P(\cdot \mid B)$ integrierbar ist, folgt (2.57) aus Theorem 2.2.26. $\qquad\square$

Übung 2.4.3 Überprüfe, dass wenn X und B unabhängig unter P sind, dass dann

$$\mu_{X\mid B} = \mu_X \quad \text{und} \quad E[X \mid B] = E[X].$$

Bemerkung 2.4.4 Ähnlich zum Konzept der bedingten Verteilung von X gegeben B, definieren wir die *bedingte Dichte von X gegeben B*, die wir mit $\gamma_{X\mid B}$ bezeichnen und die *bedingte CDF von X gegeben B*, die wir mit $F_{X\mid B}$ bezeichnen.

Die bedingte Verteilung ist das natürliche Werkzeug zur Untersuchung von Problemen des folgenden Typs.

Beispiel 2.4.5 Aus einer Urne mit 90 nummerierten Kugeln werden zwei Kugeln nacheinander und ohne Zurücklegen gezogen. Seien X_1 und X_2 die Zufallsvariablen, die jeweils die Nummer der ersten und zweiten gezogenen Kugel angeben. Offensichtlich haben wir $\mu_{X_1} = \mathrm{Unif}_{I_{90}}$ und wir wissen, dass auch $\mu_{X_2} = \mathrm{Unif}_{I_{90}}$ ist (vgl. Beispiel 2.3.24).

Nun fügen wir die Information hinzu, dass die erste gezogene Kugel die Nummer k hat, d. h., wir bedingen auf das Ereignis $B = (X_1 = k)$: wir haben

$$P(X_2 = h \mid X_1 = k) = \begin{cases} \frac{1}{89}, & \text{wenn } h, k \in I_{90}, \ h \neq k, \\ 0 & \text{sonst,} \end{cases}$$

und daher

$$\mu_{X_2|X_1=k} = \mathrm{Unif}_{I_{90}\setminus\{k\}}.$$

So modifiziert die zusätzliche Information, die durch das Ereignis B gegeben wird, die Verteilung von X_2.

Berechne als Übung $\mathrm{var}(X_2 \mid X_1 = k)$, um zu überprüfen, dass $\mathrm{var}(X_2 \mid X_1 = k) < \mathrm{var}(X_2)$: intuitiv bedeutet dies, dass die Unsicherheit über den Wert von X_2 durch Hinzufügen der Information $(X_1 = k)$ abnimmt.

Der Rest des Abschnitts präsentiert zusätzliche Beispiele.

Beispiel 2.4.6 Sei $T \sim \mathrm{Exp}_\lambda$ und $B = (T > t_0)$ mit $\lambda, t_0 \in \mathbb{R}_{>0}$. Um die bedingte Verteilung $\mu_{T|B}$ zu bestimmen, berechnen wir die bedingte CDF von T gegeben B oder äquivalent

$$P(T > t \mid T > t_0) = \begin{cases} 1 & \text{wenn } t \le t_0, \\ P(T > t - t_0) & \text{wenn } t > t_0, \end{cases}$$

was aus der Gedächtnislosigkeit (2.10) folgt. Daraus folgt, dass $\mu_{T|B}$ die *verschobene Exponentialverteilung* ist, die die Dichte

$$\gamma_{T|B}(t) = \lambda e^{-\lambda(t-t_0)} \mathbb{1}_{[t_0,+\infty[}(t)$$

hat.

Beispiel 2.4.7 Seien $X \in \mathcal{N}_{0,1}$ und $B = (X \ge 0)$. Dann ist $P(B) = \frac{1}{2}$ und für $H \in \mathcal{B}$ haben wir

$$\mu_{X|B}(H) = P(X \in H \mid B) = \frac{P((X \in H) \cap B)}{P(B)} = 2P(X \in H \cap \mathbb{R}_{\ge 0})$$

$$= 2 \int_{H \cap \mathbb{R}_{\ge 0}} \frac{1}{\sqrt{2\pi}} e^{-\frac{x^2}{2}}\, dx.$$

Mit anderen Worten, $\mu_{X|B}$ ist eine absolut stetige Verteilung und für jedes $H \in \mathcal{B}$ haben wir

$$\mu_{X|B}(H) = \int_H \gamma_{X|B}(x)dx, \qquad \gamma_{X|B}(x) := \sqrt{\frac{2}{\pi}} e^{-\frac{x^2}{2}} \mathbb{1}_{\mathbb{R}_{\ge 0}}(x).$$

Schließlich haben wir durch (2.57)

$$
\begin{aligned}
E\left[X \mid B\right] &= \int_0^{+\infty} x\mu_{X\mid B}(dx)\\
&= \int_0^{+\infty} x\gamma_{X\mid B}(x)dx\\
&= \sqrt{\frac{2}{\pi}}\left[-e^{-\frac{x^2}{2}}\right]_{x=0}^{x=+\infty} = \sqrt{\frac{2}{\pi}}.
\end{aligned}
$$

Beispiel 2.4.8 Seien $X, Y \sim \mathrm{Be}_p$, $0 < p < 1$, unabhängig und $B = (X + Y = 1)$. Bestimme:

i) die bedingte Verteilung $\mu_{X\mid B}$;

ii) den bedingten Mittelwert und die Varianz, $E\left[X \mid B\right]$ und $\mathrm{var}(X \mid B)$.

Zunächst wissen wir, dass $X + Y \sim \mathrm{Bin}_{2,p}$ und daher $P(B) = 2p(1 - p) > 0$. Da X nur die Werte 0 und 1 annimmt, haben wir

$$
\begin{aligned}
\mu_{X\mid B}(\{0\}) &= \frac{P\left((X = 0) \cap (X + Y = 1)\right)}{2p(1 - p)}\\
&= \frac{P\left((X = 0) \cap (Y = 1)\right)}{2p(1 - p)}\\
&= \frac{P(X = 0)P(Y = 1)}{2p(1 - p)} = \frac{1}{2}.
\end{aligned}
$$

Schließlich ist $\mu_X = \mathrm{Be}_p$. Jedoch ist $\mu_{X\mid B} = \mathrm{Be}_{\frac{1}{2}}$ aber unabhängig vom Wert von p, das heißt, *bedingt auf das Ereignis* $(X + Y = 1)$, *hat X eine Bernoulli Verteilung mit Parameter* $\frac{1}{2}$. Dann erhalten wir durch (2.57) und unter Berücksichtigung der Gl. (2.33) für den Mittelwert und durch die Varianz einer binomialen Variable

$$
E\left[X \mid B\right] = \frac{1}{2}, \qquad \mathrm{var}(X \mid B) = \frac{1}{4}.
$$

Eine konkrete Interpretation ist folgende: Wie kann man eine gezinkte Münze fair machen (ohne die Wahrscheinlichkeit $p \in \,]0, 1[$ für Kopf zu kennen)? Das Ergebnis X eines Wurfs der manipulierten Münze hat die Verteilung Be_p, wobei $T := (X = 1)$ das Ereignis „Kopf" ist. Basierend auf dem, was wir oben gesehen haben, um die Münze fair zu machen, reicht es aus, sie zweimal zu werfen und den Wurf nur dann als gültig zu betrachten, wenn genau ein Kopf erzielt wird: dann haben die beiden Ereignisse TC oder CT eine Wahrscheinlichkeit von $1/2$, unabhängig von $p \in \,]0, 1[$.

Beispiel 2.4.9 Drei Ziehungen werden ohne Zurücklegen aus einer Urne mit 3 weißen Bällen, 2 schwarzen und 2 roten Bällen gemacht. Seien X und Y jeweils die Anzahl der gezogenen weißen Bälle und schwarzen Bälle. Wir bestimmen die bedingte Verteilung von X gegeben $(Y = 0)$ und die bedingte Erwartung $E\left[X \mid Y = 0\right]$:

$$P(X = 0 \mid Y = 0) = 0, \qquad P(X = 1 \mid Y = 0) = \frac{3}{10},$$

$$P(X = 2 \mid Y = 0) = \frac{6}{10}, \qquad P(X = 0 \mid Y = 0) = \frac{1}{10},$$

und

$$E[X \mid Y = 0] = \sum_{k=0}^{3} k P(X = k \mid Y = 0) = \frac{9}{5}.$$

Beispiel 2.4.10 Sei (X, Y) ein absolut stetiger Zufallsvektor mit Dichte $\gamma_{(X,Y)}$ und $B = (Y \in K)$ mit $K \in \mathscr{B}$, sodass $P(B) > 0$. Dann haben wir für jedes $H \in \mathscr{B}$

$$
\begin{aligned}
\mu_{X|Y\in K}(H) &= \frac{P\left((X \in H) \cap (Y \in K)\right)}{P(Y \in K)} \\
&= \frac{\mu_{(X,Y)}(H \times K)}{\mu_Y(K)} \\
&= \frac{1}{P(Y \in K)} \iint_{H \times K} \gamma_{(X,Y)}(x, y) dx dy =
\end{aligned}
$$

(2.58)

(durch Fubinis Theorem)

$$= \int_H \left(\frac{1}{P(Y \in K)} \int_K \gamma_{(X,Y)}(x, y) dy \right) dx;$$

daher erhalten wir den Ausdruck

$$\gamma_{X|Y\in K}(x) = \frac{1}{P(Y \in K)} \int_K \gamma_{(X,Y)}(x, y) dy \tag{2.59}$$

für die *bedingte Dichte von X gegeben* $(Y \in K)$. Beachte, dass wenn $K = \mathbb{R}$ (und somit $(Y \in K) = \Omega$) (2.59) mit der Formel (2.45) übereinstimmt, die die Randdichte aus der gemeinsamen ausdrückt.

Als besonderes Beispiel betrachten wir einen zweidimensionalen normalen Zufallsvektor $(X, Y) \sim \mathscr{N}_{0,C}$ mit Kovarianzmatrix

$$C = \begin{pmatrix} 1 & 1 \\ 1 & 2 \end{pmatrix}$$

und lassen $B = (Y > 0)$. Nach (2.77) ist die zweidimensionale Gaußsche Dichte von (X, Y)

$$\Gamma(x, y) = \frac{1}{2\pi} e^{-x^2 + xy - \frac{y^2}{2}}.$$

Wie in (2.58) haben wir

$$\mu_{X|Y>0}(H) = \int_H \left(\frac{1}{P(Y>0)} \int_0^{+\infty} \Gamma(x,y)dy \right) dx, \qquad H \in \mathscr{B},$$

und daher erhalten wir den Ausdruck der bedingten Dichte von X gegeben ($Y>0$):

$$\Gamma_{X|Y>0}(x) = \frac{1}{P(Y>0)} \int_0^{+\infty} \Gamma(x,y)dy = \frac{e^{-\frac{x^2}{2}} \left(1 + \mathrm{erf}\frac{x}{\sqrt{2}}\right)}{\sqrt{2\pi}}, \qquad x \in \mathbb{R}.$$

Beachte, dass $E[X] = 0$ ist, aber

$$E[X \mid Y>0] = \int_{\mathbb{R}} x \Gamma_{X|Y>0}(x)dx = \frac{1}{\sqrt{\pi}}.$$

2.5 Charakteristische Funktion

Definition 2.5.1 (Charakteristische Funktion) Sei

$$X : \Omega \longrightarrow \mathbb{R}^d$$

eine Zufallsvariable auf dem Wahrscheinlichkeitsraum $(\Omega, \mathscr{F}, P)$. Die Funktion

$$\varphi_X : \mathbb{R}^d \longrightarrow \mathbb{C}$$

definiert durch

$$\varphi_X(\eta) = E\left[e^{i\langle \eta, X\rangle}\right] = E\left[\cos\langle \eta, X\rangle\right] + iE\left[\sin\langle \eta, X\rangle\right], \qquad \eta \in \mathbb{R}^d,$$

wird als die *charakteristische Funktion der Zufallsvariable X* bezeichnet. Wir verwenden auch die Abkürzung CHF für φ_X.

Bemerkung 2.5.2 Per Definition, wenn $X \sim \mu_X$ ist, dann haben wir

$$\varphi_X(\eta) = \int_{\mathbb{R}^d} e^{i\eta \cdot x} \mu_X(dx),$$

wobei $x \cdot \eta \equiv \langle x, \eta \rangle$ das Skalarprodukt in $\mathbb{R}^d$ bezeichnet. Wenn X eine diskrete Verteilung $\sum_{n=1}^{\infty} p_n \delta_{x_n}$ hat, dann wird φ_X durch die Fourier-Reihe

$$\varphi_X(\eta) = \sum_{n=1}^{\infty} p_n e^{i\eta \cdot x_n}.$$

gegeben. Wir erinnern auch an die Definition[16] der *Fourier Transformation von* $f \in L^1(\mathbb{R}^d)$:

$$\hat{f}(\eta) = \int_{\mathbb{R}^d} e^{i\eta \cdot x} f(x)dx. \qquad (2.60)$$

Wenn $X \in AC$ mit Dichte γ_X ist, dann ist die CHF

$$\varphi_X(\eta) = \int_{\mathbb{R}^d} e^{i\eta \cdot x} \gamma_X(x)dx = \hat{\gamma}_X(\eta)$$

die Fourier-Transformation der Dichte von X.

Proposition 2.5.3 Die folgenden Eigenschaften gelten:

i) $\varphi_X(0) = 1$;
ii) $|\varphi_X(\eta)| \le E\left[\left|e^{i\eta \cdot X}\right|\right] = 1$ für jedes $\eta \in \mathbb{R}^d$;
iii) $|\varphi_X(\eta + h) - \varphi_X(\eta)| \le E\left[\left|e^{ih \cdot X} - 1\right|\right]$ und daher, durch majorisierte Konvergenz, ist φ_X gleichmäßig stetig auf $\mathbb{R}^d$;
iv) bezeichnet man mit α^* die transponierte Matrix von α, dann haben wir

$$\varphi_{\alpha X + b}(\eta) = E\left[e^{i\langle \eta, \alpha X + b\rangle}\right] = e^{i\langle b, \eta\rangle} E\left[e^{i\langle \alpha^* \eta, X\rangle}\right] = e^{i\langle b, \eta\rangle} \varphi_X(\alpha^* \eta); \qquad (2.61)$$

v) im Fall $d = 1$, $\varphi_X(-\eta) = \varphi_{-X}(\eta) = \overline{\varphi_X(\eta)}$ wobei $\bar{z}$ die Konjugierte von $z \in \mathbb{C}$ bezeichnet. Folglich, wenn X eine gerade Verteilung[17] hat, das heißt $\mu_X = \mu_{-X}$, dann nimmt φ_X reelle Werte an und in diesem Fall haben wir

$$\varphi_X(\eta) = \int_{\mathbb{R}} e^{i\eta x} \mu_X(dx) = \int_{\mathbb{R}} \cos(x\eta)\mu_X(dx).$$

Betrachten wir ein paar Beispiele.

---

[16] Je nach Anwendungsbereich werden verschiedene Konventionen für die Definition der Fourier-Transformation verwendet: In der mathematischen Analysis wird sie üblicherweise als

$$\hat{f}(\eta) = \int_{\mathbb{R}^d} e^{-i\eta \cdot x} f(x)dx$$

definiert, während in den Ingenieurwissenschaften manchmal die folgende Definition verwendet wird

$$\hat{f}(\eta) = \frac{1}{(2\pi)^{\frac{d}{2}}} \int_{\mathbb{R}^d} e^{i\eta \cdot x} f(x)dx.$$

Die letztere ist auch die Definition, die in Mathematica®, eine wissenschaftliche Rechensoftware, verwendet wird. Wir werden immer (2.60) verwenden. Das ist die Definition, die üblicherweise in der Wahrscheinlichkeitstheorie angenommen wird. Insbesondere muss bei der Inversionsformel für die Fourier-Transformation Vorsicht geboten sein, die je nach verwendeter Notation unterschiedlich ist.

[17] Dies ist insbesondere der Fall, wenn X die Dichte γ_X hat, d.h., $\gamma_X(x) = \gamma_X(-x)$, $x \in \mathbb{R}$.

i) Wenn $X \sim \delta_{x_0}$, mit $x_0 \in \mathbb{R}^d$, dann

$$\varphi_X(\eta) = e^{i\eta \cdot x_0}.$$

Beachte, dass in diesem Fall $\varphi_X \notin L^1(\mathbb{R}^d)$ weil $|\varphi_X(\eta)| = 1$ für jedes $\eta \in \mathbb{R}^d$. Wenn $X \sim \delta_0$ dann ist als Spezialfall $\varphi_X \equiv 1$. Außerdem, wenn $X \sim \frac{1}{2}(\delta_{-1} + \delta_1)$ dann $\varphi_X(\eta) = \cos \eta$.

ii) Wenn $X \sim \mathrm{Be}_p$ mit $p \in [0, 1]$, dann

$$\varphi_X(\eta) = 1 + p\left(e^{i\eta} - 1\right).$$

Da $X \sim \mathrm{Bin}_{n,p}$ gleichverteilt ist, dann haben wir mit der Summe $X_1 + \cdots + X_n$ von n unabhängigen Bernoulli Zufallsvariablen (vgl. Proposition 2.6.3)

$$\varphi_X(\eta) = E\left[e^{i\eta(X_1 + \cdots + X_n)}\right] = \left(E\left[e^{i\eta X_1}\right]\right)^n = \left(1 + p\left(e^{i\eta} - 1\right)\right)^n. \qquad (2.62)$$

iii) Wenn $X \sim \mathrm{Poisson}_\lambda$, mit $\lambda > 0$, dann

$$\varphi_X(\eta) = \sum_{k=0}^{\infty} e^{-\lambda} \frac{\lambda^k}{k!} e^{ik\eta} = e^{\lambda(e^{i\eta} - 1)}.$$

iv) Wenn $X \sim \mathrm{Unif}_{[-1,1]}$ dann

$$\varphi_X(\eta) = \frac{\sin \eta}{\eta}, \qquad \eta \in \mathbb{R}. \qquad (2.63)$$

Siehe Abb. 2.7 für die Darstellung der gleichförmigen Dichte und ihrer Fourier-Transformation. Auch in diesem Fall[18] $\varphi_X \notin L^1(\mathbb{R})$.

v) Wenn X eine Zufallsvariable mit Cauchy-Verteilung ist,, das heißt X hat Dichte

$$\gamma_X(x) = \frac{1}{\pi\left(1 + x^2\right)}, \qquad x \in \mathbb{R}, \qquad (2.64)$$

dann

$$\varphi_X(\eta) = e^{-|\eta|}, \qquad \eta \in \mathbb{R}. \qquad (2.65)$$

Siehe Abb. 2.8 für die Darstellung der Cauchy-Dichte und ihrer Fourier-Transformation. In diesem Fall ist die Funktion φ_X stetig *aber nicht differenzierbar* am Ursprung.

vi) Wenn $X \sim \mathcal{N}_{\mu,\sigma^2}$, mit $\mu \in \mathbb{R}$ und $\sigma \geq 0$, dann

$$\varphi_X(\eta) = e^{i\eta\mu - \frac{1}{2}\sigma^2\eta^2}, \qquad \eta \in \mathbb{R}. \qquad (2.66)$$

---

[18] Siehe zum Beispiel [110] Ch.5 Sec.12.

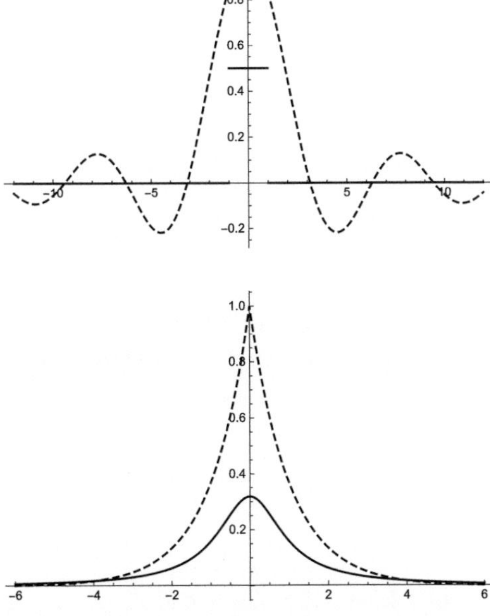

Abb. 2.7 Darstellung der gleichförmigen Dichte auf $[-1, 1]$ (durchgezogene Linie) und der entsprechenden CHF (gestrichelte Linie)

Abb. 2.8 Darstellung der Cauchy-Dichte (2.64) (durchgezogene Linie) und der entsprechenden CHF (gestrichelte Linie)

Für $\sigma = 0$ erhalten wir die CHF des Dirac-Deltas zentriert in μ. Wir beweisen (2.66) in dem Standardfall $\mu = 0$ und $\sigma = 1$. Um komplexere Werkzeuge der komplexen Analysis zu vermeiden, verwenden wir einen einfachen Trick: zuerst beachten wir, dass wir durch Proposition 2.5.3-v)

$$\varphi_X(\eta) = \int_{\mathbb{R}} \cos(\eta x) \frac{e^{-\frac{x^2}{2}}}{\sqrt{2\pi}} dx$$

haben. Dann berechnen wir die Ableitung von φ_X: durch Ableiten unter dem Integralzeichen, haben wir

$$\frac{d}{d\eta} \varphi_X(\eta) = \int_{\mathbb{R}} \sin(\eta x)(-x) \frac{e^{-\frac{x^2}{2}}}{\sqrt{2\pi}} dx =$$

(da $-x e^{-\frac{x^2}{2}} = \frac{d}{dx} e^{-\frac{x^2}{2}}$)

$$= \int_{\mathbb{R}} \sin(\eta x) \frac{d}{dx} \frac{e^{-\frac{x^2}{2}}}{\sqrt{2\pi}} dx =$$

(durch partielle Integration)

$$= \frac{1}{\sqrt{2\pi}} \left[\sin(\eta x) e^{-\frac{x^2}{2}} \right]_{x=-\infty}^{x=+\infty} - \int_{\mathbb{R}} \eta \cos(\eta x) \frac{e^{-\frac{x^2}{2}}}{\sqrt{2\pi}} dx = -\eta \varphi_X(\eta).$$

Zusammenfassend ist φ_X die Lösung des Cauchy-Problems

$$\begin{cases} \frac{d}{d\eta} \varphi_X(\eta) = -\eta \varphi_X(\eta), \\ \varphi_X(0) = 1, \end{cases}$$

und daher

$$\varphi_X(\eta) = e^{-\frac{\eta^2}{2}}. \tag{2.67}$$

Für den allgemeinen Fall, $Y \sim \mathcal{N}_{\mu,\sigma^2}$, genügt es $X := \frac{Y-\mu}{\sigma} \sim \mathcal{N}_{0,1}$ zu betrachten und (2.67) mit (2.61) zu kombinieren.

vii) Wenn $X \sim \mathrm{Exp}_\lambda$, mit $\lambda \in \mathbb{R}_{>0}$, dann

$$\varphi_X(\eta) = \lambda \int_0^{+\infty} e^{i\eta x - \lambda x} dx = \frac{\lambda}{\lambda - i\eta}.$$

Beispiel 2.5.4 [!] Seien N und $Z_1, Z_2, \ldots$ unabhängige Zufallsvariablen mit $N \sim$ Poisson$_\lambda$ und Z_n identisch verteilt für $n \in \mathbb{N}$. Wir bestimmen die CHF von

$$X := \begin{cases} 0 & \text{wenn } N = 0, \\ \sum\limits_{k=1}^{N} Z_k & \text{wenn } N \geq 1. \end{cases}$$

Wir haben

$$\varphi_X(\eta) = E\left[e^{i\eta X}\right] = \sum_{n=0}^{\infty} E\left[e^{i\eta \sum\limits_{k=1}^{n} Z_k} \mathbb{1}_{(N=n)} \right] =$$

(durch die Unabhängigkeit von N und Z_k, $k \geq 1$)

$$= \sum_{n=0}^{\infty} E\left[e^{i\eta \sum\limits_{k=1}^{n} Z_k} \right] P(N = n)$$

(weil Z_k unabhängig und identisch verteilt sind)

$$= e^{-\lambda} \sum_{n=0}^{\infty} E\left[e^{i\eta Z_1}\right]^n \frac{\lambda^n}{n!} = e^{\lambda(\varphi_{Z_1}(\eta)-1)}$$

wobei φ_{Z_1} die CHF von Z_1 bezeichnet.

2.5.1 Der Inversionssatz

Das Hauptergebnis dieses Abschnitts ist Theorem 2.5.6, das eine bedeutende Inversionsformel für die charakteristische Funktion liefert. Wir beginnen mit einer grundlegenden Übung, um die Grundlagen zu legen.

Übung 2.5.5 Wir beweisen die folgende Formel für das uneigentliche Integral von $\frac{\sin x}{x}$:

$$\int_0^{+\infty} \frac{\sin x}{x}\,dx := \lim_{a \to +\infty} \int_0^a \frac{\sin x}{x}\,dx = \frac{\pi}{2}. \tag{2.68}$$

Wir setzen

$$f(x, y) = e^{-xy}\sin x, \qquad x > 0,\ y > 0,$$

und bemerken, dass für alle $x, y, a > 0$

$$\int_0^{+\infty} f(x, y)\,dy = \frac{\sin x}{x},$$

$$\int_0^a f(x, y)\,dx = \frac{1}{1 + y^2} - \frac{e^{-ay}}{1 + y^2}\cos a - \frac{ye^{-ay}}{1 + y^2}\sin a$$

gilt. Daher haben wir nach Fubinis Theorem

$$\int_0^a \frac{\sin x}{x}\,dx = \frac{\pi}{2} - \cos a \int_0^{+\infty} \frac{e^{-ay}}{1 + y^2}\,dy - \sin a \int_0^{+\infty} \frac{ye^{-ay}}{1 + y^2}\,dy, \qquad a > 0,$$

und folglich, da $\frac{1}{1+y^2} \le 1$,

$$\left| \int_0^a \frac{\sin x}{x}\,dx - \frac{\pi}{2} \right| \le \int_0^{+\infty} (1 + y)e^{-ay}\,dy = \frac{1 + a}{a^2}, \qquad a > 0.$$

Dies beweist (2.68). Beachte, dass $\frac{\sin x}{x}$ im verallgemeinerten Sinne integrierbar, aber nicht absolut integrierbar ist.

Theorem 2.5.6 (Inversionssatz) [!!] Sei μ eine Verteilung auf $(\mathbb{R}, \mathscr{B})$ und

$$\varphi(\eta) := \int_{\mathbb{R}} e^{ix\eta}\mu(dx), \qquad \eta \in \mathbb{R}. \tag{2.69}$$

Dann gilt für jedes $a < b$

$$\mu(]a, b[) + \frac{\mu(\{a\}) + \mu(\{b\})}{2} = \lim_{R \to +\infty} \frac{1}{2\pi} \int_{-R}^{R} \frac{e^{-ia\eta} - e^{-ib\eta}}{i\eta}\varphi(\eta)\,d\eta. \tag{2.70}$$

Darüber hinaus, wenn $\varphi \in L^1(\mathbb{R})$, dann ist μ absolut stetig und hat die Dichtefunktion

$$\gamma(x) := \frac{1}{2\pi} \int_{\mathbb{R}} e^{-ix\eta} \varphi(\eta) d\eta, \qquad x \in \mathbb{R}. \qquad (2.71)$$

Bemerkung 2.5.7 [!] Nach Theorem 2.5.6 identifiziert *die CHF einer Z. v. ihre Verteilung:*

$$\mu_X = \mu_Y \quad \Longleftrightarrow \quad \varphi_X = \varphi_Y.$$

Mit anderen Worten, X und Y haben genau dann die gleiche charakteristische Funktionen

$$\varphi_X(\eta) = \varphi_Y(\eta), \qquad \eta \in \mathbb{R},$$

wenn ihre jeweiligen Verteilungen μ_X und μ_Y übereinstimmen:

$$\mu_X(H) = \mu_Y(H), \qquad H \in \mathscr{B}.$$

Tatsächlich haben wir nach (2.70) $\mu_X(]a, b[) = \mu_Y(]a, b[)$ für jedes $a, b \in \mathbb{R} \setminus A$, wobei

$$A := \{x \in \mathbb{R} \mid \mu_X(\{x\}) + \mu_Y(\{x\}) > 0\}.$$

Andererseits ist nach Bemerkung 1.4.11 A *endlich oder höchstens abzählbar* und daher ist $\mathbb{R} \setminus A$ dicht in $\mathbb{R}$: Aus dem Satz von Caratheodory folgt, dass $\mu_X \equiv \mu_Y$.

Korollar 2.5.8 [!] Wenn μ, ν Verteilungen sind, sodass

$$\int_{\mathbb{R}} f d\mu = \int_{\mathbb{R}} f d\nu$$

für jedes $f \in bC(\mathbb{R})$, dann gilt $\mu \equiv \nu$. Ähnlich, wenn μ, ν Verteilungen auf $\mathbb{R}^d$ sind, so dass

$$\int_{\mathbb{R}^d} \prod_{j=1}^{d} f_j(x_j) \mu(dx) = \int_{\mathbb{R}^d} \prod_{j=1}^{d} f_j(x_j) \nu(dx)$$

für alle $f_1, \ldots, f_d \in bC(\mathbb{R})$, dann gilt $\mu \equiv \nu$. Insbesondere sind zwei Zufallsvariablen genau dann X, Y gleich in Verteilung, wenn $E[f(X)] = E[f(Y)]$ für jedes $f \in bC$.

Beweis Für $d = 1$, wählen wir f in der Form $f(x) = \cos(x\eta)$ oder $f(x) = \sin(x\eta)$, mit $\eta \in \mathbb{R}$- Wir schließen aus der Annahme, dass die CHFs von μ und ν gleich sind: die Behauptung folgt aus Theorem 2.5.6. Wenn $d \geq 2$, verfahren wir auf ähnliche Weise unter Verwendung der mehrdimensionalen Version von Theorem 2.5.6 und der Tatsache, dass $e^{i\eta x} = \prod_{j=1}^{d} e^{i\eta_j x_j}$. $\qquad\qquad\square$

Bemerkung 2.5.9 [!] Sei μ eine Verteilung mit Dichte g, sodass $\hat{g} \in L^1(\mathbb{R})$: nach Theorem 2.5.6 ist auch γ, definiert durch (2.69)–(2.71), eine Dichte von μ und daher nach Bemerkung 1.4.19 gilt $g = \gamma$ fast überall, das heißt

$$g(x) = \frac{1}{2\pi} \int_{\mathbb{R}} e^{-ix\eta} \hat{g}(\eta) d\eta \quad \text{für fast alle } x \in \mathbb{R}. \tag{2.72}$$

Gl. (2.72) ist die klassische Inversionsformel der Fourier-Transformation. Das Integral auf der rechten Seite von (2.72) ist eine beschränkte und gleichmäßig stetige Funktion von $x \in \mathbb{R}$ (vgl. Proposition 2.5.3). Offensichtlich ist eine Dichtefunktion g weder notwendigerweise beschränkt noch stetig (tatsächlich kann sie auf jeder Lebesgue-Borel-Nullmenge modifiziert werden): jedoch, wenn $\hat{g} \in L^1(\mathbb{R})$ dann ist *g notwendigerweise fast überall gleich* zu einer beschränkten und stetigen Funktion.

Bemerkung 2.5.10 [!] Basierend auf Theorem 2.5.6, wenn $\varphi_X \in L^1(\mathbb{R})$, dann $X \in$ AC. Eine Dichte von X ist durch die Inversionsformel gegeben

$$\gamma_X(x) = \frac{1}{2\pi} \int_{\mathbb{R}} e^{-ix\eta} \varphi_X(\eta) d\eta, \qquad x \in \mathbb{R}.$$

Bedingung $\varphi_X \in L^1(\mathbb{R})$ ist nur *hinreichend aber nicht notwendig* für die absolute Stetigkeit von μ. Tatsächlich, nach Bemerkung 2.5.9, wenn $\varphi_X \in L^1(\mathbb{R})$ dann ist die Dichte von X notwendigerweise fast überall gleich zu einer stetigen Funktion: Auf der anderen Seite ist die gleichmäßige Verteilung auf $[-1, 1]$ absolut stetig, aber hat die Dichte $\gamma(x) = \frac{1}{2}\mathbb{1}_{[-1,1]}(x)$, die nicht fast überall gleich zu einer stetigen Funktion ist; in der Tat, ihre CHF in (2.63) ist nicht absolut integrierbar.

Beweis Beweis von Theorem 2.5.6 Fixiere $a, b \in \mathbb{R}$, mit $a < b$, und definiere

$$g_{a,b}(\eta) := \int_a^b e^{-ix\eta} dx = \frac{e^{-ia\eta} - e^{-ib\eta}}{i\eta}, \qquad \eta \in \mathbb{R}. \tag{2.73}$$

Beobachte, dass, durch die Dreiecksungleichung, $\big|g_{a,b}(\eta)\big| \leq b - a$. Daher haben für jedes $R > 0$ durch den Satz von Fubini

$$\int_{-R}^R g_{a,b}(\eta)\varphi(\eta) d\eta = \int_{\mathbb{R}} \left(\int_{-R}^R g_{a,b}(\eta) e^{ix\eta} d\eta \right) \mu(dx). \tag{2.74}$$

Da Kosinus und Sinus jeweils gerade[19] und ungerade Funktionen sind, haben wir

$$\int_{-R}^R g_{a,b}(\eta) e^{ix\eta} d\eta = 2 \int_0^R \left(\frac{\sin((x-a)\eta)}{\eta} - \frac{\sin((x-b)\eta)}{\eta} \right) d\eta \longrightarrow G_{a,b}(x):$$

$$= \begin{cases} \pi & \text{wenn } x = a \text{ oder } x = b, \\ 2\pi & \text{wenn } a < x < b, \\ 0 & \text{wenn } x < a \text{ oder } x > b, \end{cases} \tag{2.75}$$

---

[19] Als Konsequenz verschwindet das Integral zwischen $-R$ und R der geraden Funktion $\cos\eta$ multipliziert mit der ungeraden Funktion $\frac{1}{\eta}$.

als $R \to +\infty$: dies folgt aus der Tatsache, dass durch (2.68), wir haben[20]

$$\int_0^R \frac{\sin \lambda \eta}{\eta} d\eta = \int_0^{\lambda R} \frac{\sin \eta}{\eta} d\eta = \mathrm{sgn}(\lambda) \int_0^{|\lambda| R} \frac{\sin \eta}{\eta} d\eta \longrightarrow \begin{cases} \frac{\pi}{2} & \text{wenn } \lambda > 0, \\ 0 & \text{wenn } \lambda = 0, \\ -\frac{\pi}{2} & \text{wenn } \lambda < 0. \end{cases}$$

Nun verwenden wir den Satz von der majorisierten Konvergenz[21], um in (2.74) den Grenzwert für $R \to +\infty$ zu bilden: wir haben

$$\lim_{R \to +\infty} \frac{1}{2\pi} \int_{-R}^R g_{a,b}(\eta)\varphi(\eta)d\eta = \frac{1}{2\pi} \int_{\mathbb{R}} G_{a,b}(x)\mu(dx)$$
$$= \frac{1}{2} \int_{\{a\}} \mu(dx) + \int_{]a,b[} \mu(dx) + \frac{1}{2} \int_{\{b\}} \mu(dx)$$

und dies beweist (2.70).

Nun beweisen wir den zweiten Teil der These: wenn $\varphi \in L^1(\mathbb{R})$, dann, unter Berücksichtigung, dass $\left| g_{a,b}(\eta)\varphi(\eta) \right| \leq (b-a)|\varphi(\eta)|$ und der Anwendung des Satzes von der majorisierten Konvergenz, um den Grenzwert in (2.70) zu bilden, erhalten wir

$$\frac{1}{2\pi} \int_{\mathbb{R}} g_{a,b}(\eta)\varphi(\eta)d\eta = \mu(]a,b[) + \frac{1}{2}\mu(\{a,b\}) \geq \mu(\{b\}). \tag{2.76}$$

Aber die Ungleichung in (2.76), wiederum durch den Satz von der majorisierten Konvergenz und den Grenzwert für $a \to b^-$, impliziert, dass $\mu(\{b\}) = 0$ für jedes $b \in \mathbb{R}$ und daher

$$\mu(]a,b[) = \frac{1}{2\pi} \int_{\mathbb{R}} g_{a,b}(\eta)\varphi(\eta)d\eta =$$

(unter Verwendung der zweiten Gleichung in (2.73) und des Satzes von Fubini)

$$= \int_a^b \left(\frac{1}{2\pi} \int_{\mathbb{R}} e^{-ix\eta}\varphi(\eta)d\eta \right) dx = \int_a^b \gamma(x)dx,$$

und somit ist γ in (2.71) eine Dichte von μ. $\square$

Die CHF von $X = (X_1, \ldots, X_n)$ wird als *gemeinsame CHF der Zufallsvariablen* $X_1, \ldots, X_n$ bezeichnet; umgekehrt werden $\varphi_{X_1}, \ldots, \varphi_{X_n}$ als *Rand-CHFs von X* bezeichnet.

---

[20] Wir definieren die Vorzeichenfunktion wie folgt

$$\mathrm{sgn}(\lambda) = \begin{cases} 1 & \text{wenn } \lambda > 0, \\ 0 & \text{wenn } \lambda = 0, \\ -1 & \text{wenn } \lambda < 0. \end{cases}$$

[21] Nach (2.75) ist der Betrag des Integranden in (2.74) durch $2 \sup\limits_{r>0} \int_0^r \frac{\sin \eta}{\eta} d\eta < +\infty$ beschränkt

Proposition 2.5.11 Seien $X_1, \ldots, X_n$ Zufallsvariablen auf $(\Omega, \mathscr{F}, P)$ mit Werten jeweils in $\mathbb{R}^{d_1}, \ldots, \mathbb{R}^{d_n}$. Sei $X = (X_1, \ldots, X_n)$, dann:

i) $\varphi_{X_i}(\eta_i) = \varphi_X(0, \ldots, 0, \eta_i, 0, \ldots, 0)$;

ii) $X_1, \ldots, X_n$ sind genau dann unabhängig, wenn

$$\varphi_X(\eta) = \prod_{i=1}^{n} \varphi_{X_i}(\eta_i), \qquad \eta = (\eta_1, \ldots, \eta_n).$$

Beweis Eigenschaft i) ist eine unmittelbare Folge der Definition der charakteristischen Funktion. Wir beweisen ii) nur im Fall $n = 2$. Wenn X_1, X_2 unabhängig sind, dann sind es auch die Zufallsvariablen $e^{i\eta_1 \cdot X_1}$, $e^{i\eta_2 \cdot X_2}$ und daher haben wir

$$\varphi_X(\eta_1, \eta_2) = E\left[e^{i\eta_1 \cdot X_1 + i\eta_2 \cdot X_2}\right] = E\left[e^{i\eta_1 \cdot X_1}\right] E\left[e^{i\eta_2 \cdot X_2}\right] = \varphi_{X_1}(\eta_1)\varphi_{X_2}(\eta_2).$$

Umgekehrt betrachten wir zwei unabhängige Zufallsvariablen $\tilde{X}_1, \tilde{X}_2$, sodass $\tilde{X}_1 \stackrel{d}{=} X_1$ und $\tilde{X}_2 \stackrel{d}{=} X_2$. Dann haben wir

$$\varphi_{(\tilde{X}_1, \tilde{X}_2)}(\eta_1, \eta_2) = \varphi_{\tilde{X}_1}(\eta_1)\varphi_{\tilde{X}_2}(\eta_2) = \varphi_{X_1}(\eta_1)\varphi_{X_2}(\eta_2) = \varphi_{(X_1, X_2)}(\eta_1, \eta_2).$$

Da (X_1, X_2) und $(\tilde{X}_1, \tilde{X}_2)$ die gleiche CHF haben, impliziert Theorem 2.5.6, dass sie auch die gleiche Verteilung haben: Dies bedeutet, dass X_1, X_2 unabhängig sind.
$\square$

2.5.2 *Mehrdimensionale Normalverteilung*

Gegeben seien $\mu \in \mathbb{R}^d$ und eine *symmetrisch und positiv definit* $d \times d$ Matrix C. Wir definieren die Gaußsche d-dimensionale Dichtefunktion mit den Parametern μ und C wie folgt:

$$\Gamma(x) = \frac{1}{\sqrt{(2\pi)^d \det C}} e^{-\frac{1}{2}\langle C^{-1}(x-\mu), x-\mu \rangle}, \qquad x \in \mathbb{R}^d. \tag{2.77}$$

Eine direkte Berechnung zeigt, dass

$$\int_{\mathbb{R}^d} \Gamma(x)dx = 1, \tag{2.78}$$

$$\int_{\mathbb{R}^d} x_i \Gamma(x)dx = \mu_i, \tag{2.79}$$

$$\int_{\mathbb{R}^d} (x_i - \mu_i)(x_j - \mu_j)\Gamma(x)dx = C_{ij}, \tag{2.80}$$

für alle $i, j = 1, \ldots, d$. Gl. (2.78) zeigt einfach, dass Γ eine Dichte ist; Gl. (2.79) und (2.80) motivieren die folgende Definition.

Definition 2.5.12 (Gaußscher Vektor, I) Wenn X eine d-dimensionale Zufallsvariable mit Dichte Γ in (2.77) ist, dann sagen wir, dass X eine Multi-Normalverteilung mit Mittelwert μ und (positiv definiter) Kovarianzmatrix C hat. Wir schreiben $X \sim \mathcal{N}_{\mu,C}$ und wir sagen, dass X ein *Gaußscher Vektor* ist.

Wenn $X \sim \mathcal{N}_{\mu,C}$ dann ist $E[X] = \mu$ durch (2.79) und $\mathrm{cov}(X) = C$ durch (2.80).

Proposition 2.5.13 [!] Die CHF von $X \sim \mathcal{N}_{\mu,C}$ ist durch

$$\varphi_X(\eta) = e^{i\langle \mu, \eta \rangle - \frac{1}{2}\langle C\eta, \eta \rangle}, \qquad \eta \in \mathbb{R}^d \tag{2.81}$$

gegeben.

Beweis Die Berechnung der Fourier-Transformation von Γ in (2.77) ist analog zum eindimensionalen Fall (vgl. Formel (2.66)). $\qquad\qquad\qquad\qquad\qquad\qquad\qquad\square$

Wir beobachten, dass die CHF in (2.81) eine Exponentialfunktion ist, die aus zwei unterschiedlichen Komponenten besteht: *einem linearen Term* in η, der von der *Erwartung* μ abhängt, und *einem quadratischen Term* in η, der von der *Kovarianzmatrix C* abhängt.

Es ist bemerkenswert, dass im Gegensatz zur Dichte Γ, in der die Inverse von C erscheint, in der charakteristischen Funktion φ_X die quadratische Form der Matrix C selbst erscheint. Daher ist es nicht notwendig, dass C streng positiv definit ist, damit φ_X wohldefiniert ist. Tatsächlich treten in vielen Anwendungen degenerierte Kovarianzmatrizen auf, und es ist nützlich, Definition 2.5.12 auf die folgende Weise zu erweitern:

Definition 2.5.14 (Gaußscher Vektor, II) Gegeben seien $\mu \in \mathbb{R}^d$ und eine $d \times d$ symmetrische und *positiv semi-definite* Matrix C. Wir sagen, dass X eine Multi-Normalverteilung mit Mittelwert μ und Kovarianzmatrix C hat, und wir schreiben $X \sim \mathcal{N}_{\mu,C}$, wenn die CHF φ_X von jene von (2.81) ist. Wir sagen auch, dass X ein *Gaußscher Vektor* ist.

Durch Theorem 2.5.6 ist die vorherige Definition wohldefiniert und stimmt mit Definition 2.5.12 im Falle $C > 0$ überein, da die CHF die Verteilung eindeutig identifiziert. Darüber hinaus ist Definition 2.5.14 nicht leer im Sinne, dass eine Zufallsvariable X, die φ_X in (2.81) als charakteristische Funktion hat, *existiert*: tatsächlich, sei C eine gegebene $d \times d$ symmetrische und positiv semi-definite Matrix. dann gibt es nach Bemerkung 2.2.44 ein α, sodass $C = \alpha\alpha^*$; dann genügt es, $X = \alpha Z + \mu$ zu setzen, wo Z eine standard Multi-Normalverteilte Zufallsvariable ist, d. h., $Z \sim \mathcal{N}_{0,I}$ mit I die $d \times d$ Einheitsmatrix. Tatsächlich haben wir durch (2.61)

$$\varphi_{\alpha Z + \mu}(\eta) = e^{i\eta \cdot \mu}\varphi_Z(\alpha^*\eta) = e^{i\eta \cdot \mu - \frac{|\alpha^*\eta|^2}{2}} = e^{i\langle \mu, \eta \rangle - \frac{1}{2}\langle C\eta, \eta \rangle}.$$

Mit Hilfe der charakteristischen Funktion ist es einfach, einige grundlegende Eigenschaften der Normalverteilung zu beweisen, wie z. B. die Invarianz für lineare Transformationen. Beachte, dass wir bei der Verwendung der Matrixnotation den d-dimensionalen Zufallsvektor X mit der $d \times 1$ Spaltenmatrix identifizieren.

Proposition 2.5.15 [!] Ein Zufallsvektor X ist genau dann ein Gaußscher Vektor, wenn die reelle Zufallsvariable $\langle \eta, X \rangle$ eine Normalverteilung für jedes $\eta \in \mathbb{R}^d$ hat. Darüber hinaus sei α eine $N \times d$ konstante Matrix und $\beta \in \mathbb{R}^N$ mit $N, d \in \mathbb{N}$. Wenn $X \sim \mathcal{N}_{\mu,C}$ dann ist $\alpha X + \beta$ ein Gaußscher Vektor mit Verteilung

$$\alpha X + \beta \sim \mathcal{N}_{\alpha \mu + \beta, \alpha C \alpha^*}. \tag{2.82}$$

Beweis Wir beweisen, dass wenn $\langle \eta, X \rangle$ eine Normalverteilung für jedes $\eta \in \mathbb{R}^d$ hat, dann ist X ein Gaußscher Vektor. Tatsächlich genügt es, die CHF von X zu bestimmen:

$$\varphi_X(\eta) = E\left[e^{i \langle \eta, X \rangle}\right] = \varphi_{\langle \eta, X \rangle}(1) = e^{i E[\langle \eta, X \rangle] - \frac{1}{2} \mathrm{var}(\langle \eta, X \rangle)}$$

wobei die letzte Gleichung durch Annahme gilt. Es bleibt den Mittelwert und die Varianz von $\langle \eta, X \rangle$ zu berechnen:

$$E\left[\langle \eta, X \rangle\right] = \langle \eta, E\left[X\right] \rangle,$$

$$\mathrm{var}(\langle \eta, X \rangle) = \mathrm{var}\left(\sum_{i=1}^{d} \eta_i X_i\right) = \sum_{i,j=1}^{d} \eta_i \eta_j \mathrm{cov}(X_i, X_j) = \langle C\eta, \eta \rangle$$

wobei $C = \left(\mathrm{cov}(X_i, X_j)\right)$. Daher haben wir $X \sim \mathcal{N}_{E[X], C}$.

Umgekehrt, nehmen wir an $X \sim \mathcal{N}_{\mu,C}$ und berechnen die CHF von $\alpha X + \beta$: durch Proposition 2.5.3-iv) haben wir

$$\varphi_{\alpha X + \beta}(\eta) = e^{i \langle \eta, \beta \rangle} \varphi_X(\alpha^* \eta) =$$

(durch den Ausdruck (2.81) der CHF von X ausgewertet in $\alpha^* \eta$)

$$= e^{i \langle \eta, \beta \rangle} e^{i \langle \mu, \alpha^* \eta \rangle - \frac{1}{2} \langle C \alpha^* \eta, \alpha^* \eta \rangle}$$

$$= e^{i \langle \alpha \mu + \beta, \eta \rangle - \frac{1}{2} \langle \alpha C \alpha^* \eta, \eta \rangle},$$

was (2.82) beweist. $\square$

Zum Beispiel haben wir als Folge von (2.82), dass wenn (X, Y) eine bivariate Normalverteilung hat, dann sind X und $X + Y$ Zufallsvariablen mit einer Normalverteilung.

Beispiel 2.5.16 Seien $X, Y \sim \mathcal{N}_{0,1}$ unabhängig und $(u, v) \in \mathbb{R}^2$, sodass $u^2 + v^2 = 1$. Dann haben wir

$$Z := uX + vY \sim \mathcal{N}_{0,1}.$$

Tatsächlich, durch Theorem 2.3.23-iv) $(X, Y) \sim \mathcal{N}_{0,I}$, wo I die 2×2 Identitätsmatrix ist, erhalten wir

$$uX + vY = \alpha \begin{pmatrix} X \\ Y \end{pmatrix}, \qquad \text{mit } \alpha = \begin{pmatrix} u & v \end{pmatrix}.$$

Die These folgt nun aus (2.82), da

$$\mathrm{var}(Z) = \alpha \alpha^* = u^2 + v^2 = 1.$$

Beispiel 2.5.17 Sei $(X, Y, Z) \sim \mathcal{N}_{\mu,C}$ mit

$$\mu = (\mu_X, \mu_Y, \mu_Z), \qquad C = \begin{pmatrix} 1 & -1 & 1 \\ -1 & 2 & -2 \\ 1 & -2 & 2 \end{pmatrix}.$$

Beachte, dass $C \geq 0$ und $\det C = 0$ (die letzten beiden Zeilen von C sind linear abhängig): daher hat (X, Y, Z) keine Dichte. Allerdings, $Y \sim \mathcal{N}_{\mu_Y,2}$ und $(X, Z) \sim \mathcal{N}_{(\mu_X,\mu_Z),\hat{C}}$ mit

$$\hat{C} = \begin{pmatrix} 1 & 1 \\ 1 & 2 \end{pmatrix},$$

und daher haben Y und (X, Z) Gaußsche Dichten. Zur Vollständigkeit liefern wir die Matrix α der Cholesky-Faktorisierung $C = \alpha \alpha^*$ (vgl. Bemerkung 2.2.44):

$$\alpha = \begin{pmatrix} 1 & -1 & 1 \\ 0 & 1 & -1 \\ 0 & 0 & 0 \end{pmatrix}.$$

Proposition 2.5.18 [!] Sei $X = (X_1, \ldots, X_d)$ ein Gaußscher Vektor sein. Die reellen Zufallsvariablen $X_1, \ldots, X_d$ sind genau dann unabhängig, wenn sie unkorreliert sind, das heißt, $\mathrm{cov}\,(X_h, X_k) = 0$ für jedes $h, k = 1, \ldots, d$ mit $h \neq k$.

Beweis Wenn $X_1, \ldots, X_d$ unabhängige Zufallsvariablen sind, dann ist $\mathrm{cov}\,(X_h, X_k) = 0$ für jedes $h \neq k$ durch Theorem 2.3.28. Umgekehrt, seien $\mu_h = E\,[X_h]$ und $C_{hk} = \mathrm{cov}\,(X_h, X_k)$: durch Proposition 2.5.15, hat die Z. v. X_h eine Normalverteilung mit CHF

$$\varphi_{X_h}(\eta_h) = e^{i\mu_h \eta_h - \frac{1}{2} C_{hh} \eta_h^2}, \qquad \eta_h \in \mathbb{R}.$$

Andererseits haben wir durch die Annahme $C_{hk} = 0$ für $h \neq k$ und daher

$$\varphi_X(\eta) = e^{i\mu \cdot \eta - \frac{1}{2} \sum_{h=1}^{d} C_{hh} \eta_h^2} = \prod_{h=1}^{d} \varphi_{X_h}(\eta_h), \qquad \eta = (\eta_1, \ldots, \eta_d) \in \mathbb{R}^d,$$

und somit folgt die Behauptung aus Proposition 2.5.11. $\qquad\square$

Beispiel 2.5.19 [!] Die Annahme in Proposition 2.5.18, dass $X_1, \ldots, X_d$ eine *gemeinsame* multivariate Normalverteilung haben, kann nicht vernachlässigt werden. Tatsächlich gibt es Zufallsvariablen mit normalen Randverteilungen, die unkorreliert, aber nicht unabhängig sind. Betrachte zum Beispiel zwei *unabhängige* Zufallsvariablen, jeweils mit Standardnormalverteilung, $X \sim \mathcal{N}_{0,1}$, und Bernoulli-Verteilung, $Z \sim \mu_Z := \frac{1}{2}(\delta_{-1} + \delta_1)$. Sei $Y = ZX$. Wir beweisen, dass $Y \sim \mathcal{N}_{0,1}$: tatsächlich, aufgrund der Unabhängigkeit, ist die gemeinsame Verteilung von X und Z die Produktverteilung

$$\mathcal{N}_{0,1} \otimes \mu_Z$$

und somit für jedes beschränkte $f \in m\mathcal{B}$

$$E[f(ZX)] = \int_{\mathbb{R}^2} f(zx) \left(\mathcal{N}_{0,1} \otimes \mu_Z\right)(dx, dz) =$$

(durch Fubinis Theorem)

$$= \int_{\mathbb{R}} \left(\int_{\mathbb{R}} f(zx)\mathcal{N}_{0,1}(dx)\right) \mu_Z(dz)$$
$$= \frac{1}{2}\int_{\mathbb{R}} f(-x)\mathcal{N}_{0,1}(dx) + \frac{1}{2}\int_{\mathbb{R}} f(x)\mathcal{N}_{0,1}(dx)$$
$$= \int_{\mathbb{R}} f(x)\mathcal{N}_{0,1}(dx).$$

Insbesondere, wenn $f = \mathbb{1}_H$ mit $H \in \mathcal{B}$, erhalten wir

$$P(Y \in H) = \mathcal{N}_{0,1}(H),$$

das heißt, $Y \sim \mathcal{N}_{0,1}$.

Wir beweisen nun, dass $\operatorname{cov}(X, Y) = 0$ ist, aber auch, dass X, Y *nicht unabhängig sind*. Wir haben:

$$\operatorname{cov}(X, Y) = E[XY] = E\left[ZX^2\right] =$$

(aufgrund der Unabhängigkeit von X und Z)

$$= E[Z]\, E\left[X^2\right] = 0.$$

Wir überprüfen, dass X, Y nicht unabhängig sind:

$$P((X \in [0, 1]) \cap (Y \in [0, 1])) = P((X \in [0, 1]) \cap (ZX \in [0, 1])) =$$

(da wir auf dem Ereignis $(X \in [0, 1])$ $(ZX \in [0, 1]) = (Z = 1) \cap (X \in [0, 1])$ haben)

$$= P((X \in [0, 1]) \cap (Z = 1)) =$$

(aufgrund der Unabhängigkeit von X und Z)

$$= \frac{1}{2} P(X \in [0, 1]).$$

Andererseits, da $Y \sim \mathcal{N}_{0,1}$, haben wir $P(Y \in [0, 1]) < \frac{1}{2}$ und somit $P((X \in [0, 1]) \cap (Y \in [0, 1])) < P(X \in [0, 1]) P(Y \in [0, 1])$.

Dieses Beispiel widerspricht nicht dem Satz 2.5.18, da (X, Y) kein Gaußscher Vektor ist, auch wenn seine Komponenten eine normale Verteilung haben. Tatsächlich ist die gemeinsame CHF gegeben durch

$$\begin{aligned}
\varphi_{(X,Y)}(\eta_1, \eta_2) &= E\left[e^{i(\eta_1 X + \eta_2 Y)}\right] \\
&= E\left[e^{iX(\eta_1 - \eta_2)}\mathbb{1}_{(Z=-1)}\right] + E\left[e^{iX(\eta_1 + \eta_2)}\mathbb{1}_{(Z=1)}\right] =
\end{aligned}$$

(aufgrund der Unabhängigkeit von X und Z)

$$= \frac{1}{2} E\left[e^{iX(\eta_1 - \eta_2)}\right] + \frac{1}{2} E\left[e^{iX(\eta_1 + \eta_2)}\right] =$$

(da $X \sim \mathcal{N}_{0,1}$)

$$= \frac{1}{2}\left(e^{-\frac{(\eta_1 - \eta_2)^2}{2}} + e^{-\frac{(\eta_1 + \eta_2)^2}{2}}\right) = \frac{e^{\eta_1 \eta_2} + e^{-\eta_1 \eta_2}}{2} e^{-\frac{\eta_1^2 + \eta_2^2}{2}},$$

was nicht die CHF einer zweidimensionalen Normalverteilung ist. Übrigens beweist dies auch, dass $\varphi_{(X,Y)}(\eta_1, \eta_2) \neq \varphi_X(\eta_1)\varphi_Y(\eta_2)$, das heißt, es bestätigt, dass X, Y nicht unabhängig sind.

2.5.3   Reihenentwicklung von CHF und Momenten

Wir beweisen ein interessantes Ergebnis, das zeigt, dass die *Momente einer Zufalls-variable* $X \in L^p(\Omega, P)$, das heißt, die Erwartungswerte $E\left[X^k\right]$ der Potenzen von X mit $k \leq p$, in Bezug auf Ableitungen der CHF von X ausgedrückt werden können (siehe insbesondere Bemerkung 2.5.21).

Theorem 2.5.20 [!] Sei X eine reelle Z. v. in $L^p(\Omega, P)$ für ein $p \in \mathbb{N}$. Dann haben wir die folgende Entwicklung der CHF von X um den Ursprung:

$$\varphi_X(\eta) = \sum_{k=0}^{p} \frac{E\left[(iX)^k\right]}{k!} \eta^k + o(\eta^p) \qquad \text{als } \eta \to 0. \tag{2.83}$$

Beweis Wir erinnern uns an die Taylor-Formel mit Lagrange-Restglied für $f \in C^p(\mathbb{R})$: für jedes $\eta \in \mathbb{R}$ gibt es ein $\lambda \in [0, 1]$, sodass

$$f(\eta) = \sum_{k=0}^{p-1} \frac{f^{(k)}(0)}{k!} \eta^k + \frac{f^{(p)}(\lambda\eta)}{p!} \eta^p.$$

Wenn wir diese Formel auf die glatte Funktion $f(\eta) = e^{i\eta X}$ anwenden, erhalten wir

$$e^{i\eta X} = \sum_{k=0}^{p} \frac{(iX)^k}{k!} \eta^k + \frac{(iX)^p \left(e^{i\lambda\eta X} - 1\right)}{p!} \eta^p,$$

wo in diesem Fall $\lambda \in [0, 1]$ von X abhängt und daher zufällig ist. Wenn wir den Erwartungswert auf die letzte Identität anwenden, bekommen wir

$$\varphi_X(\eta) = \sum_{k=0}^{p} \frac{E\left[(iX)^k\right]}{k!} \eta^k + R(\eta)\eta^p$$

wobei

$$R(\eta) = \frac{1}{p!} E\left[(iX^p)\left(e^{i\lambda\eta X} - 1\right)\right] \longrightarrow 0 \qquad \text{als } \eta \to 0,$$

nach dem Satz der majorisierten Konvergenz, da nach Annahme

$$\left|(iX^p)\left(e^{i\lambda\eta X} - 1\right)\right| \leq 2|X|^p \in L^1(\Omega, P).$$

$\square$

Bemerkung 2.5.21 [!] Wenn $X \in L^p(\Omega, P)$ ist, dann ist nach (2.83) φ_X p-mal am Ursprung differenzierbar und

$$\varphi_X^{(k)}(0) = E\left[(iX)^k\right], \qquad k = 0, \dots, p. \tag{2.84}$$

Bemerkung 2.5.22 Nehmen wir an, dass $X \in L^p(\Omega, P)$ für jedes $p \in \mathbb{N}$ und dass φ_X eine analytische Funktion ist. Dann ist es möglich, ausgehend von den Momenten von X, φ_X und daher die Verteilung von X abzuleiten.

Beispiel 2.5.23 Sei X eine Zufallsvariable mit Cauchy-Verteilung, wie in (2.64). Dann gilt $X \notin L^1(\Omega, P)$ und die charakteristische Funktion φ_X in (2.65) ist am Ursprung nicht differenzierbar.

Beispiel 2.5.24 Gegeben sei $X \sim \mathcal{N}_{\mu,\sigma^2}$, dann gilt $X \in L^p(\Omega, P)$ für jedes $p \in \mathbb{N}$. Da

$$\varphi_X(\eta) = e^{i\mu\eta - \frac{\sigma^2\eta^2}{2}}$$

können wir durch sorgfältige Berechnung (oder mit Hilfe von symbolischer Rechensoftware) die folgenden Ausdrücke ableiten:

$$\varphi'(\eta) = i\left(\mu + i\eta\sigma^2\right)\varphi(\eta),$$

$$\varphi^{(2)}(\eta) = i^2\left(\sigma^2 + \left(\mu + i\eta\sigma^2\right)^2\right)\varphi(\eta),$$

$$\varphi^{(3)}(\eta) = i^3\left(\mu + i\eta\sigma^2\right)\left(3\sigma^2 + \left(\mu + i\eta\sigma^2\right)^2\right)\varphi(\eta),$$

$$\varphi^{(4)}(\eta) = i^4\left(\mu^4 + 2\mu^2\sigma^2(3 + 2i\mu\eta) + 2\eta^2\sigma^6(-3 - 2i\mu\eta)\right.$$

$$\left. + 3\sigma^4(1 - 2\mu\eta(\mu\eta - 2i)) + \eta^4\sigma^8\right)\varphi(\eta),$$

so dass

$$\varphi'(0) = i\mu,$$

$$\varphi^{(2)}(0) = -\left(\mu^2 + \sigma^2\right),$$

$$\varphi^{(3)}(0) = -i\left(\mu^3 + 3\mu\sigma^2\right),$$

$$\varphi^{(4)}(0) = \mu^4 + 6\mu^2\sigma^2 + 3\sigma^4.$$

Dann haben wir durch (2.84)

$$E\left[X\right] = \mu,$$

$$E\left[X^2\right] = \mu^2 + \sigma^2,$$

$$E\left[X^3\right] = \mu^3 + 3\mu\sigma^2,$$

$$E\left[X^4\right] = \mu^4 + 6\mu^2\sigma^2 + 3\sigma^4.$$

Beispiel 2.5.25 Gegeben sei $X \sim \mathrm{Exp}_\lambda$, dann gilt $X \in L^p(\Omega, P)$ für jedes $p \in \mathbb{N}$. Da

$$\varphi_X(\eta) = \frac{\lambda}{\lambda - i\eta}$$

haben wir:

$$\varphi^{(k)}(\eta) = \frac{i^k k!\lambda}{(\lambda - i\eta)^{k+1}}, \qquad k \in \mathbb{N},$$

und insbesondere

$$\varphi^{(k)}(0) = \frac{i^k k!}{\lambda^k}.$$

Dann bekommen wir durch (2.84)

$$E\left[X^k\right] = \frac{k!}{\lambda^k}.$$

2.6 Ergänzungen

2.6.1 Summe von Zufallsvariablen

Theorem 2.6.1 Seien $X, Y \in \mathrm{AC}$ auf $(\Omega, \mathscr{F}, P)$ mit Werten in $\mathbb{R}^d$, mit gemeinsamer Dichte $\gamma_{(X,Y)}$. Dann gehört $X + Y \in \mathrm{AC}$ und hat die Dichte

$$\gamma_{X+Y}(z) = \int_{\mathbb{R}^d} \gamma_{(X,Y)}(x, z - x)dx, \qquad z \in \mathbb{R}^d. \tag{2.85}$$

Darüber hinaus, wenn X, Y unabhängig sind, dann

$$\gamma_{X+Y}(z) = (\gamma_X * \gamma_Y)(z) := \int_{\mathbb{R}^d} \gamma_X(x)\gamma_Y(z - x)dx, \qquad z \in \mathbb{R}^d, \tag{2.86}$$

das heißt, die Dichte von $X + Y$ ist die *Faltung* der Dichten von X und Y.

Ebenso, wenn X, Y diskrete Zufallsvariablen auf (Ω, P) mit Werten in $\mathbb{R}^d$ sind, mit gemeinsamer Verteilungsfunktion $\bar{\mu}_{(X,Y)}$, dann ist $X + Y$ eine diskrete Zufallsvariable mit Verteilungsfunktion

$$\bar{\mu}_{X+Y}(z) = \sum_{x \in X(\Omega)} \bar{\mu}_{(X,Y)}(x, z - x), \qquad z \in \mathbb{R}^d.$$

Insbesondere, wenn X, Y unabhängig sind, dann

$$\bar{\mu}_{X+Y}(z) = (\bar{\mu}_X * \bar{\mu}_Y)(z) := \sum_{x \in X(\Omega)} \bar{\mu}_X(x)\bar{\mu}_Y(z - x), \tag{2.87}$$

das heißt, $\bar{\mu}_{X+Y}$ ist die diskrete Faltung der Verteilungsfunktionen $\bar{\mu}_X$ von X und $\bar{\mu}_Y$ von Y.

Beweis Für jedes $H \in \mathscr{B}_d$ haben wir

$$P(X + Y \in H) = E\left[\mathbb{1}_H(X + Y)\right] = \int_{\mathbb{R}^d \times \mathbb{R}^d} \mathbb{1}_H(x + y)\gamma_{(X,Y)}(x, y)dxdy =$$

(durch die Variablentransformation $z = x + y$)

$$= \int_{\mathbb{R}^d \times \mathbb{R}^d} \mathbb{1}_H(z)\gamma_{(X,Y)}(x, z-x)dxdz =$$

(durch Fubinis Theorem)

$$= \int_H \left(\int_{\mathbb{R}^d} \gamma_{(X,Y)}(x, z-x)dx \right) dz,$$

und dies beweist, dass die Funktion γ_{X+Y} in (2.85) eine Dichte von $X+Y$ ist. Schließlich folgt (2.86) aus (2.85) und (2.51).

Für den diskreten Fall haben wir

$$\bar{\mu}_{X+Y}(z) = P(X+Y=z) = P\left(\bigcup_{x \in X(\Omega)} ((X,Y) = (x, z-x)) \right) =$$

(durch die σ-Additivität von P)

$$= \sum_{x \in X(\Omega)} \bar{\mu}_{(X,Y)}(x, z-x) =$$

(wenn X, Y unabhängig sind, nach (2.52))

$$= \sum_{x \in X(\Omega)} \bar{\mu}_X(x)\bar{\mu}_Y(z-x).$$

$\square$

Beispiel 2.6.2 Seien X, Y unabhängige Zufallsvariablen auf $(\Omega, \mathscr{F}, P)$ mit Werten in $\mathbb{R}^d$. Wie im Beweis von Theorem 2.6.1 können wir zeigen, dass wenn $X \in \mathrm{AC}$ dann auch $(X+Y) \in \mathrm{AC}$ und hat Dichte

$$\gamma_{X+Y}(z) = \int_{\mathbb{R}^d} \gamma_X(z-y)\mu_Y(dy), \qquad z \in \mathbb{R}^d. \tag{2.88}$$

Zum Beispiel, seien $X \sim \mathscr{N}_{\mu,\sigma^2}$ und $Y \sim \mathrm{Be}_p$ unabhängig. Dann ist $X+Y$ absolut stetig und

$$\Gamma_{\mu,\sigma^2}(x) = \frac{1}{\sqrt{2\pi\sigma^2}}e^{-\frac{1}{2}\left(\frac{x-\mu}{\sigma}\right)^2},$$

nach (2.88) hat $X+Y$ Dichte

$$\gamma_{X+Y}(z) = \int_{\mathbb{R}^d} \Gamma_{\mu,\sigma^2}(z-y)\mathrm{Be}_p(dy)$$
$$= p\Gamma_{\mu,\sigma^2}(z-1) + (1-p)\Gamma_{\mu,\sigma^2}(z)$$
$$= p\Gamma_{\mu+1,\sigma^2}(z) + (1-p)\Gamma_{\mu,\sigma^2}(z)$$

Allgemeiner, wenn Y eine diskrete Zufallsvariable mit Verteilung der Form (2.4) ist, das heißt,

$$\sum_{n \geq 1} p_n \delta_{y_n},$$

dann hat $X + Y$ eine Dichte, die eine lineare Kombination von Gaußschen Funktionen mit der gleichen Varianz und mit den Polen verschoben um y_n ist:

$$\gamma_{X+Y}(z) = \sum_{n \geq 1} p_n \Gamma_{\mu+y_n, \sigma^2}(z).$$

2.6.2 Beispiele

Proposition 2.6.3 (Summe unabhängiger Bernoulli-Variablen) Sei $(X_i)_{i=1,\dots,n}$ eine Familie von unabhängigen Bernoulli-Zufallsvariablen, $X_i \sim \text{Be}_p$. Dann

$$S := X_1 + \cdots + X_n \sim \text{Bin}_{n,p}. \tag{2.89}$$

Als Konsequenz, für $X \sim \text{Bin}_{n,p}$ haben wir

$$E[X] = np, \qquad \text{var}(X) = np(1-p). \tag{2.90}$$

Außerdem, wenn $X \sim \text{Bin}_{n,p}$ und $Y \sim \text{Bin}_{m,p}$ unabhängige Zufallsvariablen sind, dann $X + Y \sim \text{Bin}_{n+m,p}$.

Beweis Setze
$$C_i = (X_i = 1), \qquad i = 1, \dots, n,$$

dann haben wir, dass $(C_i)_{i=1,\dots,n}$ eine Familie von n wiederholten unabhängigen Versuchen mit Wahrscheinlichkeit p ist. Die Zufallsvariable S in (2.89) gibt die Anzahl der Erfolge unter den n Versuchen an (wie in Beispiel 2.1.7-iii)) und daher, wie wir bereits bewiesen haben, $S \sim \text{Bin}_{n,p}$. Alternativ kann man die Verteilungsfunktion von S als diskrete Faltung unter Verwendung von (2.87) berechnen, aber die Berechnungen sind ein wenig mühsam. Formeln (2.90) sind eine unmittelbare Folge der Linearität des Integrals und der Tatsache, dass die Varianz unabhängiger Zufallsvariablen gleich der Summe der einzelnen Varianzen ist (vgl. Formel (2.55)):

$$E[X] = E[S] = nE[X_1] = np, \qquad \text{var}(X) = \text{var}(S) = n\text{var}(X_1) = np(1-p).$$

Um den zweiten Teil der Aussage zu beweisen, betrachten wir zuerst den Fall, in dem
$$X = X_1 + \cdots + X_n, \qquad Y = Y_1 + \cdots + Y_m,$$

wobei $X_1, \dots, X_n, Y_1, \dots, Y_m \sim \text{Be}_p$ unabhängig sind. Dann, wie zuvor bewiesen, haben wir

$$X + Y = X_1 + \cdots + X_n + Y_1 + \cdots + Y_m \sim \text{Bin}_{n+m,p}.$$

Jetzt betrachten wir den allgemeinen Fall, wo $X' \sim \text{Bin}_{n,p}$ und $Y' \sim \text{Bin}_{m,p}$ unabhängig sind: dann $X' \stackrel{d}{=} X$, $Y' \stackrel{d}{=} Y$ und die Behauptung folgt aus (2.87), da

$$\bar{\mu}_{X'+Y'} = \bar{\mu}_{X'} * \bar{\mu}_{Y'} = \bar{\mu}_X * \bar{\mu}_Y = \bar{\mu}_{X+Y}.$$

$\square$

Beispiel 2.6.4 (Binomialmodell) Eines der klassischsten Modelle, die in der Finanzwelt zur Beschreibung der Entwicklung des Preises eines riskobehafteten Vermögenswertes verwendet werden, ist das sogenannte *Binomialmodell*. Wir führen eine Folge (X_k) von Zufallsvariablen ein, wobei X_k den Preis des Vermögenswertes zur Zeit k darstellt, für $k = 0, 1, \ldots, n$: wir nehmen an, dass $X_0 \in \mathbb{R}_{>0}$ und haben zwei Parameter $0 < d < u$ gegeben. Nun definieren rekursiv

$$X_k = u^{\alpha_k} d^{1-\alpha_k} X_{k-1}, \qquad k = 1, \ldots, n,$$

wobei α_k unabhängige Bernoulli-Zufallsvariablen sind, $\alpha_k \sim \text{Be}_p$. Am Ende haben wir

$$X_k = \begin{cases} u X_{k-1} \text{ mit Wahrscheinlichkeit } p, \\ d X_{k-1} \text{ mit Wahrscheinlichkeit } 1 - p, \end{cases}$$

und

$$X_n = u^{Y_n} d^{n-Y_n} X_0,$$

wo $Y_n = \sum_{k=1}^{n} \alpha_k \sim \text{Bin}_{n,p}$ durch Proposition 2.6.3. Dann haben wir

$$P(X_n = u^k d^{n-k} X_0) = P(Y_n = k) = \binom{n}{k} p^k (1 - p)^{n-k}, \qquad k = 0, \ldots, n,$$

was die Wahrscheinlichkeiten der möglichen Preise zur Zeit n sind. Abb. 2.9 zeigt einen der möglichen Pfade (oder Trajektorien) des binomialen Vermögenspreises.

Beispiel 2.6.5 (Summe unabhängiger Poisson-Variablen) Seien $\lambda_1, \lambda_2 > 0$ und $X_1 \sim \text{Poisson}_{\lambda_1}$, $X_2 \sim \text{Poisson}_{\lambda_2}$ unabhängig. Dann gilt $X_1 + X_2 \sim \text{Poisson}_{\lambda_1+\lambda_2}$. Tatsächlich, wenn $\bar{\mu}_1, \bar{\mu}_2$ die Verteilungsfunktionen von X_1, X_2 sind, haben wir nach Theorem 2.6.1

$$\bar{\mu}_{X_1+X_2}(n) = (\bar{\mu}_1 * \bar{\mu}_2)(n) = \sum_{k=0}^{n} \bar{\mu}_1(k)\bar{\mu}_2(n - k) =$$

(die Grenzen, in denen k in der Summation variiert, werden durch die Tatsache bestimmt, dass $\bar{\mu}_1(k) \neq 0$ wenn $k \in \mathbb{N}_0$ und $\bar{\mu}_2(n - k) \neq 0$ wenn $n - k \in \mathbb{N}_0$)

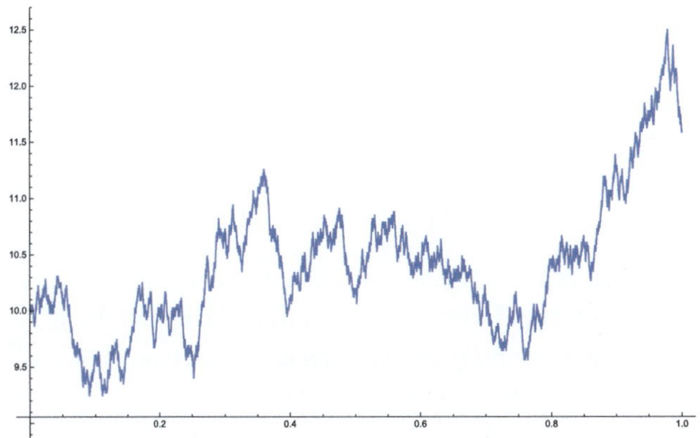

Abb. 2.9 Darstellung einer Trajektorie des binomialen Prozesses

$$= \sum_{k=0}^{n} e^{-\lambda_1} \frac{\lambda_1^k}{k!} e^{-\lambda_2} \frac{\lambda_2^{n-k}}{(n-k)!} = \frac{e^{-\lambda_1 - \lambda_2}}{n!} \sum_{k=0}^{n} \binom{n}{k} \lambda_1^k \lambda_2^{n-k} = \frac{e^{-(\lambda_1 + \lambda_2)}}{n!} (\lambda_1 + \lambda_2)^n.$$

Beispiel 2.6.6 (Summe unabhängiger normaler Variablen) Wenn $X \sim \mathcal{N}_{\mu,\sigma^2}$ und $Y \sim \mathcal{N}_{\nu,\delta^2}$ unabhängige reelle Zufallsvariablen sind, dann

$$X + Y \sim \mathcal{N}_{\mu+\nu, \sigma^2+\delta^2}.$$

Tatsächlich, durch (2.86) und der folgenden Definition

$$\gamma_{\mu,\sigma^2}(x) := \frac{1}{\sigma\sqrt{2\pi}} e^{-\frac{1}{2}\left(\frac{x-\mu}{\sigma}\right)^2}, \quad x \in \mathbb{R},$$

zeigt eine direkte Berechnung, dass

$$\gamma_{\mu,\sigma^2} * \gamma_{\nu,\delta^2} = \gamma_{\mu+\nu, \sigma^2+\delta^2}.$$

Beispiel 2.6.7 (Chi-Quadrat-Verteilung mit n Freiheitsgraden) Eine weitere Folge von Theorem 2.6.1 ist, wenn $X \sim \text{Gamma}_{\alpha,\lambda}$ und $Y \sim \text{Gamma}_{\beta,\lambda}$ unabhängige reelle Zufallsvariablen sind, dass dann

$$X + Y \sim \text{Gamma}_{\alpha+\beta,\lambda}. \tag{2.91}$$

Als speziellen Fall haben wir, wenn $X, Y \sim \text{Exp}_\lambda = \text{Gamma}_{1,\lambda}$ unabhängige Zufallsvariablen sind, dass dann

$$X + Y \sim \text{Gamma}_{2,\lambda}$$

mit Dichte $\gamma_{X+Y}(t) = \lambda^2 t e^{-\lambda t} \mathbb{1}_{\mathbb{R}_{>0}}(t)$.

Im Beispiel 2.1.38 haben wir die *Chi-Quadrat*-Verteilung $\chi^2 := \mathrm{Gamma}_{\frac{1}{2},\frac{1}{2}}$ eingeführt, die die Verteilung der Zufallsvariable X^2 ist, wobei $X \sim \mathcal{N}_{0,1}$ eine Standardnormalverteilung ist. Allgemeiner gesagt, seien $X_1, \ldots, X_n$ unabhängige Zufallsvariablen mit Verteilung $\mathcal{N}_{0,1}$, dann haben wir nach (2.91)

$$Z := X_1^2 + \cdots + X_n^2 \sim \Gamma_{\frac{n}{2},\frac{1}{2}}. \tag{2.92}$$

Zufallsvariablen vom Typ (2.92) treten in vielen Anwendungen und insbesondere in der Statistik auf (siehe zum Beispiel Kap. 8 in [29]). Die Verteilung $\Gamma_{\frac{n}{2},\frac{1}{2}}$ wird als *Chi-Quadrat-Verteilung mit n Freiheitsgraden* bezeichnet und durch $\chi^2(n)$ gekennzeichnet: also $Z \sim \chi^2(n)$, wenn sie die Dichte hat

$$\gamma_n(x) = \frac{1}{2^{\frac{n}{2}} \Gamma\left(\frac{n}{2}\right)} \frac{e^{-\frac{x}{2}}}{x^{1-\frac{n}{2}}} \mathbb{1}_{\mathbb{R}_{>0}}(x). \tag{2.93}$$

Beachte, dass γ_n in (2.93) eine Dichte ist, wenn n eine beliebige positive reale Zahl ist, ohne dass es notwendigerweise eine ganze Zahl sein muss.

Beispiel 2.6.8 Betrachte die Zufallsvariable Z, die die „Summe der Würfelwürfe von zwei Würfeln" darstellt. Die Zufallsvariablen, die das Ergebnis des Wurfs jedes der beiden Würfel anzeigen, haben eine gleichmäßige Verteilung Unif_6 und sind unabhängig. Dann, wenn $\bar{\mu}$ die Verteilungsfunktion von Unif_6 ist, d.h., $\bar{\mu}(n) = \frac{1}{6}$ für $n \in I_6 = \{1, \ldots, 6\}$, ist die Verteilungsfunktion von Z nach (2.87) durch die Faltung $\bar{\mu} * \bar{\mu}$ gegeben:

$$(\bar{\mu} * \bar{\mu})(n) = \sum_k \bar{\mu}(k)\bar{\mu}(n-k), \qquad 2 \leq n \leq 12.$$

Damit $\bar{\mu}(k)$ und $\bar{\mu}(n-k)$ nicht null sind, muss $k \in I_6$ und $n - k \in I_6$ gelten, das heißt

$$(n - 6) \vee 1 \leq k \leq (n - 1) \wedge 6.$$

Daher

$$P(Z = n) = (\bar{\mu} * \bar{\mu})(n) = \sum_{k=(n-6)\vee 1}^{(n-1)\wedge 6} \bar{\mu}(k)\bar{\mu}(n-k) = \frac{(n-1)\wedge 6 - (n-6)\vee 1 + 1}{36}.$$

Proposition 2.6.9 (Maximum und Minimum unabhängiger Variablen) Seien $X_1, \ldots, X_n$ unabhängige reelle Zufallsvariablen. Definiere

$$X = \max\{X_1, \ldots, X_n\} \quad \text{und} \quad Y = \min\{X_1, \ldots, X_n\} -$$

Dann haben wir die folgende Beziehung zwischen den Verteilungsfunktionen[22]

---

[22] Hier ist Vorsicht geboten, dass man (2.94) und (2.54) nicht verwechselt!

$$F_X(x) = \prod_{k=1}^{n} F_{X_k}(x), \qquad x \in \mathbb{R}, \tag{2.94}$$

$$F_Y(y) = 1 - \prod_{k=1}^{n} \left(1 - F_{X_k}(y)\right), \qquad y \in \mathbb{R}.$$

Beweis Es genügt zu beobachten, dass

$$(X \le x) = \bigcap_{k=1}^{n}(X_k \le x), \qquad x \in \mathbb{R},$$

und daher, unter Ausnutzung der Unabhängigkeit,

$$F_X(x) = P(X \le x) = P\left(\bigcap_{k=1}^{n}(X_k \le x)\right) = \prod_{k=1}^{n} P(X_k \le x) = \prod_{k=1}^{n} F_{X_k}(x).$$

Für die zweite Identität gehen wir auf ähnliche Weise vor und verwenden die Beziehung

$$(Y > x) = \bigcap_{k=1}^{n}(X_k > x), \qquad x \in \mathbb{R}.$$

$\square$

Beispiel 2.6.10 Wenn $X_k \sim \mathrm{Exp}_{\lambda_k}$, $k = 1, \dots, n$, unabhängige Zufallsvariablen sind, dann

$$Y := \min\{X_1, \dots, X_n\} \sim \mathrm{Exp}_{\lambda_1 + \cdots + \lambda_n}.$$

Tatsächlich erinnern wir uns daran, dass die Dichte und die Verteilungsfunktion der Exp_λ jeweils

$$\gamma(t) = \lambda e^{-\lambda t} \qquad \text{und} \qquad F(t) = 1 - e^{-\lambda t}, \qquad t \ge 0,$$

sind und gleich null für $t < 0$ sind. Dann, nach Proposition 2.6.9, haben wir, dass

$$F_Y(t) = 1 - \prod_{k=1}^{n} \left(1 - F_{X_k}(t)\right) = 1 - \prod_{k=1}^{n} e^{-\lambda_k t}, \qquad t \ge 0,$$

was genau die CDF von $\mathrm{Exp}_{\lambda_1 + \cdots + \lambda_n}$ ist.

Übung 2.6.11 Sei X das Maximum zwischen den Ergebnissen von zwei Würfelwürfen. Bestimme $P(X \ge 4)$.

Lösung *Betrachte die unabhängigen Zufallsvariablen $X_i \sim \mathrm{Unif}_6$, $i = 1, 2$, der Ergebnisse der beiden Würfelwürfe. Dann ist $X = \max\{X_1, X_2\}$ und wir haben*

$$P(X \ge 4) = 1 - P(X \le 3) = 1 - F_X(3) =$$

(*nach Proposition* 2.6.9)

$$= 1 - F_{X_1}(3) F_{X_1}(3) =$$

(*unter Berücksichtigung von* (1.44))

$$= 1 - \frac{3}{6} \cdot \frac{3}{6} = \frac{3}{4}.$$

Übung 2.6.12 Bestimme die Verteilung von $\max\{X, Y\}$ und $\min\{X, Y\}$, wobei X, Y unabhängige Zufallsvariablen mit Verteilung $X \sim \mathrm{Unif}_{[0,2]}$ und $Y \sim \mathrm{Unif}_{[1,3]}$ sind.

Kapitel 3
Folgen von Zufallsvariablen

*Das Neue geschieht immer gegen die überwältigenden Chancen
der statistischen Gesetze und ihrer Wahrscheinlichkeit, die für
alle praktischen, alltäglichen Zwecke einer Gewissheit
gleichkommt; das Neue erscheint daher immer in der
Verkleidung eines Wunders.*

Hannah Arendt

Der Hauptfokus dieses Kapitels liegt in der Untersuchung von Folgen von Zufallsvariablen. Allerdings stellt die Behandlung der Existenz und Konstruktion solcher
Folgen eine nicht-triviale Herausforderung dar, die wir auf den zweiten Band [144]
verschieben. Daher gehen wir vorerst von ihrer Existenz aus und vertiefen uns in die
Untersuchung verschiedener Konvergenzbegriffe für Folgen von Zufallsvariablen
und stellen einige grundlegende Ergebnisse auf, insbesondere das Gesetz der großen
Zahlen und den zentralen Grenzwertsatz. Darüber hinaus untersuchen wir verschiedene Anwendungen, darunter die prominente stochastische numerische Technik, die
als Monte-Carlo-Methode bekannt ist.

3.1 Konvergenz für Folgen von Zufallsvariablen

In diesem Abschnitt fassen wir verschiedene Definitionen der Konvergenz von Folgen von Zufallsvariablen zusammen und vergleichen sie. Wir betrachten einen Wahrscheinlichkeitsraum $(\Omega, \mathscr{F}, P)$, auf dem eine Folge von Zufallsvariablen $(X_n)_{n \in \mathbb{N}}$
und eine Z. v. X mit Werten in $\mathbb{R}^d$ definiert sind:

A. Pascucci, *Elementare Wahrscheinlichkeitstheorie I*,
https://doi.org/10.1007/978-3-031-98093-0_3

i) $(X_n)_{n\in\mathbb{N}}$ konvergiert *fast sicher* gegen X, wenn[1]

$$P\left(\lim_{n\to\infty} X_n = X\right) = 1,$$

das heißt, wenn

$$\lim_{n\to\infty} X_n(\omega) = X(\omega)$$

für fast alle $\omega \in \Omega$. In diesem Fall schreiben wir

$$X_n \xrightarrow{\text{a.s.}} X.$$

ii) Seien $(X_n)_{n\in\mathbb{N}}$ und X jeweils eine Folge und eine Z. v. in $L^p(\Omega, P)$ mit $p \geq 1$. Wir sagen, dass $(X_n)_{n\in\mathbb{N}}$ gegen X in L^p konvergiert, wenn

$$\lim_{n\to\infty} E\left[|X_n - X|^p\right] = 0.$$

In diesem Fall schreiben wir

$$X_n \xrightarrow{L^p} X.$$

iii) (X_n) konvergiert *in Wahrscheinlichkeit* gegen X, wenn für jedes $\varepsilon > 0$

$$\lim_{n\to\infty} P\left(|X_n - X| \geq \varepsilon\right) = 0$$

gilt. In diesem Fall schreiben wir

$$X_n \xrightarrow{P} X.$$

iv) (X_n) konvergiert *in Verteilung* (oder *in Gesetz* oder *schwach*) gegen X wenn

$$\lim_{n\to\infty} E\left[f(X_n)\right] = E\left[f(X)\right]$$

für jedes $f \in bC$, wobei $bC = bC(\mathbb{R}^d)$ die Familie der stetigen und beschränkten Funktionen von $\mathbb{R}^d$ nach $\mathbb{R}$ bezeichnet. In diesem Fall schreiben wir

$$X_n \xrightarrow{d} X.$$

---

[1] Nach Bemerkung 2.1.9 ist die Menge

$$\left(\lim_{n\to\infty} X_n = X\right) := \{\omega \in \Omega \mid \lim_{n\to\infty} X_n(\omega) = X(\omega)\}$$

ein Ereignis.

Bemerkung 3.1.1 (Schwache Konvergenz von Verteilungen) Die schwache Konvergenz erfordert nicht, dass die Zufallsvariablen X_n auf demselben Wahrscheinlichkeitsraum definiert sind, sondern hängt nur von den Verteilungen der Variablen selbst ab. Genauer gesagt, wir sagen, dass eine Folge $(\mu_n)_{n\in\mathbb{N}}$ von Verteilungen auf $\mathbb{R}^d$ *schwach* gegen die Verteilung μ konvergiert und schreiben

$$\mu_n \xrightarrow{\ d\ } \mu,$$

wenn

$$\lim_{n\to\infty} \int_{\mathbb{R}^d} f\, d\mu_n = \int_{\mathbb{R}^d} f\, d\mu \qquad \text{für jedes } f \in bC. \tag{3.1}$$

Da

$$E\left[f(X_n)\right] = \int_{\mathbb{R}^d} f\, d\mu_{X_n},$$

ist, ist die Konvergenz in der Verteilung von $(X_n)_{n\in\mathbb{N}}$ äquivalent zur schwachen Konvergenz der Folge $(\mu_{X_n})_{n\in\mathbb{N}}$ der entsprechenden Verteilungen: mit anderen Worten, $X_n \xrightarrow{\ d\ } X$ genau dann, wenn $\mu_{X_n} \xrightarrow{\ d\ } \mu_X$.

Beispiel 3.1.2 [!] Sei $(x_n)_{n\in\mathbb{N}}$ eine Folge von reellen Zahlen, die gegen $x \in \mathbb{R}$ konvergiert. Dann $\delta_{x_n} \xrightarrow{\ d\ } \delta_x$ da wir für jede $f \in bC$

$$\int_{\mathbb{R}} f\, d\delta_{x_n} = f(x_n) \xrightarrow[n\to\infty]{} f(x) = \int_{\mathbb{R}} f\, d\delta_x$$

haben. Es ist jedoch nicht wahr, dass

$$\lim_{n\to\infty} \delta_{x_n}(H) = \delta_x(H)$$

für jedes $H \in \mathscr{B}$: zum Beispiel, wenn $x_n = \frac{1}{n}$ und $H = \mathbb{R}_{>0}$. Dies klärt, warum es in der Definition (3.1) der Konvergenz von Verteilungen natürlich ist, anzunehmen, dass $f \in bC$ und nicht $f = \mathbb{1}_H$ für jedes $H \in \mathscr{B}$, was wie eine naive Definition erscheinen könnte.

Beispiel 3.1.3 Betrachte zwei Folgen von reellen Zahlen $(a_n)_{n\in\mathbb{N}}$ und $(\sigma_n)_{n\in\mathbb{N}}$, so dass $a_n \longrightarrow a \in \mathbb{R}$ und $0 < \sigma_n \longrightarrow 0$ wenn $n \to \infty$. Wenn $X_n \sim \mathscr{N}_{a_n,\sigma_n^2}$ dann $X_n \xrightarrow{\ d\ } X \sim \delta_a$. Tatsächlich, für jedes $f \in bC(\mathbb{R})$ haben wir

$$E[f(X_n)] = \int_{\mathbb{R}} f\, d\mathscr{N}_{a_n,\sigma_n^2} = \int_{\mathbb{R}} f(x) \frac{1}{\sqrt{2\pi\sigma_n^2}} e^{-\frac{1}{2}\left(\frac{x-a_n}{\sigma_n}\right)^2} dx =$$

(durch die Änderung der Variablen $z = \frac{x-a_n}{\sigma_n\sqrt{2}}$)

$$= \int_{\mathbb{R}} f\left(a_n + z\sigma_n\sqrt{2}\right) \frac{e^{-z^2}}{\sqrt{\pi}} dz,$$

welches durch den Satz der majorisierten Konvergenz gegen $f(a) = E[f(X)]$ konvergiert.

Darüber hinaus, wenn die Variablen X und X_n, für jedes $n \in \mathbb{N}$, auf demselben Wahrscheinlichkeitsraum $(\Omega, \mathscr{F}, P)$ definiert sind, haben wir auch Konvergenz in L^2: tatsächlich $X_n, X \in L^2(\Omega, P)$ und wir haben

$$\begin{aligned} E\left[|X_n - X|^2\right] &\leq 2E\left[|X_n - a_n|^2\right] + 2E\left[|a_n - X|^2\right] \\ &= 2E\left[|X_n - a_n|^2\right] + 2|a_n - a|^2 \\ &= 2\sigma_n^2 + 2|a_n - a|^2 \xrightarrow[n\to\infty]{} 0. \end{aligned}$$

3.1.1 *Markov's Ungleichung*

Theorem 3.1.4 (Markov's Ungleichung)[!] Für jede Zufallsvariable X mit Werten in $\mathbb{R}^d$, und für jedes $\lambda > 0$ und $p \in [0, +\infty[$, gilt die folgende Ungleichung, bekannt als *Markov's Ungleichung:*

$$P(|X| \geq \lambda) \leq \frac{E\left[|X|^p\right]}{\lambda^p}. \tag{3.2}$$

Insbesondere, wenn $Y \in L^2(\Omega, P)$ eine reelle Zufallsvariable ist, gilt die *Tschebyscheffsche Ungleichung:*

$$P\left(|Y - E[Y]| \geq \lambda\right) \leq \frac{\mathrm{var}(Y)}{\lambda^2}. \tag{3.3}$$

Beweis Wie für (3.2), wenn $E\left[|X|^p\right] = +\infty$ gibt es nichts zu beweisen, ansonsten haben wir durch die Monotonieeigenschaft der Erwartung

$$E\left[|X|^p\right] \geq E\left[|X|^p \mathbb{1}_{(|X|\geq\lambda)}\right] \geq$$

(da $p \geq 0$)

$$\geq \lambda^p E\left[\mathbb{1}_{(|X|\geq\lambda)}\right] = \lambda^p P\left(|X| \geq \lambda\right).$$

(3.3) folgt aus (3.2), indem wir $p = 2$ und $X = Y - E[Y]$ setzen. Tatsächlich

$$P\left(|Y - E[Y]| \geq \lambda\right) \leq \frac{E\left[|Y - E[Y]|^2\right]}{\lambda^2} = \frac{\mathrm{var}(Y)}{\lambda^2}.$$

$\square$

Bemerkung 3.1.5 Ähnlich kann die folgende Erweiterung der Ungleichung von Markov bewiesen werden. Sei X eine Zufallsvariable mit Werten in $\mathbb{R}^d$, f eine wachsende Funktion auf $[0, +\infty[$ und $\lambda > 0$. Dann haben wir

$$P(|X| \geq \lambda) f(\lambda) \leq E\left[f(|X|)\right].$$

Ein interessantes Beispiel ist $f(\lambda) = e^{\alpha \lambda^2}$ mit $\alpha > 0$.

Die Ungleichung von Markov liefert eine Schätzung für die extremen Werte von X in Bezug auf seine L^p Norm. Umgekehrt haben wir das Folgende

Proposition 3.1.6 [!] Sei X eine Zufallsvariable und $f \in C^1(\mathbb{R}_{\geq 0})$ so, dass $f' \geq 0$ oder $f' \in L^1(\mathbb{R}_{\geq 0}, \mu_{|X|})$. Dann

$$E\left[f(|X|)\right] = f(0) + \int_0^{+\infty} f'(t) P(|X| \geq t) dt. \tag{3.4}$$

Beweis Wir haben

$$E\left[f(|X|)\right] = \int_0^{+\infty} f(y)\mu_{|X|}(dy) =$$

$$= \int_0^{+\infty} \left(f(0) + \int_0^y f'(t)dt\right) \mu_{|X|}(dy) =$$

(nach dem Satz von Fubini)

$$= f(0) + \int_0^{+\infty} f'(t) \int_t^{+\infty} \mu_{|X|}(dy)dt =$$

$$= f(0) + \int_0^{+\infty} f'(t) P(|X| \geq t) dt.$$

$$\square$$

Beispiel 3.1.7 Für $f(t) = t^p$, $p \geq 1$, haben wir mit (3.4)

$$E\left[|X|^p\right] = p \int_0^{+\infty} \lambda^{p-1} P\left(|X| \geq t\right) dt.$$

Daher ist es ausreichend, eine gute Schätzung von $P\left(|X| \geq t\right)$ zu haben, zumindest für $t \gg 1$, um zu beweisen, dass $X \in L^p(\Omega, P)$. Ähnlich gilt für $f(t) = e^{\alpha t^2}, \alpha > 0$

$$E\left[e^{\alpha |X|^2}\right] = 1 + \int_0^{+\infty} 2\alpha t e^{\alpha t^2} P\left(|X| \geq t\right) dt.$$

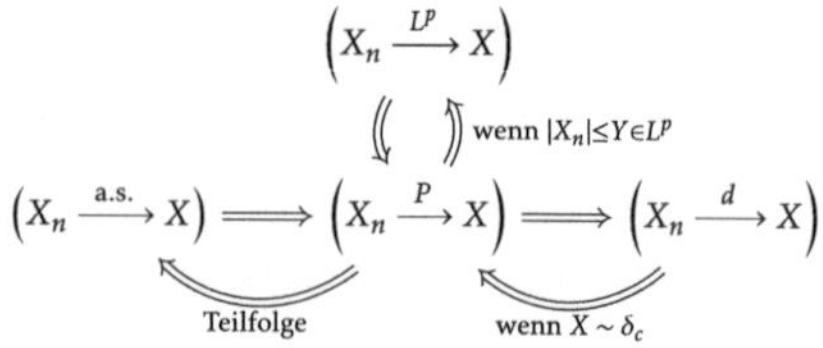

Abb. 3.1 Beziehungen
zwischen den verschiedenen
Arten der Konvergenz von
Zufallsvariablen

$$\left(X_n \xrightarrow{L^p} X\right)$$

$$\left(X_n \xrightarrow{\text{a.s.}} X\right) \Longrightarrow \left(X_n \xrightarrow{P} X\right) \Longrightarrow \left(X_n \xrightarrow{d} X\right)$$

wenn $|X_n| \leq Y \in L^p$

Teilfolge   wenn $X \sim \delta_c$

3.1.2 Beziehungen zwischen verschiedenen Definitionen von Konvergenz

Lemma 3.1.8 Sei $(a_n)_{n\in\mathbb{N}}$ eine Folge in einem topologischen Raum $(E, \mathscr{T})$. Wenn jede Teilfolge $(a_{n_k})_{k\in\mathbb{N}}$ eine Teilfolge $(a_{n_{k_i}})_{i\in\mathbb{N}}$ hat, die gegen denselben Wert $a \in E$ konvergiert, dann konvergiert auch $(a_n)_{n\in\mathbb{N}}$ gegen a.

Beweis Durch Widerspruch, wenn $(a_n)_{n\in\mathbb{N}}$ nicht gegen a konvergieren würde, dann gäbe es $U \in \mathscr{T}$ so, dass $a \in U$ und eine Teilfolge $(a_{n_k})_{k\in\mathbb{N}}$ so, dass $a_{n_k} \notin U$ für jedes $k \in \mathbb{N}$. In diesem Fall würde keine Teilfolge von $(a_{n_k})_{k\in\mathbb{N}}$ gegen a konvergieren, was ein Widerspruch ist. $\square$

Das folgende Ergebnis fasst die Beziehungen zwischen den verschiedenen Arten der Konvergenz von Folgen von Zufallsvariablen zusammen: Diese sind schematisch in Abb. 3.1 dargestellt.

Theorem 3.1.9 Sei $(X_n)_{n\in\mathbb{N}}$ eine Folge von Zufallsvariablen und X eine Zufallsvariable, die auf demselben Wahrscheinlichkeitsraum $(\Omega, \mathscr{F}, P)$ definiert ist, mit Werten in $\mathbb{R}^d$. Dann gelten die folgenden Implikationen:

i)   wenn $X_n \xrightarrow{\text{a.s.}} X$ dann $X_n \xrightarrow{P} X$;

ii) wenn $X_n \xrightarrow{L^p} X$ für ein $p \geq 1$ dann $X_n \xrightarrow{P} X$;

iii) wenn $X_n \xrightarrow{P} X$ dann gibt es eine Teilfolge $(X_{n_k})_{k\in\mathbb{N}}$ so dass $X_{n_k} \xrightarrow{\text{a.s.}} X$;

iv) wenn $X_n \xrightarrow{P} X$ dann $X_n \xrightarrow{d} X$;

v)   wenn $X_n \xrightarrow{P} X$ und es gibt $Y \in L^p(\Omega, P)$ so dass $|X_n| \leq Y$ fast sicher für jedes $n \in \mathbb{N}$, dann $X_n, X \in L^p(\Omega, P)$ und $X_n \xrightarrow{L^p} X$;

vi) wenn $X_n \xrightarrow{d} X$, mit $X \sim \delta_c$, $c \in \mathbb{R}^d$, dann $X_n \xrightarrow{P} X$.

Beweis i) Sei $\varepsilon > 0$ beliebig fest. Wenn $X_n \xrightarrow{\text{a.s.}} X$, dann

$$\mathbb{1}_{(|X_n - X| \geq \varepsilon)} \xrightarrow{\text{a.s.}} 0$$

und daher haben wir durch den Satz von der majorisierten Konvergenz

$$P(|X_n - X| \geq \varepsilon) = E\left[\mathbb{1}_{(|X_n - X| \geq \varepsilon)}\right] \longrightarrow 0.$$

ii) Für ein festes $\varepsilon > 0$ haben wir durch die Ungleichung von Markov (3.2)

$$P\left(|X_n - X| \geq \varepsilon\right) \leq \frac{E\left[|X_n - X|^p\right]}{\varepsilon^p}$$

was die Behauptung beweist.

iii) Nach Annahme gibt es eine Folge von Indizes $(n_k)_{k\in\mathbb{N}}$, mit $n_k \to +\infty$, so dass $P(A_k) \leq \frac{1}{k^2}$ wobei

$$A_k := \left(|X - X_{n_k}| \geq 1/k\right).$$

Da

$$\sum_{k\geq 1} P(A_k) < \infty,$$

haben wir nach dem Lemma von Borel-Cantelli 1.3.28-i) $P(A_k \text{ i.o.}) = 0$. Daher hat das Ereignis $(A_k \text{ i.o.})^c$ Wahrscheinlichkeit eins: nach Definition[2], für jedes $\omega \in (A_k \text{ i.o.})^c$ gibt es $\bar{k} = \bar{k}(\omega) \in \mathbb{N}$ so dass

$$|X(\omega) - X_{n_k}(\omega)| < \frac{1}{k}, \qquad k \geq \bar{k}$$

und folglich haben wir

$$\lim_{k\to\infty} X_{n_k}(\omega) = X(\omega)$$

was die Behauptung beweist.

iv) Sei $f \in bC$. Nach Punkt iii), jede Teilfolge $(X_{n_k})_{k\in\mathbb{N}}$ hat eine Teilfolge $(X_{n_{k_i}})_{i\in\mathbb{N}}$, so dass $X_{n_{k_i}} \xrightarrow{\text{a.s.}} X$. Da f stetig ist, haben wir auch $f(X_{n_{k_i}}) \xrightarrow{\text{a.s.}} f(X)$ und da f beschränkt ist, können wir wir den Satz von der majorisierten Konvergenz anwenden, um

$$\lim_{i\to\infty} E\left[f\left(X_{n_{k_i}}\right)\right] = E\left[f(X)\right]$$

zu erhalten. Jetzt, durch Lemma 3.1.8 (angewendet auf die Folge $a_n := E\left[f(X_n)\right]$ in $\mathbb{R}$ ausgestattet mit der euklidischen Topologie), haben wir auch

$$\lim_{n\to\infty} E\left[f(X_n)\right] = E\left[f(X)\right]$$

was die Behauptung beweist.

v) Angesichts dessen, dass $|X_n| \leq Y$ f.s. und $Y \in L^p(\Omega, P)$, ist klar, dass $X_n \in L^p(\Omega, P)$. Was X betrifft, wissen wir aus Punkt iii), dass es eine Teilfolge $(X_{n_k})_{k\in\mathbb{N}}$ gibt, so dass $X_{n_k} \xrightarrow{\text{a.s.}} X$. Da $|X_{n_k}| \leq Y$ f.s., erhalten wir für $k \to \infty$ $|X| \leq Y$ f.s., also $X \in L^p(\Omega, P)$. Schließlich zeigen wir, dass $X_n \xrightarrow{L^p} X$. Wiederum, nach Punkt iii), jede Teilfolge $(X_{n_k})_{k\in\mathbb{N}}$ hat eine Teilfolge $(X_{n_{k_i}})_{i\in\mathbb{N}}$, so dass $X_{n_{k_i}} \xrightarrow{\text{a.s.}} X$. Durch

---

[2] Die Elemente von $(A_k \text{ i.o.})^c$ sind diejenigen, die nur zu einer endlichen Anzahl von A_k gehören.

den Satz von der majorisierten Konvergenz haben wir $X_{n_{k_i}} \xrightarrow{L^p} X$. Aus Lemma
3.1.8 folgt, dass $X_n \xrightarrow{L^p} X$.

vi) Seien $c \in \mathbb{R}^d$ und $\varepsilon > 0$, sowie nicht-negatives $f_\varepsilon \in bC$ mit $f_\varepsilon(x) \geq 1$. Wenn
$|x - c| > \varepsilon$ und $f_\varepsilon(c) = 0$, dann haben wir

$$P(|X_n - X| \geq \varepsilon) = P(|X_n - c| \geq \varepsilon) = E\left[\mathbb{1}_{(|X_n - c| \geq \varepsilon)}\right] \leq E[f_\varepsilon(X_n)] \xrightarrow[n\to\infty]{} f_\varepsilon(c) = 0.$$

$\square$

Wir geben einige Gegenbeispiele zu den Implikationen von Theorem 3.1.9. In den
ersten beiden Beispielen betrachten wir den Stichprobenraum $\Omega = [0, 1]$ ausgestattet
mit dem Lebesgue Maß.

Beispiel 3.1.10 Die Folge $X_n(\omega) = n^2 \mathbb{1}_{[0, \frac{1}{n}]}(\omega)$, mit $\omega \in [0, 1]$, konvergiert fast
sicher gegen null (und folglich auch in Wahrscheinlichkeit), aber $E[|X_n|^p] = n^{2p-1}$
divergiert für jedes $p \geq 1$.

Beispiel 3.1.11 Wir geben ein Beispiel für eine Folge (X_n), die in L^p konvergiert
(und daher auch in Wahrscheinlichkeit) mit $1 \leq p < \infty$, aber nicht fast sicher. Man
stelle jede positive ganze Zahl n als $n = 2^k + \ell$ dar, mit $k = 0, 1, 2, \dots$ und $\ell =
0, \dots, 2^k - 1$. Beachte, dass die Darstellung eindeutig ist. Wir setzen

$$J_n = \left[\frac{\ell}{2^k}, \frac{\ell + 1}{2^k}\right] \subseteq [0, 1] \qquad \text{und} \qquad X_n(\omega) = \mathbb{1}_{J_n}(\omega), \qquad \omega \in [0, 1].$$

Für jedes $p \geq 1$ haben wir

$$E\left[|X_n|^p\right] = E[X_n] = \text{Leb}(J_n) = \frac{1}{2^k},$$

und daher $X_n \xrightarrow{L^p} 0$ da $k \to \infty$, wenn $n \to \infty$. Andererseits gehört jedes $\omega \in [0, 1]$
zu einer unendlichen Anzahl von Intervallen J_n und daher konvergiert die reelle Folge
$X_n(\omega)$ nicht für jedes $\omega \in [0, 1]$.

Beispiel 3.1.12 Gegeben sei eine Zufallsvariable $X \sim \text{Be}_{\frac{1}{2}}$, wir setzen

$$X_n = \begin{cases} X, & \text{wenn } n \text{ gerade ist,} \\ 1 - X, & \text{wenn } n \text{ ungerade ist.} \end{cases}$$

Da $(1 - X) \sim \text{Be}_{\frac{1}{2}}$, ist klar, dass $X_n \xrightarrow{d} X$. Allerdings, $|X_{n+1} - X_n| = |2X -
1| = 1$ für jedes $n \in \mathbb{N}$: daher ist $P(|X_{n+1} - X_n| \geq 1/2) = 1$ für jedes n und so-
mit konvergiert X_n nicht gegen X in Wahrscheinlichkeit (und folglich auch nicht in
L^p oder fast sicher).

Bemerkung 3.1.13 Es gibt keine Metrik (noch eine Topologie), die die fast sichere Konvergenz von Zufallsvariablen induziert: sonst könnte man Lemma 3.1.8 mit Punkt iii) von Theorem 3.1.9 kombinieren, um zu folgern, dass wenn $X_n \xrightarrow{P} X$ dann $X_n \xrightarrow{\text{a.s.}} X$, was Beispiel 3.1.11 widerspricht.

Im Gegensatz dazu sind die Konvergenzen in L^p und in Wahrscheinlichkeit „metrisierbar". Tatsächlich ist die Konvergenz in L^p einfach die Konvergenz in Bezug auf die Norm $\|X\|_p = E\,[|X|^p]^{\frac{1}{p}}$ im Raum $L^p(\Omega, P)$: es handelt sich daher um eine Art von Konvergenz, die nur für integrierbare Variablen der Ordnung p definiert ist. Stattdessen ist die Konvergenz in Wahrscheinlichkeit für alle Variablen definiert und wir haben, dass $X_n \xrightarrow{P} X$ genau dann, wenn

$$\lim_{n \to \infty} E\left[\frac{|X - X_n|}{1 + |X - X_n|}\right] = 0. \tag{3.5}$$

Wir beweisen diese Tatsache ohne Beschränkung der Allgemeinenheit, dass $X \equiv 0$. Wir bemerken, dass wir für jedes $\varepsilon > 0$

$$\frac{|x|}{1 + |x|} \leq \frac{|x|}{1 + |x|} \mathbb{1}_{|x| \geq \varepsilon} + \varepsilon \mathbb{1}_{|x| < \varepsilon} \leq \mathbb{1}_{|x| \geq \varepsilon} + \varepsilon \mathbb{1}_{|x| < \varepsilon}$$

haben. Wenden wir den Erwartungswert an, erhalten wir

$$E\left[\frac{|X_n|}{1 + |X_n|}\right] \leq P(|X_n| \geq \varepsilon) + \varepsilon P(|X_n| < \varepsilon) \leq P(|X_n| \geq \varepsilon) + \varepsilon.$$

Wenn $X_n \xrightarrow{P} 0$ haben wir folglich

$$\lim_{n \to \infty} E\left[\frac{|X_n|}{1 + |X_n|}\right] \leq \varepsilon$$

und (3.5) folgt, da ε beliebig war.

Umgekehrt bemerken wir, dass

$$\frac{\varepsilon}{1 + \varepsilon} \mathbb{1}_{x > \varepsilon} \leq \frac{x}{1 + x} \mathbb{1}_{x > \varepsilon} \leq \frac{x}{1 + x}$$

und daher

$$\frac{\varepsilon}{1 + \varepsilon} \mathbb{1}_{|X_n| > \varepsilon} \leq \frac{|X_n|}{1 + |X_n|}.$$

Wenden wir den Erwartungswert an, dann erhalten wir

$$\frac{\varepsilon}{1 + \varepsilon} P(|X_n| > \varepsilon) \leq E\left[\frac{|X_n|}{1 + |X_n|}\right]$$

und, durch (3.5), impliziert dies $X_n \xrightarrow{P} 0$.

Auch die schwache Konvergenz ist metrisierbar im Raum der Verteilungen: für weitere Details siehe zum Beispiel die Monographien [21] und [87].

3.2 Gesetz der großen Zahlen

In diesem Abschnitt beweisen wir zwei Versionen des Gesetzes der großen Zahlen. Dieses Gesetz betrifft Folgen von reellen Zufallsvariablen $(X_n)_{n\in\mathbb{N}}$, definiert auf einem Wahrscheinlichkeitsraum $(\Omega, \mathscr{F}, P)$, mit der zusätzlichen Annahme, dass sie *unabhängig und identisch verteilt* sind (abgekürzt als *i. i. d.* aus dem Englischen „independently identically distributed"). Wir bezeichnen durch

$$S_n = X_1 + \cdots + X_n, \qquad M_n = \frac{S_n}{n}, \tag{3.6}$$

die Summe und das arithmetische Mittel von $X_1, \ldots, X_n$.

Theorem 3.2.1 (Schwaches Gesetz der großen Zahlen)[!!] Sei $(X_n)_{n\in\mathbb{N}}$ eine Folge von i. i. d. reellen Zufallsvariablen in $L^2(\Omega, P)$, mit Erwartungswert $\mu := E[X_1]$ und Varianz $\sigma^2 := \mathrm{var}(X_1)$. Dann haben wir

$$E\left[(M_n - \mu)^2\right] = \frac{\sigma^2}{n} \tag{3.7}$$

und folglich konvergiert das *arithmetische Mittel M_n in $L^2(\Omega, P)$ Norm* zur konstanten Zufallsvariable gleich μ:

$$M_n \xrightarrow[n\to\infty]{L^2} \mu.$$

Beweis Durch Linearität haben wir

$$E[M_n] = \frac{1}{n} \sum_{k=1}^{n} E[X_k] = \mu,$$

und daher

$$E\left[(M_n - \mu)^2\right] = \mathrm{var}(M_n) = \frac{\mathrm{var}(X_1 + \cdots + X_n)}{n^2} =$$

(durch Unabhängigkeit, unter Berücksichtigung von (2.40))

$$= \frac{\mathrm{var}(X_1) + \cdots + \mathrm{var}(X_n)}{n^2} = \frac{\sigma^2}{n}. \tag{3.8}$$

$\square$

Bemerkung 3.2.2 Kombiniert man (3.7) mit der Markov-Ungleichung, erhält man

$$P(|M_n - \mu| \geq \varepsilon) \leq \frac{\sigma^2}{n\varepsilon^2}, \qquad \varepsilon > 0, \ n \in \mathbb{N},$$

und somit konvergiert M_n auch *in Wahrscheinlichkeit* gegen μ. Darüber hinaus folgt aus Theorem 3.1.9-iv), dass M_n auch *schwach* konvergiert:

$$M_n \xrightarrow{\ d\ } \mu.$$

Die Konvergenz von M_n in $L^2(\Omega, P)$ impliziert die fast sichere Konvergenz einer Teilfolge von M_n, nach Theorem 3.1.9-iii). Tatsächlich kann mit einigem zusätzlichen Aufwand bewiesen werden, dass die gesamte Folge M_n fast sicher konvergiert.

Theorem 3.2.3 (Starkes Gesetz der großen Zahlen, [86]) Unter den Annahmen des Theorems 3.2.1 haben wir auch

$$M_n \xrightarrow{\ \text{a.s.}\ } \mu.$$

Beweis Ohne Beschränkung der Allgemeinheit können wir annehmen, dass $\mu = 0$. Wir beginnen mit dem Beweis, dass die Teilfolge M_{n^2} fast sicher konvergiert: tatsächlich haben wir nach (3.8)

$$E\left[\sum_{n=1}^{N} M_{n^2}^2\right] = \sum_{n=1}^{N} E\left[M_{n^2}^2\right] = \sum_{n=1}^{N} \frac{\sigma^2}{n^2}, \qquad N \in \mathbb{N},$$

und nach dem Satz von Beppo Levi

$$E\left[\sum_{n=1}^{\infty} M_{n^2}^2\right] = \sum_{n=1}^{\infty} \frac{\sigma^2}{n^2} < \infty$$

aus dem

$$M_{n^2} \xrightarrow{\ \text{a.s.}\ } 0 \tag{3.9}$$

folgt. Als nächstes kontrollieren wir *alle* Terme der Folge M_n des Typs M_{n^2}. Für jedes $n \in \mathbb{N}$ bezeichnen wir mit $k_n = [\sqrt{n}]$ den ganzzahligen Teil der Quadratwurzel von n, so dass

$$k_n^2 \leq n < (k_n + 1)^2.$$

Nach Definition von M_n haben wir

$$M_n - \frac{k_n^2}{n} M_{k_n^2} = \frac{1}{n} \sum_{k=k_n^2+1}^{n} X_k$$

aus dem mit Hilfe von (3.8)

$$E\left[\left(M_n - \frac{k_n^2}{n} M_{k_n^2}\right)^2\right] = \frac{n - k_n^2}{n^2}\sigma^2 \leq$$

(da $0 \geq n - (k_n + 1)^2 = n - k_n^2 - 2k_n - 1$)

$$\leq \frac{2k_n + 1}{n^2}\sigma^2 \leq \frac{2\sqrt{n} + 1}{n^2}\sigma^2 \leq \frac{3\sigma^2}{n^{\frac{3}{2}}}.$$

folgt. Wiederum nach dem Satz von Beppo Levi haben wir

$$E\left[\sum_{n=1}^{\infty}\left(M_n - \frac{k_n^2}{n} M_{k_n^2}\right)^2\right] \leq \sum_{n=1}^{\infty} \frac{3\sigma^2}{n^{\frac{3}{2}}} < \infty$$

aus dem

$$M_n - \frac{k_n^2}{n} M_{k_n^2} \xrightarrow{\text{a.s.}} 0$$

folgt. Jetzt konvergiert $M_{k_n^2} \xrightarrow{\text{a.s.}} 0$ gemäß (3.9) und andererseits konvergiert $\frac{k_n^2}{n} \to 1$ wenn $n \to \infty$: folglich konvergiert auch $M_n \xrightarrow{\text{a.s.}} 0$ und dies schließt den Beweis ab. $\square$

Beispiel 3.2.4 (Verdoppelungsstrategie) Im Spiel Roulette wird eine Kugel geworfen und kann in einer der 37 möglichen Positionen landen. Diese Positionen bestehen aus 18 roten Zahlen, 18 schwarzen Zahlen und einer grünen Null. Betrachte die Spielstrategie, die darin besteht, auf Rot zu setzen (der Gewinn ist das Doppelte des Einsatzes) und den Einsatz jedes Mal zu verdoppeln, wenn man verliert. So setzt man bei der ersten Wette 1 (d. h., 2^0) EUR und im Falle eines Verlusts bei der zweiten Wette 2 (d. h., 2^1) EUR und so weiter bis zur n-ten Wette, bei der man, wenn man immer verloren hat, 2^{n-1} EUR setzt. An diesem Punkt (d. h., bei der n-ten Wette, wenn man immer verloren hat), beträgt der gespielte Betrag[3]

$$1 + 2 + \cdots + 2^{n-1} = 2^n - 1,$$

und es gibt zwei Fälle:

i) Man verliert und in diesem Fall ist der Gesamtverlust gleich $2^n - 1$;
ii) Man gewinnt und erhält $2 \cdot 2^{n-1}$ EUR. Der Gesamtsaldo ist dann positiv und entspricht der Differenz zwischen dem Gewinn und dem gespielten Betrag:

$$2^n - (2^n - 1) = 1.$$

---

[3] Man denke daran, dass $\sum_{k=0}^{n} a^k = \frac{a^{n+1}-1}{a-1}$ für $a \neq 1$.

Die Wahrscheinlichkeit, n Mal hintereinander zu verlieren, entspricht p^n, wobei $p = \frac{19}{37}$ die Wahrscheinlichkeit ist, dass die Kugel auf Schwarz oder Grün stehen bleibt. Folglich ist die Wahrscheinlichkeit, mindestens einmal in n Wetten zu gewinnen, gleich $1 - p^n$.

Betrachtet man nun den Fall, in dem wir uns entscheiden, die Verdoppelungsstrategie bis zu einem Maximum von 10 Wetten zu implementieren. Speziell bezeichnen wir mit X den Gewinn/Verlust, den wir erzielen, indem wir die Verdoppelungsstrategie spielen und 1 EUR bekommen, wenn wir innerhalb der zehnten Wette gewinnen, oder im Falle von 10 aufeinanderfolgenden Verlusten 1023 EUR verlieren. Dann ist X eine Bernoulli-Zufallsvariable, die die Werte -1023 mit einer Wahrscheinlichkeit von $p^{10} \approx 0.13\%$ und 1 mit einer Wahrscheinlichkeit von $1 - p^{10} \approx 99.87\%$ annimmt. Daher gewinnen wir durch die Verdoppelungsstrategie mit hoher Wahrscheinlichkeit 1 EUR im Austausch für einen signifikanten Verlust (1023 EUR) in sehr seltenen Fällen.

Wir könnten nun daran denken, die Verdoppelungsstrategie N mal zu wiederholen: Um zu verstehen, ob sich dies auszahlt, können wir die Erwartung berechnen

$$E[X] \approx -1023 \cdot \frac{0.13}{100} + 1 \cdot \frac{99.87}{100} \approx -0.3$$

und dieses Ergebnis im Bezug auf das Gesetzes der großen Zahlen interpretieren. Die Tatsache, dass $E[X]$ gleich -0.3 ist, bedeutet, wenn $X_1, \ldots, X_N$ die individuellen Gewinne/Verluste sinnd, dass dann insgesamt

$$X_1 + \cdots + X_N$$

höchstwahrscheinlich nahe bei $-0.3N$ *liegen wird.* Dies liegt daran, dass das *Spiel nicht fair ist* aufgrund der Anwesenheit der Null (grün), für die die Wahrscheinlichkeit, durch Wetten auf Rot zu gewinnen, etwas weniger als $\frac{1}{2}$ ist. Tatsächlich kann gezeigt werden, dass selbst wenn es $p = \frac{1}{2}$ wäre, dass dann die Verdoppelungsstrategie, mit der Einschränkung, höchstens n Mal zu verdoppeln, einen durchschnittlichen Gewinn von Null erzeugen würde. Die Untersuchung dieser Art von Problemen im Zusammenhang mit Glücksspielen steht am Ursprung eines großen Sektors der Wahrscheinlichkeit, der sogenannten *Martingal-Theorie,* die zusammen mit zahlreichen Anwendungen grundlegende und tiefgreifende theoretische Ergebnisse hat.

3.2.1 Ein Überblick über die Monte-Carlo-Methode

Das Gesetz der großen Zahlen ist die Grundlage einer sehr wichtigen probabilistischen numerischen Methode, die als Monte-Carlo-Methode bekannt ist. In vielen Anwendungen sind wir daran interessiert, den Erwartungswert $E[f(X)]$ zu berechnen (oder zumindest numerisch anzunähern), wobei X eine Zufallsvariable in $\mathbb{R}^d$ und $f \in L^2(\mathbb{R}^d, \mu_X)$ (also $f(X) \in L^2(\Omega, P)$) ist. Zum Beispiel, im Fall von $d = 1$, wenn $X \sim \text{Unif}_{[0,1]}$ und $f \in L^2([0, 1])$, dann

$$E[f(X)] = \int_0^1 f(x)dx.$$

Daher nimmt ein Integral (auch in mehreren Dimensionen) eine probabilistische Darstellung an und reduziert seine Berechnung auf die eines Erwartungswertes.

Nehmen wir nun an, dass $(X_n)_{n \in \mathbb{N}}$ eine Folge von reellen, unabhängig identisch verteilten Zufallsvariablen mit der gleichen Verteilung[4] wie X ist. Nach dem starken Gesetz der großen Zahlen haben wir

$$E[f(X)] = \lim_{m \to \infty} \frac{f(X_1) + \cdots + f(X_m)}{m} \qquad \text{f.s.}$$

Dieses Ergebnis kann in „praktische" Begriffe wie folgt übersetzt werden. Angenommen, wir können zufällig einen Wert x_n aus der Zufallsvariable X_n ziehen, für jedes $n = 1, \ldots, m$ mit $m \in \mathbb{N}$ fest, ausreichend groß: wir sagen, dass $x_n \in \mathbb{R}^d$ eine *Realisierung* oder *Simulation* der Zufallsvariable X_n ist. Dann ist eine Näherung von $E[f(X)]$ gegeben durch den arithmetischen Mittelwert

$$\frac{1}{m} \sum_{n=1}^{m} f(x_n). \tag{3.10}$$

In (3.10) repräsentieren $x_1, \ldots, x_m$ m *unabhängige Realisierungen (Simulationen) von* X: mit anderen Worten, x_n *ist eine Zahl (keine Zufallsvariable), die ein bestimmter Wert der Zufallsvariable* X_n *ist, der unabhängig von* X_h *für* $h \neq n$ *generiert wird.* Die meisten wissenschaftlichen Rechensoftwarepakete haben *Zufallszahlengeneratoren* für die Hauptverteilungen (gleichmäßig, exponentiell, normal, usw...). Abschließend erlaubt *die Monte-Carlo-Methode, den Erwartungswert einer Funktion einer Zufallsvariable, für die wir in der Lage sind, zufällige Werte unabhängig zu generieren (zu simulieren), numerisch anzunähern.*

Die Hauptvorteile gegenüber *deterministischen* numerischen Integrationsmethoden sind die folgenden:

i) für die Konvergenz der Methode *sind keine Regularitätsannahmen* für die Funktion f außer der Integrabilität erforderlich;

ii) die Konvergenzrate der Methode ist *unabhängig von der Dimension* d, ohne zusätzliche Komplexität in der Implementierung für Dimensionen größer als eins.

Die Fragen der Konvergenz und der Schätzung des numerischen Fehlers der Monte-Carlo-Methode werden kurz in Bemerkung 3.4.7 diskutiert. Die Monte-Carlo-

---

[4] Normalerweise sagt man, dass $(X_n)_{n \in \mathbb{N}}$ eine Folge von unabhängigen Kopien von X ist.

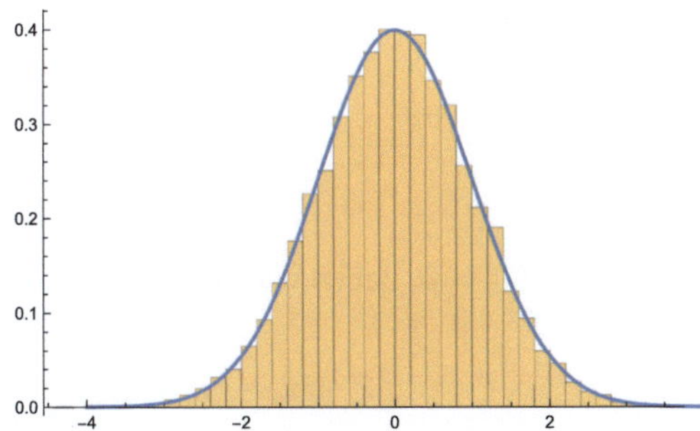

Abb. 3.2 Histogramm von 10.000 Zufallszahlen aus der Verteilung $\mathcal{N}_{0,1}$ und Grafik (blaue Linie) der Gaußschen Dichte von $\mathcal{N}_{0,1}$

Methode ist nützlich für die Lösung einer Reihe von Problemen, einschließlich partieller Differentialgleichungen und Optimierungsproblemen. Es ist besonders wertvoll in Szenarien, in denen deterministische Algorithmen aufgrund des sogenannten *Fluchs der Dimensionalität* Schwierigkeiten haben. Derzeit ist Monte Carlo die einzige bekannte numerische Methode zur Lösung großskaliger Probleme, die typischerweise in realen Anwendungen auftreten. Es gibt viele Monographien, die sich mit Monte Carlo beschäftigen, darunter [73]; eine kurze Darstellung der Methode findet sich auch in [143].

Abb. 3.2 zeigt das Histogramm eines Vektors von 10.000 Zufallszahlen, die durch die Standardnormalverteilung $\mathcal{N}_{0,1}$ erzeugt wurden: die Abbildung zeigt, wie das Histogramm die Grafik (dargestellt als durchgehende blaue Linie) der Gaußschen Dichtefunktion von $\mathcal{N}_{0,1}$ „annähert".

3.2.2 Bernstein-Polynome

Wir präsentieren einen probabilistischen Beweis des bekannten Dichteergebnisses von Polynomen im Raum $C([0, 1])$ der stetigen Funktionen auf dem Intervall $[0, 1]$, bezogen auf die Supremumsnorm

$$\|f\|_\infty = \max_{p \in [0,1]} |f(p)|.$$

Proposition 3.2.5 Das *Bernstein-Polynom vom Grad n von* $f \in C([0, 1])$ ist definiert als

$$f_n(p) = \sum_{k=0}^{n} \binom{n}{k} p^k (1-p)^{n-k} f(k/n), \qquad p \in [0, 1]. \tag{3.11}$$

Wir haben

$$\lim_{n \to \infty} \|f - f_n\|_\infty = 0.$$

Beweis Sei $(X_n)_{n \in \mathbb{N}}$ eine Folge von i. i. d. reellen Zufallsvariablen mit Verteilung Be_p, und $M_n := \frac{X_1 + \cdots + X_n}{n}$. Nach Proposition 2.6.3 gilt $X_1 + \cdots + X_n \sim \mathrm{Bin}_{n,p}$. Dann ist die probabilistische Interpretation der Formel (3.11)

$$f_n(p) = E\left[f\left(M_n\right)\right], \qquad p \in [0, 1].$$

Beobachte nun, dass

$$\operatorname{var}\left(M_n\right) = \frac{p(1-p)}{n} \le \frac{1}{4n},$$

und da $E\left[M_n\right] = p$, haben wir durch die Markovsche Ungleichung (3.3)

$$P\left(|M_n - p| \ge \delta\right) \le \frac{1}{4n\delta^2}, \qquad \delta > 0. \tag{3.12}$$

Da f *gleichmäßig stetig auf* [0, 1] ist, gibt es für jedes $\varepsilon > 0$ ein δ_ε so dass $|f(x) - f(y)| \le \varepsilon$ wenn $|x - y| \le \delta_\varepsilon$. Dann haben wir

$$|f(p) - f_n(p)| = |f(p) - E\left[f\left(M_n\right)\right]| \le$$

(durch Jensens Ungleichung)

$$\begin{aligned}
&\le E\left[|f(p) - f\left(M_n\right)|\right] \\
&\le \varepsilon + E\left[|f(p) - f\left(M_n\right)|\,\mathbb{1}_{(|M_n - p| \ge \delta_\varepsilon)}\right] \\
&\le \varepsilon + 2\|f\|_\infty P\left(|M_n - p| \ge \delta_\varepsilon\right).
\end{aligned}$$

Mit (3.12) erhalten wir

$$\limsup_{n \to \infty} \|f - f_n\|_\infty \le \varepsilon.$$

Da ε beliebig war, folgt die Behauptung. $\qquad\qquad\qquad\qquad\qquad\qquad\square$

3.3 Notwendige und hinreichende Bedingungen für schwache Konvergenz

Wir präsentieren zwei notwendige und hinreichende Bedingungen für die schwache Konvergenz einer Folge $(X_n)_{n \in \mathbb{N}}$ von reellen Zufallsvariablen: Die erste Bedingung wird in Bezug auf die CDFs $(F_{X_n})_{n \in \mathbb{N}}$ ausgedrückt, und die zweite Bedingung in Bezug auf die CHFs $(\varphi_{X_n})_{n \in \mathbb{N}}$.

3.3.1 *Konvergenz von Verteilungsfunktionen*

Da jede Verteilung eindeutig durch ihre CDF charakterisiert ist, liegt es nahe für den möglichen Zusammenhang zwischen schwacher Konvergenz und punktweiser Konvergenz ihre jeweiligen CDFs zu betrachten. Wir untersuchen nun diese Beziehung anhand einiger einfacher Beispiele.

Abb. 3.3 CDF der Verteilungen $\text{Unif}_{[0,1]}$ (durchgezogene Linie), $\text{Unif}_{[0,\frac{1}{2}]}$ (gestrichelte Linie) und $\text{Unif}_{[0,\frac{1}{5}]}$ (gepunktete Linie)

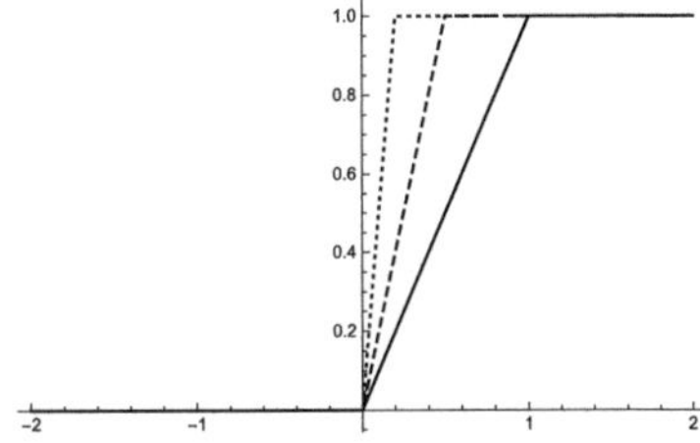

Beispiel 3.3.1 Die Folge der gleichförmigen Verteilungen $\text{Unif}_{[0,\frac{1}{n}]}$, mit $n \in \mathbb{N}$, konvergiert schwach gegen das Dirac-Delta δ_0, da für jede $f \in bC$

$$\int_{\mathbb{R}} f\, d\text{Unif}_{[0,\frac{1}{n}]} = n \int_{0}^{\frac{1}{n}} f(x)\,dx \xrightarrow[n\to\infty]{} f(0) = \int_{\mathbb{R}} f\, d\delta_0$$

gilt. Andererseits konvergiert die Folge der CDFs $F_{\text{Unif}_{[0,\frac{1}{n}]}}$, dargestellt in Abb. 3.3, punktweise gegen F_{δ_0} nur auf $\mathbb{R} \setminus \{0\}$: Wir stellen fest, dass 0 der einzige Unstetigkeitspunkt von F_{δ_0} ist.

Beispiel 3.3.2 Es ist nicht schwer zu überprüfen, dass:

- wenn $x_n \nearrow x_0$, dann $F_{\delta_{x_n}}(x) \longrightarrow F_{\delta_{x_0}}(x)$ für jedes $x \in \mathbb{R}$;
- wenn $x_n \searrow x_0$, dann $F_{\delta_{x_n}}(x) \longrightarrow F_{\delta_{x_0}}(x)$ für jedes $x \in \mathbb{R} \setminus \{x_0\}$.

Theorem 3.3.3 Sei $(\mu_n)_{n\in\mathbb{N}}$ eine Folge von reellen Verteilungen und μ eine reelle Verteilung. Die folgenden Aussagen sind äquivalent:

i) $\mu_n \xrightarrow{d} \mu$;

ii) $F_{\mu_n}(x) \xrightarrow[n\to\infty]{} F_{\mu}(x)$ für jeden x Stetigkeitspunkt von F_{μ}.

Beweis Zunächst stellen wir fest, dass die Aussage die folgende äquivalente Formulierung in Bezug auf Zufallsvariablen hat: Sei $(X_n)_{n\in\mathbb{N}}$ eine Folge von reellen Zufallsvariablen und X eine reelle Zufallsvariable. Die folgenden Aussagen sind äquivalent:

i) $X_n \xrightarrow{d} X$;

ii) $F_{X_n}(x) \xrightarrow[n\to\infty]{} F_X(x)$ für jeden Stetigkeitspunkt x von F_X.

[i) $\Longrightarrow$ ii)] Fixiere einen Stetigkeitspunkt x von F_X: dann gibt es für jedes $\varepsilon > 0$ ein $\delta > 0$, so dass $|F_X(x) - F_X(y)| \le \varepsilon$, wenn $|x - y| \le \delta$. Lasse $f \in bC$ so sein, dass $|f| \le 1$ und

$$f(y) = \begin{cases} 1 \text{ für } y \le x, \\ 0 \text{ für } y \ge x + \delta. \end{cases}$$

Beachte, dass

$$E\left[f(X_n)\right] \geq E\left[f(X_n)\mathbb{1}_{(X_n \leq x)}\right] = P(X_n \leq x) = F_{X_n}(x).$$

Dann haben wir

$$\limsup_{n \to \infty} F_{X_n}(x) \leq \limsup_{n \to \infty} E\left[f(X_n)\right] =$$

(nach Annahme, da $X_n \xrightarrow{d} X$)

$$= E\left[f(X)\right] \leq F_X(x + \delta) \leq F_X(x) + \varepsilon.$$

Ähnlich, wenn $f \in bC$ so ist, dass $|f| \leq 1$ und

$$f(y) = \begin{cases} 1 \text{ für } y \leq x - \delta, \\ 0 \text{ für } y \geq x, \end{cases}$$

dann

$$E\left[f(X_n)\right] \leq E\left[\mathbb{1}_{\{X_n \leq x\}}\right] = F_{X_n}(x).$$

So haben wir

$$\liminf_{n \to \infty} F_{X_n}(x) \geq \liminf_{n \to \infty} E\left[f(X_n)\right] =$$

(nach Annahme)

$$= E\left[f(X)\right] \geq F_X(x - \delta) \geq F_X(x) - \varepsilon.$$

Die Behauptung folgt aus der Beliebigkeit von ε.

[ii) $\Longrightarrow$ i)] Gegeben seien Stetigkeitspunkte a, b von F_X. Dann haben wir nach Annahme

$$E\left[\mathbb{1}_{]a,b]}(X_n)\right] = F_{X_n}(b) - F_{X_n}(a) \xrightarrow[n \to \infty]{} F_X(b) - F_X(a) = E\left[\mathbb{1}_{]a,b]}(X)\right].$$

Fixiere $R > 0$ und $f \in bC$ mit Träger im kompakten Intervall $[-R, R]$. Da die Punkte der Unstetigkeiten von F_X höchstens abzählbar unendlich sind, kann f *gleichmäßig* (in L^∞ Norm) durch Linearkombinationen von Funktionen des Typs $\mathbb{1}_{]a,b]}$ mit a, b Stetigkeitspunkten von F_X approximiert werden. Daraus folgt, dass wir für solche f

$$\lim_{n \to \infty} E\left[f(X_n)\right] = E\left[f(X)\right]$$

haben. Schließlich, fixiere $\varepsilon > 0$ und betrachte R groß genug, sodass $F_X(-R) \leq \varepsilon$ und $F_X(R) \geq 1 - \varepsilon$: nehme auch an, dass R und $-R$ Stetigkeitspunkte von F_X sind. Dann haben wir für jedes $f \in bC$

$$E\left[f(X_n) - f(X)\right] = J_{1,n} + J_{2,n} + J_3$$

wobei

$$J_{1,n} = E\left[f(X_n)\mathbb{1}_{]-R,R]}(X_n)\right] - E\left[f(X)\mathbb{1}_{]-R,R]}(X)\right],$$
$$J_{2,n} = E\left[f(X_n)\mathbb{1}_{]-R,R]^c}(X_n)\right],$$
$$J_3 = -E\left[f(X)\mathbb{1}_{]-R,R]^c}(X)\right].$$

Jetzt, wie oben bewiesen, haben wir

$$\lim_{n\to\infty} J_{1,n} = 0$$

während, nach Annahme,

$$\left|J_{2,n}\right| \le \|f\|_\infty \left(F_{X_n}(-R) + (1 - F_{X_n}(R))\right) \xrightarrow[n\to\infty]{} \|f\|_\infty \left(F_X(-R) + (1 - F_X(R))\right) \le 2\varepsilon\|f\|_\infty,$$

und

$$\left|J_3\right| \le \|f\|_\infty \left(F_X(-R) + (1 - F_X(R))\right) \le 2\varepsilon\|f\|_\infty.$$

Dies schließt den Beweis ab. $\qquad\square$

Es reicht nicht aus, dass die CDFs F_{μ_n} zu einer stetigen Funktion konvergieren, um zu folgern, dass μ_n schwach konvergiert, wie das folgende Beispiel zeigt

Beispiel 3.3.4 Die Folge der Dirac Deltas δ_n konvergiert nicht schwach, jedoch

$$F_{\delta_n}(x) = \mathbb{1}_{[n,+\infty[}(x) \xrightarrow[n\to\infty]{} 0, \qquad x \in \mathbb{R},$$

das heißt, F_{δ_n} konvergiert punktweise zur Nullfunktion, die offensichtlich auf $\mathbb{R}$ stetig ist (aber keine CDF ist).

Beispiel 3.3.4 widerspricht nicht Theorem 3.3.3, da die Grenzfunktion der F_{δ_n} keine Verteilungsfunktion ist. Dieses Beispiel zeigt auch, dass es möglich ist, dass eine Folge von CDFs zu einer Funktion konvergiert, die keine CDF ist.

3.3.2 Kompaktheit im Raum der Verteilungen

In diesem Abschnitt führen wir die Eigenschaft der *Straffheit* ein, die eine Charakterisierung der *relativen Kompaktheit* im Raum der Verteilungen bietet: sie garantiert, dass man aus einer Folge von Verteilungen eine schwach konvergierende Teilfolge extrahieren kann. Insbesondere vermeidet Straffheit Situationen wie die in Beispiel 3.3.4.

Definition 3.3.5 (**Straffheit**) Eine Familie von reellen Verteilungen $(\mu_i)_{i\in I}$ ist *straff*, wenn für jedes $\epsilon > 0$ ein $M > 0$ existiert, sodass

$$\mu_i\big(]-\infty, -M] \cup [M, +\infty[\big) \le \epsilon \quad \text{für jedes } i \in I.$$

Übung 3.3.6 Beweise, dass die Familie, die aus einer einzigen reellen Verteilung besteht, straff ist[5].

Die Eigenschaft der Straffheit kann auch Familien von Zufallsvariablen $(X_i)_{i \in I}$ oder von Verteilungsfunktionen $(F_i)_{i \in I}$ zugeschrieben werden: Sie sind straff, wenn ihre entsprechenden Familien von Verteilungen straff sind, das heißt

$$P(|X_i| \ge M) \le \varepsilon \quad \text{für jedes } i \in I,$$

und

$$F_i(-M) \le \varepsilon, \qquad F_i(M) \ge 1 - \varepsilon \quad \text{für jedes } i \in I.$$

Theorem 3.3.7 (Helly's Theorem)[!!] Jede straffe Folge von reellen Verteilungen $(\mu_n)_{n \in \mathbb{N}}$ hat eine Teilfolge die schwach gegen eine Verteilung μ konvergiert.

Beweis Sei $(\mu_n)_{n \in \mathbb{N}}$ eine straffe Folge von Verteilungen und sei $(F_n)_{n \in \mathbb{N}}$ die Folge ihrer entsprechenden Verteilungsfunktionen. Basierend auf Theorem 3.3.3, genügt es zu beweisen, dass es eine Verteilungsfunktion F und eine Teilfolge F_{n_k} gibt, die an den Stetigkeitspunkten von F gegen F konvergiert.

Die Konstruktion von F basiert auf Cantors Diagonalargument. Wir betrachten eine Aufzählung $(q_h)_{h \in \mathbb{N}}$ der rationalen Zahlen. Da $(F_n(q_1))_{n \in \mathbb{N}}$ eine Folge in $[0, 1]$ ist, hat sie eine Teilfolge $\big(F_{1,n}(q_1)\big)_{n \in \mathbb{N}}$ die gegen einen Wert konvergiert, den wir durch $F(q_1) \in [0, 1]$ bezeichnet. Nun ist $\big(F_{1,n}(q_2)\big)_{n \in \mathbb{N}}$ eine Folge in $[0, 1]$, die eine Teilfolge $\big(F_{2,n}(q_2)\big)_{n \in \mathbb{N}}$ hat, die gegen einen Wert konvergiert, den wir durch $F(q_2) \in [0, 1]$ bezeichnen: beachte, dass wir auch

$$F_{2,n}(q_1) \xrightarrow[n \to \infty]{} F(q_1)$$

haben, da $F_{2,n}$ eine Teilfolge von $F_{1,n}$ ist. Wir wiederholen das Argument, bis wir für jedes $k \in \mathbb{N}$ eine Folge $\big(F_{k,n}\big)_{n \in \mathbb{N}}$ konstruieren, sodass

$$F_{k,n}(q_h) \xrightarrow[n \to \infty]{} F(q_h), \qquad \forall h \le k.$$

Mit dem Diagonalargument betrachten wir die Teilfolge $F_{n_k} := F_{k,k}$, die so ist, dass

$$F_{n_k}(q) \xrightarrow[n \to \infty]{} F(q), \qquad q \in \mathbb{Q}.$$

Wir vervollständigen die Definition von F, indem wir

$$F(x) := \inf_{x < q \in \mathbb{Q}} F(q), \qquad x \in \mathbb{R} \setminus \mathbb{Q}$$

---

[5] Allgemeiner gesagt, jede Verteilung μ auf einem *separablen und vollständigen* metrischen Raum $(\mathbb{M}, \rho)$, ist im folgenden Sinne straff: für jedes $\epsilon > 0$ gibt es eine kompakte Menge K, sodass $\mu(\mathbb{M} \setminus K) < \epsilon$. Für den Beweis siehe zum Beispiel Theorem 1.4 in [21].

setzen. Nach Konstruktion nimmt F Werte in $[0, 1]$ an, ist steigend und rechtsstetig. Um zu beweisen, dass F eine Verteilungsfunktion ist, bleibt zu überprüfen, dass

$$\lim_{x \to -\infty} F(x) = 0, \qquad \lim_{x \to +\infty} F(x) = 1. \tag{3.13}$$

Erst an dieser Stelle[6] und nur um (3.13) zu beweisen, verwenden wir die Annahme, dass $(F_n)_{n \in \mathbb{N}}$ eine *straffe* Folge ist: sei $\varepsilon > 0$, dann gibt es ein M (wir können ohne Beschränkung der Allgemeinenheit annehmen, dass $M \in \mathbb{Q}$), so dass $F_{n_k}(-M) \leq \varepsilon$ für jedes $k \in \mathbb{N}$. Daher haben wir für jedes $x \leq -M$,

$$F(x) \leq F(-M) = \lim_{k \to \infty} F_{n_k}(-M) \leq \varepsilon.$$

Ähnlich haben wir für jedes $x \geq M$,

$$1 \geq F(x) \geq F(M) = \lim_{k \to \infty} F_{n_k}(M) \geq 1 - \varepsilon.$$

(3.13) folgt aus der Beliebigkeit von ε.

Schließlich schließen wir mit dem Beweis, dass F_{n_k} an den Stetigkeitspunkten gegen F konvergiert. Tatsächlich, wenn F an x stetig ist, dann gibt es für jedes $\varepsilon > 0 \, a, b \in \mathbb{Q}$, sodass $a < x < b$ und

$$F(x) - \varepsilon \leq F(y) \leq F(x) + \varepsilon, \qquad y \in [a, b].$$

Dann haben wir

$$\liminf_{k \to \infty} F_{n_k}(x) \geq \liminf_{k \to \infty} F_{n_k}(a) = F(a) \geq F(x) - \varepsilon,$$

$$\limsup_{k \to \infty} F_{n_k}(x) \leq \limsup_{k \to \infty} F_{n_k}(b) = F(b) \leq F(x) + \varepsilon,$$

was die Behauptung aufgrund der Beliebigkeit von ε beweist. $\qquad\square$

3.3.3 Konvergenz von charakteristischen Funktionen und Lévys Stetigkeitsatz

In diesem Abschnitt untersuchen wir den Zusammenhang zwischen schwacher Konvergenz von Verteilungen und der punktweisen Konvergenz ihrer jeweiligen charakteristischen Funktionen. Wir konzentrieren uns auf den Fall, in dem $d = 1$ ist,

---

[6] Denke an die Folge in Beispiel 3.3.4 zurück, die durch $X_n \equiv n$ für $n \in \mathbb{N}$ definiert ist: sie hat keine schwach konvergierenden Teilfolgen und doch haben wir $\lim_{n \to \infty} F_{X_n}(x) = F(x) \equiv 0$ für jedes $x \in \mathbb{R}$. Tatsächlich ist $(X_n)_{n \in \mathbb{N}}$ keine straffe Folge von Zufallsvariablen.

obwohl die diskutierten Prinzipien problemlos auf höhere Dimensionen erweitert
werden können.

Theorem 3.3.8 (Lévys Stetigkeitsatz)[!!] Sei $(\mu_n)_{n \in \mathbb{N}}$ eine Folge von reellen Verteilungen und sei $(\varphi_n)_{n \in \mathbb{N}}$ die Folge der entsprechenden charakteristischen Funktionen. Dann gilt:

i) wenn $\mu_n \xrightarrow{d} \mu$ dann konvergiert φ_n punktweise gegen die CHF φ von μ, das
heißt $\varphi_n(\eta) \xrightarrow[n \to \infty]{} \varphi(\eta)$ für jedes $\eta \in \mathbb{R}$;

ii) umgekehrt, wenn φ_n punktweise gegen eine Funktion φ konvergiert, die an der
Stelle 0 stetig ist, dann ist φ die CHF einer Verteilung μ und $\mu_n \xrightarrow{d} \mu$.

Beweis i) Für jedes feste η ist die Funktion $f(x) := e^{ix\eta}$ stetig und beschränkt:
daher, wenn $\mu_n \xrightarrow{d} \mu$ dann

$$\varphi_n(\eta) = \int_{\mathbb{R}} f \, d\mu_n \xrightarrow[n \to \infty]{} \int_{\mathbb{R}} f \, d\mu = \varphi(\eta).$$

ii) Wir beweisen, dass wenn φ_n punktweise gegen φ konvergiert, wobei φ eine stetige
Funktion an 0 ist, dann ist $(\mu_n)_{n \in \mathbb{N}}$ straff. Wir beobachten, dass $\varphi(0) = 1$ und wir
haben aufgrund der Stetigkeit von φ an 0

$$\frac{1}{t} \int_{-t}^{t} (1 - \varphi(\eta)) \, d\eta \xrightarrow{t \to 0^+} 0. \tag{3.14}$$

Nun sei $t > 0$, dann habe wir

$$J_1(x, t) := \int_{-t}^{t} \left(1 - e^{i\eta x}\right) d\eta = 2t - \int_{-t}^{t} (\cos(x\eta) + i \sin(x\eta)) \, d\eta = 2t - \frac{2 \sin(xt)}{xt} =: J_2(x, t).$$

Wir stellen fest, dass $J_2(x, t) \geq 0$ da

$$|\sin x| = \left| \int_0^x \cos t \, dt \right| \leq |x|.$$

Daher haben wir einerseits mit einer Integration bezüglich μ_n

$$\int_{\mathbb{R}} J_2(x, t)\mu_n(dx) \geq \int_{t|x| \geq 2} J_2(x, t)\mu_n(dx) \geq$$

(da $\left| \frac{\sin(tx)}{tx} \right| \leq \frac{1}{t|x|} \leq \frac{1}{2}$ wenn $t|x| \geq 2$)

$$\geq \int_{t|x| \geq 2} \mu_n(dx) = \mu_n \left(\left] -\infty, -\frac{2}{t} \right] \cup \left[\frac{2}{t}, +\infty \right[\right). \tag{3.15}$$

Andererseits haben wir durch die Sätze von Fubini und der majorisierten Konvergenz

$$\int_{\mathbb{R}} J_1(x, t)\mu_n(dx) = \frac{1}{t}\int_{-t}^{t}(1 - \varphi_n(\eta)) \xrightarrow{n \to \infty} \frac{1}{t}\int_{-t}^{t}(1 - \varphi(\eta))\,d\eta.$$

Aus (3.14) folgt, dass für jedes $\varepsilon > 0$ es ein $t > 0$ und $\bar{n} = \bar{n}(\varepsilon, t) \in \mathbb{N}$ gibt, so dass

$$\left|\int_{\mathbb{R}} J_1(x, t)\mu_n(dx)\right| \le \varepsilon, \qquad n \ge \bar{n}.$$

Kombiniert man diese Schätzung mit (3.15), so folgt, dass

$$\mu_n\left(\left]-\infty, -\frac{2}{t}\right] \cup \left[\frac{2}{t}, +\infty\right[\right) \le \varepsilon, \qquad n \ge \bar{n},$$

und daher ist $(\mu_n)_{n \in \mathbb{N}}$ straff.

Wir haben gerade bewiesen, dass jede Teilfolge μ_{n_k} straff ist und daher, nach Hellys Theorem, eine weitere Teilfolge $\mu_{n_{k_j}}$ besitzt, die schwach zu einer Verteilung μ konvergiert. Nach Punkt i), konvergiert $\varphi_{n_{k_j}}$ punktweise gegen die CHF von μ: andererseits, nach Annahme, konvergiert $\varphi_{n_{k_j}}$ punktweise gegen φ und daher ist φ die CHF von μ. Zusammengefasst, jede Teilfolge μ_{n_k} hat eine Teilfolge, die schwach gegen eine Verteilung μ konvergiert, die die CHF gleich φ hat.

Sei nun $f \in bC$: wie gerade bewiesen, hat jede Teilfolge von $\int_{\mathbb{R}} f\,d\mu_n$ eine Teilfolge, die gegen $\int_{\mathbb{R}} f\,d\mu$ konvergiert. Nach Lemma 3.1.8, konvergiert $\int_{\mathbb{R}} f\,d\mu_n$ gegen $\int_{\mathbb{R}} f\,d\mu$ und die BEhauptung folgt aus der Willkürlichkeit von f. $\qquad\square$

Beispiel 3.3.9 Die Stetigkeitshypothese bei 0 des Lévyschen Theorems ist notwendig. Betrachte nämlich $X_n \sim \mathcal{N}_{0,n}$ mit $n \in \mathbb{N}$. Dann

$$\varphi_{X_n}(\eta) = e^{-\frac{n\eta^2}{2}}$$

konvergiert gegen null wenn $n \to \infty$ für jedes $\eta \ne 0$ und $\varphi_{X_n}(0) = 1$. Andererseits haben wir für jedes $x \in \mathbb{R}$

$$F_{X_n}(x) = \int_{-\infty}^{x} \frac{1}{\sqrt{2\pi n}} e^{-\frac{y^2}{2n}}\,dy =$$

(setzen $z = \frac{y}{\sqrt{2n}}$)

$$= \int_{-\infty}^{\frac{x}{\sqrt{2n}}} \frac{1}{\sqrt{\pi}} e^{-z^2}\,dz \xrightarrow{n \to \infty} \frac{1}{2},$$

und daher konvergiert X_n nach Theorem 3.3.3 nicht schwach.

3.3.4 Beispiele für schwache Konvergenz

In diesem Abschnitt zeigen wir einige bemerkenswerte Beispiele für schwache Konvergenz. Wir werden Folgen von diskreten Zufallsvariablen sehen, die gegen absolut stetige Zufallsvariablen konvergieren und umgekehrt, Folgen von absolut stetigen Zufallsvariablen, die gegen diskrete Zufallsvariablen konvergieren. Schwache Konvergenz wird durch den Stetigkeitssatz von Lévy festgestellt, d. h. durch das Studium der punktweisen Konvergenz der entsprechenden Folge von charakteristischen Funktionen.

Beispiel 3.3.10 (Von geometrisch zu exponentiell) Betrachte eine Folge von Zufallsvariablen mit geometrischer Verteilung

$$X_n \sim \mathrm{Geom}_{p_n}, \qquad n \in \mathbb{N},$$

wobei $0 < p_n < 1$, sodass

$$P(X_n = k) = p_n \left(1 - p_n\right)^{k-1}, \qquad k \in \mathbb{N}.$$

Die CHF von X_n ist leicht zu berechnen:

$$\varphi_{X_n}(\eta) = \sum_{k=1}^{\infty} e^{i\eta k} p_n (1 - p_n)^{k-1} = e^{i\eta} p_n \sum_{k=1}^{\infty} \left(e^{i\eta}(1 - p_n)\right)^{k-1} = \frac{e^{i\eta} p_n}{1 - e^{i\eta}(1 - p_n)}$$

$$= \frac{p_n}{e^{-i\eta} - 1 + p_n}.$$

Nun überprüfen wir, dass wenn $np_n \xrightarrow[n\to\infty]{} \lambda$ für ein bestimmtes $\lambda \in \mathbb{R}_{>0}$, dass dann $\frac{X_n}{n} \xrightarrow{d} X \sim \mathrm{Exp}_\lambda$. Tatsächlich haben wir

$$\varphi_{\frac{X_n}{n}}(\eta) = E\left[e^{i\eta \frac{X_n}{n}}\right] = \varphi_{X_n}\left(\frac{\eta}{n}\right) = \frac{p_n}{e^{-i\frac{\eta}{n}} - 1 + p_n} =$$

(Entwicklung der Exponentialfunktion in Taylor-Reihe, wenn $n \to \infty$)

$$= \frac{p_n}{-i\frac{\eta}{n} + o\left(\frac{1}{n}\right) + p_n} = \frac{np_n}{-i\eta + o(1) + np_n} \xrightarrow[]{n\to\infty} \frac{\lambda}{\lambda - i\eta} = \varphi_{\mathrm{Exp}_\lambda}(\eta).$$

Beispiel 3.3.11 (Von normal zu Dirac) Greifen wir Beispiel 3.1.3 erneut auf und betrachten eine Folge $(X_n)_{n\in\mathbb{N}}$ von Zufallsvariablen mit normaler Verteilung $X_n \sim \mathcal{N}_{a_n, \sigma_n^2}$, wobei $a_n \longrightarrow a \in \mathbb{R}$ und $\sigma_n \longrightarrow 0$. Dank des Stetigkeitssatzes von Lévy können wir leicht bestätigen, dass $X_n \xrightarrow{d} X \sim \delta_a$, d. h. X_n konvergiert schwach gegen eine Z. v. mit Dirac-Delta-Verteilung zentriert in a. Tatsächlich haben wir

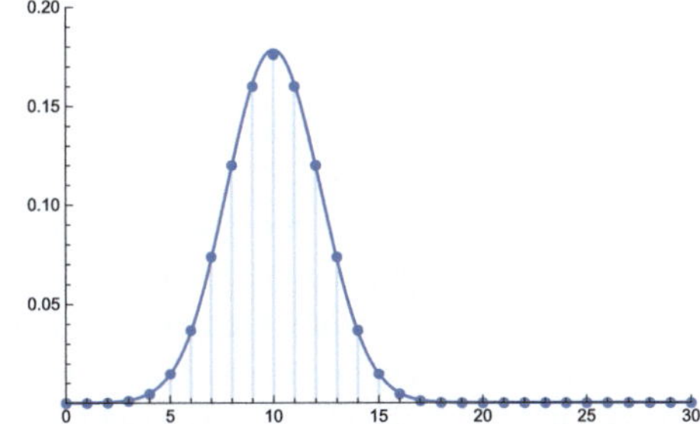

Abb. 3.4 Plots der Dichte der Normalverteilung $\mathcal{N}_{np,np(1-p)}$ und der binomialen Verteilungsfunktion $\mathrm{Bin}_{n,p}$ für $p = 0.5$ und $n = 20$

$$\varphi_{X_n}(\eta) = e^{i a_n \eta - \frac{\eta^2 \sigma_n^2}{2}} \xrightarrow[n \to \infty]{} e^{i a \eta}, \qquad \eta \in \mathbb{R}.$$

Beispiel 3.3.12 (Von binomial zu Poisson) Betrachte eine Folge von Zufallsvariablen mit binomialer Verteilung

$$X_n \sim \mathrm{Bin}_{n,p_n}, \qquad n \in \mathbb{N}.$$

Wenn $np_n \xrightarrow[n \to \infty]{} \lambda$ für ein $\lambda \in \mathbb{R}_{>0}$ dann $X_n \xrightarrow{d} X \sim \mathrm{Poisson}_\lambda$: tatsächlich, durch (2.62) und Lemma 3.4.1, haben wir

$$\varphi_{X_n}(\eta) = \left(1 + p_n \left(e^{i\eta} - 1\right)\right)^n = \left(1 + \frac{np_n}{n}\left(e^{i\eta} - 1\right)\right)^n \xrightarrow[n \to \infty]{} e^{\lambda(e^{i\eta}-1)} = \varphi_{\mathrm{Poisson}_\lambda}(\eta).$$

Beispiel 3.3.13 (Von binomial zu normal) Sei $X_n \sim \mathrm{Bin}_{n,p}$. Erinnern wir uns daran (vgl. Proposition 2.6.3), dass die Verteilung von X_n mit der Verteilung der Summe von n unabhängigen Bernoulli-Zufallsvariablen übereinstimmt. Wir erwarten, dass wir durch den Zentralen Grenzwertsatz (Theorem 3.4.4, den wir in Kürze als direkte Folge des Stetigkeitssatzes von Lévy beweisen werden),

$$Z_n \xrightarrow{d} X \sim \mathcal{N}_{0,1},$$

haben, wobei

$$Z_n = \frac{X_n - \mu_n}{\sigma_n}, \qquad \mu_n = E\left[X_n\right] = np, \quad \sigma_n^2 = \mathrm{var}(X_n) = np(1 - p).$$

Dieses Ergebnis kann informell ausgedrückt werden, indem man sagt, dass für jedes $p \in {]}0, 1{[}$, die Verteilung $\mathcal{N}_{np,np(1-p)}$ eine gute Näherung von $\mathrm{Bin}_{n,p}$ für großes n ist: siehe zum Beispiel Abb. 3.4 für einen Vergleich zwischen den Graphen der Dichte der Normalverteilung von $\mathcal{N}_{np,np(1-p)}$ und der binomialen Verteilungsfunktion $\mathrm{Bin}_{n,p}$, für $p = 0.5$ und $n = 20$. Dieses Ergebnis wird in Bemerkung 3.4.8 wieder aufgegriffen und genauer erklärt.

3.4　Gesetz der großen Zahlen und Zentraler Grenzwertsatz

Wir präsentieren einen einheitlichen Ansatz für die Beweise des schwachen Gesetzes der großen Zahlen und des Zentralen Grenzwertsatzes. Dieser Ansatz basiert auf dem Stetigkeitssatz von Lévy und Theorem 2.5.20 über die Taylor-Reihenentwicklung der charakteristischen Funktion. Der Name *Zentraler Grenzwertsatz* wurde erstmals vom ungarischen Mathematiker George Pólya in seinem Artikel [152] verwendet, um zu betonen, welche *zentrale* Rolle dieser Satz in der Wahrscheinlichkeitstheorie spielt. Das Buch [65] untersucht die historische Entwicklung des zentralen Grenzwertsatzes und anderer verwandter probabilistischer Grenzsätze im Zeitraum von etwa 1810 bis 1950.

Wir erinnern an die Notation

$$S_n = X_1 + \cdots + X_n, \qquad M_n = \frac{S_n}{n} \qquad (3.16)$$

für die Summe und den arithmetischen Mittelwert der Zufallsvariablen $X_1, \ldots, X_n$, jeweils. Das folgende Ergebnis, bekannt aus dem Fall reeller Folgen, gilt.

Lemma 3.4.1 Sei $(z_n)_{n \in \mathbb{N}}$ eine Folge von komplexen Zahlen, die gegen $z \in \mathbb{C}$ konvergiert. Dann haben wir

$$\lim_{n \to \infty} \left(1 + \frac{z_n}{n}\right)^n = e^z.$$

Beweis Wir folgen dem Beweis von [53], Theorem 3.4.2. Zuerst beweisen wir, dass wir für alle $w_1, \ldots, w_n, \zeta_1, \ldots, \zeta_n \in \mathbb{C}$, mit Modulus kleiner oder gleich $c > 0$

$$\left| \prod_{k=1}^{n} w_k - \prod_{k=1}^{n} \zeta_k \right| \le c^{n-1} \sum_{k=1}^{n} |w_k - \zeta_k| \qquad (3.17)$$

haben. (3.17) ist wahr für $n = 1$ und kann im Allgemeinen durch Induktion bewiesen werden, indem man beobachtet, dass

$$\left| \prod_{k=1}^{n} w_k - \prod_{k=1}^{n} \zeta_k \right| \le \left| w_n \prod_{k=1}^{n-1} w_k - z_n \prod_{k=1}^{n-1} \zeta_k \right| + \left| w_n \prod_{k=1}^{n-1} \zeta_k - \zeta_n \prod_{k=1}^{n-1} \zeta_k \right|$$

$$\le c \left| \prod_{k=1}^{n-1} w_k - \prod_{k=1}^{n-1} \zeta_k \right| + c^{n-1} |w_n - \zeta_n|.$$

Dann bemerken wir, dass wir für jedes $w \in \mathbb{C}$ mit $|w| \le 1$ $|e^w - (1 + w)| \le |w|^2$ haben, da

$$|e^w - (1 + w)| = \left| \sum_{k \ge 0} \frac{w^k}{k!} - (1 + w) \right| \le \sum_{k \ge 2} \frac{|w|^k}{k!} = |w|^2 \sum_{k \ge 2} \frac{1}{k!} \le |w|^2. \quad (3.18)$$

Um die Behauptung zu beweisen, fixieren wir $R > |z|$: für jedes $n \in \mathbb{N}$ groß genug, haben wir auch $R > |z_n|$. Wir wenden (3.17) mit

$$w_k = 1 + \frac{z_n}{n}, \qquad \zeta_k = e^{\frac{z_n}{n}}, \qquad k = 1, \dots, n$$

an und beobachten, dass $|w_k| \leq 1 + \frac{|z_n|}{n} \leq e^{\frac{R}{n}}$. Dann haben wir

$$\left| \left(1 + \frac{z_n}{n}\right)^n - e^{z_n} \right| \leq \left(e^{\frac{R}{n}}\right)^{n-1} \sum_{k=1}^{n} \left| 1 + \frac{z_n}{n} - e^{\frac{z_n}{n}} \right| \leq$$

(durch (3.18))

$$\leq e^{\frac{R(n-1)}{n}} n \left| \frac{z_n}{n} \right|^2 \leq e^R \frac{R^2}{n}$$

was die Behauptung beweist. $\qquad\square$

Theorem 3.4.2 (Schwaches Gesetz der großen Zahlen) Sei $(X_n)_{n \in \mathbb{N}}$ eine Folge von i. i. d. reellen Zufallsvariablen in $L^1(\Omega, P)$, mit Erwartungswert $\mu := E[X_1]$. Dann konvergiert das *arithmetische Mittel M_n schwach* gegen konstanten Zufallsvariable gleich μ:

$$M_n \xrightarrow{d} \mu.$$

Beweis Nach dem Stetigkeitssatz von Lévy 3.3.8 genügt es zu beweisen, dass die Folge der charakteristischen Funktionen φ_{M_n} punktweise gegen die CHF der Verteilung δ_μ konvergiert:

$$\lim_{n \to \infty} \varphi_{M_n}(\eta) = e^{i\mu\eta}, \qquad \eta \in \mathbb{R}. \tag{3.19}$$

Wir haben

$$\varphi_{M_n}(\eta) = E\left[e^{i\frac{\eta}{n} S_n}\right] =$$

(da die X_n i. i. d. sind)

$$= \left(E\left[e^{i\frac{\eta}{n} X_1}\right]\right)^n =$$

(durch Theorem 2.5.20 und der Annahme der Summierbarkeit)

$$= \left(1 + \frac{i\mu\eta}{n} + o\left(\frac{1}{n}\right)\right)^n \xrightarrow[n \to \infty]{} e^{i\mu\eta}$$

dank Lemma 3.4.1. Dies beweist (3.19) und schließt den Beweis ab. $\qquad\square$

Bemerkung 3.4.3 (Kolmogorovs starkes Gesetz der großen Zahlen) Die Integrabilitätsannahmen des Theorems 3.4.2 sind schwächer als das Gesetz der großen Zahlen in der Version des Theorems 3.2.1, wo wir angenommen haben, dass $X_n \in L^2(\Omega, P)$. Mit ausgefeilteren Methoden ist es auch möglich, Theorem 3.2.3

zu erweitern und das sogenannte *Kolmogorovs starke Gesetz der großen Zahlen* zu erhalten: Wenn $(X_n)_{n\in\mathbb{N}}$ eine Folge von reellen i.i.d. Zufallsvariablen in $L^1(\Omega, P)$ mit Erwartungswert $\mu := E[X_1]$ ist, dann konvergiert M_n *fast sicher* gegen μ. Für weitere Details siehe zum Beispiel [86].

Nehmen wir nun an, dass $(X_n)_{n\in\mathbb{N}}$ eine Folge von reellen i.i.d. Zufallsvariablen in $L^2(\Omega, P)$ ist und lassen

$$\mu := E[X_1] \quad \text{und} \quad \sigma^2 := \text{var}(X_1).$$

Wir erinnern uns daran, dass der Erwartungswert und die Varianz des arithmetischen Mittelwerts M_n in (3.6) durch

$$E[M_n] = \mu \quad \text{und} \quad \text{var}(M_n) = \frac{\sigma^2}{n}$$

gegeben sind. Betrachte dann den *normalisierten arithmetischen Mittelwert*, definiert als

$$\tilde{M}_n := \frac{M_n - E[M_n]}{\sqrt{\text{var}(M_n)}} = \frac{M_n - \mu}{\frac{\sigma}{\sqrt{n}}}$$

und beachte, dass

$$\tilde{M}_n = \frac{S_n - \mu n}{\sigma\sqrt{n}} = \frac{1}{\sqrt{n}} \sum_{k=1}^{n} \frac{X_k - \mu}{\sigma}. \tag{3.20}$$

Der Zentrale Grenzwertsatz besagt, dass, unabhängig von der Verteilung der X_n, die Folge der normalisierten arithmetischen Mittelwerte $\tilde{M}_n$ schwach gegen die Standardnormalverteilung konvergiert.

Theorem 3.4.4 (Zentraler Grenzwertsatz)[!!!] Sei $(X_n)_{n\in\mathbb{N}}$ eine Folge von reellen i.i.d. Zufallsvariablen in $L^2(\Omega, P)$, mit Erwartungswert μ und positiver Standardabweichung σ. Dann, für $\tilde{M}_n$ wie in (3.20), haben wir

$$\tilde{M}_n \xrightarrow{d} Z \sim \mathcal{N}_{0,1}. \tag{3.21}$$

Beweis Nach Lévys Stetigkeitssatz 3.3.8 genügt es zu beweisen, dass die Folge der charakteristischen Funktionen $\varphi_{\tilde{M}_n}$ punktweise gegen die CHF der Verteilung $\mathcal{N}_{0,1}$ konvergiert:

$$\lim_{n\to\infty} \varphi_{\tilde{M}_n}(\eta) = e^{-\frac{\eta^2}{2}}, \qquad \eta \in \mathbb{R}. \tag{3.22}$$

Nach (3.20) haben wir

$$\varphi_{\tilde{M}_n}(\eta) = E\left[e^{i\frac{\eta}{\sqrt{n}} \sum_{k=1}^{n} \frac{X_k - \mu}{\sigma}} \right] =$$

(da die X_n i. i. d. sind)

$$= \left(E\left[e^{i\frac{\eta}{\sqrt{n}}\frac{X_1-\mu}{\sigma}} \right] \right)^n =$$

(nach Theorem 2.5.20, da nach Annahme $\frac{X_1-\mu}{\sigma} \in L^2(\Omega, P)$ mit Nullmittelwert und Einheitsvarianz)

$$= \left(1 + \frac{(i\eta)^2}{2n} + o\left(\frac{1}{n}\right) \right)^n \xrightarrow[n\to\infty]{} e^{-\frac{\eta^2}{2}}$$

dank Lemma 3.4.1. Dies beweist (3.22) und beendet den Beweis. $\qquad\square$

Bemerkung 3.4.5 Im besonderen Fall, wenn $\mu = 0$ und $\sigma = 1$, wird (3.21) zu

$$\frac{S_n}{\sqrt{n}} \xrightarrow{d} Z \sim \mathcal{N}_{0,1}.$$

Bemerkung 3.4.6 (Zentraler Grenzwertsatz und Gesetz der großen Zahlen) Angesichts des Ausdrucks von $\tilde{M}_n$ in (3.20) kann der Zentrale Grenzwertsatz folgendermaßen umformuliert werden:

$$M_n \simeq \mu + \frac{\sigma}{\sqrt{n}}Z \sim \mathcal{N}_{\mu,\frac{\sigma^2}{n}}, \qquad \text{für } n \gg 1, \tag{3.23}$$

wo das Symbol $\simeq$ bedeutet, dass die Verteilungen von M_n und $\mu + \frac{\sigma}{\sqrt{n}}Z$ „asymptotisch äquivalent" sind. Formel (3.23) bietet eine Näherung der Verteilung der Zufallsvariable M_n und verdeutlicht das Konvergenzergebnis des Gesetzes der großen Zahlen.

Bemerkung 3.4.7 (Zentraler Grenzwertsatz und Monte-Carlo-Methode) Durchschnitte M_n von i. i. d. Variablen, definiert wie in (3.16), treten natürlich in der Monte-Carlo-Methode auf, die wir in Abschn. 3.2.1 eingeführt haben. Unter den Annahmen des zentralen Grenzwertsatzes, gegeben

$$p_\lambda := P\left(|M_n - \mu| \leq \lambda\frac{\sigma}{\sqrt{n}} \right) = P\left(|\tilde{M}_n| \leq \lambda \right), \qquad \lambda > 0,$$

haben wir die Schätzung

$$p_\lambda \simeq P\left(|Z| \leq \lambda \right), \qquad Z \sim \mathcal{N}_{0,1}.$$

Erinnern wir uns nun (vgl. (2.12)), dass

$$P(|Z| \leq \lambda) = 2F(\lambda) - 1, \qquad \lambda > 0,$$

mit F in (3.25). Für die Schätzung des numerischen Fehlers der Monte-Carlo-Methode beginnen wir mit den am häufigsten verwendeten Werten von p, nämlich $p = 95\,\%$ und $p = 99\,\%$: setzen wir $\lambda = F^{-1}\left(\frac{p+1}{2}\right)$, dann erhalten wir

$$P\left(|M_n - \mu| \le 1.96\frac{\sigma}{\sqrt{n}}\right) \simeq 95\,\% \qquad \text{und} \qquad P\left(|M_n - \mu| \le 2.57\frac{\sigma}{\sqrt{n}}\right) \simeq 99\,\%.$$

Aus diesem Grund

$$r_{95} := 1.96\frac{\sigma}{\sqrt{n}} \qquad \text{und} \qquad r_{99} := 2.57\frac{\sigma}{\sqrt{n}}$$

werden üblicherweise als *Radien der Konfidenzintervalle bei* 95 % und 99 % bezeichnet. Mit anderen Worten, wenn M_n die (zufällige) Monte-Carlo-Approximation des Wertes μ darstellt, dann

$$[M_n - r_{95},\, M_n + r_{95}] \qquad \text{und} \qquad [M_n - r_{99},\, M_n + r_{99}]$$

sind die Intervalle (mit zufälligen Endpunkten), in denen μ (der unbekannte Wert, der approximiert werden soll) mit einer Wahrscheinlichkeit von 95 % bzw. 99 % liegt. In dieser Perspektive ist es natürlich, das Ergebnis einer Monte-Carlo-Approximation als *ein Konfidenzintervall* zu interpretieren, anstatt als Einzelwert.

Bemerkung 3.4.8 (Zentraler Grenzwertsatz und Summen von i. i. d. Zufallsvariablen) Wie bereits in Beispiel 3.3.13 vorweggenommen, ist der zentrale Grenzwertsatz ein gültiges Werkzeug zur Approximation der Verteilung von Zufallsvariablen, die als Summen von i. i. d. Variablen definiert sind. Zum Beispiel wissen wir (vgl. Proposition 2.6.3), dass $X \sim \text{Bin}_{n,p}$ in Verteilung gleich zu $X_1 + \cdots + X_n$ ist, wobei $X_j \sim \text{Be}_p$ i. i. d. sind. Dann haben wir die folgende asymptotische Approximation der CDF von X für $n \to +\infty$:

$$P(X \le k) \approx P\left(Z \le \frac{k - pn}{\sqrt{np(1-p)}}\right), \qquad Z \sim \mathcal{N}_{0,1}. \tag{3.24}$$

Formel (3.24) folgt einfach aus der Tatsache, dass wir mit $\mu = E[X_1] = p$ und $\sigma^2 = \text{var}(X_1) = p(1-p)$ durch den zentralen Grenzwertsatz

$$P(X \le k) = P\left(\frac{X - \mu n}{\sigma\sqrt{n}} \le \frac{k - \mu n}{\sigma\sqrt{n}}\right) \approx P\left(Z \le \frac{k - \mu n}{\sigma\sqrt{n}}\right)$$

haben. Formel (3.24) ist äquivalent zu

$$F_X(k) \approx F\left(\frac{k - pn}{\sqrt{np(1-p)}}\right)$$

wobei F_X die CDF von $X \sim \text{Bin}_{n,p}$ bezeichnet und

$$F(x) = \int_{-\infty}^{x} \frac{e^{-\frac{z^2}{2}}}{\sqrt{2\pi}} dz \tag{3.25}$$

ist die CDF der Standardnormalverteilung.

Unter stärkeren Annahmen liefert der Berry-Esseen-Satz eine explizite Schätzung der Konvergenzrate im zentralen Grenzwertsatz.

Theorem 3.4.9 (Berry-Esseen-Theorem) Es gibt eine Konstante[7] $C < 1$ so, dass, wenn (X_n) eine Folge von i. i. d. Zufallsvariablen in $L^3(\Omega, P)$ mit

$$E\left[X_1\right] = 0, \qquad \mathrm{var}(X_1) := \sigma^2, \qquad E\left[|X_1|^3\right] =: \varrho$$

ist, dann haben wir

$$|F_n(x) - F(x)| \leq \frac{C\varrho}{\sigma^3 \sqrt{n}}, \qquad x \in \mathbb{R},\ n \in \mathbb{N},$$

wobei F_n die CDF der normalisierten Mittelwert $\tilde{M}_n$ in (3.20) bezeichnet und F die CDF der Standardnormalverteilung in (3.25) ist.

Für den Beweis des Berry-Esseen-Theorems verweisen wir beispielsweise auf [53].

---

[7] Der optimale Wert von C ist nicht bekannt: wie in [195] berichtet, ist bekannt, dass $0.4097 < C < 0.469$.

Kapitel 4
Bedingte Wahrscheinlichkeit

Wir haben es nicht geschafft, alle unsere Probleme zu beantworten – tatsächlich haben wir manchmal das Gefühl, dass wir keines von ihnen vollständig beantwortet haben. Die Antworten, die wir gefunden haben, haben nur dazu gedient, eine ganze Reihe neuer Fragen aufzuwerfen. In gewisser Weise haben wir das Gefühl, dass wir immer noch genauso verwirrt sind wie zuvor, aber wir glauben, dass wir auf einer höheren Ebene und über wichtigere Dinge verwirrt sind.

Earl C. Kelley

In einem Wahrscheinlichkeitsraum $(\Omega, \mathscr{F}, P)$, sei X eine Zufallsvariable und $\mathscr{G}$ eine Unter-σ-Algebra von $\mathscr{F}$. In diesem Kapitel führen wir die Konzepte der bedingten Verteilung und Erwartung von X gegeben $\mathscr{G}$ ein. In Erinnerung daran, dass eine σ-Algebra als eine Menge von „Informationen" interpretiert werden kann, *repräsentiert die bedingte Erwartung von X gegeben $\mathscr{G}$ die beste Schätzung des Zufallswertes X basierend auf den Informationen enthalten in $\mathscr{G}$.* Je größer $\mathscr{G}$ ist, desto besser und detaillierter ist die Schätzung von X gegeben durch die bedingte Erwartung: aus mathematischer Sicht ist eine bedingte Erwartung eine *Zufallsvariable,* die bestimmte Eigenschaften besitzt. Die Konzepte der bedingten Erwartung und Verteilung sind grundlegend in der Theorie der stochastischen Prozesse und untermauern alle Anwendungen der Wahrscheinlichkeitstheorie, die darauf abzielen, zufällige Phänomene zu modellieren, die sich über die Zeit entwickeln: in diesem Fall ist es notwendig, nicht nur die Entwicklung des Zufallswertes X zu beschreiben, sondern auch die Entwicklung der Informationen, die im Laufe der Zeit verfügbar werden und eine bessere Schätzung von X ermöglichen. In diesem Kapitel bezeichnet X, sofern nicht anders angegeben, eine $\mathbb{R}^d$-wertige Zufallsvariable.

© Der/die Autor(en), exklusiv lizenziert an Springer Nature Switzerland AG 2025

A. Pascucci, *Elementare Wahrscheinlichkeitstheorie I*,

https://doi.org/10.1007/978-3-031-98093-0_4

4.1 Der diskrete Fall

Wir führen das Konzept der Bedingung auf die σ-Algebra ein, die durch eine *diskrete* Zufallsvariable erzeugt wird. Wir behandeln diesen sehr speziellen Fall mit einem rein einleitenden Zweck zur allgemeinen Definition, die technisch komplexer ist und in den folgenden Abschnitten eingeführt wird.

Betrachte eine Zufallsvariable Y, die auf dem Raum $(\Omega, \mathscr{F}, P)$ definiert ist und nimm an, dass Y *diskret*[1] im folgenden Sinn ist:

i) die unterschiedlichen Werte, die von Y angenommen werden, bilden eine Menge von höchstens abzählbarer Kardinalität: mit anderen Worten, das Bild von Ω durch Y ist von der Form $Y(\Omega) = (y_n)_{n \in \mathbb{N}}$ mit unterschiedlichen y_n;

ii) für jedes $n \in \mathbb{N}$, ist das Ereignis $B_n := (Y = y_n)$ nicht vernachlässigbar, d. h., $P(B_n) > 0$.

Unter diesen Annahmen bildet *die Familie $(B_n)_{n \in \mathbb{N}}$ eine endliche oder abzählbare Partition von Ω, deren Elemente nicht vernachlässigbare Ereignisse sind.* Beachte, dass $\sigma(Y)$, die σ-Algebra, die von Y erzeugt wird, aus der leeren Menge, den Elementen der Partition $(B_n)_{n \in \mathbb{N}}$ und ihren Vereinigungen besteht.

Definition 4.1.1 (Bedingte Wahrscheinlichkeit bedingt auf eine diskrete Zufallsvariable.) Im Raum $(\Omega, \mathscr{F}, P)$ ist die bedingte Wahrscheinlichkeit bedingt auf eine diskrete Zufallsvariable Y die Familie $P(\cdot \mid Y) = \left(P_\omega(\cdot \mid Y)\right)_{\omega \in \Omega}$ von Wahrscheinlichkeitsmaßen auf $(\Omega, \mathscr{F})$ definiert durch

$$P_\omega(A \mid Y) := P(A \mid Y = Y(\omega)), \qquad A \in \mathscr{F}, \tag{4.1}$$

wobei $P(\cdot \mid Y = Y(\omega))$ die bedingte Wahrscheinlichkeit bedingt auf das Ereignis $(Y = Y(\omega))$ bezeichnet (vgl. Definition 1.3.2).

Bemerkung 4.1.2 Für jedes $A \in \mathscr{F}$, ist $P(A \mid Y)$ eine *Zufallsvariable*, die konstant auf den Elementen der Partition $(B_n)_{n \in \mathbb{N}}$

$$P(A \mid Y) = \sum_{n \geq 1} P(A \mid B_n) \mathbb{1}_{B_n}$$

ist.

Da $P_\omega(\cdot \mid Y)$ für jedes $\omega \in \Omega$ ein Wahrscheinlichkeitsmaß ist, sind die Konzepte der Verteilung und bedingten Erwartung gegeben Y natürlich definiert.

Definition 4.1.3 (Bedingte Verteilung und Erwartung) Sei X eine Zufallsvariable auf $(\Omega, \mathscr{F}, P)$ mit Werten in $\mathbb{R}^d$:

---

[1] Annahme ii) ist nicht wirklich einschränkend: wenn Z i) erfüllt, dann gibt es eine diskrete Zufallsvariable Y, so dass $P(Y = y) > 0$ für jedes $y \in Y(\Omega)$ und $Z = Y$ fast sicher.

i) die bedingte Verteilung (oder Gesetz) von X gegeben Y, notiert mit $\mu_{X|Y}$, ist die Verteilung von X in Bezug auf die bedingte Wahrscheinlichkeit $P(\cdot \mid Y)$:

$$\mu_{X|Y}(H) := P(X \in H \mid Y), \qquad H \in \mathscr{B}_d; \tag{4.2}$$

ii) wenn $X \in L^1(\Omega, P)$ ist, ist die bedingte Erwartung von X gegeben Y, notiert mit $E[X \mid Y]$, der Erwartungswert von X unter der bedingten Wahrscheinlichkeit $P(\cdot \mid Y)$:

$$E[X \mid Y] := \int_\Omega X \, dP(\cdot \mid Y). \tag{4.3}$$

Bemerkung 4.1.4 Beachte, dass bedingte Verteilung und Erwartung von ω abhängen und daher *zufällige Größen* sind, tatsächlich:

i) die Bedeutung der Definition (4.2) ist

$$\mu_{X|Y}(H; \omega) := P_\omega(X \in H \mid Y), \qquad H \in \mathscr{B}_d, \ \omega \in \Omega.$$

Folglich:

i-a) für jedes $\omega \in \Omega$ ist $\mu_{X|Y}(\cdot; \omega)$ eine *Verteilung* auf $(\mathbb{R}^d, \mathscr{B}_d)$: daher sagen wir, dass $\mu_{X|Y}$ eine *zufällige Verteilung* ist;

i-b) für jedes $H \in \mathscr{B}_d$ ist $\mu_{X|Y}(H)$ eine *Zufallsvariable,* die auf den Elementen der Partition $(B_n)_{n \in \mathbb{N}}$ konstant ist:

$$\mu_{X|Y}(H) = \sum_{n \geq 1} P(X \in H \mid B_n)\mathbb{1}_{B_n}; \tag{4.4}$$

ii) die Bedeutung der Definition (4.3) ist

$$E[X|Y](\omega) := \int_\Omega X \, dP_\omega(\cdot|Y), \qquad \omega \in \Omega.$$

Folglich ist $E[X|Y]$ eine *Zufallsvariable,* die auf den Elementen der Partition $(B_n)_{n \in \mathbb{N}}$ konstant ist:

$$E[X|Y] = \sum_{n \geq 1} E[X|B_n]\mathbb{1}_{B_n}, \tag{4.5}$$

wobei, nach Proposition 2.4.2,

$$E[X|B_n] = \frac{1}{P(B_n)} \int_{B_n} X \, dP.$$

Äquivalent,

$$E[X|Y](\omega) = E[X|Y = Y(\omega)] = \frac{1}{P(Y = Y(\omega))} \int_{(Y=Y(\omega))} X\,dP, \quad \omega \in \Omega.$$

Beispiel 4.1.5 Greifen wir erneut das Beispiel 2.4.5 auf: Aus einer Urne mit $n \geq 2$ nummerierten Kugeln werden zwei Kugeln nacheinander und ohne Zurücklegen gezogen. Seien X_1 und X_2 die Zufallsvariablen, die jeweils die Nummer der ersten und zweiten gezogenen Kugel angeben. Dann haben wir für jedes $k \in I_n$,

$$\mu_{X_2|X_1=k}(\{h\}) = \begin{cases} \frac{1}{n-1}, & \text{wenn } h \in I_n \setminus \{k\}, \\ 0 & \text{sonst,} \end{cases}$$

oder äquivalent dazu

$$\mu_{X_2|X_1} = \mathrm{Unif}_{I_n \setminus \{X_1\}}.$$

Wir verallgemeinern nun zwei bekannte grundlegende Werkzeuge zur Berechnung von Erwartungswerten.

Theorem 4.1.6 [!] Seien X und Y Zufallsvariablen auf $(\Omega, \mathscr{F}, P)$ mit Y diskret. Wenn $f \in m\mathscr{B}_d$ und $f(X) \in L^1(\Omega, P)$ dann gilt

$$E[f(X)|Y] = \int_{\mathbb{R}^d} f\,d\mu_{X|Y}.$$

Beweis Für jedes $\omega \in \Omega$ haben wir

$$E[f(X)|Y](\omega) = \int_\Omega f(X)\,dP_\omega(\cdot|Y) =$$

(nach Theorem 2.2.26)

$$= \int_{\mathbb{R}^d} f(x)\mu_{X|Y}(dx; \omega).$$

$\square$

Theorem 4.1.7 (**Gesetz der totalen Wahrscheinlichkeit**) [!] Seien X und Y Zufallsvariablen auf $(\Omega, \mathscr{F}, P)$ mit Y diskret. Es gilt

$$\mu_X = E\left[\mu_{X|Y}\right]. \tag{4.6}$$

Beweis Für jedes $H \in \mathscr{B}_d$ haben wir nach (4.4)

$$E\left[\mu_{X|Y}(H)\right] = \sum_{n \geq 1} P(X \in H|B_n)P(B_n) = \sum_{n \geq 1} P((X \in H) \cap B_n)$$
$$= P(X \in H) = \mu_X(H).$$

$\square$

Beispiel 4.1.8 Die Anzahl der täglich von einem Postfach empfangenen Spam-E-Mails folgt einer Poisson_{10} Verteilung. Durch die Installation einer Anti-Spam-Software kann die durchschnittliche Anzahl der empfangenen Spam-E-Mails halbiert werden. Angenommen diese Software schützt nur 80 % der Postfächer eines Unternehmens. Wir möchten nun die Verteilung und die durchschnittliche Anzahl der täglich von jedem Postfach im Unternehmen empfangenen Spam-E-Mails bestimmen.

Sei $Y \sim \text{Be}_p$, mit $p = 80\,\%$, die Zufallsvariable, die 1 ist, wenn ein Postfach geschützt ist und 0 sonst. Wenn X die Anzahl der empfangenen Spam-E-Mails angibt, haben wir nach Annahme

$$\mu_{X|Y} = Y\text{Poisson}_5 + (1 - Y)\text{Poisson}_{10}.$$

Dann haben wir nach dem Gesetz der totalen Wahrscheinlichkeit (4.6),

$$\mu_X = E\left[\mu_{X|Y}\right] = p\mu_{X|Y=1} + (1 - p)\mu_{X|Y=0} = p\text{Poisson}_5 + (1 - p)\text{Poisson}_{10}$$

woraus folgt

$$E[X] = pE[X|Y = 1] + (1 - p)E[X|Y = 0] = 80\,\% \cdot 5 + 20\,\% \cdot 10 = 6.$$

Schließlich haben wir

$$E[X|Y] = \int_{\mathbb{R}} x\mu_{X|Y}(dx)$$
$$= Y\int_{\mathbb{R}} x\text{Poisson}_5(dx) + (1 - Y)\int_{\mathbb{R}} x\text{Poisson}_{10}(dx) = 5Y + 10(1 - Y).$$

Beispiel 4.1.9 **[!]** Betrachte die *zufällige exponentielle Verteilung* $\mu_{X|Y} = \text{Exp}_Y$, wobei $Y \sim \text{Geom}_p$, dann haben wir

$$P(X \geq x|Y) = \text{Exp}_Y([x, +\infty[) = \int_x^{+\infty} Ye^{-tY}dt = \left[-e^{-tY}\right]_{t=x}^{t=+\infty} = e^{-xY},$$

für jedes $x \geq 0$. Daher haben wir

$$E[P(X \geq x|Y)] = E\left[e^{-xY}\right] = \sum_{n \in \mathbb{N}} e^{-nx}p(1 - p)^{n-1} = \frac{p}{p - 1 + e^x}$$

und andererseits haben wir nach dem Gesetz der totalen Wahrscheinlichkeit

$$E[P(X \geq x|Y)] = P(X \geq x)$$

was den Ausdruck der Verteilungsfunktion (und damit die Verteilung) von X liefert. Tatsächlich, unter Berücksichtigung, dass offensichtlich $P(X \geq x|Y) = 1$, wenn

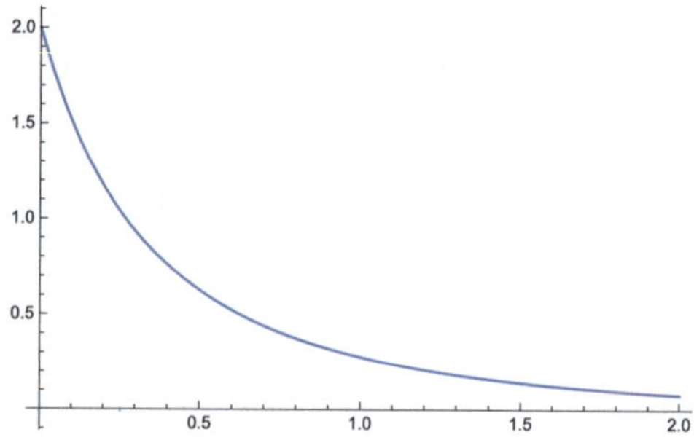

Abb. 4.1 Graph der Dichte in (4.7) für p=0,5

$x < 0$, haben wir

$$P(X \geq x) = \begin{cases} 1 & \text{wenn } x < 0, \\ \frac{p}{p-1+e^x} & \text{wenn } x \geq 0, \end{cases}$$

aus dem folgt, dass X eine absolut stetige Zufallsvariable mit Dichte ist (siehe Abb. 4.1)

$$\gamma_X(x) = \frac{d}{dx}\left(1 - P(X \geq x)\right) = \begin{cases} 0 & \text{wenn } x < 0, \\ \frac{pe^x}{(p-1+e^x)^2} & \text{wenn } x \geq 0. \end{cases} \qquad (4.7)$$

Wir können X als eine exponentialartige Zufallsvariable mit stochastischer Intensität[2]. Dieses Beispiel zeigt, dass durch das Konzept der bedingten Verteilung, es möglich ist, probabilistische Modelle zu betrachten, in denen der Wert der Parameter unsicher oder stochastisch ist. Daher ergibt sich die fundamentale Bedeutung der bedingten Verteilung in zahlreichen Anwendungen, insbesondere in der Statistik.

Die bedingte Erwartung hat zwei Eigenschaften, die sie eindeutig charakterisieren.

Proposition 4.1.10 [!] Seien X und Y zwei Zufallsvariablen auf $(\Omega, \mathscr{F}, P)$, mit $X \in L^1(\Omega, P)$ und Y diskret. Sei außerdem $Z = E[X \mid Y]$. Dann haben wir:

i) $Z \in m\sigma(Y)$;
ii) für jedes $W \in b\sigma(Y)$ gilt

$$E[ZW] = E[XW].$$

Darüber hinaus, wenn Z' eine Zufallsvariable ist, die die Eigenschaften i) und ii) erfüllt, dann gilt $Z'(\omega) = Z(\omega)$ für jedes $\omega \in \Omega$.

---

[2] In der exponentiellen Verteilung Exp_λ wird der Parameter $\lambda > 0$ üblicherweise als *Intensität* bezeichnet.

Beweis Eigenschaft i) ist eine unmittelbare Folge von (4.5). Was ii) betrifft, gibt es nach Doobs Theorem 2.3.3 eine messbare und beschränkte Funktion f, so dass $W = f(Y)$ oder, genauer gesagt

$$W = \sum_{n \geq 1} f(y_n) \mathbb{1}_{B_n}. \tag{4.8}$$

Dann haben wir nach (4.5)

$$E[WZ] = E\left[f(Y) \sum_{n \geq 1} E[X \mid B_n] \mathbb{1}_{B_n} \right]$$
$$= \sum_{n \geq 1} f(y_n) E[X \mid B_n] E\left[\mathbb{1}_{B_n}\right] =$$

(nach (2.56))

$$= \sum_{n \geq 1} f(y_n) E\left[X \mathbb{1}_{B_n}\right] = E[XW].$$

Schließlich, wenn Z' die Eigenschaften i) und ii) erfüllt, dann ist Z' von der Form (4.8) und, nach ii) mit $W = \mathbb{1}_{B_n}$, haben wir

$$f(y_n) P(B_n) = E\left[Z' \mathbb{1}_{B_n}\right] = E\left[X \mathbb{1}_{B_n}\right]$$

und daher gilt $f(y_n) = E[X \mid B_n]$. $\qquad\square$

Bemerkung 4.1.11
(Bedingte Wahrscheinlichkeitsfunktion) Sei Y eine diskrete Zufallsvariable mit Werten in einem messbaren Raum $(E, \mathscr{E})$. Gemäß Definition (4.1) ist die bedingte Wahrscheinlichkeit eine Familie von Wahrscheinlichkeitsmaßen $(P_\omega(\cdot \mid Y))_{\omega \in \Omega}$ und kann in diesem Sinne als eine *zufällige Wahrscheinlichkeit* interpretiert werden. Es ist möglich, eine alternative Definition der bedingten Wahrscheinlichkeit zu geben, bei der $P(\cdot \mid Y)$ von $y \in Y(\Omega)$ anstatt von $\omega \in \Omega$ abhängt: genau genommen sagen wir, dass $y \mapsto P(\cdot \mid Y = y)$ die *bedingte Wahrscheinlichkeitsfunktion*[3] gegeben Y ist. Beachte, dass $P(\cdot \mid Y) = (P(\cdot \mid Y = y))_{y \in Y(\Omega)}$ eine endliche oder höchstens abzählbare Familie von Wahrscheinlichkeitsmaßen auf $(\Omega, \mathscr{F})$ ist, weil Y diskret ist. Ebenso ist die *bedingte Verteilungsfunktion* von X gegeben Y die Funktion

$$y \longmapsto \mu_{X|Y}(H; y) = P(X \in H \mid Y = y), \qquad H \in \mathscr{B}, \; y \in Y(\Omega),$$

und die *bedingte Erwartungsfunktion* als

$$y \longmapsto E\left[X \mid Y = y\right] = \int_{\Omega} X \, dP(\cdot \mid Y = y) =$$

(nach Proposition 2.4.2)

$$= \frac{1}{P(Y = y)} \int_{(Y=y)} X \, dP, \qquad y \in Y(\Omega).$$

Sei

$$\bar{\mu}_X(x) = P(X = x), \qquad x \in X(\Omega),$$

die Verteilungsfunktion der *diskreten* Zufallsvariable X (vgl. Bemerkung 1.4.16). Analog dazu bezeichnen wir $\bar{\mu}_{X|Y}(x, y) = P(X = x \mid Y = y)$ als die *bedingte Verteilungsfunktion* von X gegeben Y. Dann haben wir die interessante Formel

$$\bar{\mu}_{X|Y}(x, y) = \frac{P((X = x) \cap (Y = y))}{P(Y = y)} = \frac{\bar{\mu}_{(X,Y)}(x, y)}{\bar{\mu}_Y(y)}, \qquad x \in X(\Omega), \ y \in Y(\Omega),$$

$$(4.9)$$

das heißt, $\bar{\mu}_{(X,Y)} = \bar{\mu}_Y \bar{\mu}_{X|Y}$, ähnlich der Multiplikationsregel (1.26) für Ereignisse.

Beispiel 4.1.12 Die Anzahl der täglich empfangenen E-Mails ist eine Zufallsvariable $Y \sim \mathrm{Poisson}_\lambda$ mit $\lambda = 20$. Jede E-Mail hat eine Wahrscheinlichkeit von $p = 15\,\%$, unabhängig von den anderen, Spam zu sein. Wir bestimmen die Verteilung der Zufallsvariable X, die die Anzahl der täglich empfangenen Spam-E-Mails angibt.

Intuitiv erwarten wir, dass $X \sim \mathrm{Poisson}_{\lambda p}$. Tatsächlich haben wir nach der Annahme

$$P(X = k \mid Y = n) = \begin{cases} \mathrm{Bin}_{n,p}(\{k\}) & \text{wenn } k \leq n, \\ 0 & \text{wenn } k > n, \end{cases}$$

die Wahrscheinlichkeit, dass von n empfangenen E-Mails genau k Spam sind. Nach dem Gesetz der totalen Wahrscheinlichkeit haben wir

$$P(X = k) = \sum_{n \geq 0} P(X = k \mid Y = n) P(Y = n)$$

$$= \sum_{n \geq k} \binom{n}{k} p^k (1 - p)^{n-k} e^{-\lambda} \frac{\lambda^n}{n!}$$

$$= \frac{e^{-\lambda}(\lambda p)^k}{k!} \sum_{n \geq k} \frac{(1 - p)^{n-k} \lambda^{n-k}}{(n - k)!} =$$

(setzen $h = n - k$)

$$= \frac{e^{-\lambda}(\lambda p)^k}{k!} \sum_{h \geq 0} \frac{(1-p)^h \lambda^h}{h!} = e^{-\lambda p} \frac{(\lambda p)^k}{k!} = \mathrm{Poisson}_{\lambda p}(\{k\}).$$

Bemerkung 4.1.13 Betrachte $Y = \mathbb{1}_B$ mit $B \in \mathscr{F}$ so dass $0 < P(B) < 1$: die von Y erzeugte σ-Algebra ist

$$\sigma(Y) = \{\emptyset, \Omega, B, B^c\}$$

und kann als „die Information, ob das Ereignis B eingetreten ist oder nicht" interpretiert werden. Beachte den konzeptuellen Unterschied zwischen:

i)   Bedingung auf B, im Sinne der Bedingung auf die Tatsache *dass B eingetreten ist;*

ii) Bedingung auf Y, im Sinne der Bedingung auf die Information *ob B eingetreten ist oder nicht.*

Aus diesem Grund wird die bedingte Erwartung $E[X \mid Y]$ wie in (4.5) definiert, das heißt:

$$E[X \mid Y](\omega) := \begin{cases} E[X \mid B] & \text{wenn } \omega \in B, \\ E[X \mid B^c] & \text{wenn } \omega \in B^c. \end{cases}$$

Intuitiv stellt $E[X \mid B]$ die Erwartung von X dar, die auf der Beobachtung basiert, dass B eingetreten ist: daher ist $E[X \mid B]$ eine Zahl, ein *deterministischer Wert*. Im Gegensatz dazu kann man $E[X \mid Y]$ als eine zukünftige Schätzung von X betrachten, die davon abhängen wird, ob beobachtet wurde, ob B eingetreten ist oder nicht (oder die Schätzung von X, die von einer Person gegeben wird, die weiß, ob B eingetreten ist oder nicht): aus diesem Grund wird $E[X \mid Y]$ als eine *Zufallsvariable* definiert.

4.1.1   Beispiele

Beispiel 4.1.14   Wir bestimmen $E[X_1 \mid Y]$, wobei $X_1, \ldots, X_n \sim \mathrm{Be}_p$, mit $0 < p < 1$, unabhängig sind und $Y = X_1 + \cdots + X_n$. Da $Y \sim \mathrm{Bin}_{n,p}$, haben wir

$$E[X_1 \mid Y = k] = 0 \cdot P(X_1 = 0 \mid Y = k) + 1 \cdot P(X_1 = 1 \mid Y = k) =$$

(setze $Z = X_2 + \cdots + X_n \sim \mathrm{Bin}_{n-1,p}$)

$$= \frac{P((X_1 = 1) \cap (Z = k-1))}{P(Y = k)} =$$

(aufgrund der Unabhängigkeit von X_1 und Z)

$$= \frac{P(X_1 = 1) P(Z = k-1)}{P(Y = k)}$$

$$= \frac{p \binom{n-1}{k-1} p^{k-1}(1-p)^{n-1-(k-1)}}{\binom{n}{k} p^k (1-p)^{n-k}} = \frac{k}{n}, \qquad k = 0, \ldots, n,$$

die bedingte Erwartungsfunktion von X_1 gegeben Y. Ebenso haben wir

$$E[X_1 \mid Y] = \frac{Y}{n}.$$

Beispiel 4.1.15 Urne A enthält $n \in \mathbb{N}$ Kugeln, von denen nur $k_1 \leq n$ weiß sind. Urne B enthält $n \in \mathbb{N}$ Kugeln, von denen nur $k_2 \leq n$ weiß sind. Eine Urne wird zufällig ausgewählt und eine Reihe von Ziehungen mit Zurücklegen wird durchgeführt. Wir bestimmen die Verteilung der Anzahl X der Ziehungen, die benötigt werden, um die erste weiße Kugel zu finden.

Sei $Y \sim \mathrm{Be}_p$, mit $p = \frac{1}{2}$, die Zufallsvariable, die 1 ist, wenn Urne A ausgewählt wird und 0 sonst. Dann, unter Berücksichtigung von Beispiel 2.1.25 über die geometrische Verteilung, haben wir

$$\mu_{X\mid Y} = Y\,\mathrm{Geom}_{\frac{k_1}{n}} + (1 - Y)\,\mathrm{Geom}_{\frac{k_2}{n}},$$

und durch das Gesetz der totalen Wahrscheinlichkeit (4.6) haben wir

$$\mu_X = \frac{1}{2}\left(\mathrm{Geom}_{\frac{k_1}{n}} + \mathrm{Geom}_{\frac{k_2}{n}}\right).$$

Daher haben wir auch

$$E[X] = \frac{n(k_1 + k_2)}{2k_1 k_2}.$$

Beispiel 4.1.16 Seien $X_i \sim \mathrm{Poisson}_{\lambda_i}$, $i = 1, 2$, unabhängig und $Y := X_1 + X_2$. Wir wissen (vgl. Beispiel 2.6.5), dass $Y \sim \mathrm{Poisson}_{\lambda_1 + \lambda_2}$. Wir beweisen, dass

$$\mu_{X_1\mid Y} = \mathrm{Bin}_{Y, \frac{\lambda_1}{\lambda_1 + \lambda_2}}.$$

Wir betrachten die bedingte Verteilungs*funktion* $\mu_{X_1\mid Y=\cdot}$ von X_1 gegeben Y. Für $k \in \{0, 1, \ldots, n\}$, haben wir

$$\mu_{X_1\mid Y=n}(\{k\}) = \frac{P((X_1 = k) \cap (Y = n))}{P(Y = n)} =$$

(durch die Unabhängigkeit von X_1 und X_2)

$$= \frac{P(X_1 = k)\,P(X_2 = n - k)}{P(Y = n)} = \frac{\frac{e^{-\lambda_1}\lambda_1^k}{k!}\,\frac{e^{-\lambda_2}\lambda_2^{n-k}}{(n-k)!}}{\frac{e^{-\lambda_1 - \lambda_2}(\lambda_1 + \lambda_2)^n}{n!}}$$

und andererseits, $\mu_{X_1\mid Y=n}(\{k\}) = 0$ für die anderen Werte von k.

Übung 4.1.17 Sei $X_i \sim \mathrm{Geom}_p$, $i = 1, 2$, unabhängig und $Y := X_1 + X_2$. Beweise, dass

i) $\mu_Y(\{n\}) = (n-1)p^2(1-p)^{n-2}$, für $n \geq 2$;
ii) $\mu_{X_1|Y} = \mathrm{Unif}_{\{1,2,\dots,Y-1\}}$.

4.2 Bedingte Erwartung

In einem Raum $(\Omega, \mathscr{F}, P)$ sei X eine integrierbare Zufallsvariable und $\mathscr{G}$ eine Unter-σ-Algebra von $\mathscr{F}$. In diesem Abschnitt geben wir die Definition der bedingten Erwartung von X gegeben $\mathscr{G}$. Für ein allgemeines $\mathscr{G}$ ist es nicht möglich, $E[X \mid \mathscr{G}]$ wie im diskreten Fall zu definieren, weil es nicht klar ist, wie man den Stichprobenraum Ω auf der Grundlage von $\mathscr{G}$ partitioniert. Das Problem ist, dass eine σ-Algebra eine sehr komplizierte Struktur haben kann: betrachte zum Beispiel die Borel σ-Algebra im euklidischen Raum. Darüber hinaus verliert die Definition (4.1) ihre Bedeutung im Fall $\mathscr{G} = \sigma(Y)$ mit Y absolut stetig, weil jedes Ereignis der Art $(Y = Y(\omega))$ vernachlässigbar ist.

Um diese Probleme zu überwinden, wird die allgemeine Definition der bedingten Erwartung in Bezug auf die beiden charakterisierenden Eigenschaften des Satzes 4.1.10 gegeben. Das folgende Ergebnis zeigt, dass eine Zufallsvariable mit solchen Eigenschaften *immer existiert und fast sicher eindeutig ist*.

Theorem 4.2.1 Sei $X \in L^1(\Omega, \mathscr{F}, P)$ mit Werten in $\mathbb{R}^d$ und $\mathscr{G}$ eine Unter-σ-Algebra von $\mathscr{F}$. Es gibt eine $\mathbb{R}^d$-wertige Zufallsvariable $Z \in L^1(\Omega, P)$, die die folgenden Eigenschaften erfüllt:

i) $Z \in m\mathscr{G}$;
ii) für jede beschränkte Zufallsvariable $W \in m\mathscr{G}$, haben wir

$$E[ZW] = E[XW]. \tag{4.10}$$

Darüber hinaus, wenn Z' i) und ii) beide erfüllt, dann $Z = Z'$ fast sicher. Diese Ergebnisse verallgemeinern sich auch auf integrierbare Zufallsvariablen (siehe Korollar 4.2.9).

Beweis (**Eindeutigkeit**) Betrachte den Fall $d = 1$. Wir beweisen ein etwas allgemeineres Ergebnis, aus dem die Eindeutigkeit leicht folgt: Seien X, X' integrierbare Zufallsvariablen, so dass $X \leq X'$ fast sicher, und Dann $A_n \in \mathscr{G}$ durch i), und wir haben

$$0 \geq E\left[(X - X')\mathbb{1}_{A_n}\right] = E\left[X\mathbb{1}_{A_n}\right] - E\left[X'\mathbb{1}_{A_n}\right] =$$

(durch ii))

$$= E\left[Z\mathbb{1}_{A_n}\right] - E\left[Z'\mathbb{1}_{A_n}\right] = E\left[(Z - Z')\mathbb{1}_{A_n}\right] \geq \frac{1}{n}P(A_n)$$

aus dem $P(A_n) = 0$ folgt und, aufgrund der Stetigkeit von unten von P, haben wir auch $P(Z > Z') = 0$. Der Fall $d > 1$ folgt durch Komponentenweise Anwendung. **(Existenz)** Wir geben einen Beweis für die Existenz basierend auf Ergebnissen der Funktionalanalysis, insbesondere bezogen auf orthogonale Projektion in Hilberträumen. Wir betrachten zunächst die restriktivere Hypothese, dass X zu $L^2(\Omega, \mathscr{F}, P)$ gehört, welches ein Hilbertraum mit dem Skalarprodukt

$$\langle X, Z \rangle = E[XZ]$$

ist. Auch $L^2(\Omega, \mathscr{G}, P)$ ist ein Hilbertraum und ist ein abgeschlossener Unterraum von $L^2(\Omega, \mathscr{F}, P)$, da $\mathscr{G} \subseteq \mathscr{F}$. Dann existiert die Projektion Z von X auf $L^2(\Omega, \mathscr{G}, P)$ und per Definition haben wir:

i) $Z \in L^2(\Omega, \mathscr{G}, P)$ und daher ist Z insbesondere $\mathscr{G}$-messbar;
ii) für jedes $W \in L^2(\Omega, \mathscr{G}, P)$

$$E[(Z - X)W] = 0. \tag{4.11}$$

So ist Z genau die Zufallsvariable, die wir suchen: aus geometrischer Sicht ist Z die $\mathscr{G}$-messbare Zufallsvariable, die X am besten approximiert, in dem Sinne, dass sie unter den $\mathscr{G}$-messbaren Zufallsvariablen diejenige ist, die bezüglich des L^2-Norm am wenigsten von X entfernt ist.

Betrachte nun $X \in L^1(\Omega, \mathscr{F}, P)$, sodass $X \geq 0$ fast sicher. Der Fall von X mit Werten in $\mathbb{R}^d$ wird durch Aufteilung in positiven und negativen Teil jeder einzelnen Komponente bewiesen. Die durch

$$X_n = X \wedge n, \qquad n \in \mathbb{N},$$

definierte Folge ist wachsend, gehört zu L^2 und konvergiert punktweise gegen X: zu jedem X_n, assoziieren wir Z_n, definiert wie oben, d. h., als die Projektion von X_n auf $L^2(\Omega, \mathscr{G}, P)$. Wie im ersten Teil des Beweises gesehen, haben wir für jedes $n \in \mathbb{N}$ $0 \leq Z_n \leq Z_{n+1}$ fast sicher: folglich haben wir auch, außer für ein vernachlässigbares Ereignis A, dass

$$0 \leq Z_n \leq Z_{n+1}, \qquad \forall n \in \mathbb{N}.$$

Wir definieren

$$Z(\omega) = \sup_{n \in \mathbb{N}} Z_n(\omega), \qquad \omega \in \Omega \setminus A,$$

und $Z = 0$ auf A. Dann ist $Z \in m\mathscr{G}$, da es der punktweise Grenzwert von Zufallsvariablen in $m\mathscr{G}$ ist. Darüber hinaus sei W beschränkt und $\mathscr{G}$-messbar: ohne Beschränkung der Allgemeinheit können wir $W \geq 0$ betrachten. Nach dem Satz von Beppo Levi haben wir

$$E[XW] = \lim_{n \to \infty} E[X_n W] = \lim_{n \to \infty} E[Z_n W] = E[ZW].$$

$\square$

Bemerkung 4.2.2 [!] Nach dem zweiten Dynkin'schen Theorem A.0.8 ist Eigenschaft ii) des Theorems 4.2.1 äquivalent zu der folgenden Eigenschaft, die in der Regel einfacher zu überprüfen ist:

ii-b) wir haben

$$E\left[Z\mathbb{1}_G\right] = E\left[X\mathbb{1}_G\right]$$

für jedes $G \in \mathscr{A}$, wobei $\mathscr{A}$ eine $\cap$-geschlossene Familie ist, so dass $\sigma(\mathscr{A}) = \mathscr{G}$.

Definition 4.2.3 (**Bedingte Erwartung**) Sei X eine integrierbare Zufallsvariable und $\mathscr{G}$ eine Unter-σ-Algebra von $\mathscr{F}$. Wenn Z die Eigenschaften i) und ii) des Theorems 4.2.1 erfüllt, dann schreiben wir

$$Z = E\left[X \mid \mathscr{G}\right] \tag{4.12}$$

und sagen, dass Z *eine Version der bedingten Erwartung* von X gegeben $\mathscr{G}$ ist. Insbesondere, wenn $\mathscr{G} = \sigma(Y)$ für eine Zufallsvariable Y auf $(\Omega, \mathscr{F}, P)$, schreiben wir

$$Z = E\left[X \mid Y\right]$$

anstelle von $Z = E\left[X \mid \sigma(Y)\right]$.

Bemerkung 4.2.4

Formel (4.12) *ist nicht als Gleichung zu verstehen,* d. h., als Identität zwischen den Termen rechts und links der Gleichung: im Gegenteil, es handelt sich um eine *Notation,* ein Symbol, das anzeigt, dass Z die Eigenschaften i) und ii) des Theorems 4.2.1 erfüllt (und daher eine Version der bedingten Erwartung von X gegeben $\mathscr{G}$ ist). Die bedingte Erwartung ist durch Eigenschaften i) und ii) *bis auf vernachlässigbare Ereignisse von $\mathscr{G}$* implizit definiert: mit anderen Worten, wenn $Z = E\left[X \mid \mathscr{G}\right]$ und Z' sich von Z auf einem vernachlässigbaren Ereignis von $\mathscr{G}$ unterscheidet, dann ist auch $Z' = E\left[X \mid \mathscr{G}\right]$. Aus diesem Grund sprechen wir von einer *Version* des bedingten Erwartungswertes, auch wenn wir später der Einfachheit halber fälschlicherweise sagen werden, dass Z der bedingte Erwartungswert von X gegeben $\mathscr{G}$ ist. Allerdings ist Vorsicht geboten: Wenn $Z = E\left[X \mid \mathscr{G}\right]$ und $Z' = Z$ f.s., dann ist es nicht unbedingt wahr, dass $Z' = E\left[X \mid \mathscr{G}\right]$. Dies ist eine Feinheit, der Beachtung geschenkt werden muss: Wird Z auf einem Ereignis C modifiziert, das vernachlässigbar ist, aber $C \notin \mathscr{G}$, kann die $\mathscr{G}$-Messbarkeitseigenschaft verloren gehen.

Konvention 4.2.5 [!] Später wird es nützlich sein, Gleichungen von bedingten Erwartungen zu betrachten. Um Mehrdeutigkeiten zu vermeiden, werden wir die folgende Konvention verwenden: Wenn $\mathscr{H} \subseteq \mathscr{G}$, bedeutet die Schreibweise

$$E\left[X \mid \mathscr{H}\right] = E\left[X \mid \mathscr{G}\right]$$

dass, wenn $Z = E[X \mid \mathcal{H}]$, dann $Z = E[X \mid \mathcal{G}]$ (es kann jedoch eine Version Z' von $E[X \mid \mathcal{G}]$ existieren, die nicht die bedingte Erwartung von X gegeben $\mathcal{H}$ ist, insbesondere wenn $Z' \in m\mathcal{G} \setminus m\mathcal{H}$). Beachte, dass die Notationen $E[X \mid \mathcal{H}] = E[X \mid \mathcal{G}]$ und $E[X \mid \mathcal{G}] = E[X \mid \mathcal{H}]$ nicht äquivalent sind, es sei denn, $\mathcal{H} = \mathcal{G}$.

Bemerkung 4.2.6

Man könnte sich fragen, warum die bedingte Erwartung nicht als eine *Äquivalenzklasse* definiert ist, die Funktionen (Zufallsvariablen), die fast sicher gleich sind, identifiziert, wie es in der Funktionalanalysis üblich ist. Sicherlich wäre die Darstellung eleganter und würde vermeiden, ständig die *Version* (d. h. den Vertreter der Äquivalenzklasse) der bedingten Erwartung erwähnen zu müssen. Diese Frage wird auch in der Einleitung von Williams' Buch [189] diskutiert. Zunächst einmal ist zu berücksichtigen, dass die Identifikation durch Äquivalenzklassen von dem festgelegten Wahrscheinlichkeitsmaß abhängt: Während in der Funktionalanalyse die messbare Raumstruktur in der Regel einmal und für alle festgelegt ist, ist es in der Wahrscheinlichkeitstheorie normal, gleichzeitig mit verschiedenen Maßen und σ-Algebren zu arbeiten. Darüber hinaus ist die typische Situation, dass solche Maße, auch wenn sie auf der gleichen σ-Algebra definiert sind, *nicht äquivalent sind* (d. h., sie haben nicht die gleichen vernachlässigbaren und sicheren Ereignisse): Denke an den Fall einer Wahrscheinlichkeit P und der bedingten Wahrscheinlichkeit $P(\cdot \mid B)$ mit $0 < P(B) < 1$ für welche $P(B^c \mid B) = 0$. Die Situation wird noch komplizierter in der Theorie der stochastischen Prozesse, wo *überabzählbare* Familien von σ-Algebren und Wahrscheinlichkeitsmaßen betrachtet werden: In diesem Kontext ist die Verwendung von Äquivalenzklassen einfach nicht umsetzbar.

Bemerkung 4.2.7 [!] Seien $X, Y \in L^2(\Omega, P)$ und $Z = E[X \mid Y]$. Dann

$$E[X - Z] = 0, \qquad \mathrm{cov}\,(X - Z, Y) = 0, \tag{4.13}$$

das heißt, $X - Z$ *hat Erwartungswert null und ist unkorreliert mit* Y. Die erste Gleichung folgt aus (4.11) mit $W = 1$. Für die zweite haben wir

$$\mathrm{cov}\,(X - Z, Y) = E[(X - Z)Y] - E[X - Z]\,E[Y] = 0$$

da $E[(X - Z)Y] = 0$ durch Formel[4] (4.10) mit $W = Y$.

Beispiel 4.2.8 [!] Betrachte einen zweidimensionalen normalen Zufallsvektor $(X, Y) \sim \mathcal{N}_{\mu, C}$ mit

---

[4] Genauer gesagt, siehe (4.11).

$$\mu = (e_X, e_Y), \qquad C = \begin{pmatrix} \sigma_X^2 & \sigma_{XY} \\ \sigma_{XY} & \sigma_Y^2 \end{pmatrix} \geq 0.$$

Wir beweisen, dass es $a, b \in \mathbb{R}$ gibt, so dass $aY + b = E[X \mid Y]$. Wenn $aY + b = E[X \mid Y]$ dann sind a, b eindeutig durch die Gleichungen in (4.13) bestimmt, die hier

$$E[aY + b] = E[X], \qquad \mathrm{cov}(X - (aY + b), Y) = 0$$

werden. Daher

$$ae_Y + b = e_X, \qquad a\sigma_Y^2 = \sigma_{XY}$$

aus denen, unter der Annahme $\sigma_Y \neq 0$,

$$a = \frac{\sigma_{XY}}{\sigma_Y^2}, \qquad b = e_X - \frac{\sigma_{XY}}{\sigma_Y^2} e_Y,$$

was eine weitere Interpretation der Regressionslinie liefert, die in Abschn. 2.2.9 gesehen wurde. Andererseits, wenn a, b auf diese Weise bestimmt werden, dann $Z := aY + b = E[X \mid Y]$, da:

i) offensichtlich $Z \in m\sigma(Y)$;
ii) $X - Z$ und Y haben eine gemeinsame Normalverteilung (da $(X - Z, Y)$ eine lineare Funktion von (X, Y) ist) und sind daher nicht nur unkorreliert, sondern auch unabhängig (siehe Proposition 2.5.18). Folglich haben wir für jedes $W \in m\sigma(Y)$ (die daher unabhängig von $X - Z$ ist)

$$E[(X - Z)W] = (E[X] - E[Z]) E[W] = 0.$$

Diese Tatsachen können wie folgt zusammengefasst werden: *Die multinormale Verteilung hat die bemerkenswerte Eigenschaft, dass sie Randverteilungen (μ_X und μ_Y) und bedingte Randverteilungen (d. h., $\mu_{X|Y}$) hat, die immer noch normal sind.*

In dem Beweis von Theorem 4.2.1 haben wir auch das folgende Ergebnis bewiesen:

Korollar 4.2.9 Sei $X \in m\mathscr{F}^+$ und $\mathscr{G}$ eine Unter-σ-Algebra von $\mathscr{F}$. Es existiert eine Zufallsvariable Z, die die folgenden Eigenschaften erfüllt:

i) $Z \in m\mathscr{G}^+$;
ii) für jede Zufallsvariable $W \in m\mathscr{G}^+$ gilt

$$E[ZW] = E[XW].$$

Darüber hinaus, wenn Z' die Eigenschaften i) und ii) erfüllt, dann ist $Z = Z'$ fast sicher.

Korollar 4.2.9 ermöglicht es, integrierbare (nicht unbedingt absolut integrierbare) Zufallsvariablen in die Definition 4.2.3 der bedingten Erwartung einzubeziehen.

4.2.1 Haupteigenschaften

In diesem Abschnitt stellen wir eine umfassende Liste bedeutender Eigenschaften der bedingten Erwartung auf. Wir betrachten zwei reelle Zufallsvariablen $X, Y \in L^1(\Omega, \mathscr{F}, P)$ und $\mathscr{G}, \mathscr{H}$ Unter-σ-Algebren von $\mathscr{F}$.

Theorem 4.2.10 Die folgenden Eigenschaften gelten:

1) **Gesetz der totalen Wahrscheinlichkeit:**

$$E[X] = E[E[X \mid \mathscr{G}]]; \tag{4.14}$$

2) wenn $X \in m\mathscr{G}$ dann

$$X = E[X \mid \mathscr{G}];$$

3) wenn X und $\mathscr{G}$ unabhängig sind dann

$$E[X] = E[X \mid \mathscr{G}];$$

4) **Linearität:** für jedes $a, b \in \mathbb{R}$ haben wir

$$aE[X \mid \mathscr{G}] + bE[Y \mid \mathscr{G}] = E[aX + bY \mid \mathscr{G}];$$

5) **Monotonie:** wenn $P(X \leq Y) = 1$ dann

$$E[X \mid \mathscr{G}] \leq E[Y \mid \mathscr{G}],$$

im Sinne, dass wenn $Z = E[X \mid \mathscr{G}]$ und $W = E[Y \mid \mathscr{G}]$ dann $P(Z \leq W) = 1$;

6) **Herauszieh-Eigenschaft:** wenn X $\mathscr{G}$-messbar und beschränkt ist dann

$$XE[Y \mid \mathscr{G}] = E[XY \mid \mathscr{G}]; \tag{4.15}$$

7) **Turmeigenschaft:** wenn $\mathscr{H} \subseteq \mathscr{G}$, haben wir[5]

$$E[E[X \mid \mathscr{G}] \mid \mathscr{H}] = E[X \mid \mathscr{H}];$$

8) **Beppo-Levi-Theorem:** wenn $0 \leq X_n \nearrow X$ fast sicher, dann

$$\lim_{n \to \infty} E[X_n \mid \mathscr{G}] = E[X \mid \mathscr{G}];$$

---

[5] Wir haben auch

$$E[X \mid \mathscr{H}] = E[E[X \mid \mathscr{H}] \mid \mathscr{G}]$$

was direkt aus Eigenschaft 2) und der Tatsache folgt, dass $E[X \mid \mathscr{H}] \in m\mathscr{G}$ da $\mathscr{H} \subseteq \mathscr{G}$.

9) **Fatous Lemma:** wenn $(X_n)_{n \in \mathbb{N}}$ eine Folge von Zufallsvariablen in $m\mathscr{F}^+$ ist, dann

$$E\left[\liminf_{n \to \infty} X_n \mid \mathscr{G}\right] \leq \liminf_{n \to \infty} E\left[X_n \mid \mathscr{G}\right];$$

10) **Satz von der majorisierten Konvergenz:** wenn $(X_n)_{n \in \mathbb{N}}$ eine Folge ist, die fast sicher gegen X konvergiert und $|X_n| \leq Y \in L^1(\Omega, P)$ fast sicher für jedes $n \in \mathbb{N}$, dann haben wir

$$\lim_{n \to \infty} E\left[X_n \mid \mathscr{G}\right] = E\left[X \mid \mathscr{G}\right];$$

11) **Jensensche Ungleichung:** wenn φ eine konvexe Funktion ist, so dass $\varphi(X) \in L^1(\Omega, P)$, dann

$$\varphi\left(E\left[X \mid \mathscr{G}\right]\right) \leq E\left[\varphi(X) \mid \mathscr{G}\right];$$

12) für jedes $p \geq 1$ haben wir

$$\|E\left[X \mid \mathscr{G}\right]\|_p \leq \|X\|_p;$$

13) **Einfrierlemma:** Seien $\mathscr{G}, \mathscr{H}$ unabhängig, $X \in m\mathscr{G}$ und $f = f(x, \omega) \in m$ $(\mathscr{B} \otimes \mathscr{H})$ so dass $f(X, \cdot) \in L^1(\Omega, P)$ oder $f \geq 0$. Dann haben wir

$$F(X) = E\left[f(X, \cdot) \mid \mathscr{G}\right] \quad \text{wo} \quad F(x) := E\left[f(x, \cdot)\right] = \int_\Omega f(x, \omega) P(d\omega),$$

$$\tag{4.16}$$

oder, in einer kompakteren Notation,

$$E\left[f(x, \cdot)\right]\big|_{x=X} = E\left[f(X, \cdot) \mid \mathscr{G}\right];$$

14) **bedingte CHF und Unabhängigkeit:** X und $\mathscr{G}$ sind genau dann unabhängig, wenn

$$E\left[e^{i\eta X}\right] = E\left[e^{i\eta X} \mid \mathscr{G}\right], \qquad \eta \in \mathbb{R},$$

das heißt, wenn die CHF $\varphi_X(\eta)$ eine Version der bedingten CHF $\varphi_{X|\mathscr{G}}(\eta)$ für jedes $\eta \in \mathbb{R}$ ist;

15) wenn $Z = E\left[X \mid \mathscr{G}\right]$ und $Z \in m\mathscr{H}$ mit $\mathscr{H} \subseteq \mathscr{G}$ dann ist $Z = E\left[X \mid \mathscr{H}\right]$.

Beweis

    1) Es genügt, $W = 1$ in (4.10) zu setzen.

    2) Es folgt direkt aus der Definition.

    3) Die konstante Zufallsvariable $Z := E\left[X\right]$ ist klarerweise $\mathscr{G}$-messbar (weil $\sigma(Z) = \{\emptyset, \Omega\}$) und darüber hinaus, für jede beschränkte Zufallsvariable $W \in m\mathscr{G}$, haben wir aufgrund der Unabhängigkeit

$$E\left[XW\right] = E\left[X\right] E\left[W\right] = E\left[E\left[X\right]W\right] = E\left[ZW\right].$$

Dies beweist, dass $Z = E[X \mid \mathcal{G}]$.

4) Wir müssen zeigen, dass wenn $Z = E[X \mid \mathcal{G}]$ und $W = E[Y \mid \mathcal{G}]$, im Sinne, dass sie die Eigenschaften i) und ii) von Theorem 4.2.1 erfüllen, dann $aZ + bW = E[aX + bY \mid \mathcal{G}]$. Diese Überprüfung wird als eine einfache Übung überlassen.

5) Diese Eigenschaft wird im ersten Teil des Beweises von Theorem 4.2.1 bewiesen.

6) Sei $Z = E[Y \mid \mathcal{G}]$. Wir müssen beweisen, dass $XZ = E[XY \mid \mathcal{G}]$:

i) $X \in m\mathcal{G}$ nach Annahme und daher $XZ \in m\mathcal{G}$;

ii) Sei $W \in m\mathcal{G}$ beschränkt, dann haben wir $XW \in b\mathcal{G}$ und somit

$$E[(XZ)W] = E[Z(XW)] =$$

(da $Z = E[Y \mid \mathcal{G}]$)

$$= E[Y(XW)] = E[(XY)W]$$

und dies beweist die Behauptung.

7) Sei $Z = E[X \mid \mathcal{H}]$. Wir müssen beweisen, dass $Z = E[E[X \mid \mathcal{G}] \mid \mathcal{H}]$. Nach Definition

i) $Z \in m\mathcal{H}$;

ii) Sei $W \in m\mathcal{H}$ beschränkt, dann haben wir

$$E[ZW] = E[XW].$$

Andererseits, wenn $W \in m\mathcal{H}$ dann $W \in m\mathcal{G}$ da $\mathcal{H} \subseteq \mathcal{G}$, und somit

$$E[E[X \mid \mathcal{G}]W] = E[XW].$$

Dann $E[ZW] = E[E[X \mid \mathcal{G}]W]$ und dies beweist die Turmeigenschaft.

8) Sei $Y_n := E[X_n \mid \mathcal{G}]$, $n \geq 1$. Aufgrund der Monotonie der bedingten Erwartung, $0 \leq Y_n \leq Y_{n+1}$ f.s. und somit existiert

$$Y := \lim_{n \to \infty} E[X_n \mid \mathcal{G}],$$

mit $Y \in m\mathcal{G}^+$ weil es der punktweise Grenzwert von $\mathcal{G}$-messbaren Zufallsvariablen ist. Darüber hinaus, für jedes $W \in m\mathcal{G}^+$, haben wir $0 \leq Y_n W \nearrow YW$ und $0 \leq X_n W \nearrow XW$ f.s.; somit haben wir durch Beppo Levi's Theorem

$$E[YW] = \lim_{n \to \infty} E[Y_n W] = \lim_{n \to \infty} E[X_n X] = E[XW],$$

was die Behauptung beweist.

9)–10)–11) Der Beweis ist im Wesentlichen analog zum deterministischen Fall.

12) Es folgt leicht aus Jensens Ungleichung mit $\varphi(x) = |x|^p$.

13) Sei $\mathcal{M}$ die Familie der Funktionen $f \in b(\mathcal{B} \otimes \mathcal{H})$, die (4.16) erfüllt: $\mathcal{M}$ ist eine monotone Familie von Funktionen (vgl. Definition A.0.7), wie leicht mit Beppo Levi's Theorem für bedingte Erwartung gezeigt werden kann. Darüber hinaus, (4.16) gilt für Funktionen der Form $f(x, \omega) = g(x)Y(\omega)$ mit $g \in b\mathcal{B}$ und $Y \in b\mathcal{H}$: in diesem Fall haben wir $F(x) = g(x)E[Y]$ und, durch Eigenschaft (4.15),

$$E[g(X)Y \mid \mathcal{G}] = g(X)E[Y \mid \mathcal{G}] = g(X)E[Y] = F(X).$$

Dann folgt die Behauptung aus Dynkin's Theorem A.0.8.

14) Für jedes $Y \in m\mathcal{G}$ und $\eta_1, \eta_2 \in \mathbb{R}$ haben wir

$$\varphi_{(X,Y)}(\eta_1, \eta_2) = E\left[e^{i\eta_1 X}e^{i\eta_2 Y}\right] =$$

(durch Definition der bedingten Erwartung)

$$= E\left[E\left[e^{i\eta_1 X} \mid \mathcal{G}\right]e^{i\eta_2 Y}\right] =$$

(durch Annahme)

$$= E\left[e^{i\eta_1 X}\right]E\left[e^{i\eta_2 Y}\right] = \varphi_X(\eta_1)\varphi_Y(\eta_2)$$

und die Behauptung folgt aus Proposition 2.5.11-ii).

15) Es ist eine einfache Übung. $\square$

Eine unmittelbare Folge von Punkt 13) von Theorem 4.2.10 ist die folgende spezielle Version des dem Einfrierlemmas, für das wir einen alternativen einfacheren Beweis liefern.

Lemma 4.2.11 (Einfrierlemma) [!] Sei $\mathcal{G}$ eine Unter-σ-Algebra von $\mathcal{F}$. Seien $X \in m\mathcal{G}$, Y eine von $\mathcal{G}$ unabhängige Zufallsvariable und $f \in m\mathcal{B}_2$ so, dass $f(X, Y) \in L^1(\Omega, P)$, dann haben wir

$$F(X) = E[f(X, Y) \mid \mathcal{G}] \quad \text{wo} \quad F(x) := E[f(x, Y)] = \int_\Omega f(x, Y(\omega))P(d\omega),$$
$$\tag{4.17}$$

oder, in einer kompakteren Notation,

$$E[f(x, Y)]|_{x=X} = E[f(X, Y) \mid \mathcal{G}].$$

Beweis Nach dem Satz von Fubini ist die Funktion F in (4.17) Borel-messbar und somit $F(X) \in m\mathcal{G}$. Außerdem ist Y für jedes $W \in b\mathcal{G}$ unabhängig von (W, X): dann haben wir

$$E\left[Wf(X, Y)\right] = \int_{\mathbb{R}^3} wf(x, y)\mu_{(W,X,Y)}(dw, dx, dy) =$$

(durch Unabhängigkeit)

$$= \int_{\mathbb{R}^3} wf(x, y)\mu_{(W,X)} \otimes \mu_Y(dw, dx, dy) =$$

(nach dem Satz von Fubini)

$$= \int_{\mathbb{R}^2} w\left(\int_{\mathbb{R}} f(x, y)\mu_Y(dy)\right)\mu_{(W,X)}(dw, dx)$$

$$= \int_{\mathbb{R}^2} wF(x)\mu_{(W,X)}(dw, dx) = E\left[WF(X)\right]$$

und dies beweist die Behauptung. $\square$

Beispiel 4.2.12 [!] Wir setzen Beispiel 2.5.4 fort und betrachten die unabhängigen Zufallsvariablen N und $Z_1, Z_2, \ldots$ mit $N \sim \text{Poisson}_\lambda$ und Z_n identisch verteilt für $n \in \mathbb{N}$. Wir bestimmen die CHF von

$$X := \begin{cases} 0 & \text{wenn } N = 0, \\ \sum_{k=1}^{N} Z_k & \text{wenn } N \geq 1. \end{cases}$$

Wir haben

$$\varphi_X(\eta) = E\left[e^{i\eta X}\right] = E\left[\prod_{k=1}^{N} e^{i\eta Z_k}\right] =$$

(durch das Gesetz der totalen Wahrscheinlichkeit (4.14))

$$= E\left[E\left[\prod_{k=1}^{N} e^{i\eta Z_k} \mid N\right]\right] = E\left[\left(\varphi_{Z_1}(\eta)\right)^N\right]$$

wo wir im letzten Schritt das Einfrierlemma und die Tatsache verwendet haben, dass wir aufgrund der Unabhängigkeit der Zufallsvariablen Z_k

$$E\left[\prod_{k=1}^{n} e^{i\eta Z_k}\right] = \varphi_{Z_1}(\eta)^n, \qquad n \in \mathbb{N}$$

haben. Dann haben wir

$$\varphi_X(\eta) = e^{-\lambda}\sum_{n\geq 0} \frac{\lambda^n}{n!}\varphi_{Z_1}(\eta)^n = e^{\lambda\left(\varphi_{Z_1}(\eta)-1\right)}$$

wo φ_{Z_1} die CHF von Z_1 bezeichnet.

Beispiel 4.2.13 Seien X, Y, U, V unabhängige Zufallsvariablen, wobei $X, Y \sim \mathcal{N}_{0,1}$ und $U^2 + V^2 \neq 0$ f.s. Beweise, dass

$$Z := \frac{XU + YV}{\sqrt{U^2 + V^2}} \sim \mathcal{N}_{0,1}.$$

Tatsächlich haben wir

$$\varphi_Z(\eta) = E\left[e^{i\eta \frac{XU+YV}{\sqrt{U^2+V^2}}} \right] =$$

(durch das Gesetz der totalen Wahrscheinlichkeit (4.14))

$$= E\left[E\left[e^{i\eta \frac{XU+YV}{\sqrt{U^2+V^2}}} \mid (U, V) \right] \right] =$$

(durch das Einfrierlemma und Beispiel 2.5.16)

$$= E\left[e^{-\frac{\eta^2}{2}} \right] = e^{-\frac{\eta^2}{2}}$$

und das beweist die Behauptung.

4.2.2 Änderungen des Wahrscheinlichkeitsmaßes

Wir übernehmen die Notationen von Anhang B.1 und schreiben $Q \ll_{\mathcal{F}} P$, um anzugeben, dass Q ein absolut stetiges Maß in Bezug auf P auf der σ-Algebra $\mathcal{F}$ ist. Darüber hinaus bezeichnet $E^P[\cdot]$ den Erwartungswert unter der Wahrscheinlichkeit P.

Theorem 4.2.14 (Bayes' Formel) Seien P, Q Wahrscheinlichkeitsmaße auf $(\Omega, \mathcal{F})$ mit $Q \ll_{\mathcal{F}} P$. Wenn $X \in L^1(\Omega, Q)$ ist und $\mathcal{G}$ eine Unter-σ-Algebra von $\mathcal{F}$ ist, dann

$$E^Q[X \mid \mathcal{G}] = \frac{E^P[XL \mid \mathcal{G}]}{E^P[L \mid \mathcal{G}]} \tag{4.18}$$

wobei $L = \frac{dQ}{dP}\big|_{\mathcal{F}}$ die Radon-Nikodym-Ableitung von Q bezüglich P auf $\mathcal{F}$ ist.

Beweis Seien $Z = E^Q[X \mid \mathcal{G}]$ und $L^{\mathcal{G}} = E^P[L \mid \mathcal{G}]$. Beachte dass $Q(L^{\mathcal{G}} > 0) = 1$ da

$$Q(L^{\mathcal{G}} = 0) = E^Q\left[\mathbb{1}_{(L^{\mathcal{G}} = 0)} \right] = E^P\left[\mathbb{1}_{(L^{\mathcal{G}} = 0)} L \right] =$$

(durch Eigenschaft ii) der Definition der bedingten Erwartung und da $(L^{\mathcal{G}} = 0) \in \mathcal{G}$

$$= E^P \left[\mathbb{1}_{(L^{\mathscr{G}} = 0)} L^{\mathscr{G}} \right] = 0.$$

Daher ist Gl. (4.18) äquivalent zu $ZL^{\mathscr{G}} = E^P [XL \mid \mathscr{G}]$. Um diese letzte Gleichung zu zeigen, stellen wir fest, dass $ZL^{\mathscr{G}}$ offensichtlich $\mathscr{G}$-messbar ist und zum Abschluss verwenden wir Bemerkung 4.2.2: für jedes $G \in \mathscr{G}$ haben wir

$$\int_G ZL^{\mathscr{G}} \, dP = \int_G E^P [ZL \mid \mathscr{G}] \, dP = \int_G ZL \, dP$$
$$= \int_G E^Q [X \mid \mathscr{G}] \, dQ = \int_G X \, dQ = \int_G XL \, dP.$$

$\square$

Bemerkung 4.2.15 Wir bezeichnen mit $L^{\mathscr{F}}$ und $L^{\mathscr{G}}$ die Radon-Nikodym-Ableitungen von Q bezüglich P auf $\mathscr{F}$ und auf $\mathscr{G}$: beachte, dass $L^{\mathscr{F}}$, im Gegensatz zu $L^{\mathscr{G}}$, nicht notwendigerweise $\mathscr{G}$-messbar ist. Andererseits haben wir

$$L^{\mathscr{G}} = E^P \left[L^{\mathscr{F}} \mid \mathscr{G} \right],$$

da $L^{\mathscr{G}}$ integrierbar und $\mathscr{G}$-messbar ist und

$$\int_G L^{\mathscr{G}} \, dP = Q(G) = \int_G L^{\mathscr{F}} \, dP, \qquad G \in \mathscr{G},$$

da $\mathscr{G} \subseteq \mathscr{F}$.

4.2.3 Bedingte Erwartungsfunktion

In diesem Abschnitt betrachten wir den Fall $\mathscr{G} = \sigma(Y)$, wobei Y eine Zufallsvariable auf $(\Omega, \mathscr{F}, P)$ ist, die Werte in einem messbaren Raum $(E, \mathscr{E})$ annimmt. In Analogie zu Bemerkung 4.1.11 geben wir eine alternative Definition der bedingten Erwartung als eine *Funktion*.

Sei $X \in L^1(\Omega, \mathscr{F}, P)$, die Werte in $\mathbb{R}^d$ annimmt. Wenn $Z = E[X \mid Y]$ dann ist $Z \in m\sigma(Y)$ und daher gibt es nach Doobs Theorem 2.3.3 (und im Allgemeinen ist diese nicht eindeutig) eine Funktion $\Phi \in m\mathscr{E}$, so dass $Z = \Phi(Y)$: Betrachte das folgende Diagramm

$$
\begin{array}{ccc}
(\Omega, \mathscr{F}) & \xrightarrow{\;E[X \mid Y]\;} & \left(\mathbb{R}^d, \mathscr{B}_d\right) \\
& \searrow{\scriptstyle Y} \quad \nearrow{\scriptstyle \Phi} & \\
& (E, \mathscr{E}) &
\end{array}
$$

Definition 4.2.16 (Bedingte Erwartungsfunktion) Sei

$$\Phi : (E, \mathscr{E}) \longrightarrow \left(\mathbb{R}^d, \mathscr{B}_d\right)$$

jene Funktion, sodass

  i) $\Phi \in m\mathscr{E}$;
  ii) $\Phi(Y) = E\left[X \mid Y\right].$

Dann sagen wir, dass Φ eine *Version der bedingten Erwartungsfunktion* von X gegeben Y ist und wir schreiben

$$\Phi(y) = E\left[X \mid Y = y\right]. \tag{4.19}$$

Beachte, dass, wenn $f \in b\mathscr{B}_d$ und Y eine Zufallsvariable in $\mathbb{R}^d$ ist, dann

$$f(y) = E\left[f(Y) \mid Y = y\right], \qquad y \in \mathbb{R}^d.$$

Bemerkung 4.2.17

Die Notation $E\left[X \mid Y = y\right]$ in (4.19) *zeigt nicht die bedingte Erwartung von X gegeben $(Y = y)$ im Sinne der Definition* 1.3.2 an. Tatsächlich erfordert eine solche Definition, dass $(Y = y)$ nicht vernachlässigbar ist, während in (4.19) Y eine generische Zufallsvariable ist: zum Beispiel, wenn Y absolut stetig ist, dann ist die Wahrscheinlichkeit des Ereignisses $(Y = y)$ null für jedes y. Daher sollte (4.19) nicht als Gleichung verstanden werden und identifiziert Φ nicht eindeutig: vielmehr ist es eine Notation, um anzuzeigen, dass Φ eine Funktion ist, die die beiden Eigenschaften i) und ii) der Definition 4.2.16 erfüllt. Mit anderen Worten, eine messbare *Funktion* Φ ist genau dann eine Version der bedingten Erwartungsfunktion von X gegeben Y, wenn die *Zufallsvariable* $\Phi(Y)$ eine Version der bedingten Erwartung von X gegeben Y ist.

    Beachte auch, dass die „relevanten" Werte von $\Phi(y)$ diejenigen sind, die sie für $y \in Y(\Omega)$ annimmt. Im Allgemeinen gilt $Y(\Omega) \subseteq E$: daher, vorausgesetzt, dass die $\mathscr{E}$-Messbarkeit erhalten bleibt, ist es ausreichend, Φ auf $E \setminus Y(\Omega)$ zu ändern, um eine alternative Version der bedingten Erwartung zu erhalten.

Abschließend kann die bedingte Erwartung gegeben Y entweder als *Zufallsvariable* oder als *Funktion* interpretiert werden. Diese beiden Perspektiven sind im Wesentlichen äquivalent, und die Entscheidung, welche verwendet werden soll, hängt typischerweise vom Kontext ab.

Beispiel 4.2.18 Im Beispiel 4.2.8 haben wir gesehen, dass, wenn (X, Y) eine bivariate Normalverteilung hat, dann existieren $a, b \in \mathbb{R}$, so dass $ay + b = E\left[X \mid Y = y\right]$, das heißt, dass die lineare Funktion $\Phi(y) = ay + b$ eine Version der *bedingten Erwartungsfunktion* von X gegeben Y ist.

4.2.4 *Least Square Monte Carlo*

Wie im Beweis von Theorem 4.2.1 gesehen, kann in dem Raum der quadratisch integrierbaren Zufallsvariablen, die bedingte Erwartung als orthogonale Projektion definiert und daher als Lösung eines *kleinsten Quadrate Problems* ausgedrückt werden. Genau gesagt, haben wir das folgende:

Proposition 4.2.19 (Charakterisierung der bedingten Erwartung in L^2) Seien $Z = E[X \mid \mathscr{G}]$ mit $X \in L^2(\Omega, \mathscr{F}, P)$ und $\mathscr{G}$ Unter-σ-Algebra von $\mathscr{F}$. Dann

$$E\left[|X - Z|^2\right] \le E\left[|X - W|^2\right], \qquad W \in L^2(\Omega, \mathscr{G}, P). \tag{4.20}$$

Beweis Wir haben

$$
\begin{aligned}
E\left[|X - W|^2 \mid \mathscr{G}\right] &= E\left[|X - Z + Z - W|^2 \mid \mathscr{G}\right] \\
&= E\left[|X - Z|^2 \mid \mathscr{G}\right] + E\left[|Z - W|^2 \mid \mathscr{G}\right] \\
&\quad + 2E\left[\langle X - Z, Z - W\rangle \mid \mathscr{G}\right] =
\end{aligned}
$$

(da $Z - W \in m\mathscr{G}$ und durch (4.15))

$$= E\left[|X - Z|^2 \mid \mathscr{G}\right] + |Z - W|^2 + 2\langle E[X - Z \mid \mathscr{G}], Z - W\rangle =$$

(da $E[X - Z \mid \mathscr{G}] = 0$)

$$= E\left[|X - Z|^2 \mid \mathscr{G}\right] + |Z - W|^2 \ge E\left[|X - Z|^2 \mid \mathscr{G}\right].$$

Durch Anwendung des Erwartungswertes erhalten wir (4.20).   □

Sei F eine Borel-messbare Funktion, sodass $F(X, Y) \in L^2(\Omega, \mathscr{F}, P)$. Eine häufige Aufgabe ist es die bedingte Erwartung

$$E[F(X, Y) \mid Y]$$

basierend auf dem Wissen über die gemeinsame Verteilung von X und Y zu berechnen. Dieses Problem ist äquivalent zur Berechnung einer Version Φ der bedingten Erwartungsfunktion, d.h., $\Phi(y) = E[F(X, Y) \mid Y = y]$: nach (4.20) haben wir[6]

$$E\left[|F(X, Y) - \Phi(Y)|^2\right] = \min_{f \in L^2(\mathbb{R}^n, \mathscr{B}_n, \mu_Y)} E\left[|F(X, Y) - f(Y)|^2\right].$$

Mit anderen Worten, die Bestimmung von Φ entspricht der Lösung des kleinsten Quadrate Problems

---

[6] Man erinnere sich daran, dass nach Doobs Theorem jedes $W \in L^2(\Omega, \sigma(Y), P)$ von der Form $W = f(Y)$ für ein bestimmtes $f \in L^2(\mathbb{R}^n, \mathscr{B}_n, \mu_Y)$ ist.

$$\Phi = \operatorname*{arg\,min}_{f \in L^2(\mathbb{R}^n, \mathscr{B}_n, \mu_Y)} E\left[|F(X, Y) - f(Y)|^2\right]. \tag{4.21}$$

Manchmal kann dieses Problem genau gelöst werden: das ist der Fall von Beispiel 4.2.8, in dem $F(x, y) = x$ und $(X, Y) \sim \mathscr{N}_{\mu, C}$. Oft ist es jedoch notwendig, auf numerische Methoden zurückzugreifen. Wenn X, Y unabhängig sind, dann haben wir nach dem Einfrierlemma einfach $\Phi(y) = E[F(X, y)]$, $y \in \mathbb{R}$: um Φ zu bestimmen, genügt es also, einen Erwartungswert zu bestimmen, und dies kann numerisch mit der Monte-Carlo-Methode erfolgen. Allgemeiner gibt es eine Erweiterung dieser Methode, die Least Square Monte Carlo (LSMC) genannt wird und auf einer multilinear Regression basiert, wie sie in Abschn. 2.2.9 gesehen wurde.

Wir veranschaulichen, wie man im eindimensionalen Fall vorgeht: betrachte eine Basis von $L^2(\mathbb{R}, \mathscr{B}, \mu_Y)$, zum Beispiel die polynomialen[7] Funktionen $\beta_k(y) := y^k$ mit $k = 0, 1, 2, \ldots$. Für ein festes $n \in \mathbb{N}$ setzen wir

$$\beta = (\beta_0, \beta_1, \ldots, \beta_n).$$

Wir approximieren das Problem (4.21) in endlicher Dimension, indem wir eine Lösung $\bar{\lambda} \in \mathbb{R}^{n+1}$ von

$$\min_{\lambda \in \mathbb{R}^{n+1}} E\left[|\langle \beta(Y), \lambda \rangle - F(X, Y)|^2\right]. \tag{4.22}$$

suchen. Sobald $\bar{\lambda}$ bestimmt ist, wird die Approximation der bedingten Erwartungsfunktion in (4.21) durch

$$\Phi(y) \simeq \langle \beta(y), \bar{\lambda} \rangle$$

gegeben.

Das Problem (4.22) kann angegangen werden, indem man den Erwartungswert mit der Monte-Carlo-Methode approximiert. Wir konstruieren zwei Vektoren $x, y \in \mathbb{R}^M$, deren Komponenten durch die Simulation von M Werten der Variablen X und Y erhalten werden, wobei M ausreichend groß ist. Um eine Vorstellung zu geben, kann M in der Größenordnung von 10^5 oder mehr liegen, während es im Gegensatz dazu ausreicht, dass die Anzahl der Elemente der Basis n klein ist, in der Größenordnung von einigen Einheiten (für weitere Details siehe zum Beispiel [74] oder die Monographie [73]). Setze

$$Q(\lambda) := \sum_{k=1}^{M} \left(\langle \beta(y_k), \lambda \rangle - F(x_k, y_k)\right)^2, \qquad \lambda \in \mathbb{R}^{n+1}.$$

Der Erwartungswert in (4.22) wird durch

$$\frac{Q(\lambda)}{M} \approx E\left[|\langle \lambda, \beta(Y) \rangle - F(X, Y)|^2\right], \qquad M \gg 1$$

---

[7] Offensichtlich hängt die Tatsache, dass Polynome zu $L^2(\mathbb{R}, \mathscr{B}, \mu_Y)$ gehören, von der Verteilung μ_Y ab.

Abb. 4.2 LSMC-
Approximationen

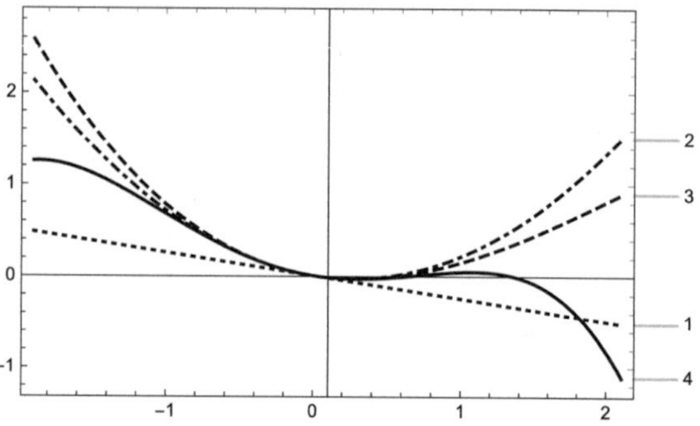

approximiert. Wie in Abschn. 2.2.9, *da Q eine quadratische Funktion von λ ist,* wird
das Minimum bestimmt, indem man $\nabla Q(\lambda) = 0$ setzt. In Vektornotation haben wir

$$Q(\lambda) = |\mathbf{B}\lambda - \mathbf{F}|^2$$

wo $\mathbf{B} = (b_{ki})$ mit $b_{ki} = \beta_i(y_k)$ und $\mathbf{F} = (F(x_k, y_k))$ für $k = 1, \ldots, M$ und $i = 0, \ldots, n$. Daher,

$$\nabla Q(\lambda) = 2\mathbf{B}^* (\mathbf{B}\lambda - \mathbf{F}).$$

Mit der Bedingung $\nabla Q(\lambda) = 0$ erhalten wir im Fall, dass die Matrix $\mathbf{B}^*\mathbf{B}$ invertierbar
ist, dass

$$\bar{\lambda} = \left(\mathbf{B}^*\mathbf{B}\right)^{-1} \mathbf{B}^*\mathbf{F}.$$

Die Berechnung von $\bar{\lambda}$ erfordert die Inversion der Matrix $\mathbf{B}^*\mathbf{B}$, die die Dimensionen $(n + 1) \times (n + 1)$ hat. Daher ist es wichtig n klein zu halten. Beachte, dass
stattdessen $\mathbf{B}$ eine sehr große Matrix ist, von der Dimension $M \times (n + 1)$.

Als Beispiel zeigen wir in Abb. 4.2 die Plots der ersten vier LSMC-
Approximationen (mit einer polynomialen Basis) der bedingten Erwartungsfunktion gegeben Y,

$$\Phi(y) = E\left[F(X, Y) \mid Y = y\right], \qquad F(x, y) = \max\{1 - e^{x^2 y}, 0\},$$

wobei (X, Y) eine bivariate Normalverteilung mit Erwartungswert null, Standardabweichungen $\sigma_X = 0{,}8$, $\sigma_Y = 0{,}5$ und Korrelation $\varrho = -0{,}7$ hat.

4.3   Bedingte Wahrscheinlichkeit

In einem Wahrscheinlichkeitsraum $(\Omega, \mathscr{F}, P)$ betrachten wir eine Unter-σ-Algebra
$\mathscr{G}$ von $\mathscr{F}$. Für jedes $A \in \mathscr{F}$ fixieren wir eine Version $Z_A = E\left[\mathbb{1}_A \mid \mathscr{G}\right]$ der bedingten
Erwartung von $\mathbb{1}_A$ gegeben $\mathscr{G}$. Es scheint natürlich, die *bedingte Wahrscheinlichkeit*
gegeben $\mathscr{G}$ zu definieren, indem man

$$P_\omega(A \mid \mathscr{G}) = Z_A(\omega), \qquad \omega \in \Omega. \tag{4.23}$$

setzt. Da Z_A jedoch bis auf ein P-vernachlässigbares Ereignis *das von A* abhängt, bestimmt ist, ist nicht sichergestellt (und in der Regel nicht der Fall), dass $P_\omega(\cdot \mid \mathscr{G})$, wie definiert, ein Wahrscheinlichkeitsmaß für jedes $\omega \in \Omega$ ist.

Definition 4.3.1 (Reguläre Version der bedingten Wahrscheinlichkeit) Im Raum $(\Omega, \mathscr{F}, P)$ ist eine reguläre Version der bedingten Wahrscheinlichkeit gegeben $\mathscr{G}$ eine Familie $P(\cdot \mid \mathscr{G}) = \big(P_\omega(\cdot \mid \mathscr{G})\big)_{\omega \in \Omega}$ von *Wahrscheinlichkeitsmaßen* auf $(\Omega, \mathscr{F})$, so dass[8]

$$P(A \mid \mathscr{G}) = E[\mathbb{1}_A \mid \mathscr{G}], \qquad A \in \mathscr{F}. \tag{4.24}$$

Die Existenz einer regulären Version der bedingten Wahrscheinlichkeit ist ein keineswegs triviales Problem: in [48], [49, S. 624], [80, S. 210], werden Beispiele für die Nichtexistenz gegeben. Verschiedene Autoren haben *hinreichende*[9] Bedingungen an $(\Omega, \mathscr{F}, P)$ gestellt, die die Existenz einer regulären Version der bedingten Wahrscheinlichkeit gewährleisten: das klassischste Ergebnis in dieser Hinsicht ist das folgende Theorem 4.3.2. Wir erinnern daran, dass ein *polnischer Raum* ein separabler[10] und vollständiger metrischer Raum ist.

Theorem 4.3.2 Sei P ein Wahrscheinlichkeitsmaß, das auf einem polnischen Raum Ω mit der Borel σ-Algebra $\mathscr{B}$ definiert ist. Für jede Unter-σ-Algebra $\mathscr{G}$ von $\mathscr{B}$ gibt es eine reguläre Version der bedingten Wahrscheinlichkeit $P(\cdot \mid \mathscr{G})$.

Wir beweisen Theorem 4.3.2 im speziellen Fall, wo $\Omega = \mathbb{R}^d$ (vgl. Theorem 4.3.4): für den allgemeinen Beweis, siehe zum Beispiel [175, S. 13] oder [49, S. 380]. Die Idee ist, die Existenz einer abzählbaren dichten Teilmenge A in Ω auszunutzen, um zunächst eine Familie von Wahrscheinlichkeitsmaßen $(P_\omega(\cdot \mid \mathscr{G}))_{\omega \in A}$ zu definieren, die (4.23) erfüllt und dann die Behauptung durch Dichte von A in Ω zu beweisen.

Beispiel 4.3.3 Angenommen, es gibt eine reguläre Version der bedingten Wahrscheinlichkeit $P(\cdot \mid \mathscr{G})$. Wenn $G \in \mathscr{G}$ dann nimmt $P(G \mid \mathscr{G})$ nur die Werte 0 und 1 an. Tatsächlich haben wir

$$P(G \mid \mathscr{G}) = E[\mathbb{1}_G \mid \mathscr{G}] = \mathbb{1}_G.$$

---

[8] Wir erinnern daran, dass (4.24) bedeutet, dass wir für jedes $A \in \mathscr{F}$

  i) $\omega \mapsto P_\omega(A \mid \mathscr{G})$ ist eine $\mathscr{G}$-messbare Zufallsvariable;

  ii) für jedes $W \in b\mathscr{G}$ haben wir

$$E[WP(A \mid \mathscr{G})] = E[W\mathbb{1}_A].$$

haben.

[9] Das Problem, *notwendige und hinreichende* Bedingungen zu liefern, ist komplex und teilweise noch offen: in dieser Hinsicht, siehe [59].

[10] Ein metrischer Raum wird separabel genannt, wenn er eine abzählbare und dichte Teilmenge enthält.

Sei X nun eine Zufallsvariable auf $(\Omega, \mathscr{F}, P)$ mit Werten in $\mathbb{R}^d$. Wenn es eine reguläre Version $P(\cdot \mid \mathscr{G})$ der bedingten Wahrscheinlichkeit gegeben $\mathscr{G}$ gibt, setzen wir

$$\mu_{X \mid \mathscr{G}}(H) := P(X \in H \mid \mathscr{G}), \qquad H \in \mathscr{B}_d.$$

Beachte, dass $\mu_{X \mid \mathscr{G}} = \left(\mu_{X \mid \mathscr{G}}(\cdot; \omega)\right)_{\omega \in \Omega}$ nach Definition eine Familie von *Verteilungen* in $\mathbb{R}^d$ ist und deshalb *reguläre Version* der bedingten Verteilung von X gegeben $\mathscr{G}$ genannt wird.

Auch ohne die Existenz von $P(\cdot \mid \mathscr{G})$ anzunehmen, können wir immer noch eine reguläre Version der bedingten Verteilung von X gegeben $\mathscr{G}$ definieren, basierend auf dem Konzept der bedingten Erwartung. Dies ist der Inhalt des folgenden

Theorem 4.3.4 (Reguläre Version der bedingten Verteilung) [!] In einem Wahrscheinlichkeitsraum $(\Omega, \mathscr{F}, P)$ sei X eine Zufallsvariable mit Werten in $\mathbb{R}^d$ und $\mathscr{G}$ eine Unter-σ-Algebra von $\mathscr{F}$. Dann existiert eine Familie $\mu_{X \mid \mathscr{G}} = \left(\mu_{X \mid \mathscr{G}}(\cdot; \omega)\right)_{\omega \in \Omega}$ von *Verteilungen* auf $\mathbb{R}^d$, so dass für jedes $H \in \mathscr{B}_d$[11]

$$\mu_{X \mid \mathscr{G}}(H) = E\left[\mathbb{1}_H(X) \mid \mathscr{G}\right] \tag{4.25}$$

gilt. Wir sagen, dass $\mu_{X \mid \mathscr{G}}$ eine *reguläre Version der bedingten Verteilung von X gegeben $\mathscr{G}$* ist.

Beweis Siehe Abschn. 4.4.1.   □

Bemerkung 4.3.5 [!] *Obwohl die Existenz einer regulären Version $P(\cdot \mid \mathscr{G})$ der bedingten Wahrscheinlichkeit gegeben $\mathscr{G}$ im Allgemeinen nicht garantiert ist,* werden wir jedoch, mit einer leichten Missachtung der Notation, gleichgültig $\mu_{X \mid \mathscr{G}}(H)$ und $P(X \in H \mid \mathscr{G})$ schreiben, um eine reguläre Version der bedingten Verteilung von X gegeben $\mathscr{G}$ zu bezeichnen.

Der Beweis von Theorem 4.3.4 nutzt entscheidend die Tatsache aus, dass X Werte in $\mathbb{R}^d$ hat, um die Dichte von $\mathbb{Q}^d$ in $\mathbb{R}^d$ zu verwenden. *Das Ergebnis kann auf den Fall von X mit Werten in einem polnischen metrischen Raum erweitert werden,* wie dem Raum der stetigen Funktionen $C([a, b]; \mathbb{R})$ mit der Maximum Norm: für den allgemeinen Beweis siehe zum Beispiel Theorem 1.1.6 in [175].

Notation 4.3.6 Im Folgenden werden wir oft die Abhängigkeit von $\omega \in \Omega$ weglassen und $\mu_{X \mid \mathscr{G}}$ anstelle von $\mu_{X \mid \mathscr{G}}(\cdot; \omega)$ schreiben und $\mu_{X \mid \mathscr{G}}$ als eine „zufällige Verteilung" interpretieren. Wenn $\mathscr{G} = \sigma(Y)$, wobei Y eine beliebige Z. v. auf $(\Omega, \mathscr{F}, P)$ ist, werden wir $\mu_{X \mid Y}$ anstelle von $\mu_{X \mid \sigma(Y)}$ schreiben.

---

[11] (4.25) bedeutet, dass für jedes $H \in \mathscr{B}_d$ gilt:

   i) $\mu_{X \mid \mathscr{G}}(H)$ ist eine $\mathscr{G}$-messbare Zufallsvariable;

   ii) für jedes $W \in b\mathscr{G}$ gilt

$$E\left[W \mu_{X \mid \mathscr{G}}(H)\right] = E[W \mathbb{1}_H(X)].$$

Beispiel 4.3.7 [!] Wenn $X \in m\mathscr{G}$, dann ist $\mu_{X|\mathscr{G}} = \delta_X$. Tatsächlich hat die Familie $(\delta_{X(\omega)})_{\omega \in \Omega}$ die folgenden Eigenschaften:

i) offensichtlich ist $\delta_{X(\omega)}$ eine Verteilung auf $\mathbb{R}^d$ für jedes $\omega \in \Omega$;
ii) für jedes $H \in \mathscr{B}_d$ haben wir

$$\delta_X(H) = \mathbb{1}_H(X) =$$

(da $X \in m\mathscr{G}$ nach Annahme)

$$= E\left[\mathbb{1}_H(X) \mid \mathscr{G}\right].$$

Theorem 4.3.8 [!] In einem Wahrscheinlichkeitsraum $(\Omega, \mathscr{F}, P)$ sei X eine Z. v. mit Werten in $\mathbb{R}^d$ und $\mathscr{G}$ eine Unter-σ-Algebra von $\mathscr{F}$. Wenn $f \in m\mathscr{B}_d$ und $f(X) \in L^1(\Omega, P)$, dann

$$\int_{\mathbb{R}^d} f \, d\mu_{X|\mathscr{G}} = E\left[f(X) \mid \mathscr{G}\right]. \tag{4.26}$$

Beweis Die Behauptung wird durch Anwendung des Standardverfahrens von Bemerkung 2.2.22 bewiesen, wobei die Linearität und Beppo Levis Theorem für die bedingte Erwartung ausgenutzt werden. Es genügt, $d = 1$ zu betrachten. Sei

$$Z(\omega) := \int_{\mathbb{R}} f(x)\mu_{X|\mathscr{G}}(dx; \omega), \qquad \omega \in \Omega.$$

Wir müssen beweisen, dass $Z = E\left[f(X) \mid \mathscr{G}\right]$. Dies ist wahr nach Definition (vgl. (4.25)) wenn $f = \mathbb{1}_H$ mit $H \in \mathscr{B}$. Durch Linearität erweitert sich (4.26) auf einfache Funktionen. Außerdem, wenn f nicht-negative reelle Werte hat, dann betrachtet man eine approximierende Folge $0 \leq f_n \nearrow f$ von einfachen Funktionen und wendet Beppo Levis Theorem zuerst in der klassischen Version[12] und dann für die bedingte Erwartung an, wir haben

$$\int_{\mathbb{R}} f \, d\mu_{X|\mathscr{G}} = \lim_{n \to \infty} \int_{\mathbb{R}} f_n \, d\mu_{X|\mathscr{G}} = \lim_{n \to \infty} E\left[f_n(X) \mid \mathscr{G}\right] = E\left[f(X) \mid \mathscr{G}\right].$$

Der Fall einer generischen Funktion f wird wie üblich behandelt, indem die positiven und negativen Teile getrennt und die Linearität der bedingten Erwartung erneut verwendet wird. $\qquad\square$

Bemerkung 4.3.9 [!] Theorem 4.3.8 verdeutlicht die Bedeutung des Konzepts der *regulären Version* der bedingten Verteilung, da es *sicherstellt, dass das Integral in (4.26) wohldefiniert ist*.

---

[12] Hier verwenden wir die Tatsache, dass $\mu_{X|\mathscr{G}} = \mu_{X|\mathscr{G}}(\cdot\,; \omega)$ eine Verteilung für jedes $\omega \in \Omega$ ist.

Beispiel 4.3.10 Angenommen, $X \sim \mathcal{N}_{Y,1}$, wobei $Y \sim \text{Exp}_\lambda$ mit festem $\lambda > 0$. Dann haben wir nach Theorem 4.3.8,

$$E[X \mid Y] = \int_{\mathbb{R}} x \frac{1}{\sqrt{2\pi}} e^{-\frac{(x-Y)^2}{2}} dx = Y.$$

Außerdem, durch (4.14)

$$E[X] = E[E[X \mid Y]] = E[Y] = \frac{1}{\lambda}$$

und

$$\text{cov}(X, Y) = E$$

(nach (4.15))

$$= E[YE[X \mid Y]] - \frac{1}{\lambda^2}$$
$$= E[Y^2] - \frac{1}{\lambda^2} = \frac{1}{\lambda^2}.$$

Theorem 4.3.11 (Gesetz der totalen Wahrscheinlichkeit) [!] In einem Wahrscheinlichkeitsraum $(\Omega, \mathcal{F}, P)$, sei X eine Zufallsvariable mit Werten in $\mathbb{R}^d$ und $\mathcal{G}$ eine Unter-σ-Algebra von $\mathcal{F}$. Dann haben wir

$$\mu_X = E[\mu_{X|\mathcal{G}}]. \tag{4.27}$$

Beweis Nach Definition haben wir für jedes $H \in \mathcal{B}_d$

$$E[\mu_{X|\mathcal{G}}(H)] = E[E[\mathbb{1}_{(X \in H)} \mid \mathcal{G}]] = E[\mathbb{1}_{(X \in H)}] = \mu_X(H).$$

$\square$

Beispiel 4.3.12 Nehmen wir Beispiel 4.3.10 wieder auf: nach (4.27) haben wir für jedes $H \in \mathcal{B}$

$$\mu_X(H) = E[\mu_{X|Y}(H)]$$
$$= E\left[\int_H \frac{1}{\sqrt{2\pi}} e^{-\frac{(x-Y)^2}{2}} dx\right] =$$

(nach Fubini's Theorem)

$$= \int_H \frac{1}{\sqrt{2\pi}} E\left[e^{-\frac{(x-Y)^2}{2}}\right] dx = \int_H \gamma(x)dx$$

mit

$$\gamma(x) := \frac{1}{\sqrt{2\pi}} \int_0^{+\infty} e^{-\frac{(x-y)^2}{2}} \lambda e^{-\lambda y} dy$$

was also die Dichte von X ist.

Korollar 4.3.13 [!] Seien X, Y Zufallsvariablen auf $(\Omega, \mathscr{F}, P)$ mit Werten in $\mathbb{R}^d$ bzw. $\mathbb{R}^n$. Dann haben wir

$$\mu_{(X,Y)}(H \times K) = E\left[\mu_{X|Y}(H)\mathbb{1}_{(Y \in K)}\right], \qquad H \in \mathscr{B}_d, \ K \in \mathscr{B}_n, \tag{4.28}$$

$$\varphi_{(X,Y)}(\eta_1, \eta_2) = E\left[e^{i\eta_2 \cdot Y}\varphi_{X|Y}(\eta_1)\right], \qquad \eta_1 \in \mathbb{R}^d, \ \eta_2 \in \mathbb{R}^n. \tag{4.29}$$

Gl. (4.28) zeigt, wie man die gemeinsame Verteilung von X, Y aus der bedingten Verteilung $\mu_{X|Y}$ und der Randverteilung μ_Y ableitet: tatsächlich ist die Zufallsvariable $\mu_{X|Y}(H)\mathbb{1}_{(Y \in K)}$ eine Funktion von Y und daher hängt der Erwartungswert in (4.28) nur von μ_Y ab. Ähnlich zeigt Gl. (4.29), wie man die gemeinsame CHF von X, Y aus der bedingten CHF $\varphi_{X|Y}$ und der Randverteilung μ_Y ableitet.

Beweis von Korollar 4.3.13 Nach Definition haben wir

$$E\left[\mu_{X|Y}(H)\mathbb{1}_{(Y \in K)}\right] = E\left[E\left[\mathbb{1}_{(X \in H)} \mid Y\right]\mathbb{1}_{(Y \in K)}\right] =$$

(nach Eigenschaft ii) von Theorem 4.2.1 mit $W = \mathbb{1}_{(Y \in K)}$)

$$= E\left[\mathbb{1}_{(X \in H)}\mathbb{1}_{(Y \in K)}\right] = \mu_{(X,Y)}(H \times K).$$

Was (4.29) betrifft, so haben wir

$$\varphi_{(X,Y)}(\eta_1, \eta_2) = E\left[e^{i\eta_1 \cdot X + i\eta_2 \cdot Y}\right]$$
$$= E\left[E\left[e^{i\eta_1 \cdot X + i\eta_2 \cdot Y} \mid Y\right]\right] =$$

(nach Gl. (4.15))

$$= E\left[e^{i\eta_2 \cdot Y} E\left[e^{i\eta_1 \cdot X} \mid Y\right]\right]$$
$$= E\left[e^{i\eta_2 \cdot Y}\varphi_{X|Y}(\eta_1)\right].$$

Beispiel 4.3.14 Betrachten wir noch einmal Beispiel 4.3.10: nach (4.29) haben wir

$$\varphi_{(X,Y)}(\eta_1, \eta_2) = E\left[e^{i\eta_2 Y}\varphi_{X|Y}(\eta_1)\right] = E\left[e^{i\eta_2 Y}e^{i\eta_1 Y - \frac{\eta_1^2}{2}}\right] = e^{-\frac{\eta_1^2}{2}}\frac{\lambda}{\lambda - i(\eta_1 + \eta_2)}.$$

Beispiel 4.3.15 Gegeben sei eine zweidimensionale Zufallsvariable (X, Y), wobei $Y \sim \text{Unif}_{[0,1]}$ und $\mu_{X|Y} = \text{Exp}_Y$. Wir beweisen, dass (X, Y) absolut stetig ist und bestimmen die gemeinsame Dichte von X, Y und die Randdichte von X. Eine unmittelbare Folge der Gl. (4.28) ist die folgende Formel für die gemeinsame CDF: Seien $x \in \mathbb{R}_{\geq 0}$ und $y \in [0, 1]$, dann haben wir

$$
\begin{aligned}
P((X \le x) \cap (Y \le y)) &= E\left[\mathrm{Exp}_Y(]-\infty, x])\mathbb{1}_{(Y \le y)}\right] \\
&= E\left[\left(1 - e^{-xY}\right)\mathbb{1}_{(Y \le y)}\right] \\
&= \int_0^y \left(1 - e^{-xt}\right) dt = \frac{e^{-xy} - 1 + xy}{x}.
\end{aligned}
$$

Daraus folgt, dass die CDF von (X, Y)

$$
F_{(X,Y)}(x, y) = \begin{cases} 0 & \text{wenn } (x, y) \in \mathbb{R}_{<0} \times \mathbb{R}_{<0}, \\ \frac{e^{-xy} - 1 + xy}{x} & \text{wenn } (x, y) \in \mathbb{R}_{\ge 0} \times [0, 1], \\ \frac{e^{-x} - 1 + x}{x} & \text{wenn } (x, y) \in \mathbb{R}_{\ge 0} \times [1, +\infty[\end{cases}
$$

ist. Daraus erhalten wir[13] die gemeinsame Dichte

$$
\gamma_{(X,Y)}(x, y) = \partial_x \partial_y F(x, y) = y e^{-xy} \mathbb{1}_{\mathbb{R}_{\ge 0} \times [0,1]}(x, y).
$$

Für die Randdichte haben wir

$$
\gamma_X(x) = \partial_x P(X \le x) = \partial_x F(x, 1) = \frac{e^{-x}\left(e^x - 1 - x\right)}{x^2} \mathbb{1}_{\mathbb{R}_{\ge 0}}(x).
$$

4.3.1 *Bedingte Verteilungsfunktion*

Theorem 4.3.16 (Reguläre Version der bedingten Verteilungsfunktion) [!] In einem Wahrscheinlichkeitsraum $(\Omega, \mathscr{F}, P)$, sei X eine Zufallsvariable mit Werten in $\mathbb{R}^d$ und Y eine Zufallsvariable mit Werten in einem messbaren Raum $(E, \mathscr{E})$. Dann gibt es eine Familie $(\mu(\cdot; y))_{y \in E}$ von *Verteilungen* auf $\mathbb{R}^d$, so dass für jedes $H \in \mathscr{B}_d$,

i) die Funktion $y \mapsto \mu(H; y)$ ist $\mathscr{E}$-messbar;
ii) $\mu(H, Y) = P(X \in H \mid Y)$, das heißt[14]

$$
E\left[W\mu(H; Y)\right] = E\left[W\mathbb{1}_{(X \in H)}\right], \qquad W \in b\sigma(Y).
$$

Wir sagen, dass $(\mu(\cdot; y))_{y \in E}$ eine *reguläre Version der bedingten Verteilungsfunktion von X gegeben Y* ist und schreiben

$$
\mu(\cdot; y) = \mu_{X|Y=y}.
$$

---

[13] Denke daran, dass

$$
F(x, y) = \int_{-\infty}^x \int_{-\infty}^y \gamma_{(X,Y)}(\xi, \eta)\, d\xi\, d\eta.
$$

[14] Wir erinnern uns an die Notation von Bemerkung 4.3.5.

Beweis Der Beweis ist etwas anspruchsvoller, aber im Wesentlichen ähnlich wie der von Theorem 4.3.4: aus diesem Grund berichten wir ihn nicht und verweisen auf [88], Theorem 6.3, für Details. $\qquad\square$

Bemerkung 4.3.17 Wenn $\mu(\cdot; y) = \mu_{X|Y=y}$ dann ist $(\mu_{X|Y}(\cdot; Y(\omega)))_{\omega \in \Omega}$ eine reguläre Version der bedingten Verteilung von X gegeben Y im Sinne von Theorem 4.3.4.

Beispiel 4.3.18 Greifen wir Beispiel 4.3.7 wieder auf: Wenn Y eine reelle Zufallsvariable ist, dann ist $\mu_{Y|Y} = \delta_Y$. Mit anderen Worten, die Zufallsverteilung δ_Y ist eine reguläre Version der bedingten Verteilung von Y gegeben Y.

Zum Beispiel, wenn $Y \sim \mathrm{Unif}_{[0,1]}$ dann ist $(\delta_y)_{y \in \mathbb{R}}$ eine reguläre Version der bedingten Verteilungsfunktion von Y gegeben Y. Tatsächlich wäre es ausreichend, die reguläre Version nur für $y \in E = [0, 1]$ zu definieren: Die Werte, die außerhalb von $[0, 1]$ genommen werden, sind irrelevant, da Y Werte in $[0, 1]$ fast sicher annimmt.

In Beispiel 4.3.15 ist $\mathrm{Exp}_Y = \mu_{X|Y}$, das heißt Exp_Y ist eine reguläre Version der bedingten Verteilung von X gegeben $Y \sim \mathrm{Unif}_{[0,1]}$: äquivalent ist $(\mathrm{Exp}_y)_{y \in [0,1]}$ eine reguläre Version der bedingten Verteilungsfunktion von X gegeben Y.

Gemäß Notation (4.19), $E[X \mid Y = y]$ bezeichnet die bedingte Erwartungs*funktion* von X gegeben Y. Das folgende Ergebnis ist analog zu Theorem 4.3.8.

Theorem 4.3.19 In einem Wahrscheinlichkeitsraum $(\Omega, \mathscr{F}, P)$, sei X eine Zufallsvariable mit Werten in $\mathbb{R}^d$ und Y eine Zufallsvariable mit Werten in einem messbaren Raum $(E, \mathscr{E})$. Für jedes $f \in m\mathscr{B}_d$, so dass $f(X) \in L^1(\Omega, P)$ haben wir

$$\int_{\mathbb{R}^d} f \, d\mu_{X|Y=y} = E[f(X) \mid Y = y].$$

4.3.2 Von der gemeinsamen Verteilung zu den bedingten Randverteilungen: der absolut stetige Fall

Wir haben in Korollar 4.3.13 gesehen, wie man die gemeinsame Verteilung aus den bedingten Randverteilungen erhält. In diesem Abschnitt betrachten wir einen Zufallsvektor (X, Y) in $\mathbb{R}^d \times \mathbb{R}$, der absolut stetig mit Dichte $\gamma_{(X,Y)}$ ist, und leiten den Ausdruck der bedingten Randdichte $\gamma_{X|Y}$ ab.

Erinnern wir uns daran, dass nach Fubinis Theorem,

$$\gamma_Y(y) := \int_{\mathbb{R}^d} \gamma_{(X,Y)}(x, y) dx, \qquad y \in \mathbb{R}, \tag{4.30}$$

eine[15] Dichte von Y ist und die Menge

---

[15] Nach Bemerkung 1.4.19 ist die Dichte einer Zufallsvariablen bis auf Borel-Mengen mit null Lebesgue-Maß definiert.

$$(\gamma_Y > 0) := \{y \in \mathbb{R} \mid \gamma_Y(y) > 0\}$$

gehört zu $\mathscr{B}$. Das folgende Ergebnis liefert die stetige Version der Formel (4.9).

Proposition 4.3.20 [!] Sei $(X, Y) \in AC$ ein Zufallsvektor mit Dichte $\gamma_{(X,Y)}$. Dann ist die Funktion

$$\gamma_{X|Y}(x, y) := \frac{\gamma_{(X,Y)}(x, y)}{\gamma_Y(y)}, \qquad x \in \mathbb{R}^d, \ y \in (\gamma_Y > 0), \tag{4.31}$$

eine *reguläre Version der bedingten Dichte von X gegeben Y* im Sinne, dass die Familie $(\mu(\cdot; y))_{y \in (\gamma_Y > 0)}$ definiert durch

$$\mu(H; y) := \int_H \gamma_{X|Y}(x, y)dx, \qquad H \in \mathscr{B}_d, \ y \in (\gamma_Y > 0), \tag{4.32}$$

eine reguläre Version der bedingten Verteilungs*funktion* von X gegeben Y ist. Folglich haben wir für jedes $f \in m\mathscr{B}_d$, so dass $f(X) \in L^1(\Omega, P)$,

$$\int_{\mathbb{R}^d} f(x)\gamma_{X|Y}(x, y)dx = E\left[f(X) \mid Y = y\right] \tag{4.33}$$

oder äquivalent

$$\int_{\mathbb{R}^d} f(x)\gamma_{X|Y}(x, Y)dx = E\left[f(X) \mid Y\right]. \tag{4.34}$$

Beweis Siehe Abschn. 4.4.2. $\square$

Bemerkung 4.3.21 [!] Aus (4.31) haben wir die Formel

$$\gamma_{(X,Y)}(x, y) = \gamma_{X|Y}(x, y)\gamma_Y(y)$$

die die gemeinsame Dichte als das Produkt der Randverteilung γ_Y und der bedingten Randverteilung $\gamma_{X|Y}$ ausdrückt. Dies verallgemeinert die Formel

$$\gamma_{(X,Y)}(x, y) = \gamma_X(x)\gamma_Y(y)$$

gültig nur unter der einschränkenden Annahme, dass X, Y unabhängig sind.

Beispiel 4.3.22 Sei (X, Y) ein Zufallsvektor mit gleichmäßiger Verteilung auf

$$S = \{(x, y) \in \mathbb{R}^2 \mid x > 0, \ y > 0, \ x^2 + y^2 < 1\}.$$

Bestimme:

  i) die bedingte Verteilung $\mu_{X|Y}$;
  ii) $E[X \mid Y]$ und $\mathrm{var}(X \mid Y)$;

iii) die Dichte der Z. v. $E[X \mid Y]$.

i) Die gemeinsame Dichte ist

$$\gamma_{(X,Y)}(x, y) = \frac{4}{\pi} \mathbb{1}_S(x, y)$$

und die Randverteilung von Y ist

$$\gamma_Y(y) = \int_{\mathbb{R}} \gamma_{(X,Y)}(x, y)dx = \frac{4\sqrt{1 - y^2}}{\pi} \mathbb{1}_{]0,1[}(y).$$

Dann

$$\gamma_{X\mid Y}(x, y) = \frac{\gamma_{(X,Y)}(x, y)}{\gamma_Y(y)} = \frac{1}{\sqrt{1 - y^2}} \mathbb{1}_{[0,\sqrt{1-y^2}]}(x), \qquad y \in {]0, 1[},$$

aus dem wir erkennen, dass

$$\mu_{X\mid Y} = \text{Unif}_{[0,\sqrt{1-Y^2}]}. \qquad\qquad (4.35)$$

ii) Durch (4.35) haben wir

$$E[X \mid Y] = \frac{\sqrt{1 - Y^2}}{2}, \qquad \text{var}(X \mid Y) = \frac{1 - Y^2}{12}.$$

Alternativ, basierend auf (4.33) von Proposition 4.3.20, haben wir, für $y \in {]0, 1[}$,

$$E[X \mid Y = y] = \int_{\mathbb{R}} x\gamma_{X\mid Y}(x, y)dx = \frac{\sqrt{1 - y^2}}{2},$$

$$\text{var}(X \mid Y = y) = \int_{\mathbb{R}} \left(x - \frac{\sqrt{1 - y^2}}{2}\right)^2 \gamma_{X\mid Y}(x, y)dx = \frac{1 - y^2}{12}.$$

iii) Schließlich, um die Dichte der Z. v. $Z = \frac{\sqrt{1-Y^2}}{2}$ zu bestimmen, verwenden wir die CDF: wir haben $P(Z \leq 0) = 0$, $P(Z \leq 1/2) = 1$ und für $0 < z < 1/2$ haben wir

$$P(Z \leq z) = P\left(\sqrt{1 - Y^2} \leq 2z\right)$$

$$= P\left(Y^2 \geq 1 - 4z^2\right)$$

$$= P\left(Y \geq \sqrt{1 - 4z^2}\right)$$

$$= 1 - \int_0^{\sqrt{1-4z^2}} \frac{4\sqrt{1 - y^2}}{\pi} dy.$$

Durch Differenzierung erhalten wir die Dichte von Z:

$$\gamma_Z(z) = \frac{32z^2}{\pi\sqrt{1-4z^2}}\mathbb{1}_{]0,1/2[}(z).$$

Korollar 4.3.23 (Gesetz der totalen Wahrscheinlichkeit) Sei (X,Y) ein Zufallsvektor mit bedingter Randdichte $\gamma_{X\mid Y}$. Dann hat X die Dichte

$$\gamma_X = E\left[\gamma_{X\mid Y}(\cdot,Y)\right]. \tag{4.36}$$

Beweis Für jedes $f \in b\mathscr{B}$ haben wir

$$E\left[f(X)\right] = E\left[E\left[f(X)\mid Y\right]\right] =$$

(durch (4.34))

$$= E\left[\int_{\mathbb{R}^d} f(x)\gamma_{X\mid Y}(x,Y)dx\right] =$$

(durch Fubini's theorem)

$$= \int_{\mathbb{R}^d} f(x)E\left[\gamma_{X\mid Y}(x,Y)\right]dx$$

und dies beweist die Behauptung, da f beliebig war. $\square$

Beispiel 4.3.24 Seien X,Y reelle Zufallsvariablen. Angenommen, $Y \sim \mathrm{Exp}_\lambda$, mit $\lambda > 0$, und dass die bedingte Dichte von X gegeben Y von exponentiellem Typ ist, d. h. mit

$$\gamma_{X\mid Y}(x,y) = ye^{-xy}\mathbb{1}_{[0,+\infty[}(x),$$

haben wir $\mu_{X\mid Y} = \mathrm{Exp}_Y$. Um die Dichte von X zu bestimmen, verwenden wir (4.36):

$$\gamma_X(x) = E\left[Ye^{-xY}\mathbb{1}_{[0,+\infty}(x)\right]$$
$$= \int_0^{+\infty} ye^{-xy}\lambda e^{-\lambda y}dy\,\mathbb{1}_{[0,+\infty}(x)$$
$$= \frac{\lambda}{(x+\lambda)^2}\mathbb{1}_{[0,+\infty}(x).$$

Beachte, dass $X \notin L^1(\Omega,P)$.

Beispiel 4.3.25 Wie im Beispiel 4.2.8 betrachten wir einen zweidimensionalen normalverteilten Zufallsvektor $(X,Y) \sim \mathcal{N}_{\mu,C}$ mit

$$\mu = (\mu_1,\mu_2), \qquad C = \begin{pmatrix} \sigma_X^2 & \sigma_{XY} \\ \sigma_{XY} & \sigma_Y^2 \end{pmatrix} > 0.$$

Wir bestimmen:

i) die charakteristische Funktion $\varphi_{X|Y}$ und die bedingte Verteilung $\mu_{X|Y}$ von X
    gegeben Y;

ii) $E[X \mid Y]$.

i) Die bedingte Dichte von X gegeben Y ist

$$\gamma_{X|Y}(x, y) = \frac{\gamma_{(X,Y)}(x, y)}{\gamma_Y(y)}, \qquad (x, y) \in \mathbb{R}^2,$$

aus der wir nach einigen Berechnungen

$$\begin{aligned}
\varphi_{X|Y}(\eta_1, Y) &= E\left[e^{i\eta_1 X} \mid Y\right] \\
&= \int_{\mathbb{R}} e^{i\eta_1 x} \gamma_{X|Y}(x, Y)\,dx \\
&= e^{i\eta_1 \left(\mu_1 + (Y-\mu_2)\frac{\sigma_{XY}}{\sigma_Y^2}\right) - \frac{1}{2}\eta_1^2 \left(\sigma_X^2 - \frac{\sigma_{XY}^2}{\sigma_Y^2}\right)},
\end{aligned}$$

finden, das heißt,

$$\mu_{X|Y} = \mathcal{N}_{\mu_1 + (Y-\mu_2)\frac{\sigma_{XY}}{\sigma_Y^2}, \, \sigma_X^2 - \frac{\sigma_{XY}^2}{\sigma_Y^2}}. \tag{4.37}$$

ii) Aus Gl. (4.37) leiten wir

$$E[X \mid Y] = \mu_1 + (Y - \mu_2)\frac{\sigma_{XY}}{\sigma_Y^2} \tag{4.38}$$

ab. Dieser Ausdruck stimmt mit den Beobachtungen im Beispiel 4.2.8 überein. Das
gleiche Ergebnis wird aus (4.33) erzielt, indem man

$$E[X \mid Y = y] = \int_{\mathbb{R}} x\gamma_{X|Y}(x, y)\,dx = \mu_1 + (y - \mu_2)\frac{\sigma_{XY}}{\sigma_Y^2}$$

berechnet.

Beispiel 4.3.26 Sei (X_1, X_2, X_3) ein Zufallsvektor mit normaler Verteilung $\mathcal{N}_{\mu, C}$,
wobei

$$\mu = (0, 1, 0), \qquad C = \begin{pmatrix} 1 & 1 & 0 \\ 1 & 2 & 1 \\ 0 & 1 & 3 \end{pmatrix}.$$

Um

$$E[(X_1, X_2, X_3) \mid X_3]$$

zu bestimmen, beobachten wir zunächst, dass $(X_1, X_3) \sim \mathcal{N}_{(0,0),C_2}$ und $(X_2, X_3) \sim \mathcal{N}_{(1,0),C_1}$ wobei

$$C_2 = \begin{pmatrix} 1 & 0 \\ 0 & 3 \end{pmatrix}, \qquad C_1 = \begin{pmatrix} 2 & 1 \\ 1 & 3 \end{pmatrix}.$$

Unter Berücksichtigung von Theorem 4.2.10-3) und der Beobachtung, dass X_1 und X_3 unabhängig sind, da $\mathrm{cov}(X_1, X_3) = 0$, haben wir, dass $E[X_1 \mid X_3] = E[X_1] = 0$. Außerdem, durch (4.38),

$$E[X_2 \mid X_3] = 1 + \frac{X_3}{3}.$$

Schließlich erhalten wir durch Theorem 4.2.10-2) $E[X_3 \mid X_3] = X_3$. Letztendlich haben wir

$$E[(X_1, X_2, X_3) \mid X_3] = \Big(E[X_1 \mid X_3], E[X_2 \mid X_3], E[X_3 \mid X_3] \Big)$$
$$= \left(0, 1 + \frac{X_3}{3}, X_3 \right).$$

Beispiel 4.3.27 Das von einer Raffinerie erhaltene Öl enthält eine Konzentration von Schmutzpartikeln gleich Y Kg/Barrel wobei $Y \sim \mathrm{Unif}_{[0,1]}$. Es wird geschätzt, dass der Raffinationsprozess die Konzentration von Schmutzpartikeln von Y auf X bringt, wobei $X \sim \mathrm{Unif}_{[0,\alpha Y]}$ und $\alpha < 1$ ein bekannter positiver Parameter ist. Bestimme:

i) die Dichten $\gamma_{(X,Y)}$ und γ_X;
ii) den Erwartungswert der Konzentration von Schmutzpartikeln Y vor der Raffination, gegeben die Konzentration X nach der Raffination.

i) Die Daten des Problems sind:

$$\mu_Y = \mathrm{Unif}_{[0,1]}, \qquad \mu_{X\mid Y} = \mathrm{Unif}_{[0,\alpha Y]},$$

das heißt

$$\gamma_Y(y) = \mathbb{1}_{[0,1]}(y), \qquad \gamma_{X\mid Y}(x, y) = \frac{1}{\alpha y} \mathbb{1}_{[0,\alpha y]}(x), \qquad y \in \,]0, 1].$$

Aus der Formel (4.31) für die bedingte Dichte erhalten wir

$$\gamma_{(X,Y)}(x, y) = \gamma_{X\mid Y}(x, y)\gamma_Y(y) = \frac{1}{\alpha y} \mathbb{1}_{]0,\alpha y[\times]0,1[}(x, y)$$

und

$$\gamma_X(x) = \int_{\mathbb{R}} \gamma_{(X,Y)}(x, y)dy = \int_{\frac{x}{\alpha}}^{1} \frac{1}{\alpha y} dy\, \mathbb{1}_{]0,\alpha[}(x) = \frac{\log \alpha - \log x}{\alpha} \mathbb{1}_{]0,\alpha[}(x).$$

ii) Berechnen wir nun $E[Y \mid X]$. Wir haben

$$\gamma_{Y|X}(y, x) = \frac{\gamma_{(X,Y)}(x, y)}{\gamma_X(x)} \mathbb{1}_{(\gamma_X > 0)}(x) = \frac{1}{y(\log \alpha - \log x)} \mathbb{1}_{]0,\alpha y[\times]0,1[}(x, y) \quad (4.39)$$

aus dem

$$E[Y \mid X = x] = \int_{\mathbb{R}} y\gamma_{Y|X}(y, x)dy = \frac{1}{\log \alpha - \log x} \mathbb{1}_{]0,\alpha[}(x) \int_{\frac{x}{\alpha}}^{1} dy$$

$$= \frac{\alpha - x}{\alpha(\log \alpha - \log x)} \mathbb{1}_{]0,\alpha[}(x)$$

folgt. Zusammenfassend haben wir

$$E[Y \mid X] = \frac{\alpha - X}{\alpha(\log \alpha - \log X)}.$$

Wir bemerken, dass wir in (4.39) die Beziehung

$$\gamma_{Y|X}(y, x) = \frac{\gamma_{(X,Y)}(x, y)}{\gamma_X(x)} \mathbb{1}_{(\gamma_X > 0)}(x) = \frac{\gamma_{X|Y}(x, y)}{\gamma_X(x)} \gamma_Y(y),$$

verwendet haben, die eine Version der Bayes'schen Formel ist.

Beispiel 4.3.28 Sei (X, Y) ein Zufallsvektor mit Randverteilung $\mu_Y = \chi^2$ und bedingter Verteilung $\mu_{X|Y} = \mathcal{N}_{0,\frac{1}{Y}}$. Wir erinnern daran, dass die entsprechenden Dichten

$$\gamma_Y(y) = \frac{1}{\sqrt{2\pi y}} e^{-\frac{y}{2}}, \qquad \gamma_{X|Y}(x, y) = \sqrt{\frac{y}{2\pi}} e^{-\frac{x^2 y}{2}}, \qquad y > 0$$

sind. Dann ist die gemeinsame Dichte durch

$$\gamma_{(X,Y)}(x, y) = \gamma_{X|Y}(x, y)\gamma_Y(y) = \frac{1}{2\pi} e^{-\frac{(1+x^2)y}{2}}, \qquad y > 0,$$

gegeben und die Randverteilung von X ist

$$\gamma_X(x) = \int_0^{+\infty} \gamma_{(X,Y)}(x, y)dy = \frac{1}{\pi(1 + x^2)}, \qquad x \in \mathbb{R},$$

das heißt, X hat eine Cauchy-Verteilung (vgl. (2.64)).

4.4 Anhang

4.4.1 Beweis von Theorem 4.3.4

Wir sagen, dass

$$F : \mathbb{Q} \longrightarrow [0, 1]$$

eine *kumulative Verteilungsfunktion (oder CDF) auf* $\mathbb{Q}$ ist, wenn:

i) F ist monoton steigend;
ii) F ist rechtsstetig im Sinne, dass für jede $q \in \mathbb{Q}$

$$F(q) = F(q+) := \lim_{\substack{p \downarrow q \\ p \in \mathbb{Q}}} F(p) \tag{4.40}$$

gilt;

iii)

$$\lim_{\substack{q \to -\infty \\ q \in \mathbb{Q}}} F(q) = 0 \qquad \text{und} \qquad \lim_{\substack{q \to +\infty \\ q \in \mathbb{Q}}} F(q) = 1. \tag{4.41}$$

Lemma 4.4.1 Sei F eine CDF auf $\mathbb{Q}$, dann existiert eine Verteilung μ auf $\mathbb{R}$, so dass

$$F(q) = \mu(]-\infty, q]), \qquad q \in \mathbb{Q}. \tag{4.42}$$

Beweis Es ist nicht schwierig zu überprüfen, dass die durch[16]

$$\bar{F}(x) := \lim_{\substack{y \downarrow x \\ y \in \mathbb{Q}}} F(y), \qquad x \in \mathbb{R},$$

definierte Funktion eine CDF auf $\mathbb{R}$ ist und $F = \bar{F}$ auf $\mathbb{Q}$. Dann gibt es nach Theorem 1.4.33 eine Verteilung μ, die (4.42) erfüllt. $\square$

Nachweis von Theorem 4.3.4 Es genügt, den Fall $d = 1$ zu betrachten. Für jedes $q \in \mathbb{Q}$, fixieren wir eine Version der bedingten Erwartung

$$F(q) := E\left[\mathbb{1}_{(X \leq q)} \mid \mathscr{G} \right]$$

deren Existenz durch Theorem 4.2.1 garantiert ist. Tatsächlich hängt $F = F(q, \omega)$ auch von $\omega \in \Omega$ ab, aber zur Kürze schreiben wir $F = F(q)$ und betrachten $F(q)$ als eine Zufallsvariable ($\mathscr{G}$-messbar, per Definition). Aufgrund der Eigenschaften der bedingten Erwartung und da $\mathbb{Q}$ eine abzählbare Menge ist, haben wir, dass F *P-fast sicher eine CDF auf* $\mathbb{Q}$ *ist*: genauer gesagt, es gibt ein vernachlässigbares Ereignis $C \in \mathscr{G}$, so dass $F = F(\cdot, \omega)$ eine CDF auf $\mathbb{Q}$ für jedes $\omega \in \Omega \setminus C$ ist. Tatsächlich, wenn $p, q \in \mathbb{Q}$ mit $p \leq q$, dann $\mathbb{1}_{(X \leq p)} \leq \mathbb{1}_{(X \leq q)}$ und daher

---

[16] Die Grenze existiert aufgrund der Monotonie von F.

$$F(p) = E\left[\mathbb{1}_{(X \leq p)} \mid \mathcal{G}\right] \leq E\left[\mathbb{1}_{(X \leq q)} \mid \mathcal{G}\right] = F(q)$$

außer für ein $\mathcal{G}$-messbares vernachlässigbares Ereignis, aufgrund der Monotonieeigenschaft der bedingten Erwartung. Ähnlich werden Eigenschaften (4.40) und (4.41) als Folge des majorisierten Konvergenzsatzes für die bedingte Erwartung bewiesen: zum Beispiel, wenn $(p_n)_{n \in \mathbb{N}}$ eine Folge in $\mathbb{Q}$ ist, so dass $p_n \downarrow q \in \mathbb{Q}$, dann ist die Folge von Zufallsvariablen $\left(\mathbb{1}_{(X \leq p_n)}\right)_{n \in \mathbb{N}}$ beschränkt und konvergiert punktweise

$$\lim_{n \to \infty} \mathbb{1}_{(X \leq p_n)}(\omega) = \mathbb{1}_{(X \leq q)}(\omega), \qquad \omega \in \Omega,$$

woraus

$$\lim_{n \to \infty} F(p_n) = \lim_{n \to \infty} E\left[\mathbb{1}_{(X \leq p_n)} \mid \mathcal{G}\right] = E\left[\mathbb{1}_{(X \leq q)} \mid \mathcal{G}\right] = F(q)$$

folgt.

Auf Basis von Lemma 4.4.1 gibt es für jedes $\omega \in \Omega \setminus C$ eine Verteilung $\mu = \mu(\cdot, \omega)$ (aber wir schreiben einfach $\mu = \mu(H)$, für $H \in \mathcal{B}$), so dass

$$\mu(] - \infty, p]) = F(p), \qquad p \in \mathbb{Q}.$$

Durch Konstruktion ist μ eine Verteilung auf $\mathbb{R}$, außer für das vernachlässigbare Ereignis $C \in \mathcal{G}$: andererseits können wir μ auf Ω erweitern, indem wir zum Beispiel $\mu(\cdot, \omega) \equiv \delta_0$ für $\omega \in C$ setzen. Wir beweisen nun, dass μ auch (4.25) erfüllt: zu diesem Zweck verwenden wir Dynkin's Theorem A.0.3 und setzen

$$\mathcal{M} = \{H \in \mathcal{B} \mid \mu(H) = E\left[\mathbb{1}_{(X \in H)} \mid \mathcal{G}\right]\}.$$

Die Familie

$$\mathcal{A} = \{] - \infty, p] \mid p \in \mathbb{Q}\}$$

ist $\cap$-geschlossen, $\sigma(\mathcal{A}) = \mathcal{B}$ und, durch Konstruktion, $\mathcal{A} \subseteq \mathcal{M}$. Wenn wir verifizieren, dass $\mathcal{M}$ eine monotone Familie ist, folgt aus Dynkin's Theorem, dass $\mathcal{M} = \mathcal{B}$, woraus die Behauptung folgt. Jetzt haben wir:

i) $\mathbb{R} \in \mathcal{M}$, da $\mathbb{1}_{\mathbb{R}}(X) \equiv 1$ $\mathcal{G}$-messbar ist und daher mit seiner eigenen bedingten Erwartung übereinstimmt. Andererseits ist $\mu(\mathbb{R}) = 1$ auf Ω und daher $\mu(\mathbb{R}) = E\left[\mathbb{1}_{\mathbb{R}}(X) \mid \mathcal{G}\right]$;

ii) wenn $H, K \in \mathcal{M}$ und $H \subseteq K$, dann

$$\begin{aligned}
\mu(K \setminus H) &= \mu(K) - \mu(H) \\
&= E\left[\mathbb{1}_K(X) \mid \mathcal{G}\right] - E\left[\mathbb{1}_H(X) \mid \mathcal{G}\right] =
\end{aligned}$$

(durch die Linearität der bedingten Erwartung)

$$= E\left[\mathbb{1}_K(X) - \mathbb{1}_H(X) \mid \mathcal{G}\right]$$
$$= E\left[\mathbb{1}_{K\setminus H}(X) \mid \mathcal{G}\right];$$

iii) Sei $(H_n)_{n\in\mathbb{N}}$ eine aufsteigende Folge von Elementen von $\mathcal{M}$. Durch die Stetigkeit von unten von Verteilungen, haben wir

$$\mu(H) = \lim_{n\to\infty} \mu(H_n), \qquad H := \bigcup_{n\geq 1} H_n.$$

Andererseits, durch Beppo Levi's Theorem für bedingte Erwartung, haben wir

$$\lim_{n\to\infty} \mu(H_n) = \lim_{n\to\infty} E\left[\mathbb{1}_{H_n}(X) \mid \mathcal{G}\right] = E\left[\mathbb{1}_H(X) \mid \mathcal{G}\right].$$

$\square$

4.4.2 Nachweis von Proposition 4.3.20

Betrachte einen absolut stetigen Zufallsvektor (X, Y) in $\mathbb{R}^d \times \mathbb{R}$ mit Dichte $\gamma_{(X,Y)}$.

Lemma 4.4.2 Für jedes $g \in b\mathcal{B}_{d+1}$ haben wir

$$\int_{(\gamma_Y=0)} \int_{\mathbb{R}^d} g(x, y)\gamma_{(X,Y)}(x, y)dxdy = 0. \tag{4.43}$$

Beweis Sei γ_Y die Dichte von Y in (4.30). Da $\gamma_{(X,Y)} \geq 0$ ist, haben wir nach Korollar 2.2.15

$$\gamma_Y(y) = 0 \quad \Longrightarrow \quad \gamma_{(X,Y)}(\cdot, y) = 0 \quad \text{fast sicher.}$$

Dann haben wir für jedes $g \in b\mathcal{B}_{d+1}$ und für jedes y, für das $\gamma_Y(y) = 0$ gilt,

$$\int_{\mathbb{R}^d} g(x, y)\gamma_{(X,Y)}(x, y)dx = 0,$$

woraus (4.43) folgt. $\square$

Nachweis von Proposition 4.3.20 Wir müssen beweisen, dass die Familie $(\mu(\cdot; y))_{y\in(\gamma_Y>0)}$, definiert in (4.32)–(4.31), eine reguläre Version der bedingten Verteilungs*funktion* von X gegeben Y ist, gemäß der Definition von Theorem 4.3.16.

Zunächst einmal ist $\mu(\cdot; y)$ eine Verteilung: in der Tat ist $\gamma_{X|Y}(\cdot, y)$ in (4.31) eine Dichte, da es eine messbare, nicht-negative Funktion ist, so dass, durch (4.30),

$$\int_{\mathbb{R}^d} \gamma_{X|Y}(x, y)dx = \frac{1}{\gamma_Y(y)} \int_{\mathbb{R}^d} \gamma_{(X,Y)}(x, y)dx = 1.$$

Fixiere nun $H \in \mathcal{B}_d$. Bezüglich i) von Theorem 4.3.16, folgt die Tatsache, dass $y \mapsto \mu(H; y) \in m\mathcal{B}$ aus Fubinis Theorem und der Tatsache, dass $\gamma_{X|Y}$ eine

Borel-messbare Funktion ist. Was ii) von Theorem 4.3.16 betrifft, betrachte $W \in b\sigma(Y)$: nach Doobs Theorem ist $W = g(Y)$ mit $g \in b\mathscr{B}$ und somit haben wir

$$E\left[W\mu(H; Y)\right] = \int_{\mathbb{R}} g(y)\mu(H; y)\gamma_Y(y)dy =$$

(durch Fubinis Theorem)

$$= \int_{(\gamma_Y > 0)} g(y)\left(\int_H \gamma_{X|Y}(x, y)dx\right)\gamma_Y(y)dy$$

$$= \int_{(\gamma_Y > 0)} \int_H g(y)\gamma_{(X,Y)}(x, y)dx\,dy =$$

(durch (4.43))

$$= \iint_{\mathbb{R}^d \times \mathbb{R}} g(y)\mathbb{1}_H(x)\gamma_{(X,Y)}(x, y)dx\,dy = E\left[W\mathbb{1}_{(X \in H)}\right].$$

$\square$

Kapitel 5
Zusammenfassende Übungen

5.1 Maße und Wahrscheinlichkeitsräume

Übung 5.1.1 Seien A, B, C unabhängige Ereignisse im Wahrscheinlichkeitsraum $(\Omega, \mathscr{F}, P)$. Bestimme, ob:

i) A und B^c unabhängig sind;
ii) A und $B \cup C$ unabhängig sind;
iii) $A \cup C$ und $B \cup C$ unabhängig sind.

Lösung

i) *Dies ist der Inhalt von Proposition 1.3.25, nach der $A, B \in \mathscr{F}$ genau dann unabhängig sind, wenn A^c, B oder A, B^c oder A^c, B^c unabhängig sind;*
ii) *basierend auf Punkt i), um zu beweisen, dass A und $B \cup C$ unabhängig sind, genügt es zu überprüfen, dass A und $(B \cup C)^c = B^c \cap C^c$ unabhängig sind oder dass A und $B \cap C$ unabhängig sind: durch die Annahme der Unabhängigkeit von A, B, C haben wir*

$$P\left(A \cap (B \cap C)\right) = P(A)P(B)P(C) = P(A)P(B \cap C)$$

was die Behauptung beweist.
iii) *im Allgemeinen sind $A \cup C$ und $B \cup C$ nicht unabhängig; um dies zu zeigen, verwenden wir weiterhin Proposition 1.3.25 und überprüfen, dass $A \cap C$ und $B \cap C$ im Allgemeinen nicht unabhängig sind: tatsächlich haben wir*

$$P\left((A \cap C) \cap (B \cap C)\right) = P(A \cap B \cap C) = P(A)P(B)P(C),$$

aber

$$P(A \cap C)P(B \cap C) = P(A)P(B)P(C)^2.$$

© Der/die Autor(en), exklusiv lizenziert an Springer Nature Switzerland AG 2025

A. Pascucci, *Elementare Wahrscheinlichkeitstheorie I*,

https://doi.org/10.1007/978-3-031-98093-0_5

Übung 5.1.2 Seien A, B, C unabhängige Ereignisse im Wahrscheinlichkeitsraum $(\Omega, \mathscr{F}, P)$, mit $P(A) = P(B) = P(C) = \frac{1}{2}$. Bestimme:

i) $P(A \cup B)$;
ii) $P(A \cup B \cup C)$.

Lösung

i) *Wir haben*

$$P(A \cup B) = 1 - P(A^c \cap B^c) = 1 - P(A^c)P(B^c) = 1 - \frac{1}{4} = \frac{3}{4}.$$

Alternativ, wenn wir uns daran erinnern, dass das Symbol $\uplus$ die disjunkte Vereinigung ist, haben wir

$$P(A \cup B) = P\left(A \uplus (B \cap A^c)\right) = P(A) + P(B \cap A^c) =$$

(durch die Unabhängigkeit von B und A^c)

$$= \frac{1}{2} + \frac{1}{2} \cdot \frac{1}{2} = \frac{3}{4}.$$

ii) *Ähnlich haben wir*

$$P(A \cup B \cup C) = 1 - P(A^c \cap B^c \cap C^c) = 1 - P(A^c)P(B^c)P(C^c) = 1 - \frac{1}{8} = \frac{7}{8},$$

oder

$$P(A \cup B \cup C) = P(A \cup B) + P\left(C \cap (A \cup B)^c\right) =$$

(nach Punkt i))

$$= \frac{3}{4} + P\left(C \cap A^c \cap B^c\right) =$$

(nach der Unabhängigkeitshypothese)

$$= \frac{3}{4} + P(C)P(A^c)P(B^c) = \frac{3}{4} + \frac{1}{8} = \frac{7}{8}.$$

Übung 5.1.3 Tests zeigen, dass ein Impfstoff in 55 von 100 Fällen gegen das Virus α wirksam ist, in 65 von 100 Fällen gegen das Virus β und in mindestens 80 von 100 Fällen gegen mindestens eines der beiden Viren. Bestimme die Wahrscheinlichkeit, dass der Impfstoff gegen beide Viren wirksam ist.

Lösung *Betrachte die Ereignisse $A =$ „der Impfstoff ist wirksam gegen das Virus α"* *und $B =$ „der Impfstoff ist wirksam gegen das Virus β". Wir wissen, dass $P(A) =$* *$55\,\%$, $P(B) = 65\,\%$ und $P(A \cup B) = 80\,\%$. Dann*

$$P(A \cap B) = P(A) + P(B) - P(A \cup B) = 40\,\%.$$

Übung 5.1.4 Für $n \geq 2$, betrachte Ω als die Menge der Permutationen von $I_n :=$ $\{1, 2, \ldots, n\}$, d.h., die Sammlung der bijektiven Funktionen von I_n auf sich selbst, ausgestattet mit der gleichförmigen Wahrscheinlichkeitsverteilung P. Eine Permutation ω hat $i \in I_n$ als Fixpunkt genau dann, wenn $\omega(i) = i$. Definiere das Ereignis A_i als das Ereignis „die Permutation hat i als Fixpunkt". Bestimme:

i) $P(A_i)$ für $i = 1, \ldots, 10$;
ii) ob diese Ereignisse unabhängig sind oder nicht;
iii) den Erwartungswert der Anzahl der Fixpunkte.

Lösung

i)   *Eine Permutation mit i als Fixpunkt entspricht einer Permutation der verbleiben-den $(n-1)$ Elemente, daher gibt es $(n-1)!$ solche Permutationen (unabhängig von i), daher $P(A_i) = \frac{(n-1)!}{n!} = \frac{1}{n}$.*
ii) *Wie im vorherigen Punkt, für $i \neq j$ haben wir*

$$P(A_i \cap A_j) = \frac{(n-2)!}{n!} = \frac{1}{n(n-1)} \neq \frac{1}{n^2} = P(A_i)P(A_j)$$

und daher sind die Ereignisse nicht unabhängig.
iii) *Wir müssen den Erwartungswert der Zufallsvariable*

$$\mathbb{1}_{A_1} + \mathbb{1}_{A_2} + \cdots + \mathbb{1}_{A_n}.$$

bestimmen. Durch Linearität der Erwartung ist dies gleich $n \cdot \frac{1}{n} = 1$.

Übung 5.1.5 Drei Ziehungen werden ohne Zurücklegen aus einer Urne gemacht, die 3 weiße Kugeln, 2 schwarze Kugeln und 2 rote Kugeln enthält. Seien X und Y die Anzahl der gezogenen weißen bzw. schwarzen Kugeln. Bestimme:

i) $P((X = 1) \cap (Y = 0))$;
ii) $P(X = 1 \mid Y = 0)$.

Lösung

i)   *Wir haben*

$$P((X = 1) \cap (Y = 0)) = \frac{3}{\binom{7}{3}} = \frac{3}{35}.$$

ii) *Da*

$$P(Y = 0) = \frac{\binom{5}{3}}{\binom{7}{3}} = \frac{2}{7}$$

haben wir

$$P(X = 1 \mid Y = 0) = \frac{P((X = 1) \cap (Y = 0))}{P(Y = 0)} = \frac{3}{10}.$$

Übung 5.1.6 Seien $X, Y \sim \mathrm{Be}_p$, mit $0 < p < 1$, unabhängig. Sei $Z = \mathbb{1}_{(X+Y=0)}$ und bestimme:

 i) die Verteilung von Z;
 ii) ob X und Z unabhängig sind.

Lösung

 i) *Z kann nur die Werte 0 und 1 annehmen und ist gleich*

$$P(Z = 1) = P((X = 0) \cap (Y = 0)) = (1 - p)^2$$

sodass

$$Z \sim (1 - p)^2 \delta_0 + (1 - (1 - p)^2) \delta_1.$$

 ii) *X und Z sind nicht unabhängig, weil wir zum Beispiel*

$$P((X = 0) \cap (Z = 1)) = P(Y = 0) = 1 - p$$

haben und

$$P(X = 0)P(Z = 1) = (1 - p)^3.$$

Übung 5.1.7 Seien X und Y die Werte (natürliche Zahlen von 1 bis 10) von zwei Karten, die nacheinander aus einem Deck von 40 Karten ohne Zurücklegen gezogen werden. Bestimme:

 i)   die gemeinsame Verteilungsfunktion von X und Y;
 ii) $P(X < Y)$;
 iii) die Verteilungsfunktion von Y. Sind die Zufallsvariablen X und Y unabhängig?

Lösung

 i) *Für $h, k \in I_{10}$, haben wir $P(X = h) = \frac{1}{10}$, d.h., $X \sim Unif_{10}$ und*

$$P(Y = k \mid X = h) = \begin{cases} \frac{3}{39} & \text{wenn } h = k, \\ \frac{4}{39} & \text{wenn } h \neq k. \end{cases}$$

Dann ist die Verteilungsfunktion von (X, Y) durch

$$\bar{\mu}_{(X,Y)}(h, k) = P((X = h) \cap (Y = k)) = P(Y = k \mid X = h) \, P(X = h)$$
$$= \begin{cases} \frac{1}{130} & wenn \ h = k, \\ \frac{2}{195} & wenn \ h \neq k. \end{cases}$$

gegeben.

ii) *Wir haben*

$$P(X < Y) = \sum_{1 \leq h < k \leq 10} \bar{\mu}_{(X,Y)}(h, k) = \frac{2}{195} \sum_{k=2}^{10} (k - 1) = \frac{2}{195} \cdot 45 = \frac{6}{13}.$$

iii) *Die Verteilungsfunktion von Y ergibt sich aus*

$$\bar{\mu}_Y(k) = \sum_{h=1}^{10} \bar{\mu}_{(X,Y)}(h, k) = \frac{1}{10} \sum_{h=1}^{10} P(Y = k \mid X = h) = \frac{1}{10} \left(\frac{3}{39} + 9 \cdot \frac{4}{39} \right) = \frac{1}{10}$$

d. h., auch $Y \sim Unif_{10}$. Es folgt auch, dass X, Y nicht unabhängig sind, da die gemeinsame Verteilungsfunktion nicht das Produkt der Randverteilungen ist (vgl. Theorem 2.3.23).

Übung 5.1.8 Aus einem Deck von 40 Karten werden drei Karten nacheinander und ohne Zurücklegen gezogen, deren Werte (natürliche Zahlen von 1 bis 10) jeweils mit X_1, X_2 und X_3 angegeben werden. Bestimme:

i) die Verteilung von X_2;
ii) die Wahrscheinlichkeiten der Ereignisse

$$A = (X_1 \leq 4) \cap (X_2 \geq 5) \cap (X_3 \geq 5);$$
$$B = \text{„höchstens eine gezogene Karte hat einen Wert kleiner oder gleich 4“};$$

iii) ob A, B unabhängig sind und $P(A \mid B)$;
iv) betrachte die Zufallsvariable

$$N = \text{„Anzahl der gezogenen Karten, deren Wert kleiner oder gleich 4 ist“}.$$

Sind die Zufallsvariablen X_2 und N unabhängig?

Lösung

i) *X_2 hat eine gleichmäßige Verteilung auf $I_{10} = \{n \in \mathbb{N} \mid n \leq 10\}$, d. h., $X_2 \sim Unif_{I_{10}}$: um dies rigoros zu überprüfen, kann man so vorgehen wie im Beispiel 2.3.24 oder mit dem Gesetz der totalen Wahrscheinlichkeit:*

$$P(X_2 = n) = P(X_2 = n \mid X_1 = n)P(X_1 = n) + P(X_2 = n \mid X_1 \neq n)P(X_1 \neq n)$$
$$= \frac{3}{39} \cdot \frac{1}{10} + \frac{4}{39} \cdot \frac{9}{10} = \frac{1}{10}, \qquad n \in I_{10}.$$

ii) *Wir lösen die Frage auf zwei Arten: unter Verwendung der bedingten Wahrscheinlichkeit und insbesondere der Formel (1.26), haben wir*

$$P(A) = P(X_1 \leq 4)P(X_2 \geq 5 \mid X_1 \leq 4)P(X_3 \geq 5 \mid (X_1 \leq 4) \cap (X_2 \geq 5))$$
$$= \frac{4}{10} \cdot \frac{24}{39} \cdot \frac{23}{38}.$$

Das gleiche Ergebnis wird mit der Methode der sukzessiven Auswahl erzielt: Wir beobachten, dass wir Anordnungen verwenden müssen, da wir an der Reihenfolge der Ziehung der Karten interessiert sind. Daher,

$$P(A) = \frac{16 \cdot |\mathbf{D}_{24,2}|}{|\mathbf{D}_{40,3}|}.$$

Dann ist $B = B_0 \uplus B_1$, wobei B_0 das Ereignis ist, dass keine gezogene Karte einen Wert kleiner oder gleich 4 hat, und B_1 das Ereignis ist, dass genau eine gezogene Karte einen Wert kleiner oder gleich 4 hat. Wir haben $P(B) = P(B_0) + P(B_1)$ und

$$P(B_0) = \frac{|\mathbf{C}_{24,3}|}{|\mathbf{C}_{40,3}|} = \frac{|\mathbf{D}_{24,3}|}{|\mathbf{D}_{40,3}|}$$
$$P(B_1) = \frac{16 \cdot |\mathbf{C}_{24,2}|}{|\mathbf{C}_{40,3}|} = \frac{3 \cdot 16 \cdot |\mathbf{D}_{24,2}|}{|\mathbf{D}_{40,3}|}.$$

Der Faktor „3", der in dem letzten Ausdruck erscheint, ist darauf zurückzuführen, dass, wenn wir die Anordnungen verwenden, wir die Reihenfolge berücksichtigen müssen und daher auch die Wahl der Position (unter den drei möglichen) der Karte treffen müssen, die einen Wert kleiner oder gleich 4 hat.

iii) *$A \subseteq B$ und daher $A \cap B = A$. Aber $P(A \cap B) = P(A) \neq P(A)P(B)$ und daher sind sie keine unabhängigen Ereignisse. Außerdem haben wir $P(A \mid B) = \frac{P(A)}{P(B)}$.*

iv) *X_2 und N sind nicht unabhängig, weil zum Beispiel $(X_2 = 4) \cap (N = 0) = \emptyset$, aber*

$$P(X_2 = 4)P(N = 0) \neq 0.$$

Übung 5.1.9 Zwei Urnen enthalten jeweils 1 weiße Kugel und 4 schwarze Kugeln.

i) Ziehe 3 Kugeln aus der ersten Urne und 3 Kugeln aus der zweiten Urne und berechne die Wahrscheinlichkeit, dass mindestens eine davon weiß ist;

ii) lege alle Kugeln in dieselbe Urne (die dann 2 weiße Kugeln und 8 schwarze Kugeln enthält) und ziehe 6 Kugeln. Berechne die Wahrscheinlichkeit, dass mindestens eine davon weiß ist;

iii) wie in Punkt ii) unter der Annahme, dass die Ziehung mit Zurücklegen erfolgt, d. h. eine Kugel nach der anderen gezogen und wieder in die Urne gelegt wird. Berechne die Wahrscheinlichkeit, dass die Farbe von mindestens einer der sechs gezogenen Kugeln weiß ist.

Lösung

i) *Die Wahrscheinlichkeit, eine weiße Kugel aus der ersten Urne zu ziehen (Ereignis A), beträgt $\frac{1}{5}$ und dasselbe gilt für die zweite Urne (Ereignis B). Außerdem sind A und B unabhängig. Dann*

$$P(A \cup B) = P(A) + P(B) - P(A \cap B)$$
$$= P(A) + P(B) - P(A)P(B) = \frac{21}{25} = 0.84.$$

ii) *Nummeriere die beiden weißen Kugeln (Kugel 1 und Kugel 2) und bezeichne mit $A_i, i = 1, 2$, das Ereignis, dass unter den 6 gezogenen Kugeln Kugel i ist. Dann haben wir $P(A_1) = P(A_2) = \frac{6}{10}$, $P(A_1 \mid A_2) = \frac{5}{9}$ und*

$$P(A_1 \cup A_2) = P(A_1) + P(A_2) - P(A_1 \cap A_2)$$
$$= P(A_1) + P(A_2) - P(A_1 \mid A_2)P(A_2) = \frac{13}{15} \approx 0.87.$$

Alternativ können wir die Zufallsvariable $X \sim \mathrm{Hyper}_{n,b,N}$ mit hypergeometrischer Verteilung betrachten, gemäß Formel (2.9) mit $b = 2$, $N = 10$ und $n = 6$. Dann gibt X die Anzahl der gezogenen weißen Kugeln an. Somit haben wir

$$P(X = 1) + P(X = 2) = \frac{13}{15}.$$

iii) *In diesem Fall können wir die Zufallsvariable $S \sim \mathrm{Bin}_{n,p}$ mit binomialer Verteilung betrachten, gemäß der Formel (2.5) mit $n = 6$ und $p = \frac{2}{10}$. Dann gibt S die Anzahl der gezogenen weißen Kugeln an. Dann haben wir*

$$\sum_{i=1}^{6} P(S = i) \approx 0.74.$$

Übung 5.1.10 Eine Urne enthält 3 weiße Kugeln, 6 rote Kugeln und 6 schwarze Kugeln. Zwei Kugeln werden gezogen: Wenn sie die gleiche Farbe haben, werden sie weggeworfen, während sie, wenn sie unterschiedliche Farben haben, wieder in die Urne zurückgelegt werden. Dann werden zwei weitere Kugeln gezogen. Bestimme die Wahrscheinlichkeit der folgenden Ereignisse:

i) A_1 = „die beiden Kugeln des ersten Zuges sind weiß";
ii) A_2 = „die beiden Kugeln des ersten Zuges haben die gleiche Farbe";

iii) $A_3 = $ „alle vier gezogenen Kugeln sind weiß“;

iv) $A_4 = $ „alle vier gezogenen Kugeln sind rot“.

Lösung

i) $P(A_1) = \dfrac{|C_{3,2}|}{|C_{15,2}|} = \dfrac{\binom{3}{2}}{\binom{15}{2}} = \dfrac{1}{35}$.

ii) $P(A_2) = \dfrac{|C_{3,2}|+|C_{6,2}|+|C_{6,2}|}{|C_{15,2}|} = \dfrac{\binom{3}{2}+2\binom{6}{2}}{\binom{15}{2}} = \dfrac{11}{35}$.

iii) *Wenn $B = $ „die beiden Kugeln des zweiten Zuges sind weiß“ dann*

$$P(A_3) = P(B \mid A_1)P(A_1) = 0.$$

iv) *Wenn $C_i = $ „die beiden Kugeln des i-ten Zuges sind rot“ dann*

$$P(A_4) = P(C_1 \cap C_2) = P(C_2 \mid C_1)P(C_1) = \frac{|C_{4,2}|}{|C_{13,2}|}\frac{|C_{6,2}|}{|C_{15,2}|} = \frac{\binom{4}{2}}{\binom{13}{2}}\frac{\binom{6}{2}}{\binom{15}{2}} = \frac{1}{91}.$$

Übung 5.1.11 Neun Studenten wählen zufällig und unabhängig voneinander einen Professor aus drei verfügbaren aus, bei dem sie die Prüfung ablegen möchten. Betrachte die Ereignisse:

$A = $ „genau drei Studenten wählen den ersten Professor“;

$B = $ „jeder Professor wird von drei Studenten gewählt“;

$C = $ „ein Professor wird von zwei Studenten gewählt, ein anderer von drei Studenten und der verbleibende von vier Studenten“.

Bestimme:

i) $P(A)$;

ii) $P(B)$;

iii) $P(A \mid B)$ und $P(B \mid A)$;

iv) $P(C)$.

Lösung *Der Ergebnisraum aller möglichen Entscheidungen der Studenten ist $\Omega = \mathbf{DR}_{3,9}$, woraus $|\Omega| = 3^9$. Man denke daran, dass Ω der Raum der Funktionen von I_9 zu I_3 ist und jede Funktion einer möglichen Wahl der neun Studenten entspricht.*

i) *Es gibt $|C_{9,3}|$ mögliche Wege, um die drei Studenten zu bestimmen, die den ersten Professor wählen, und folglich*

$$P(A) = \frac{|C_{9,3}|\,|DR_{2,6}|}{|DR_{3,9}|} = \frac{\binom{9}{3}2^6}{3^9} \approx 27\,\%.$$

Wir haben äquivalent $P(A) = Bin_{9,\frac{1}{3}}(\{3\})$.

ii) *Es gibt* $|\mathbf{C}_{9,3}|$ *mögliche Wege, um die drei Studenten zu bestimmen, die den ersten Professor wählen, und* $|\mathbf{C}_{6,3}|$ *mögliche Wege, um die drei Studenten zu bestimmen, die den zweiten Professor wählen: folglich*

$$P(B) = \frac{|\mathbf{C}_{9,3}|\,|\mathbf{C}_{6,3}|}{|\mathbf{DR}_{3,9}|} = \frac{\binom{9}{3}\binom{6}{3}}{3^9} \approx 8.5\,\%.$$

iii) *Da* $B \subseteq A$ *haben wir*

$$P(A \mid B) = 1, \qquad P(B \mid A) = \frac{P(B)}{P(A)} \approx 31\,\%.$$

iv) *Verfahre ähnlich wie in Punkt ii), jedoch mit dem Unterschied, dass ein Faktor 3! hinzugefügt werden muss, da die Reihenfolge der Wahl der Professoren nicht angegeben ist. Wir erhalten*

$$P(C) = 3!\,\frac{|\mathbf{C}_{9,2}|\,|\mathbf{C}_{7,3}|}{|\mathbf{DR}_{3,9}|} = 6\,\frac{\binom{9}{3}\binom{6}{3}}{3^9} \approx 38\,\%.$$

Übung 5.1.12 Eine Urne enthält 3 rote Kugeln, 3 weiße Kugeln und 4 schwarze Kugeln. Zwei Münzen werden geworfen: Wenn zwei mal Kopf erhalten werden, wird eine rote Kugel zur Urne hinzugefügt; wenn zwei mal Zahl erhalten werden, wird eine weiße Kugel hinzugefügt; in anderen Fällen wird nichts hinzugefügt. Zwei Kugeln werden nacheinander und ohne Zurücklegen aus der Urne gezogen. Bestimme die Wahrscheinlichkeit:

i) dass die erste gezogene Kugel schwarz ist;
ii) mindestens eine Zahl erhalten zu haben, wissend, dass die erste gezogene Kugel schwarz ist;
iii) dass beide gezogenen Kugeln schwarz sind, wissend, dass keine Kugeln hinzugefügt wurden;
iv) $A_4 = $ „alle vier gezogenen Kugeln sind rot".

Lösung

i) *Betrachte die folgenden Ereignisse:* $N_1 = $ *„die erste gezogene Kugel ist schwarz", $TT = $ „das Ergebnis der beiden Münzwürfe ist zwei Köpfe", $CT = $ „ das Ergebnis des ersten Münzwurfs ist Zahl und das zweite ist Kopf" und ähnlich definieren wir CC und TC. Mit dem Gesetz der totalen Wahrscheinlichkeit haben wir*

$$P(N_1) = P(N_1 \mid TT)P(TT) + P(N_1 \mid CC)P(CC) + P(N_1 \mid CT \cup TC)P(CT \cup TC)$$

$$= \frac{4}{11} \cdot \frac{1}{4} + \frac{4}{11} \cdot \frac{1}{4} + \frac{4}{10} \cdot \frac{2}{4} = \frac{21}{55}.$$

ii) *Mit der Bayes'schen Formel erhalten wir*

$$P(CT \cup TC \cup CC \mid N_1) = 1 - P(TT \mid N_1) = 1 - \frac{P(N_1 \mid TT)P(TT)}{P(N_1)} = \frac{16}{21}.$$

iii) *Sei* $\bar{P} = P(\cdot \mid CT \cup TC)$. *Mit der Multiplikationsregel* (1.26) *erhalten wir*

$$\bar{P}(N_1 \cap N_2) = \bar{P}(N_1)\bar{P}(N_2 \mid N_1) = \frac{4}{10} \cdot \frac{3}{9} = \frac{2}{15}.$$

iv) *wenn* $C_i = $ „*die beiden Kugeln des* i-*ten Zuges sind rot*" *dann*

$$P(A_4) = P(C_1 \cap C_2) = P(C_2 \mid C_1)P(C_1) = \frac{|C_{4,2}|}{|C_{13,2}|}\frac{|C_{6,2}|}{|C_{15,2}|} = \frac{\binom{4}{2}}{\binom{13}{2}}\frac{\binom{6}{2}}{\binom{15}{2}} = \frac{1}{91}.$$

Übung 5.1.13 Sechs Münzen werden zufällig und unabhängig in drei Kästen gelegt. Betrachte die Ereignisse:

$A = $ „die erste Box enthält zwei Münzen";
$B = $ „jede Box enthält zwei Münzen".

Bestimme:

i) $P(A)$;
ii) $P(B)$;
iii) $P(A \mid B)$ und $P(B \mid A)$.

Lösung *Der Stichprobenraum aller möglichen Münzanordnungen ist* $\Omega = \mathbf{DR}_{3,6}$, *von dem aus* $|\Omega| = 3^6$. *Denke daran, dass* Ω *der Raum der Funktionen von* I_6 *zu* I_3 *ist und jede Funktion einer möglichen Anordnung der sechs Münzen entspricht.*

i) *Es gibt* $|C_{6,2}|$ *mögliche Wege, um die zwei Münzen in die erste Box zu legen und folglich*

$$P(A) = \frac{|C_{6,2}||DR_{2,4}|}{|DR_{3,6}|} = \frac{\binom{6}{2}2^4}{3^6} \approx 33\,\%.$$

Alternativ dazu, $P(A) = Bin_{6,\frac{1}{3}}(\{2\})$.

ii) *Es gibt* $|C_{6,2}|$ *mögliche Wege, um die zwei Münzen in die erste Box zu legen und* $|C_{4,2}|$ *mögliche Wege, um die zwei Münzen in die zweite Box zu legen: folglich*

$$P(B) = \frac{|C_{6,2}||C_{4,2}|}{|DR_{3,6}|} = \frac{\binom{6}{2}\binom{4}{2}}{3^6} \approx 12\,\%.$$

iii) *Da $B \subseteq A$, haben wir*

$$P(A \mid B) = 1, \qquad P(B \mid A) = \frac{P(B)}{P(A)} \approx 37.5\,\%.$$

Übung 5.1.14 Eine LED-Lampe hat, unabhängig von den anderen Tagen, jeden Tag eine Wahrscheinlichkeit $p = 0.1\,\%$ auszubrennen. Bestimme:

i) die durchschnittliche Lebensdauer (in Tagen) der Glühbirne;
ii) die Wahrscheinlichkeit, dass die Glühbirne mindestens ein Jahr hält.

In einer Stadt gibt es 10.000 Straßenlaternen, die diese Glühbirne verwenden. Schreibe eine Formel, um (ohne sie zu berechnen) die minimale Anzahl an Ersatzglühbirnen zu bestimmen, die benötigt werden, damit mit einer Wahrscheinlichkeit von 99 % alle Glühbirnen, die an einem Tag ausfallen, ersetzt werden können.

Lösung

i)–ii) *Sei T die Zufallsvariable, die den Tag angibt, an dem die Glühbirne ausbrennt. Dann gilt $T \sim \text{Geom}_p$ (vgl. Beispiel 2.1.25). Daher beträgt die durchschnittliche Lebensdauer (in Tagen) der Glühbirne*

$$E[T] = \frac{1}{p} = 1000.$$

Darüber hinaus beträgt die Wahrscheinlichkeit, dass die Glühbirne mindestens ein Jahr hält (vgl. Theorem 2.1.26)

$$P(T > 365) = (1 - p)^{365} \approx 69.4\,\%.$$

iii) *Sei X die Anzahl der Glühbirnen, die von den 10.000 installierten an einem Tag ausbrennen. Dann gilt $X \sim \text{Bin}_{10000,\,p}$ (vgl. Beispiel 2.1.21). Wir müssen das minimale N bestimmen, so dass*

$$P(X \leq N) \geq 99\,\%.$$

Jetzt haben wir (wir könnten auch die Poisson-Näherung verwenden, vgl. Beispiel 2.1.23):

$$P(X \leq N) = \sum_{k=0}^{N} \binom{10000}{k} p^k (1 - p)^{n-k}.$$

Eine explizite Berechnung zeigt, dass

$$P(X \le 17) = 98.57\,\%, \qquad P(X \le 18) = 99.28\,\%,$$

also ist $N = 18$.

Übung 5.1.15 In einem Teil des Himmels werden N Sterne gezählt, die unabhängig voneinander und gleichmäßig positioniert sind. Angenommen, der Teil des Himmels ist in zwei Teile A und B unterteilt, deren Fläche doppelt so groß ist wie die andere, $|A| = 2|B|$, und N_A sei die Anzahl der Sterne in A.

i) Bestimme $P(N_A = k)$;
ii) die Anzahl N hängt von der Leistung des verwendeten Teleskops ab. Nimme an, dass N eine Poisson-verteilte Zufallsvariable ist, $N \sim \text{Poisson}_\lambda$ mit $\lambda > 0$: Bestimme die Wahrscheinlichkeit, dass es nur einen Stern in A gibt.

Lösung

i) *Da die Positionsverteilung gleichmäßig ist, hat jeder Stern unabhängig von den anderen eine Wahrscheinlichkeit $p = \frac{2}{3}$, in A zu sein. Dann*

$$P(N_A = k) = \text{Bin}_{N,p}(k) = \binom{N}{k} \frac{2^k}{3^N}.$$

ii) *Nach dem Gesetz der totalen Wahrscheinlichkeit haben wir*

$$\sum_{N=0}^{\infty} P(N_A = 1) \frac{e^{-\lambda}\lambda^N}{N!} = e^{-\lambda} \sum_{N=1}^{\infty} \frac{2N}{3^N} \frac{\lambda^N}{N!} = \frac{2\lambda}{3} e^{-\frac{2\lambda}{3}}.$$

Übung 5.1.16 Sei $X \sim \text{Poisson}_\lambda$ mit $\lambda > 0$. Gib ein Beispiel für $f \in m\mathscr{B}$, so dass $f(X)$ nicht absolut integrierbar ist.
Lösung *Betrachte einfach eine messbare Funktion (zum Beispiel stückweise konstant), so dass $f(k) = \frac{k!}{\lambda^k}$ für $k \in \mathbb{N}$.*

Übung 5.1.17 Zwei aufeinanderfolgende Ziehungen ohne Zurücklegen werden aus einer Urne mit 90 nummerierten Kugeln durchgeführt. Seien p_1 und p_2 die Nummern der beiden gezogenen Kugeln. Bestimme:

i) die Wahrscheinlichkeit des Ereignisses $A = (p_2 > p_1)$;
ii) die Verteilung der Zufallsvariablen $\mathbb{1}_A$;
iii) die Wahrscheinlichkeit, dass $p_1 \ge 45$ unter der Bedingung, dass $p_2 > p_1$.

Lösung

i) *Nach dem Gesetz der totalen Wahrscheinlichkeit haben wir*

$$P(A) = \sum_{k=1}^{90} P(A \mid p_1 = k) P(p_1 = k) = \sum_{k=1}^{90} \frac{90-k}{89} \cdot \frac{1}{90} = \frac{1}{2}.$$

ii) $\mathbb{1}_A$ *hat eine Bernoulli-Verteilung,* $\mathbb{1}_A \sim \mathrm{Be}_{\frac{1}{2}}$.

iii)

$$P(p_1 \geq 45 \mid A) = \frac{P((p_1 \geq 45) \cap A)}{P(A)} = 2 \sum_{k=45}^{90} \frac{90-k}{89} \cdot \frac{1}{90} \approx 25.8\,\%.$$

Übung 5.1.18 In einem Supermarkt verteilen sich eine bestimmte Anzahl, N, von Kunden gleichmäßig auf die 5 verfügbaren Kassen beim Verlassen. Sei N_1 die Anzahl der Kunden, die zur ersten Kasse gehen.

i) Angenommen, $N = 100$, bestimme (oder erkläre, wie es möglich ist) den maximalen Wert $\bar{n} \in \mathbb{N}$ so zu bestimmen, dass

$$P(N_1 \geq \bar{n}) \geq 90\,\%;$$

ii) Angenommen, dass $N \sim \mathrm{Poisson}_{100}$, schreibe eine Formel zur Berechnung von $P(N_1 \geq 15)$.

Lösung

i) *Jeder Kunde hat eine Wahrscheinlichkeit von $\frac{1}{5}$, zur ersten Kasse zu gehen, unabhängig von den anderen, und daher gilt $N_1 \sim Bin_{100,\frac{1}{5}}$. Dann müssen wir den maximalen Wert von n bestimmen, so dass*

$$90\,\% \leq P(N_1 \geq n) = \sum_{k=n}^{100} \binom{100}{k} \left(\frac{1}{5}\right)^k \left(\frac{4}{5}\right)^{100-k}.$$

Wir finden, dass $P(N_1 \geq 16) \approx 87.1\,\%$ und $P(N_1 \geq 15) \approx 91.9\,\%$, also ist $\bar{n} = 15$.

ii) *Wir haben*

$$P(N_1 \geq 15) = \sum_{h=0}^{\infty} P(N_1 \geq 15 \mid N = h) P(N = h)$$

$$= \sum_{h=15}^{\infty} \sum_{k=15}^{h} \binom{h}{k} \left(\frac{1}{5}\right)^k \left(\frac{4}{5}\right)^{h-k} \frac{e^{-100} 100^h}{h!} \approx 89.5\,\%.$$

Übung 5.1.19 Zwei Freunde, A und B, werfen jeweils einen Würfel: A's Würfel ist normal, während B's Würfel die Zahlen von 2 bis 7 auf seinen Seiten hat. Derjenige, der die strikt höhere Zahl erhält, gewinnt: im Falle eines Unentschiedens werfen sie die Würfel erneut. Bestimme:

i) die Wahrscheinlichkeit, dass A beim einmaligen Würfeln gewinnt;
ii) die Wahrscheinlichkeit, dass A innerhalb der ersten zehn Würfe (≤ 10) gewinnt;
iii) die Wahrscheinlichkeit, dass es in den ersten zehn Würfen keinen Gewinner gibt;
iv) die erwartete Anzahl der Siege von A innerhalb der ersten zehn Würfe (≤ 10).

Lösung

i) *Sei N_A und N_B die Zahlen, die beim ersten Wurf der Würfel erhalten werden: dann*

$$P(N_A > N_B) = \sum_{k=2}^{7} P(N_A > k \mid N_B = k) P(N_B = k)$$

$$= \frac{1}{6} \left(\frac{4}{6} + \frac{3}{6} + \frac{2}{6} + \frac{1}{6} \right) = \frac{10}{36} =: p.$$

ii) *Die Zufallsvariable T, die das erste Mal angibt, dass A gewinnt, hat eine geometrische Verteilung mit Parameter p: daher*

$$P(T \leq 10) = 1 - P(T > 10) = 1 - (1 - p)^{10} \approx 96\,\%.$$

iii) *Wie in Punkt i) berechnen wir*

$$P(N_A = N_B) = \frac{5}{36}$$

und daher ist die gesuchte Wahrscheinlichkeit $\left(\frac{5}{36} \right)^{10}$.
iv) *Wenn N die Anzahl der Siege von A in den ersten zehn Würfen darstellt, dann gilt $N \sim Bin_{10,p}$ und daher $E[N] = \frac{100}{36}$.*

Übung 5.1.20 Eine Telefonzentrale verteilt eingehende Anrufe zufällig auf 10 Operatoren. Sei Y_n die gleichverteilte Zufallsvariable auf $\{1, 2, 3, \ldots, 10\}$, die den vom Schaltbrett für den n-ten Anruf gewählten Operator anzeigt. Wenn der i-te Operator den n-ten Anruf erhält (Ereignis $Y_n = i$), besteht eine Wahrscheinlichkeit p_i in $]0, 1[$, dass der Operator in der Pause ist und daher der Anruf verloren geht. Sei X_n die Zufallsvariable, die anzeigt, ob der n-te Anruf verloren geht ($X_n = 1$) oder angenommen wird ($X_n = 0$). Wir nehmen an, dass die Zufallsvariablen X_n unabhängig sind.

i) Bestimme die Verteilung von X_n;
ii) Sei N die Sequenznummer des ersten verlorenen Anrufs. Bestimme die Verteilung und den Mittelwert von N;

iii) Berechne die Wahrscheinlichkeit, dass keiner der ersten 100 Anrufe verloren geht.

Lösung

i) *X_n ist eine Bernoulli-Zufallsvariable und nach dem Gesetz der totalen Wahrscheinlichkeit haben wir*

$$P(X_n = 1) = \sum_{i=1}^{10} P(X_n = 1 \mid Y_n = i) P(Y_n = i) = \frac{1}{10} \sum_{i=1}^{10} p_i =: p.$$

Daher gilt $X_n \sim \mathrm{Be}_p$.

ii) *$N \sim \mathrm{Geom}_p$ und daher $E[N] = \frac{1}{p}$.*

iii) *Wir haben (vgl. Theorem 2.1.26)*

$$P(N > 100) = (1 - p)^{100}.$$

Übung 5.1.21 In einem 100-Meter-Rennen sind T_1 und T_2 jeweils die Zeiten (in Sekunden), die von zwei Läufern erzielt werden. Wir nehmen an, dass T_1, T_2 unabhängige Zufallsvariablen mit $T_i \sim Exp_{\lambda_i}$ sind, $\lambda_i > 0$ für $i = 1, 2$. Sei $T_{\max} = T_1 \vee T_2$ und $T_{\min} = T_1 \wedge T_2$, bestimme:

i) die Verteilungsfunktion von $T_{\max}$ und $T_{\min}$;

ii) die Wahrscheinlichkeit, dass mindestens einer der beiden Läufer eine Zeit von weniger als 10 s erreicht, wobei $\lambda_1 = \lambda_2 = \frac{1}{10}$ angenommen wird;

iii) die Wahrscheinlichkeit, dass beide Läufer eine Zeit von weniger als 10 s erreichen, wobei $\lambda_1 = \lambda_2 = \frac{1}{10}$ angenommen wird;

iv) $E[t \vee T_2]$ für jedes $t > 0$ und unter Verwendung des Einfrier-Lemmas $E[T_{\max} \mid T_1]$.

Lösung

i) *Nach Proposition 2.6.9 über das Maximum und Minimum unabhängiger Variablen, haben wir die folgende Beziehung zwischen den Verteilungsfunktionen*

$$F_{T_{\max}}(t) = F_{T_1}(t) F_{T_2}(t) = \left(1 - e^{-\lambda_1 t}\right)\left(1 - e^{-\lambda_2 t}\right), \qquad t \geq 0,$$

$$F_{T_{\min}}(t) = 1 - \left(1 - F_{T_1}(t)\right)\left(1 - F_{T_2}(t)\right) = 1 - e^{-(\lambda_1 + \lambda_2)t}, \qquad t \geq 0.$$

ii) $F_{T_{\min}}(10) \approx 86\,\%$;

iii) $F_{T_{\max}}(10) \approx 40\,\%$;

iv)

$$E[t \vee T_2] = \int_0^{+\infty} (t \vee s)\lambda_2 e^{-\lambda_2 s}\, ds$$

$$= \int_0^t t\lambda_2 e^{-\lambda_2 s}\, ds + \int_t^{+\infty} s\lambda_2 e^{-\lambda_2 s}\, ds = t + \frac{e^{-\lambda_2 t}}{\lambda_2}.$$

Nach dem Einfrier-Lemma (vgl. Theorem 4.2.10) haben wir

$$E\left[T_{max} \mid T_1\right] = T_1 + \frac{e^{-\lambda_2 T_1}}{\lambda_2}.$$

Übung 5.1.22 Ab 8 Uhr morgens erhält Herr Schmidt durchschnittlich zwei Anrufe pro Stunde. Wir nehmen an, dass die Anzahl der Anrufe pro Stunde eine Poisson-Zufallsvariable ist und dass diese Zufallsvariablen unabhängig sind. Bestimme:

i) die Verteilung der Anzahl der Anrufe, die zwischen 8 und 10 Uhr eingehen;
ii) die Wahrscheinlichkeit, mindestens 4 Anrufe zwischen 8 und 10 Uhr zu erhalten;
iii) die Wahrscheinlichkeit, mindestens 2 Anrufe pro Stunde zwischen 8 und 10 Uhr zu erhalten;
iv) die Wahrscheinlichkeit, mindestens 4 Anrufe zwischen 8 und 10 Uhr zu erhalten, wenn bekannt ist, dass mindestens 2 Anrufe zwischen 8 und 10 Uhr eingehen;
v) die Wahrscheinlichkeit, mindestens 4 Anrufe zwischen 8 und 10 Uhr zu erhalten, wenn bekannt ist, dass mindestens 2 Anrufe zwischen 8 und 9 Uhr eingehen.

Lösung *Sei N_{n-m} die Anzahl der Anrufe, die von Stunde n bis Stunde m eingehen. Dann gilt $N_{8-9} \sim Poisson_2$.*

i) $N_{8-10} = N_{8-9} + N_{9-10} \sim Poisson_4$ *aufgrund der Unabhängigkeit (Beispiel 2.6.5);*

ii)

$$P(N_{8-10} \geq 4) = 1 - P(N_{8-10} \leq 3) = 1 - e^{-4} \sum_{k=0}^{3} \frac{4^k}{k!};$$

iii) *aufgrund der Unabhängigkeit*

$$P((N_{8-9} \geq 2) \cap (N_{9-10} \geq 2)) = \left(1 - e^{-2} \sum_{k=0}^{1} \frac{2^k}{k!}\right)^2;$$

iv)

$$P\left(N_{8-10} \geq 4 \mid N_{8-10} \geq 2\right) = \frac{P(N_{8-10} \geq 4)}{P(N_{8-10} \geq 2)}$$

und die Wahrscheinlichkeiten werden wie in Punkt ii) berechnet;

v)

$$P\left(N_{8-10} \geq 4 \mid N_{8-9} \geq 2\right) = \frac{P\left((N_{8-10} \geq 4) \cap (N_{8-9} \geq 2)\right)}{P(N_{8-9} \geq 2)}$$

$$= \frac{1}{P(N_{8-9} \geq 2)} \sum_{k \geq 2} P(N_{9-10} \geq 4 - k) P(N_{8-9} = k).$$

Übung 5.1.23 Nehmen wir an, dass Länder in drei Gruppen eingeteilt werden können, basierend auf ihrer finanziellen Stabilität: A (ausgezeichnete Stabilität), B (gut) oder C (ausreichend). Die Wahrscheinlichkeit für ein generisches Land in Gruppe A, B oder C zu sein, ist gleich $\frac{1}{3}$. Um zu bestimmen, zu welcher Gruppe ein bestimmtes Land gehört, wird eine wirtschaftliche Analyse durchgeführt, deren Ergebnis nur positiv oder negativ sein kann. Es ist bekannt, dass die wirtschaftliche Analyse von Ländern in Gruppe A mit einer Wahrscheinlichkeit von 99 % ein positives Ergebnis hat; darüber hinaus ist das Ergebnis für Länder in den Gruppen B und C mit einer Wahrscheinlichkeit von 80 % bzw. 30 % positiv.

i) Bestimme die Wahrscheinlichkeit, dass die wirtschaftliche Analyse von Probabiland ein positives Ergebnis hat;

ii) Wenn bekannt ist, dass die wirtschaftliche Analyse von Probabiland ein negatives Ergebnis hatte, wie hoch ist dann die Wahrscheinlichkeit, dass sie sich in Gruppe C befindet?

Lösung

i) *Sei E das Ereignis, dass „die wirtschaftliche Analyse von Probabiland ein positives Ergebnis hat“. Nach dem Gesetz der totalen Wahrscheinlichkeit haben wir*

$$P(E) = P(E \mid A)P(A) + P(E \mid B)P(B) + P(E \mid C)P(C)$$

$$= \frac{1}{3}\,(99\,\% + 80\,\% + 30\,\%) \approx 70\,\%.$$

ii) *Aus $P(C) = \frac{1}{3}$ und*

$$P(E^c \mid C) = 1 - P(E \mid C) = 70\,\%,$$

folgt nach der Formel von Bayes

$$P(C \mid E^c) = \frac{P(E^c \mid C)P(C)}{P(E^c)} \approx 77\,\%.$$

Übung 5.1.24 (Paradox der drei Karten) Drei Karten sind gegeben, von denen die erste auf beiden Seiten rot ist, die zweite auf einer Seite rot und auf der anderen weiß ist, und die dritte auf beiden Seiten weiß ist. Eine Karte wird zufällig ausgewählt, und nur eine Seite wird beobachtet, die rot ist. Wie hoch ist die Wahrscheinlichkeit, dass die andere Seite der gezogenen Karte auch rot ist?

Lösung *Wir verwenden den Satz von Bayes: Sei A das Ereignis, bei dem die erste Karte ausgewählt wird (beide Seiten rot) und R das Ereignis, bei dem die sichtbare Seite der ausgewählten Karte rot ist. Wir haben*

$$P(A \mid R) = \frac{P(R \mid A)P(A)}{P(R)} = \frac{1 \cdot \frac{1}{3}}{\frac{3}{6}} = \frac{2}{3}.$$

Übung 5.1.25 Ein Unternehmen hat zwei Produktionslinien A und B, die jeweils 30 % und 70 % der Produkte herstellen. Der Prozentsatz der fehlerhaften Produkte aus den Linien A und B beträgt jeweils 0.5 % und 0.1 %. Bestimme:

i) die Wahrscheinlichkeit, dass genau ein fehlerhaftes Produkt in einer Box mit 10 Produkten vorhanden ist, die alle aus der gleichen Linie stammen;

ii) die Wahrscheinlichkeit, dass eine Box mit genau einem fehlerhaften Produkt aus Linie A stammt;

iii) die Wahrscheinlichkeit, dass genau ein fehlerhaftes Produkt in einer Box mit 10 Produkten vorhanden ist, unter der Annahme, dass die Produkte verpackt werden, ohne die Produktionslinie zu unterscheiden.

Lösung

i) *Sei D das Ereignis, für das wir die Wahrscheinlichkeit berechnen müssen. Die Wahrscheinlichkeit, dass eine von A produzierte Box genau ein fehlerhaftes Produkt enthält, beträgt $p_A = Bin_{10,0.5\%}(\{1\}) \approx 4.78\%$. Ähnlich beträgt $p_B = Bin_{10,0.1\%}(\{1\}) \approx 0.99\%$. Dann ist die gesuchte Wahrscheinlichkeit mit Notationen, deren Bedeutung offensichtlich sein sollte,*

$$P(D) = P(D \mid A)P(A) + P(D \mid B)P(B) = p_A \cdot 30\% + p_B \cdot 70\% \approx 2.13\%.$$

ii) *Nach der Formel von Bayes haben wir*

$$P(A \mid D) = \frac{P(D \mid A)P(A)}{P(D)} = \frac{p_A \cdot 30\%}{2.13\%} \approx 67.39\%.$$

iii) *Die Wahrscheinlichkeit, dass ein einzelnes Produkt fehlerhaft ist, beträgt*

$$p_D = 0.5\% \cdot 30\% + 0.1\% \cdot 70\% \approx 0.22\%.$$

Dann ist die gesuchte Wahrscheinlichkeit gleich $Bin_{10,p_D}(\{1\}) \approx 2.15\%$.

Übung 5.1.26 Ein Antispam-Algorithmus klassifiziert E-Mails als „verdächtig", die bestimmte Schlüsselwörter enthalten. Um den Antispam-Algorithmus zu trainieren, werden Daten zu einem Satz von 100 E-Mails verwendet, von denen 60 Spam sind, 90 % der Spam-E-Mails verdächtig sind und nur 1 % der E-Mails, die kein Spam sind, verdächtig sind. Basierend auf diesen Daten schätze die Wahrscheinlichkeit, dass eine verdächtige E-Mail tatsächlich Spam ist.

Lösung *Sei X das Ereignis „eine E-Mail ist Spam" und S das Ereignis „eine E-Mail ist verdächtig". Nach Annahme haben wir*

$$P(X) = 60\%, \qquad P(S \mid X) = 90\%, \qquad P(S \mid X^c) = 1\%.$$

Dann erhalten wir nach der Bayes-Formel

$$P(X \mid S) = \frac{P(S \mid X)P(X)}{P(S)} =$$

(nach dem Gesetz der totalen Wahrscheinlichkeit)

$$= \frac{P(S \mid X)P(X)}{P(S \mid X)P(X) + P(S \mid X^c)P(X^c)} \approx 99.26\%.$$

Übung 5.1.27 Jedes Jahr beträgt die Wahrscheinlichkeit, eine ansteckende Krankheit zu bekommen, 1 %, wenn man geimpft ist und 80 %, wenn man nicht geimpft ist.

i) Schätze den Prozentsatz der geimpften Personen, wenn bekannt ist, dass in einem Jahr 10 % der Bevölkerung die Krankheit bekommen;
ii) berechne die Wahrscheinlichkeit, dass eine kranke Person geimpft ist.

Lösung

i) *Wenn M das Ereignis „Erkrankung" und V das Ereignis „ Impfung" ist, haben wir*

$$P(M) = P(M \mid V)P(V) + P(M \mid V^c)(1 - P(V))$$

daraus folgt

$$P(V) = \frac{P(M) - P(M \mid V^c)}{P(M \mid V) - P(M \mid V^c)} \approx 89\%$$

ii) *Nach dem Satz von Bayes haben wir*

$$P(V \mid M) = \frac{P(M \mid V)P(V)}{P(M)} \approx 0.09\%$$

Übung 5.1.28 Ein Beutel enthält zwei Münzen: eine goldene, die ausbalanciert ist, und eine silberne, bei der die Wahrscheinlichkeit, Kopf zu bekommen, gleich $p \in {}]0, 1[$ ist. Wir ziehen zufällig eine der beiden Münzen und werfen sie n Mal: Sei X die Zufallsvariable, die die Anzahl der erhaltenen Köpfe angibt. Sei $k \in \mathbb{N}_0$ gegeben; bestimme:

i) die Wahrscheinlichkeit, dass X gleich k ist, wenn bekannt ist, dass die silberne Münze gezogen wurde;

ii) $P(X = k)$;

iii) die Wahrscheinlichkeit, dass die silberne Münze gezogen wurde, wenn bekannt ist, dass $X = n$;

iv) den Erwartungswert von X.

Lösung

i) *Sei $A = $ „die silberne Münze wird gezogen". Dann haben wir für $k = 0, 1, \ldots, n$*

$$P(X = k \mid A) = Bin_{n,p}(\{k\}) = \binom{n}{k} p^k (1 - p)^{n-k}.$$

ii) *Nach dem Gesetz der totalen Wahrscheinlichkeit haben wir*

$$
\begin{aligned}
P(X = k) &= \frac{1}{2} \left(P(X = k \mid A^c) + P(X = k \mid A) \right) \\
&= \frac{1}{2} \left(Bin_{n,\frac{1}{2}}(\{k\}) + Bin_{n,p}(\{k\}) \right)
\end{aligned}
\tag{5.1}
$$

iii) *Zunächst einmal,*

$$P(X = n) = \frac{1}{2} \left(\frac{1}{2^n} + p^n \right).$$

Nach dem Satz von Bayes haben wir

$$P(A \mid X = n) = \frac{P(X = n \mid A) P(A)}{P(X = n)} = \frac{p^n}{\frac{1}{2^n} + p^n}.$$

iv) *Wenn wir uns daran erinnern, dass der Erwartungswert einer Zufallsvariable mit Verteilung $Bin_{n,p}$ gleich np ist, haben wir durch (5.1)*

$$E[X] = \frac{1}{2} \left(\frac{n}{2} + np \right).$$

Übung 5.1.29 Urne A enthält einen roten Ball und einen grünen Ball. Urne B enthält stattdessen zwei rote Bälle und vier grüne Bälle. Wir ziehen zufällig einen Ball aus Urne A und legen ihn in Urne B, dann ziehen wir einen Ball aus Urne B. Bestimme die Wahrscheinlichkeit, dass:

i) der aus Urne B gezogene Ball rot ist;

ii) der aus Urne A gezogene Ball rot ist, wenn bekannt ist, dass auch der aus Urne B gezogene Ball rot ist;

iii) die beiden gezogenen Bälle die gleiche Farbe haben.

Lösung *Führe die folgenden Ereignisse ein:*

$$
\begin{aligned}
R_A &= \text{„der aus Urne } A \text{ gezogene Ball ist rot“,} \\
V_A &= \text{„der aus Urne } A \text{ gezogene Ball ist grün“} = R_A^c, \\
R_B &= \text{„der aus Urne } B \text{ gezogene Ball ist rot“,} \\
V_B &= \text{„der aus Urne } B \text{ gezogene Ball ist grün“} = R_B^c.
\end{aligned}
$$

i) *Nach dem Gesetz der totalen Wahrscheinlichkeit haben wir*

$$
P(R_B) = P(R_B \mid R_A)P(R_A) + P(R_B \mid V_A)P(V_A) = \frac{3}{7} \cdot \frac{1}{2} + \frac{2}{7} \cdot \frac{1}{2} = \frac{5}{14}.
$$

ii) *Nach der Formel von Bayes haben wir*

$$
P(R_A \mid R_B) = \frac{P(R_B \mid R_A)P(R_A)}{P(R_B)} = \frac{\frac{3}{7} \cdot \frac{1}{2}}{\frac{5}{14}} = \frac{3}{5}.
$$

iii) *Wieder nach dem Gesetz der totalen Wahrscheinlichkeit, wenn E das Ereignis bezeichnet, für das wir die Wahrscheinlichkeit berechnen wollen,*

$$
P(E) = P(E \mid R_A)P(R_A) + P(E \mid V_A)P(V_A) = \frac{3}{7} \cdot \frac{1}{2} + \frac{5}{7} \cdot \frac{1}{2} = \frac{4}{7}.
$$

Übung 5.1.30 Eine Weinkellerei produziert eine nummerierte Serie von Weinflaschen. Bei einer Qualitätskontrolle muss jede Flasche drei Tests bestehen, um als geeignet zu gelten: die Wahrscheinlichkeit, den ersten Test zu bestehen, beträgt 90 %; wenn der erste Test bestanden wird, beträgt die Wahrscheinlichkeit, den zweiten Test zu bestehen, 95 %; wenn auch der zweite Test bestanden wird, beträgt die Wahrscheinlichkeit, den dritten Test zu bestehen, 99 %. Wir nehmen an, dass die Ergebnisse der Prüfungen bei verschiedenen Flaschen unabhängig voneinander sind.

i) Bestimme die Wahrscheinlichkeit, dass eine Flasche geeignet ist;
ii) Bestimme die Wahrscheinlichkeit, dass eine ungeeignete Flasche den ersten Test nicht bestanden hat;
iii) Sei X_n die Zufallsvariable, die den Wert 0 oder 1 annimmt, je nachdem, ob die n-te Flasche geeignet ist. Bestimme die Verteilung von X_n und von (X_n, X_{n+1});
iv) Sei N die Nummer der ersten ungeeigneten Flasche. Bestimme die Verteilung und den Mittelwert von N;
v) Berechne die Wahrscheinlichkeit, dass alle der ersten 100 Flaschen geeignet sind.

Lösung

i) *Sei T_i, $i = 1, 2, 3$, das Ereignis „der i-te Test wird bestanden“, und $T = T_1 \cap T_2 \cap T_3$. Nach der Multiplikationsregel haben wir*

$$P(T) = P(T_1)P(T_2 \mid T_1)P(T_3 \mid T_1 \cap T_2) = \frac{90 \cdot 95 \cdot 99}{100^3} \approx 85\,\%;$$

ii) *Nach der Bayes-Formel haben wir*

$$P(T_1^c \mid T^c) = \frac{P(T^c \mid T_1^c)P(T_1^c)}{P(T^c)} = \frac{1 \cdot 10\,\%}{1 - P(T)} \approx 65\,\%;$$

iii) $X_n \sim Be_p$ *mit* $p = P(T)$. *Aufgrund der Unabhängigkeit gilt* $(X_1, X_2) \sim Be_p \otimes Be_p$;

iv) $N \sim Geom_{1-p}$ *und* $E[N] = \frac{1}{1-p}$;

v) *Wir haben (vgl. Theorem 2.1.26)*

$$P(N > 100) = (1 - (1 - p))^{100} = p^{100}.$$

Übung 5.1.31 Eine Urne enthält 4 weiße Kugeln, 4 rote Kugeln und 4 schwarze Kugeln. Eine Reihe von Ziehungen wird wie folgt durchgeführt: Eine Kugel wird gezogen und dann zusammen mit einer weiteren Kugel der gleichen Farbe wie die gezogene in die Urne zurückgelegt. Bestimme die Wahrscheinlichkeit:

 i) eine weiße Kugel bei der zweiten Ziehung zu ziehen;
 ii) eine rote Kugel bei der ersten Ziehung zu ziehen, wissend, dass eine weiße Kugel bei der zweiten Ziehung gezogen wird;
iii) nach drei Ziehungen, alle gezogenen Kugeln sind weiß;
iv) nach drei Ziehungen, nicht alle gezogenen Kugeln sind der gleichen Farbe.

Lösung *Bezeichne mit* B_n *das Ereignis „ die bei der n- ten Ziehung gezogene Kugel ist weiß", $n \in \mathbb{N}$. Ähnlich seien N_n und R_n definiert.*

 i) *Nach dem Gesetz der totalen Wahrscheinlichkeit haben wir*

$$P(B_2) = P(B_2 \mid B_1)P(B_1) + P(B_2 \mid R_1)P(R_1) + P(B_2 \mid N_1)P(N_1)$$
$$= \frac{5}{13} \cdot \frac{1}{3} + \frac{4}{13} \cdot \frac{1}{3} + \frac{4}{13} \cdot \frac{1}{3} = \frac{1}{3};$$

ii) *Nach der Formel von Bayes haben wir*

$$P(R_1 \mid B_2) = \frac{P(B_2 \mid R_1)}{P(B_2)} P(R_1) = \frac{\frac{4}{13} \cdot \frac{1}{3}}{\frac{1}{3}} = \frac{4}{13};$$

iii) *Nach der Multiplikationsregel haben wir*

$$P(B_1 \cap B_2 \cap B_3) = P(B_1)P(B_2 \mid B_1)P(B_3 \mid B_1 \cap B_2) = \frac{1}{3} \cdot \frac{5}{13} \cdot \frac{6}{14} = \frac{5}{91};$$

iv) *Aus Punkt iii), die Wahrscheinlichkeit, dass alle Kugeln die gleiche Farbe haben,
ist $\frac{15}{91}$. Die gesuchte Wahrscheinlichkeit ist daher $1 - \frac{15}{91}$.*

Übung 5.1.32 Basierend auf einer aktuellen Analyse haben Personen, die an sport-
lichen Aktivitäten teilnehmen, eine Wahrscheinlichkeit von 90 % gute akademische
Leistungen zu erzielen, verglichen mit 70 % für diejenigen, die keine sportlichen
Aktivitäten ausüben.

i) Angesichts der Tatsache, dass in einem Jahr der Prozentsatz der Studenten mit
   guten akademischen Leistungen 85 % beträgt, schätze den Prozentsatz der Studenten, die an sportlichen Aktivitäten teilnehmen;
ii) Berechne die Wahrscheinlichkeit, dass diejenigen, die gute akademische Leistungen erzielen, an sportlichen Aktivitäten teilnehmen.

Lösung

i) *Wenn B das Ereignis „ gute akademische Leistungen haben" und S das Ereignis
   „an sportlichen Aktivitäten teilnehmen" sind, haben wir*

$$P(B) = P(B \mid S)P(S) + P(B \mid S^c)(1 - P(S))$$

daraus folgt
$$P(S) = \frac{P(B) - P(B \mid S^c)}{P(B \mid S) - P(B \mid S^c)} = 75\,\%;$$

ii) *Nach dem Satz von Bayes haben wir*

$$P(S \mid B) = \frac{P(B \mid S)P(S)}{P(B)} \approx 79\,\%.$$

Übung 5.1.33 In einer Produktionskette ist eine Schraube geeignet, wenn sie zwei
Qualitätstests besteht: die Wahrscheinlichkeit, den ersten Test zu bestehen, beträgt
90 %; wenn der erste Test bestanden wird, beträgt die Wahrscheinlichkeit, den zweiten Test zu bestehen, 95 %. Angenommen, dass die Ergebnisse der Prüfungen bei
verschiedenen Schrauben unabhängig voneinander sind. Bestimme:

i) die Wahrscheinlichkeit, dass eine Schraube geeignet ist;
ii) die Wahrscheinlichkeit, dass eine ungeeignete Schraube den ersten Test bestanden hat;
iii) die Verteilung der Anzahl N der geeigneten Schrauben unter den ersten 100
   produzierten;
iv) die Verteilung und den Mittelwert von M, wobei M die Nummer der ersten
   ungeeigneten Schraube ist.

Lösung

i) *Sei T_i, $i = 1, 2$, das Ereignis „der i- te Test wird bestanden" und $T = T_1 \cap T_2$. Nach der Multiplikationsregel haben wir*

$$p := P(T) = P(T_1)P(T_2 \mid T_1) = \frac{90 \cdot 95}{100^2} = 85.5\,\%;$$

ii) *unter Verwendung der Bayes-Formel und da $P(T^c \mid T_1) = P(T_2^c \mid T_1) = 5\,\%$, haben wir*

$$P(T_1 \mid T^c) = \frac{P(T^c \mid T_1)P(T_1)}{P(T^c)} = \frac{5\,\% \cdot 90\,\%}{14.5\,\%} \approx 31\,\%;$$

iii) $N \sim Bin_{100,p}$;

iv) $M \sim Geom_{1-p}$ *und* $E[M] = \frac{1}{1-p}$.

5.2 Zufallsvariablen

Übung 5.2.1 Zwei Würfel (nicht manipuliert) mit jeweils drei Seiten, nummeriert von 1 bis 3, werden geworfen. Auf dem Stichprobenraum $\Omega = \{(m, n) \mid 1 \le m, n \le 3\}$, seien X_1 und X_2 die Zufallsvariablen, die die Ergebnisse der Würfe des ersten und zweiten Würfels anzeigen. Sei $X = X_1 + X_2$, bestimme $\sigma(X)$ und ob X_1 $\sigma(X)$-messbar ist.

Lösung *$\sigma(X)$ ist die σ-Algebra, deren Elemente $\emptyset$ und die Vereinigungen von*

$$(X = 2) = \{(1, 1)\},$$
$$(X = 3) = \{(1, 2), (2, 1)\},$$
$$(X = 4) = \{(1, 3), (3, 1), (2, 2)\},$$
$$(X = 5) = \{(2, 3), (3, 2)\},$$
$$(X = 6) = \{(3, 3)\}.$$

Das Ereignis $(X_1 = 1) \notin \sigma(X)$: intuitiv können wir das Ergebnis des ersten Wurfs nicht ableiten, wenn wir die Summe der beiden Würfe kennen.

Übung 5.2.2 Sei $B \sim Unif_{[-2,2]}$. Bestimme die Wahrscheinlichkeit, dass die quadratische Gleichung

$$x^2 + 2Bx + 1 = 0$$

reelle Lösungen hat. Wie groß ist die Wahrscheinlichkeit, dass solche Lösungen übereinstimmen?

Lösung *Wir haben* $\Delta = 4B^2 - 4$. *Die Lösungen sind genau dann reell, wenn* $\Delta \geq 0$, *das heißt* $|B| \geq 1$: *jetzt haben wir einfach* $P(|B| \geq 1) = \frac{1}{2}$. *Außerdem sind die Lösungen genau dann gleich, wenn* $|B| = 1$, *also mit Wahrscheinlichkeit null.*

Übung 5.2.3 Gegeben seien ein zufälliger Punkt Q in $[0, 1]$ und die Länge des Intervalls X mit der größeren Amplitude zwischen den beiden, in die $[0, 1]$ durch Q geteilt wird. Bestimme die Verteilung und den Erwartungswert von X.

Lösung *Wir beobachten, dass* $X = \max\{Q, 1 - Q\}$ *und* $\frac{1}{2} \leq X \leq 1$. *Wir bestimmen die Verteilungsfunktion von* X: *für* $\frac{1}{2} \leq x \leq 1$ *haben wir*

$$P(X \leq x) = P\left((Q \leq x) \cap (Q \geq \tfrac{1}{2})\right) + P\left((1 - Q \leq x) \cap (Q \leq \tfrac{1}{2})\right)$$
$$= P(\tfrac{1}{2} \leq Q \leq x) + P(1 - x \leq Q \leq \tfrac{1}{2}) = 2x - 1.$$

Daraus erhalten wir, dass $X \in \mathrm{AC}$ *und genau* $X \sim \mathrm{Unif}_{\left[\frac{1}{2}, 1\right]}$. *Insbesondere gilt*

$$E[X] = \tfrac{3}{4}.$$

Übung 5.2.4 Sei $Y = Y(t)$ die Lösung des Cauchy-Problems

$$\begin{cases} Y'(t) = AY(t), \\ Y(0) = y_0, \end{cases}$$

wobei $A \sim \mathcal{N}_{\mu,\sigma^2}$ und $y_0 > 0$.

i) Bestimme für jedes $t > 0$ die Verteilung und Dichte der Zufallsvariable $Y(t)$;
ii) Bestimme die CHF φ_A der Zufallsvariable A und leite daraus

$$E\left[e^A\right] = \varphi_A(-i),$$

ab und berechnen dann $E[Y(t)]$;
iii) Sind die Zufallsvariablen $Y(1)$ und $Y(2)$ unabhängig?

Lösung

i) *Wir haben*

$$Y(t) = y_0 e^{tA}$$

und daher hat $Y(t)$ *eine log-normal Verteilung. Genauer gesagt, für jedes* $y > 0$ *haben wir*

$$P(Y(t) \leq y) = P\left(A \leq \frac{1}{t} \log \frac{y}{y_0}\right) = F_A\left(\frac{1}{t} \log \frac{y}{y_0}\right)$$

wo F_A *die Verteilungsfunktion von* A *ist. Durch Differenzieren erhalten wir die Dichte von* $Y(t)$, *die null für* $y \leq 0$ *und gleich*

$$\gamma(y) = \frac{d}{dy} P(Y(t) \leq y) = \frac{1}{ty} F'_A \left(\frac{1}{t} \log \frac{y}{y_0} \right)$$

$$= \frac{1}{ty\sqrt{2\pi\sigma^2}} e^{-\frac{\left(\frac{1}{t}\log\frac{y}{y_0} - \mu\right)^2}{2\sigma^2}},$$

für $y > 0$ ist.

ii) *Unter Berücksichtigung von (2.66) haben wir*

$$E\left[e^A\right] = \varphi_A(-i) = e^{\mu + \frac{\sigma^2}{2}}.$$

Da $tA \sim \mathcal{N}_{t\mu, t^2\sigma^2}$ haben wir

$$E[Y(t)] = E\left[y_0 e^{tA}\right] = y_0 e^{t\mu + \frac{t^2\sigma^2}{2}}.$$

iii) *Wir beobachten, dass*

$$E[Y(1)Y(2)] = y_0^2 E\left[e^{3A}\right] = y_0^2 e^{3\mu + \frac{9\sigma^2}{2}}$$

sich von

$$E[Y(1)] E[Y(2)] = y_0^2 E\left[e^A\right] E\left[e^{2A}\right] = y_0^2 e^{\mu + \frac{\sigma^2}{2}} e^{2\mu + \frac{4\sigma^2}{2}}$$

unterscheidet, außer wenn $\sigma = 0$ (wenn klar ist, dass $Y(1), Y(2)$ unabhängig sind).

Übung 5.2.5 Betrachte ein Schachbrett von unendlicher Größe, mit abwechselnd schwarzen und weißen Feldern, die sich unendlich in alle Richtungen erstrecken. Als ersten Zug wird eine Figur auf ein zufälliges Feld gesetzt; bei jedem nachfolgenden Zug wird die Figur zufällig auf eines der 8 angrenzenden Felder (horizontal, vertikal oder diagonal) bewegt. Sei X die Nummer des ersten Zuges, bei dem die Figur auf einem weißen Feld steht, Y die Nummer des ersten Zuges, bei dem die Figur auf einem schwarzen Feld steht, und schließlich Z die Nummer des ersten Zuges, bei dem die Figur sowohl auf einem weißen als auch auf einem schwarzen Feld gestanden hat (d.h., Z repräsentiert die minimale Anzahl von Zügen, die erforderlich sind, damit die Figur mindestens ein weißes und ein schwarzes Feld besucht hat). Bestimme:

 i) die Verteilungen von X, Y und Z;
 ii) das gemeinsame Verteilung von X, Y und Z;
iii) $\text{cov}(X, Z)$.

Lösung

i) *X und Y haben beide geometrische Verteilung* $Geom_{\frac{1}{2}}$. *Außerdem,* $Z = \max\{X, Y\} = X\mathbb{1}_{(Y=1)} + Y\mathbb{1}_{(X=1)}$ *und, für* $n \geq 2$, *haben wir*

$$P(Z = n) = P((X = n) \cap (Y = 1)) + P((X = 1) \cap (Y = n))$$
$$= P(X = n \mid Y = 1)P(Y = 1) + P(Y = n \mid X = 1)P(X = 1)$$
$$= Geom_{\frac{1}{2}}(n - 1) = \frac{1}{2^{n-1}};$$

ii) *der Zufallsvektor* (X, Y, Z) *kann nur die Werte* $(1, n, n)$ *und* $(n, 1, n)$ *mit* $n \geq 2$ *annehmen. Nach der Multiplikationsregel haben wir*

$$P((X, Y, Z) = (1, n, n)) = P(X = 1)P(Y = n \mid X = 1)$$
$$P(Z = n \mid (X, Y) = (1, n))$$
$$= \frac{1}{2} Geom_{\frac{1}{2}}(\{n - 1\}) = \frac{1}{2^n},$$

was auch gleich $P((X, Y, Z) = (n, 1, n))$ *ist;*

iii) *da* $X \sim Geom_{\frac{1}{2}}$, *haben wir*

$$E[X] = \sum_{n=1}^{\infty} n\, Geom_{\frac{1}{2}}(\{n\}) = 2,$$

und

$$E[Z] = \sum_{n=2}^{\infty} n\, Geom_{\frac{1}{2}}(\{n - 1\}) = \sum_{n=1}^{\infty} (n + 1)Geom_{\frac{1}{2}}(\{n\})) = 3.$$

Außerdem,

$$E[XZ] = \sum_{n=2}^{\infty} \left(nP((X, Y, Z) = (1, n, n)) + n^2 P((X, Y, Z) = (n, 1, n))\right)$$
$$= \sum_{n=2}^{\infty} \frac{n}{2^n} + \sum_{n=2}^{\infty} \frac{n^2}{2^n} = \frac{3}{2} + \frac{11}{2} = 7.$$

Abschließend haben wir

$$\mathrm{cov}(X, Z) = E[XZ] - E[X]\,E[Z] = 1.$$

Übung 5.2.6 Gegeben sei $\gamma \in \mathbb{R}$, betrachte die Funktion

$$\mu_\gamma(n) = (1 - \gamma)\gamma^n, \qquad n \in \mathbb{N}_0 := \mathbb{N} \cup \{0\}.$$

i) Bestimme die Werte von γ, für die μ_γ eine diskrete Verteilungsfunktion ist. Es könnte nützlich sein, sich daran zu erinnern, dass

$$\sum_{n=0}^{\infty} x^n = \frac{1}{1 - x}, \qquad |x| < 1;$$

ii) Sei γ so, dass μ_γ eine Verteilungsfunktion ist und betrachte die Zufallsvariable X mit Verteilungsfunktion μ_γ. Sei nun $m \in \mathbb{N}$. Berechne die Wahrscheinlichkeit, dass X durch m teilbar ist;

iii) finde eine Funktion $f : \mathbb{R} \to \mathbb{R}$, sodass $Y = f(X)$ die Verteilung Geom_p hat und bestimme p als Funktion von γ;

iv) berechne $E[X]$.

Lösung

i) *Die Werte $\mu_\gamma(n)$ müssen nicht-negativ sein, woraus folgt, dass $0 < \gamma < 1$. Für solche Werte von γ haben wir, dass μ_γ eine Verteilungsfunktion ist, da*

$$\sum_{n=0}^{\infty} \mu_\gamma(n) = (1 - \gamma) \sum_{n=0}^{\infty} \gamma^n = 1.$$

ii) *X ist durch m teilbar, wenn es ein $k \in \mathbb{N}_0$ gibt, so dass $X = km$. Da $P(X = km) = (1 - \gamma)\gamma^{km}$, haben wir dann*

$$\sum_{k=0}^{\infty} P(X = km) = (1 - \gamma) \sum_{k=0}^{\infty} \gamma^{km} = \frac{1 - \gamma}{1 - \gamma^m}.$$

iii) *Die Zufallsvariable $Y = X + 1$ ist so, dass*

$$P(Y = n) = P(X = n - 1) = (1 - \gamma)\gamma^{n-1}, \qquad n \in \mathbb{N}.$$

Daher, $Y \sim \mathrm{Geom}_{1-\gamma}$.

iv) *Nach Punkt iii) haben wir*

$$E[X] = E[Y] - 1 = \frac{1}{1 - \gamma} - 1 = \frac{\gamma}{1 - \gamma}.$$

Übung 5.2.7 Seien X, Y unabhängige Zufallsvariablen mit Verteilung Exp_λ. Bestimme:

i) die Dichten von $X + Y$ und $X - Y$;
ii) die charakteristischen Funktionen von $X + Y$ und $X - Y$;
iii) sind $X + Y$ und $X - Y$ unabhängig?

Lösung

i) *Wir wissen (vgl. Beispiel 2.6.7), dass wenn $X, Y \sim Exp_\lambda \equiv Gamma_{1,\lambda}$ unabhängige Zufallsvariablen sind, dass dann*

$$X + Y \sim Gamma_{2,\lambda}$$

mit Dichte

$$\gamma_{X+Y}(z) = \lambda^2 z e^{-\lambda z} \mathbb{1}_{\mathbb{R}_{>0}}(z).$$

Nun berechnen wir die Dichte von $X - Y$ als die Faltung der Dichten von X und $-Y$. Um dies zu tun, berechnen wir zunächst die Dichte von $-Y$: wir haben $P(-Y \leq y) = 1$, wenn $y \geq 0$ und, für $y < 0$,

$$P(-Y \leq y) = P(Y \geq -y) = \int_{-y}^{\infty} \lambda e^{-\lambda x} dx = \int_{-\infty}^{y} \lambda e^{\lambda z} dt$$

aus dem

$$\gamma_{-Y}(y) = \lambda e^{\lambda y} \mathbb{1}_{\mathbb{R}_{<0}}(y)$$

folgt. Nun

$$\gamma_{X-Y}(w) = (\gamma_X * \gamma_{-Y})(w) = \int_{\mathbb{R}} \gamma_X(x) \gamma_{-Y}(w - x) dx = \frac{\lambda}{2} e^{-\lambda |w|}, \qquad w \in \mathbb{R}.$$

ii) *In Erinnerung daran, dass $\varphi_X(\eta) = \frac{\lambda}{\lambda - i\eta}$, haben wir durch die Unabhängigkeit von X und Y*

$$\varphi_{X+Y}(\eta) = E\left[e^{i\eta(X+Y)}\right] = E\left[e^{i\eta X}\right] E\left[e^{i\eta Y}\right] = \frac{\lambda^2}{(\lambda - i\eta)^2},$$

und ähnlich

$$\varphi_{X-Y}(\eta) = E\left[e^{i\eta(X-Y)}\right] = \frac{\lambda^2}{(\lambda - i\eta)(\lambda + i\eta)} = \frac{\lambda^2}{\lambda^2 + \eta^2}.$$

iii) *$X + Y$ und $X - Y$ sind genau dann unabhängig, wenn*

$$\varphi_{(X+Y, X-Y)}(\eta_1, \eta_2) = \varphi_{X+Y}(\eta_1) \varphi_{X-Y}(\eta_2).$$

Wir haben bereits φ_{X+Y} und φ_{X-Y} in Punkt ii) berechnet. Berechnen wir nun

$$\varphi_{(X+Y,X-Y)}(\eta_1,\eta_2) = E\left[e^{i\eta_1(X+Y)+i\eta_2(X-Y)}\right]$$
$$= E\left[e^{iX(\eta_1+\eta_2)+iY(\eta_1-\eta_2)}\right] =$$

(durch Unabhängigkeit von X und Y)

$$= E\left[e^{iX(\eta_1+\eta_2)}\right] E\left[e^{iY(\eta_1-\eta_2)}\right] = \frac{\lambda}{\lambda - i(\eta_1+\eta_2)}\frac{\lambda}{\lambda - i(\eta_1-\eta_2)}.$$

Daher sind $X+Y$ und $X-Y$ nicht unabhängig.

Übung 5.2.8 Seien $X \sim Exp_\lambda$ und $Y \sim Be_p$ unabhängige Zufallsvariablen mit $\lambda > 0$ und $0 < p < 1$. Bestimme:

i)   die Verteilungsfunktion von $X+Y$ und XY;
ii) ob $X+Y$ und XY absolut stetig sind und, falls ja, finde ihre Dichte;
iii) die charakteristische Funktion von $X+Y$ und XY.

Lösung

i) *Wir haben*

$$P(X+Y \le z) = P\left((X+Y \le z) \cap (Y=0)\right) + P\left((X+Y \le z) \cap (Y=1)\right)$$

(durch Unabhängigkeit von X und Y)

$$= P(X \le z)P(Y=0) + P(X \le z-1)P(Y=1)$$
$$= (1-p)P(X \le z) + pP(X \le z-1),$$

und denke daran, dass $P(X \le z) = 1 - e^{-\lambda z}$. Dann haben wir

$$F_{X+Y}(z) := P(X+Y \le z)$$
$$= \begin{cases} 0 & \text{wenn } z < 0, \\ (1-p)\left(1-e^{-\lambda z}\right) & \text{wenn } 0 \le z \le 1, \\ (1-p)\left(1-e^{-\lambda z}\right) + p\left(1-e^{-\lambda(z-1)}\right) & \text{wenn } z > 1. \end{cases}$$

Ähnlich haben wir

$$F_{XY}(z) := P(XY \le z) = P\left((XY \le z) \cap (Y=0)\right) + P\left((XY \le z) \cap (Y=1)\right)$$

(durch Unabhängigkeit von X und Y)

$$= P(0 \le z)P(Y=0) + P(X \le z)P(Y=1)$$
$$= \begin{cases} 0 & \text{wenn } z < 0, \\ (1-p) + p\left(1-e^{-\lambda z}\right) & \text{wenn } z \ge 0. \end{cases}$$

ii) *Die Funktion F_{X+Y} ist absolut stetig und die Dichte von $X + Y$ wird einfach durch Differenzieren erhalten (vgl. Satz 1.4.33):*

$$\frac{d}{dz} F_{X+Y}(z) = \begin{cases} 0 & \text{wenn } z < 0, \\ (1 - p)\lambda e^{-\lambda z} & \text{wenn } 0 \leq z \leq 1, \\ (1 - p)\lambda e^{-\lambda z} + p\lambda e^{-\lambda(z-1)} & \text{wenn } z > 1. \end{cases}$$

Die Funktion F_{XY} ist an der Stelle 0 unstetig und daher ist die Zufallsvariable XY nicht absolut stetig: tatsächlich haben wir (vgl. (1.46))

$$P(XY = 0) = F_{XY}(0) - F_{XY}(0-) = 1 - p.$$

iii) *Durch Unabhängigkeit (vgl. Proposition 2.5.11) haben wir*

$$\varphi_{X+Y}(\eta) = \varphi_X(\eta)\varphi_Y(\eta) = \frac{\lambda}{\lambda - i\eta}(1 + p(e^{i\eta} - 1)).$$

Weiterhin,

$$\varphi_{XY}(\eta) = E\left[e^{i\eta XY}\right] = \iint_{\mathbb{R}^2} e^{i\eta xy} \left(Exp_\lambda \otimes Be_p\right)(dx, dy) =$$

(durch Fubinis Theorem)

$$= \int_{\mathbb{R}} \left(\int_{\mathbb{R}} e^{i\eta xy} Be_p(dy) \right) Exp_\lambda(dx)$$

$$= \int_{\mathbb{R}} \left(1 - p + pe^{i\eta x} \right) Exp_\lambda(dx)$$

$$= 1 - p + p\frac{\lambda}{\lambda - i\eta}.$$

Übung 5.2.9 Seien X, Y unabhängige Zufallsvariablen mit Verteilung $\mu = \frac{1}{2}(\delta_{-1} + \delta_1)$. Bestimme:

i) die gemeinsame CHF $\varphi_{(X,Y)}$;
ii) die CHF φ_{X+Y} der Summe $X + Y$;
iii) die CHF φ_{XY} und die Verteilung des Produkts XY;
iv) ob X und XY unabhängig sind.

Lösung

i) *Da die Zufallsvariablen unabhängig sind, ist die gemeinsame CHF das Produkt der Rand-CHFs:*

$$\varphi_{(X,Y)}(\eta_1, \eta_2) = E\left[e^{i(\eta_1 X + \eta_2 Y)}\right] = E\left[e^{i\eta_1 X}\right] E\left[e^{i\eta_2 Y}\right] = \cos(\eta_1)\cos(\eta_2),$$

da

$$\varphi_Y(\eta) = \varphi_X(\eta) = E\left[e^{i\eta X}\right] = \frac{1}{2}\left(e^{i\eta} + e^{-i\eta}\right) = \cos\eta.$$

ii) *Wiederum aufgrund der Unabhängigkeit ist die CHF der Summe*

$$\varphi_{X+Y}(\eta) = E\left[e^{i\eta(X+Y)}\right] = E\left[e^{i\eta X}\right] E\left[e^{i\eta Y}\right] = (\cos\eta)^2.$$

iii) *Wir haben*

$$\varphi_{XY}(\eta) = E\left[e^{i\eta XY}\right] = \iint_{\mathbb{R}^2} e^{i\eta xy}\,(\mu\otimes\mu)\,(dx,dy) =$$

(nach Fubinis Theorem)

$$= \int_{\mathbb{R}} \left(\int_{\mathbb{R}} e^{i\eta xy}\mu(dx)\right)\mu(dy)$$

$$= \int_{\mathbb{R}} \cos(\eta y)\mu(dy)$$

$$= \frac{1}{2}\left(\cos\eta + \cos(-\eta)\right) = \cos\eta.$$

Daher hat XY die gleiche CHF wie X und daher auch die gleiche Verteilung μ.

iv) *Um zu beweisen, dass X und XY unabhängig sind, bestimmen wir die CHF von X und XY und überprüfen, ob sie gleich dem Produkt der Rand-CHFs ist:*

$$\varphi_{(X,XY)}(\eta_1,\eta_2) = E\left[e^{i(\eta_1 X+\eta_2 XY)}\right] = \iint_{\mathbb{R}^2} e^{ix(\eta_1+\eta_2 y)}\,(\mu\otimes\mu)\,(dx,dy) =$$

(nach Fubinis Theorem)

$$= \int_{\mathbb{R}} \left(\int_{\mathbb{R}} e^{ix(\eta_1+\eta_2 y)}\mu(dx)\right)\mu(dy)$$

$$= \frac{1}{2}\int_{\mathbb{R}} \left(e^{-i(\eta_1-\eta_2)} + e^{-i(\eta_1+\eta_2)} + e^{i(\eta_1-\eta_2)} + e^{i(\eta_1+\eta_2)}\right)$$

$$= \cos(\eta_1)\cos(\eta_2) = \varphi_X(\eta_1)\varphi_{XY}(\eta_2).$$

Übung 5.2.10 Überprüfen, ob die Funktion

$$\gamma(x,y) = (x+y)\mathbb{1}_{[0,1]\times[0,1]}(x,y), \qquad (x,y)\in\mathbb{R}^2,$$

eine Dichte ist und betrachte einen Zufallsvektor (X,Y) mit Dichte γ. Bestimme:

  i) ob X, Y unabhängig sind;

  ii) den Erwartungswert $E\,[XY]$;

 iii) die Dichte der Summe $X + Y$.

Lösung *Die Funktion γ ist nicht negativ und wir haben*

$$\iint_{\mathbb{R}^2} \gamma(x, y)dxdy = \left[\frac{x^2 + y^2}{2}\right]_{x=y=0}^{x=y=1} = 1.$$

Daher ist γ eine Dichte. Darüber hinaus:

  i) *die Dichte von X ist*

$$\gamma_X(x) := \int_{\mathbb{R}} \gamma(x, y)dy = \left(x + \frac{1}{2}\right) \mathbb{1}_{[0,1]}(x), \qquad x \in \mathbb{R}.$$

    Ähnlich berechnen wir γ_Y und überprüfen, dass X, Y nicht unabhängig sind, da $\gamma \neq \gamma_X\gamma_Y$;

  ii) *wir haben*

$$E\,[XY] = \int_0^1 \int_0^1 xy(x + y)dxdy = \frac{1}{3};$$

 iii) *nach Theorem 2.6.1 ist die Dichte von $X + Y$*

$$\gamma_{X+Y}(z) = \int_{\mathbb{R}} \gamma(x, z - x)dx, \qquad z \in [0, 2].$$

    Unter der Bedingung $(x, z - x) \in [0, 1] \times [0, 1]$ haben wir

$$\int_{\mathbb{R}} \gamma(x, z - x)dx = \begin{cases} z^2 & \text{wenn } z \in [0, 1], \\ z(2 - z) & \text{wenn } z \in [1, 2]. \end{cases}$$

Übung 5.2.11 Die Lieferzeit eines Kuriers wird durch eine Zufallsvariable $T \sim Exp_\lambda$ mit $\lambda > 0$ beschrieben. Wir nehmen an, dass die Zeiteinheit in Tagen ist, d. h., $T = 1$ entspricht einem Tag, und wir bezeichnen mit N die Zufallsvariable, die den Liefertag angibt. Dies ist durch $N = n$ definiert, wenn $T \in [n - 1, n[$ für $n \in \mathbb{N}$. Bestimme:

  i) die Verteilung und die Verteilungsfunktion von N;

  ii) $E\,[N]$ und $E\,[N \mid T > 1]$;

 iii) $E\,[N \mid T]$.

Lösung

i) *N ist eine diskrete Zufallsvariable, die nur Werte in $\mathbb{N}$ annimmt: wir haben*

$$P(N = n) = P(n - 1 \leq T < n) = \int_{n-1}^{n} \lambda e^{-\lambda t}\,dt = e^{-\lambda n}(e^{\lambda} - 1) =: p_n, \quad n \in \mathbb{N}.$$

Dann

$$N \sim \sum_{n=1}^{\infty} p_n \delta_n$$

und die Verteilungsfunktion von N ist

$$F_N(x) = \begin{cases} 0 & \text{wenn } x < 0, \\ \displaystyle\sum_{k=1}^{n} p_k & \text{wenn } n - 1 \leq x < n; \end{cases}$$

ii) *wir haben*

$$E[N] = \sum_{n=1}^{\infty} n p_n = \frac{e^{\lambda}}{e^{\lambda} - 1},$$

$$E[N \mid T > 1] = \frac{E\left[N \mathbb{1}_{(T>1)}\right]}{P(T > 1)} = e^{\lambda} \sum_{n=2}^{\infty} n p_n = \frac{2e^{\lambda} - 1}{e^{\lambda} - 1};$$

iii) *wir beobachten, dass N $\sigma(T)$-messbar ist, weil es eine (messbare) Funktion von T ist: genau genommen ist $N = 1 + [T]$ wo $[x]$ den ganzzahligen Teil von $x \in \mathbb{R}$ bezeichnet. Folglich,*

$$E[N \mid T] = N.$$

Übung 5.2.12 Gegeben ist eine Zufallsvariable $C \sim \text{Unif}_{[0,\lambda]}$, wobei $\lambda > 0$, bestimme den maximalen Wert von λ, so dass die Gleichung

$$x^2 - 2x + C = 0$$

mit Wahrscheinlichkeit eins, reelle Lösungen hat. Bestimme für diesen Wert von λ die Dichte einer der Lösungen der Gleichung.

Lösung *Die Gleichung hat reelle Lösungen, wenn sie eine nicht-negative Diskriminante hat:*

$$\Delta = 4 - 4C \geq 0$$

das heißt, $C \leq 1$. Daher hat die Gleichung mit Wahrscheinlichkeit eins reelle Lösungen, wenn $\lambda \leq 1$. Auf der anderen Seite, wenn $\lambda > 1$, dann ist die Wahrscheinlich-

keit, dass die Gleichung keine reelle Lösungen hat, gleich $\mathrm{Unif}_\lambda(]1, \lambda]) = \frac{\lambda-1}{\lambda} > 0$. *Daher ist der gesuchte maximale Wert* $\lambda = 1$.

Wir betrachten die Lösung $X = 1 + \sqrt{1 - C}$ *und berechnen ihre Verteilungsfunktion. Zunächst, wenn* $C \sim \mathrm{Unif}_{[0,1]}$, *dann nimmt* X *Werte in* $[1, 2]$ *an: also für* $x \in [1, 2]$ *haben wir*

$$P(X \le x) = P\left(\sqrt{1 - C} \le x - 1\right)$$
$$= P\left(C \ge 1 - (x - 1)^2\right)$$
$$= \int_{1-(x-1)^2}^{1} dy = (x - 1)^2.$$

Durch Differenzieren erhalten wir die Dichte von X:

$$\gamma_X(x) = 2(x - 1)\mathbb{1}_{[1,2]}(x), \qquad x \in \mathbb{R}.$$

Übung 5.2.13 Bestimme die Werte von $a, b \in \mathbb{R}$, sodass die Funktion

$$F(x) = a \arctan x + b$$

eine Verteilungsfunktion ist. Für diese Werte, sei X eine Zufallsvariable mit Verteilungsfunktion gleich F: bestimme die Dichte von X und stelle fest, ob X absolut integrierbar ist.

Lösung *Damit die Eigenschaften einer Verteilungsfunktion erfüllt sind, benötigen wir* $a = \frac{1}{\pi}$ *und* $b = \frac{1}{2}$. *Die Dichte wird einfach durch Differenzieren von* F *bestimmt:*

$$\gamma(x) = F'(x) = \frac{1}{\pi(1 + x^2)}.$$

Die Zufallsvariable X *ist nicht absolut integrierbar, weil die Funktion* $\frac{|x|}{\pi(1+x^2)} \notin L^1(\mathbb{R})$.

Übung 5.2.14 Sei $(X, Y) \sim \mathcal{N}_{0,C}$ mit

$$C = \begin{pmatrix} 1 & \rho \\ \rho & 1 \end{pmatrix}, \qquad |\rho| \le 1.$$

Bestimme:

i) die Werte von ρ, sodass die Zufallsvariablen $X + Y$ und $X - Y$ unabhängig sind;

ii) die Verteilung von $X + Y$, die Werte von ρ, für die sie absolut stetig ist und, für diese Werte, die Dichte γ_{X+Y}.

Lösung

i) *Wir haben*

$$\begin{pmatrix} X+Y \\ X-Y \end{pmatrix} = \alpha \begin{pmatrix} X \\ Y \end{pmatrix}, \qquad \alpha = \begin{pmatrix} 1 & 1 \\ 1 & -1 \end{pmatrix},$$

und so $(X+Y, X-Y) \sim \mathcal{N}_{0,\alpha C \alpha^*}$ *mit*

$$\alpha C \alpha^* = \begin{pmatrix} 2(1+\rho) & 0 \\ 0 & 2(1-\rho) \end{pmatrix}.$$

Dann sind $X+Y$ *und* $X-Y$ *für jedes* $\rho \in [-1,1]$ *unabhängig, weil sie eine gemeinsame Normalverteilung haben und unkorreliert sind;*

ii) *Aus i) folgt auch, dass* $X+Y \sim \mathcal{N}_{0,2(1+\rho)}$ *und daher ist* $X+Y \in AC$ *für* $\varrho \in$ $]-1,1]$ *mit normaler Dichte*

$$\gamma_{X+Y}(z) = \frac{1}{2\sqrt{\pi(1+\varrho)}} e^{-\frac{z^2}{4(1+\varrho)}}, \qquad z \in \mathbb{R}.$$

Übung 5.2.15   Sei X eine reele Zufallsvariable mit Dichte γ_X.

i) Beweise, dass

$$\gamma(x) := \frac{\gamma_X(x) + \gamma_X(-x)}{2}$$

eine Dichte ist;

ii) Sei Y eine Zufallsvariable mit Dichte γ: gibt es eine Beziehung zwischen den CHFs φ_X und φ_Y?

iii) bestimme eine Zufallsvariable Z, sodass $\varphi_Z(\eta) = \varphi_X^2(\eta)$.

Lösung

i) *Offensichtlich ist* $\gamma \geq 0$ *und*

$$\int_{\mathbb{R}} \gamma(x)dx = \frac{1}{2}\left(\int_{\mathbb{R}} \gamma_X(x)dx + \int_{\mathbb{R}} \gamma_X(-x)dx \right) = \int_{\mathbb{R}} \gamma_X(x)dx = 1.$$

ii) *Wir haben*

$$\begin{aligned} \varphi_Y(\eta) &= E\left[e^{i\eta Y} \right] \\ &= \frac{1}{2} \int_{\mathbb{R}} e^{i\eta x}(\gamma_X(x) + \gamma_X(-x))dx \\ &= \frac{1}{2}(\varphi_X(\eta) + \varphi_X(-\eta)) = \mathrm{Re}(\varphi_X(\eta)). \end{aligned}$$

iii) *Seien X_1 und X_2 unabhängige Zufallsvariablen, die in Verteilung gleich zu X sind. Dann*

$$\varphi_{X_1+X_2}(\eta) = \varphi_{X_1}(\eta)\varphi_{X_2}(\eta) = \varphi_X(\eta)^2.$$

Übung 5.2.16 Sei $X = (X_1, X_2, X_3) \sim \mathcal{N}_{0,C}$ mit

$$C = \begin{pmatrix} 1 & 0 & 0 \\ 0 & 1 & -1 \\ 0 & -1 & 1 \end{pmatrix}.$$

Seien $Y := (X_1, X_2)$ und $Z := (X_2, X_3)$ Zufallsvektoren. Bestimme:

i) die Verteilung von Y und Z, und spezifiziere, ob sie absolut stetig sind;
ii) ob Y und Z unabhängig sind;
iii) die CHFs φ_Y und φ_Z.

Lösung

i) *Da*

$$Y = \begin{pmatrix} 1 & 0 & 0 \\ 0 & 1 & 0 \end{pmatrix} X, \qquad Z = \begin{pmatrix} 0 & 1 & 0 \\ 0 & 0 & 1 \end{pmatrix} X,$$

haben wir $Y \sim \mathcal{N}_{0,C_Y}$ und $Z \sim \mathcal{N}_{0,C_Z}$, wo

$$C_Y = \begin{pmatrix} 1 & 0 \\ 0 & 1 \end{pmatrix}, \qquad C_Z = \begin{pmatrix} 1 & -1 \\ -1 & 1 \end{pmatrix}.$$

Dies impliziert, dass Y absolut stetig ist, während Z nicht absolut stetig ist, weil C_Z singulär ist.

ii) *Um zu sehen, dass Y und Z nicht unabhängig sind, genügt es zu beobachten, dass wir für jedes $H \in \mathscr{B}_1$*

$$P\left((Y \in \mathbb{R} \times H) \cap (Z \in H \times \mathbb{R})\right) = P(X_2 \in H),$$

haben und

$$P(Y \in \mathbb{R} \times H) = P(X_2 \in H) = P(Z \in H \times \mathbb{R}).$$

iii) *Wir haben*

$$\varphi_Y(\eta_1, \eta_2) = e^{-\frac{1}{2}(\eta_1^2 + \eta_1^2)}, \qquad \varphi_Z(\eta_1, \eta_2) = e^{-\frac{1}{2}(\eta_1^2 + \eta_1^2 - 2\eta_1\eta_2)}.$$

Übung 5.2.17 Sei $X \sim \mathcal{N}_{\mu,1}$ mit $\mu \in \mathbb{R}$ und sei φ_X die CHF von X.

i) Berechne Für $c \in \mathbb{R}$ $E\left[e^{cX}\right]$: zu diesem Zweck, wähle einen geeigneten komplexen Wert η_c, sodass $E\left[e^{cX}\right] = \varphi_X(\eta_c)$;

ii) Sei $Y \sim \text{Unif}_n$, mit $n \in \mathbb{N}$, unabhängig von X. Finde die gemeinsame Verteilung von X und Y, und bestimme $E\left[e^{\frac{X}{Y}}\right]$;

iii) Bestimme die CDF von $Z := \frac{X}{Y}$. Wenn $Z \in AC$, finde seine Dichte.

Lösung

i) *Wenn wir $\eta_c = -ic$ nehmen, haben wir*

$$E\left[e^{cX}\right] = \varphi_X(-ic) = e^{c\mu + \frac{c^2}{2}}.$$

ii) *Durch Unabhängigkeit haben wir $\mu_{(X,Y)} = \mathcal{N}_{\mu,1} \otimes \text{Unif}_n$ und*

$$E\left[e^{\frac{X}{Y}}\right] = \iint_{\mathbb{R}^2} e^{\frac{x}{y}} \mathcal{N}_{\mu,1} \otimes \text{Unif}_n(dx, dy) =$$

(durch Fubinis Theorem)

$$= \frac{1}{n} \sum_{k=1}^{n} \int_{\mathbb{R}} e^{\frac{x}{k}} \mathcal{N}_{\mu,1}(dx) =$$

(wie in Punkt i) mit $c = \frac{1}{k}$ gesehen)

$$= \frac{1}{n} \sum_{k=1}^{n} e^{\frac{\mu}{k} + \frac{1}{2k^2}}.$$

iii) *Durch das Gesetz der totalen Wahrscheinlichkeit haben wir*

$$F_Z(z) = P(Z \leq z) = \sum_{k=1}^{n} P(Z \leq z \mid Y = k) P(Y = k)$$

$$= \frac{1}{n} \sum_{k=1}^{n} P(X \leq kz) = \frac{1}{n} \sum_{k=1}^{n} \int_{-\infty}^{kz} \Gamma(x - \mu)dx$$

wo $\Gamma(x) = \frac{1}{\sqrt{2\pi}} e^{-\frac{x^2}{2}}$ die Standard-Normaldichte ist. Weiterhin, $Z \in AC$, da $F_Z \in C^{\infty}(\mathbb{R})$ und wir haben

$$F_Z'(z) = \frac{1}{n} \sum_{k=1}^{n} k\Gamma(kz - \mu).$$

Übung 5.2.18 Sei F eine CDF und $\alpha > 0$.

i) Beweise, dass F^α immer noch eine CDF ist;
ii) Angenommen F ist die CDF der Exponentialverteilung Exp_λ. Bestimme die Dichte einer Zufallsvariablen mit CDF F^α;
iii) Angenommen F ist die CDF der diskreten Gleichverteilung $Unif_n$, wobei $n \in \mathbb{N}$ fest ist. Konvergiert F^α zu einer CDF, wenn α gegen $+\infty$ strebt? Wenn ja, welcher Verteilung entspricht es? Was ist, wenn F die CDF der Standardnormalverteilung ist?

Lösung

i) *Für jedes $\alpha > 0$ ist die Funktion $f(x) = x^\alpha$ stetig, monoton steigend auf $[0, 1]$, $f(0) = 0$ und $f(1) = 1$. Daraus folgt, dass die Eigenschaften der Monotonie, Rechtsstetigkeit und die Grenzwerte bei $\pm\infty$ durch Komposition von f mit einer CDF F erhalten bleiben.*
ii) *Die Funktion $F^\alpha(t) = \left(1 - e^{-\lambda t}\right)^\alpha \mathbb{1}_{\mathbb{R}_{\geq 0}}(t)$ ist absolut stetig und durch Differenzieren erhalten wir die Dichte*

$$\gamma(t) = \alpha\lambda e^{-\lambda t}(1 - e^{-\lambda t})^{\alpha-1}\mathbb{1}_{\mathbb{R}_{\geq 0}}(t).$$

iii) *Da $F(x) < 1$ für $x < n$ und $F(x) = 1$ für $x \geq n$, haben wir*

$$G(x) = \lim_{\alpha \to +\infty} F^\alpha(x) = \begin{cases} 0 & wenn \ x < n, \\ 1 & wenn \ x \geq n, \end{cases}$$

das heißt, G ist die CDF des Dirac-Deltas zentriert in n. Wenn F die CDF der Standard Normalverteilung ist, dann haben wir $0 < F(x) < 1$ für jedes $x \in \mathbb{R}$ und daher konvergiert F^α punktweise gegen die null Funktion, die keine CDF ist.

Übung 5.2.19 Gegeben sei eine reelle Zufallsvariable X. Gibt es Implikationen zwischen den folgenden Eigenschaften?

i) X ist absolut stetig;
ii) die CHF $\varphi_X \in L^1(\mathbb{R})$.

Lösung *i) impliziert nicht ii): zum Beispiel ist $X \sim Unif_{[-1,1]}$ absolut stetig, aber $\varphi_X(\eta) = \frac{\sin \eta}{\eta}$ ist nicht absolut integrierbar, wie man direkt oder mit Hilfe des Inversionstheorems überprüfen kann, siehe auch Bemerkung 2.5.7. Stattdessen, ii) impliziert i) durch das Inversionstheorem.*

Übung 5.2.20 Sei (X, Y) eine zweidimensionale Zufallsvariable mit Dichte

$$f(x, y) = \begin{cases} 2xy & wenn \ 0 < x < 1, \ 0 < y < \frac{1}{\sqrt{x}}, \\ 0 & sonst. \end{cases}$$

i) Finde die Randdichten von X, Y und bestimme, ob X, Y unabhängig sind;

ii) haben die Zufallsvariablen X und Y endlichen Erwartungswert und Varianz?

Lösung

i) *Wir haben*

$$f_X(x) = \begin{cases} \int_0^{\frac{1}{\sqrt{x}}} 2xy\,dy = 1 & wenn\ 0 < x < 1, \\ 0 & sonst, \end{cases}$$

$$f_Y(y) = \begin{cases} \int_0^{\frac{1}{y^2}} 2xy\,dx = \frac{1}{y^3} & wenn\ y > 1, \\ \int_0^1 2xy\,dx = y & wenn\ 0 < y < 1, \\ 0 & wenn\ y < 0. \end{cases}$$

X, Y sind nicht unabhängig, weil die gemeinsame Dichte nicht das Produkt der Randdichten ist.

ii) *$X \sim \mathrm{Unif}_{[0,1]}$ und hat daher endlichen Erwartungswert und Varianz. Die Dichte von Y ist auf kompakten Mengen beschränkt und gleich y^{-3} für $y > 1$. Daraus folgt, dass Y einen endlichen Erwartungswert und unendliche Varianz hat.*

Übung 5.2.21 Gegeben seien drei unabhängige Zufallsvariablen X, Y, α mit X, $Y \sim \mathcal{N}_{0,1}$ und $\alpha \sim \mathrm{Unif}_{[0,2\pi]}$, sei

$$Z = X \cos\alpha + Y \sin\alpha.$$

Bestimme:

i) die CHF und die Verteilung von Z;

ii) $\mathrm{cov}(X, Z)$;

iii) den Wert der gemeinsamen CHF $\varphi_{(X,Z)}(1, 1)$. Unter Verwendung der Näherung $\int_0^{2\pi} e^{-\cos t}\,dt \approx 8$, bestimme, ob X und Z unabhängig sind.

Lösung

i) *Bestimmen wir die Verteilung von Z durch Berechnung ihrer CHF:*

$$\varphi_Z(\eta) = E\left[e^{i\eta(X\cos\alpha + Y\sin\alpha)}\right] =$$

(durch die Annahme der Unabhängigkeit)

$$= \frac{1}{2\pi} \int_0^{2\pi} \int_{\mathbb{R}} \int_{\mathbb{R}} e^{i\eta(x\cos t + y\sin t)} \mathcal{N}_{0,1}(dx)\mathcal{N}_{0,1}(dy)\,dt$$

$$= \frac{1}{2\pi} \int_0^{2\pi} e^{-\frac{1}{2}\eta^2(\cos^2 t + \sin^2 t)}\,dt = e^{-\frac{\eta^2}{2}}$$

und daher $Z \sim \mathcal{N}_{0,1}$.

ii)

$$\mathrm{cov}(X, Z) = E\,[XZ] = E\left[X^2 \cos\alpha + XY \sin\alpha\right] =$$

(durch Unabhängigkeit)

$$= E\left[X^2\right] E\,[\cos\alpha] = 0$$

da $E\left[X^2\right] = var(X) = 1$ *und*

$$E\,[\cos\alpha] = \frac{1}{2\pi} \int_0^{2\pi} \cos t\, dt = 0.$$

iii) *Wir haben*

$$\varphi_{(X,Z)}(1, 1) = E\left[e^{i(X+Z)}\right] = E\left[e^{iX(1+\cos\alpha)+iY\sin\alpha}\right] =$$

(durch die Annahme der Unabhängigkeit)

$$= \frac{1}{2\pi} \int_0^{2\pi} \int_{\mathbb{R}} \int_{\mathbb{R}} e^{ix(1+\cos t)+iy\sin t}\, \mathcal{N}_{0,1}(dx)\mathcal{N}_{0,1}(dy)dt$$

$$= \frac{1}{2\pi} \int_0^{2\pi} e^{-\frac{1}{2}(1+\cos t)^2 - \frac{1}{2}\sin^2 t}\, dt$$

$$= \frac{e^{-1}}{2\pi} \int_0^{2\pi} e^{-\cos t}\, dt.$$

Dann sind X und Z nicht unabhängig, weil sonst

$$\varphi_{(X,Z)}(1, 1) = \varphi_X(1)\varphi_Z(1) = e^{-1}$$

gelten würde.

Übung 5.2.22 Sei $X \sim \mathrm{Unif}_{[-1,1]}$. Gib ein Beispiel für $f \in m\mathscr{B}$, sodass $f(X)$ absolut integrierbar ist und hat unendliche Varianz hat.

Lösung *Zum Beispiel*

$$f(x) = \begin{cases} \dfrac{sgn(x)}{\sqrt{|x|}} & wenn\ x \neq 0, \\ 0 & wenn\ x = 0. \end{cases}$$

Wir haben

$$E\,[f(X)] = \frac{1}{2} \int_{-1}^{1} f(x)dx = 0$$

und

$$var(f(X)) = E\left[f(X)^2\right] = \int_{-1}^{1} \frac{1}{|x|} dx = +\infty.$$

Übung 5.2.23 Seien X und Y Zufallsvariablen mit gemeinsamer Dichte

$$\gamma_{(X,Y)}(x, y) = \frac{1}{y} \mathbb{1}_{]0,\lambda y[\times]0, \frac{1}{\lambda}[}(x, y), \qquad \lambda > 0.$$

i) Bestimme die Randdichten;
ii) Sind die Zufallsvariablen $Z := e^X$ und $W := e^Y$ unabhängig?

Lösung

i) *Wir haben*

$$\gamma_X(x) = \int_{\mathbb{R}} \gamma_{(X,Y)}(x, y) dy = \int_{\frac{x}{\lambda}}^{\frac{1}{\lambda}} \frac{1}{y} dy = -\log x, \qquad x \in]0, 1[,$$

$$\gamma_Y(y) = \int_{\mathbb{R}} \gamma_{(X,Y)}(x, y) dx = \int_{0}^{\lambda y} \frac{1}{y} dx = \lambda, \qquad y \in]0, \frac{1}{\lambda}[.$$

Daher ist $\gamma_X(x) = \log x \cdot \mathbb{1}_{]0,1[}(x)$ *und* $\gamma_Y(y) = \lambda \mathbb{1}_{]0,\frac{1}{\lambda}[}(y)$.

ii) *Wenn Z und W unabhängig wären, dann wären auch $X = \log Z$ und $Y = \log W$ unabhängig. Allerdings sind X und Y nicht unabhängig, da die gemeinsame Dichte nicht gleich dem Produkt der Randdichten ist.*

Übung 5.2.24 Seien $X \sim \mathrm{Exp}_{\lambda_1}$ und $Y \sim \mathrm{Exp}_{\lambda_2}$ unabhängige Zufallsvariablen mit $\lambda_1, \lambda_2 > 0$. Bestimme:

i) die Dichte von X^2;
ii) die gemeinsame CHF $\varphi_{(X,Y)}$;
iii) die CHF der Summe φ_{X+Y}.

Lösung

i) *Die CDF von X^2 ist durch*

$$F_{X^2}(z) = P(X^2 \le z) = P(X \le \sqrt{z}) = \int_{0}^{\sqrt{z}} \lambda_1 e^{-\lambda_1 t} dt = 1 - e^{-\lambda_1 \sqrt{z}}$$

gegeben, wenn $z \ge 0$ und $F_{X^2} \equiv 0$ auf $]-\infty, 0]$. Da es sich um eine AC-Funktion handelt, erhalten wir die Dichte von X^2 durch Differenzieren

$$\gamma_{X^2}(z) = \frac{d}{dz} F_{X^2}(z) = \frac{\lambda_1 e^{-\lambda_1 \sqrt{z}}}{2\sqrt{z}} \mathbb{1}_{\mathbb{R}_{\ge 0}}(z).$$

ii) *Durch Unabhängigkeit haben wir*

$$\varphi_{(X,Y)}(\eta_1, \eta_2) = \varphi_X(\eta_1)\varphi_Y(\eta_2) = \frac{\lambda_1\lambda_2}{(\lambda_1 - i\eta_1)(\lambda_2 - i\eta_2)}.$$

iii) *Ebenso,*

$$\varphi_{X+Y}(\eta) = \varphi_X(\eta)\varphi_Y(\eta) = \frac{\lambda_1\lambda_2}{(\lambda_1 - i\eta)(\lambda_2 - i\eta)}.$$

Übung 5.2.25 Betrachten die Funktion

$$F(x) = \begin{cases} \beta - e^{-x^\alpha} & \text{wenn } x \geq 0, \\ 0 & \text{wenn } x < 0. \end{cases}$$

i) Gibt es Werte von α und β, für die F die CDF der Dirac-Delta-Verteilung ist? Bestimme alle Werte von α und β, für die F eine CDF ist;
ii) Für solche Werte betrachte eine ZV X, die F als ihre CDF hat. Berechne $P(X \leq 0)$ und $P(X \geq 1)$;
iii) Für die Werte von α, β, für die $X \in AC$, bestimme eine Dichte von X;
iv) Für $\alpha = 2$, bestimme $E\left[X^{-1}\right]$ und die Dichte von $Z := X^2 + 1$.

Lösung

i) *Wenn $\alpha = 0$ und $\beta = 1 + \frac{1}{e}$, dann ist F die CDF der Dirac-Delta-Verteilung zentriert in 0. Die anderen Werte, für die F eine CDF ist, sind $\alpha > 0$ und $\beta = 1$;*
ii) *wenn $\alpha > 0$ und $\beta = 1$, dann*

$$P(X \leq 0) = F(0) = 0, \qquad P(X \geq 1) = 1 - F(1) = \frac{1}{e}.$$

Wenn $\alpha = 0$ und $\beta = 1 + \frac{1}{e}$, dann ist $P(X \leq 0) = 1$ und $P(X \geq 1) = 0$.
iii) *$X \in AC$, wenn $\alpha > 0$ und $\beta = 1$, und in diesem Fall wird eine Dichte durch Differenzieren von F bestimmt:*

$$\gamma(x) = F'(x) = \begin{cases} \alpha x^{\alpha-1}e^{-x^\alpha} & \text{wenn } x > 0, \\ 0 & \text{wenn } x < 0. \end{cases}$$

iv) *Wenn $\alpha = 2$ haben wir*

$$E\left[X^{-1}\right] = 2\int_0^{+\infty} e^{-x^2}dx = \sqrt{\pi}.$$

Bestimmen wir die CDF von Z: zuerst, $P(Z \leq 1) = 0$ und für $z > 1$ haben wir

$$P(X^2 + 1 \leq z) = P(-\sqrt{z-1} \leq X \leq \sqrt{z-1}) = P(X \leq \sqrt{z-1}) = 1 - e^{1-z}.$$

Dann ist die Dichte von Z

$$\gamma_Z(z) = e^{1-z}\mathbb{1}_{[1,+\infty[}(z).$$

Übung 5.2.26 Seien X, Y Zufallsvariablen mit Standardnormalverteilung, d. h., $X, Y \sim \mathcal{N}_{0,1}$, und T eine Z. v. mit Bernoulli-Verteilung, $T \sim \mathrm{Be}_{\frac{1}{2}}$. Wir nehmen an, dass X, Y und T unabhängig sind.

  i) Beweise, dass die Zufallsvariablen

$$Z := X - Y, \qquad W := TX + (1-T)Y,$$

     eine Normalverteilung haben;
 ii) berechne $\mathrm{cov}(Z, W)$;
iii) Bestimme die gemeinsame CHF $\varphi_{(Z,W)}$;
iv) Sind die Zufallsvariablen Z und W unabhängig?

Lösung

  i) *Der Zufallsvektor (X, Y) hat eine bivariate Standardnormalverteilung (da, nach Hypothese, X, Y unabhängig sind). Darüber hinaus haben wir*

$$Z = \alpha \begin{pmatrix} X \\ Y \end{pmatrix}, \qquad \alpha = \begin{pmatrix} 1 & -1 \end{pmatrix}$$

und daher haben wir $Z \sim \mathcal{N}_{0,\alpha I \alpha^*} = \mathcal{N}_{0,2}$, wobei I die 2×2 Einheitsmatrix ist. Unter der Annahme der Unabhängigkeit ist die gemeinsame Verteilung von X, Y und T die Produktverteilung

$$\mathcal{N}_{0,1} \otimes \mathcal{N}_{0,1} \otimes \mathrm{Be}_{\frac{1}{2}}$$

und daher gilt für jede beschränkte $f \in m\mathcal{B}$

$$E[f(W)] = \int_{\mathbb{R}^3} f(tx + (1-t)y)\left(\mathcal{N}_{0,1} \otimes \mathcal{N}_{0,1} \otimes \mathrm{Be}_{\frac{1}{2}}\right)(dx, dy, dt) =$$

(nach Fubinis Theorem)

$$= \int_{\mathbb{R}} \left(\int_{\mathbb{R}} \left(\int_{\mathbb{R}} f(tx + (1-t)y)\mathcal{N}_{0,1}(dx) \right) \mathcal{N}_{0,1}(dy) \right) \mathrm{Be}_{\frac{1}{2}}(dt)$$

$$= \frac{1}{2} \int_{\mathbb{R}} \left(\int_{\mathbb{R}} f(x)\mathcal{N}_{0,1}(dx) \right) \mathcal{N}_{0,1}(dy) + \frac{1}{2} \int_{\mathbb{R}} \left(\int_{\mathbb{R}} f(y)\mathcal{N}_{0,1}(dx) \right) \mathcal{N}_{0,1}(dy)$$

$$= \frac{1}{2} \int_{\mathbb{R}} f(x)\mathcal{N}_{0,1}(dx) + \frac{1}{2} \int_{\mathbb{R}} f(y)\mathcal{N}_{0,1}(dy)$$

$$= \int_{\mathbb{R}} f(x)\mathcal{N}_{0,1}(dx).$$

Daher gilt $W \sim \mathcal{N}_{0,1}$.

ii) *Wir haben*

$$cov(Z, W) = E\left[(X - Y)(TX + (1 - T)Y)\right]$$
$$= E\left[TX^2\right] + E\left[(1 - 2T)XY\right] - E\left[(1 - T)Y^2\right] =$$

(durch Unabhängigkeit von X, Y, T)

$$= E\left[T\right] E\left[X^2\right] - E\left[1 - T\right] E\left[Y^2\right] = 0.$$

iii) *Die gemeinsame CHF ist durch*

$$\varphi_{(Z,W)}(\eta_1, \eta_2) = E\left[e^{i(\eta_1(X-Y)+\eta_2(TX+(1-T)Y))}\right]$$
$$= E\left[e^{i(\eta_1(X-Y)+\eta_2 X)}\mathbb{1}_{(T=1)}\right] + E\left[e^{i(\eta_1(X-Y)+\eta_2 Y)}\mathbb{1}_{(T=0)}\right] =$$

(durch die Unabhängigkeit von X, Y, T)

$$= \frac{1}{2}E\left[e^{i(\eta_1+\eta_2)X}\right] E\left[e^{-i\eta_1 Y}\right] + \frac{1}{2}E\left[e^{i\eta_1 X}\right] E\left[e^{i(\eta_2-\eta_1)Y}\right] =$$

(da $X, Y \sim \mathcal{N}_{0,1}$)

$$= \frac{e^{-\frac{\eta_1^2}{2}}}{2}\left(e^{-\frac{(\eta_1+\eta_2)^2}{2}} + e^{-\frac{(\eta_1-\eta_2)^2}{2}}\right)$$

gegen, was nicht die CHF einer zweidimensionalen Normalverteilung ist. Dies beweist auch, dass

$$\varphi_{(Z,W)}(\eta_1, \eta_2) \neq \varphi_Z(\eta_1)\varphi_W(\eta_2)$$

und daher sind Z, W nicht unabhängig.

Übung 5.2.27 Sei X eine Zufallsvariable mit Verteilungsfunktion

$$F(x) = \begin{cases} 0 & x < 0, \\ \lambda x & 0 \leq x < 1, \\ 1 & x \geq 1, \end{cases}$$

wo λ ein fester Parameter ist, sodass $0 < \lambda < 1$. Sei $Y \sim \text{Unif}_{[0,1]}$ unabhängig von X. Bestimme:

i) ob X absolut stetig ist;
ii) die Verteilung von

$$Z := X\mathbb{1}_{(X<1)} + Y\mathbb{1}_{(X\geq 1)}.$$

Lösung

i) *X ist nicht absolut stetig, weil $P(X = 1) = F(1) - F(1-) = 1 - \lambda > 0$.*

ii) *Berechnen wir die Verteilungsfunktion von Z. Für $z \in [0, 1]$ haben wir*

$$P(Z \leq z) = P((Z \leq z) \cap (X < 1)) + P((Z \leq z) \cap (X \geq 1))$$
$$= P(X \leq z) + P((Y \leq z) \cap (X \geq 1)) =$$

(durch Unabhängigkeit)

$$= \lambda z + P(Y \leq z)P(X \geq 1) = \lambda z + z(1 - \lambda) = z.$$

Daher gilt $Z \sim \text{Unif}_{[0,1]}$.

Übung 5.2.28 Sei (X, Y) eine zweidimensionale Zufallsvariable mit einer gleichmäßigen Verteilung auf dem Dreieck T mit den Eckpunkten $(0, 0)$, $(2, 0)$ und $(0, 2)$. Bestimme:

i) die Dichte von X;
ii) ob X und Y unabhängig sind;
iii) die Dichte und Erwartung von $Z := X + Y$.

Lösung

i) *Die Dichte von (X, Y) ist*

$$\gamma_{(X,Y)}(x, y) = \frac{1}{2}\mathbb{1}_T(x, y), \qquad T = \{x, y \in \mathbb{R} \mid x, y \geq 0, \ x + y \leq 2\}.$$

Wir haben

$$\gamma_X(x) = \int_{\mathbb{R}} \gamma_{(X,Y)}(x, y)dy = \int_0^{2-x} \frac{1}{2}\mathbb{1}_{[0,2]}(x)dy = \frac{2 - x}{2}\mathbb{1}_{[0,2]}(x).$$

Die Berechnung von γ_Y ist analog.

ii) *X, Y sind nicht unabhängig, weil die gemeinsame Dichte nicht das Produkt der Randdichten ist.*

iii) *Wir haben*

$$\gamma_Z(z) = \int_{\mathbb{R}} \gamma_{(X,Y)}(x, z - x)dx = \frac{1}{2}\int_{\mathbb{R}} \mathbb{1}_T(x, z - x)dx = \frac{z}{2}\mathbb{1}_{[0,2]}(z).$$

Daher

$$E[Z] = \int_0^2 \frac{z^2}{2}dz = \frac{4}{3}.$$

Übung 5.2.29 Überprüfe, ob die Funktion

$$\gamma(x, y) = \begin{cases} 4y & \text{wenn } x > 0 \text{ und } 0 < y < e^{-x}, \\ 0 & \text{sonst,} \end{cases}$$

eine Dichte ist. Seien X, Y Zufallsvariablen mit gemeinsamer Dichte γ. Bestimme:

i)   die Randdichten γ_X und γ_Y;
ii) ob X und Y unabhängig sind;
iii) die bedingte Dichte $\gamma_{X|Y}$ und identifiziere, welcher bekannten Dichte sie entspricht;
iv) $E[X \mid Y]$ und $\mathrm{Var}(X \mid Y)$.

Lösung *Die Funktion γ ist nicht-negativ und messbar mit*

$$\int_{\mathbb{R}^2} \gamma(x, y)dxdy = \int_0^{+\infty} \int_0^{e^{-x}} 4ydydx = \int_0^{+\infty} 2e^{-2x}dx = 1.$$

i) *Wir haben gerade*

$$\gamma_X(x) = \int_{\mathbb{R}} \gamma(x, y)dy = \int_0^{e^{-x}} 4ydy = 2e^{-2x} \mathbb{1}_{]0,+\infty[}(x)$$

berechnet, aus dem wir erkennen, dass $X \sim Exp_2$. Dann beobachten wir, dass

$$\gamma(x, y) = 4y \mathbb{1}_{]0,-\log y[}(x)\mathbb{1}_{]0,1[}(y)$$

so dass

$$\gamma_Y(y) = \int_{\mathbb{R}} \gamma(x, y)dx = \int_0^{-\log y} 4y \mathbb{1}_{]0,1[}(y)dx = -4y \log y \, \mathbb{1}_{]0,1[}(y).$$

ii) *X und Y sind nicht unabhängig, weil die gemeinsame Dichte nicht das Produkt der Randdichten ist.*

iii) *Wir haben*

$$\gamma_{X|Y}(x, y) = \frac{\gamma(x, y)}{\gamma_Y(y)}\mathbb{1}_{(\gamma_Y>0)}(y) = -\frac{1}{\log y}\mathbb{1}_{]0,-\log y[}(x)\mathbb{1}_{]0,1[}(y)$$

und daher hat X eine gleichmäßige bedingte Dichte auf $]0, -\log Y[$.

iv) *Nach Punkt iii) haben wir*

$$E[X \mid Y] = \frac{-\log Y}{2}, \qquad var(X \mid Y) = \frac{(\log Y)^2}{12}.$$

Übung 5.2.30 Gegeben sei die Funktion

$$\gamma(x) = (ax + b)\mathbb{1}_{[-1,1]}(x), \qquad x \in \mathbb{R}.$$

Bestimme die Werte von a und b in $\mathbb{R}$, sodass:

i) γ eine Dichte ist;

ii) die entsprechende CHF reelle Werte annimmt.

Lösung

i) *Durch die Bedingung*

$$1 = \int_{\mathbb{R}} \gamma(x)dx = 2b$$

erhalten wir $b = \frac{1}{2}$. Weiterhin ist $\gamma \geq 0$ genau dann, wenn $ax \geq -\frac{1}{2}$ für jedes $x \in [-1, 1]$, woraus wir die Bedingung $-\frac{1}{2} \leq a \leq \frac{1}{2}$ erhalten.

ii) *Die CHF ist gegeben durch*

$$\int_{-1}^{1} e^{i\eta x} \left(ax + \frac{1}{2}\right) dx = \frac{\sin \eta}{\eta} + 2ia\frac{\sin \eta - \eta \cos \eta}{\eta^2}$$

und sie nimmt reelle Werte an, wenn $a = 0$.

Übung 5.2.31 Sei (X, Y) ein Zufallsvektor mit gleichmäßiger Verteilung auf der Einheitskreisscheibe C mit dem Ursprung in $\mathbb{R}^2$.

i) Bestimme die Dichte von (X, Y) und berechne $E[X]$;

ii) Sind X und $X - Y$ unabhängig?

Sei

$$Z_\alpha = \left(X^2 + Y^2\right)^\alpha, \qquad \alpha > 0.$$

iii) Bestimme die CDF von Z_α und zeichne ihren Graphen;

iv) Bestimme, ob $Z_\alpha \in AC$ liegt, und falls ja, bestimme ihre Dichte;

v) finde die Werte von $\alpha > 0$, für die $\frac{1}{Z_\alpha}$ absolut integrierbar ist, und berechne ihren Erwartungswert für diese Werte von α.

Lösung

i) $\gamma_{(X,Y)} = \frac{1}{\pi}\mathbb{1}_C$ *und* $E[X] = 0$.

ii) *Wenn X und $X - Y$ unabhängig wären, dann hätten wir*

$$0 = E[X]E[X - Y] = E[X(X - Y)] = E[X^2] - E[XY] = \frac{1}{4},$$

wobei die Erwartungswerte durch eine einfache Berechnung wie im Beispiel 2.3.34 bestimmt werden.

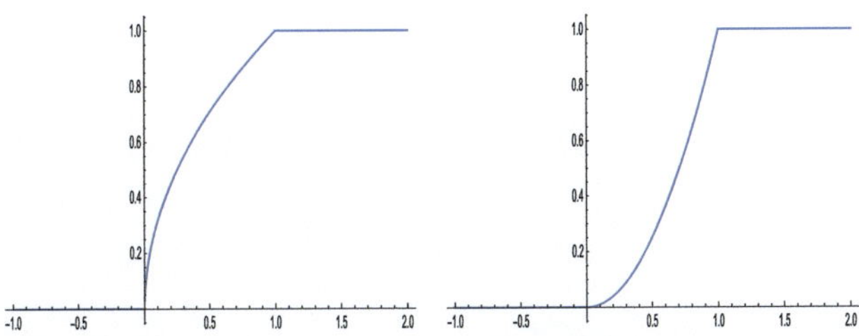

Abb. 5.1 Links: Graph von F für $\alpha > 1$. **Rechts:** Graph von F für $0 < \alpha < 1$

iii) *Wir haben*

$$F(t) := P(Z_\alpha \le t) = \begin{cases} 0 & \text{wenn } t \le 0, \\ 1 & \text{wenn } t \ge 1 \end{cases}$$

und, für $0 < t < 1$,

$$P(Z_\alpha \le t) = P\left(X^2 + Y^2 \le t^{\frac{1}{\alpha}}\right) = t^{\frac{1}{\alpha}}$$

wobei die Wahrscheinlichkeit als das Verhältnis zwischen der Fläche des Kreises mit Radius $t^{\frac{1}{2\alpha}}$ und dem Radius eins berechnet wird: siehe Abb. 5.1.

iv) *F ist absolut stetig, weil es fast überall differenzierbar ist und $F(t) = \int_0^t F'(s)\,ds$ (vgl. Definition 1.4.30). Eine Dichte von Z_α ist durch*

$$F'(t) = \frac{1}{\alpha} t^{\frac{1}{\alpha}-1} \mathbb{1}_{]0,1[}(t)$$

gegeben.

v) *Wir haben*

$$E\left[Z_\alpha^{-1}\right] = \int_0^1 \frac{F'(t)}{t}\,dt < \infty$$

wenn $2 - \frac{1}{\alpha} < 1$, das heißt $0 < \alpha < 1$. In diesem Fall ist $E\left[Z_\alpha^{-1}\right] = \frac{1}{1-\alpha}$.

Übung 5.2.32 Sei $(X, Y, Z) \sim \mathcal{N}_{\mu,C}$ mit

$$\mu = \begin{pmatrix} 0 \\ 1 \\ 2 \end{pmatrix}, \qquad C = \begin{pmatrix} 1 & 0 & -1 \\ 0 & 2 & 2 \\ -1 & 2 & 3 \end{pmatrix}.$$

Bestimmen Sie:

i) die CHF von (X, Y);
ii) ob die Zufallsvariablen $X + Y$ und Z unabhängig sind.

Lösung

i) *Wir haben* $(X, Y) \sim \mathcal{N}_{\bar{\mu}, \bar{C}}$ *mit* $\bar{\mu} = \begin{pmatrix} 0 \\ 1 \end{pmatrix}$ *und* $\bar{C} = \begin{pmatrix} 1 & 0 \\ 0 & 2 \end{pmatrix}$ *und daher*

$$\varphi_{(X,Y)}(\eta_1, \eta_2) = e^{i\eta_2 - \frac{1}{2}\left(\eta_1^2 + 2\eta_2^2\right)}.$$

ii) $(X + Y, Z)$ *hat eine bivariate Normalverteilung, da es eine lineare Kombination von* (X, Y, Z) *ist. Folglich sind* $X + Y$ *und* Z *genau dann unabhängig, wenn sie unkorreliert sind: da*

$$\mathrm{cov}(X + Y, Z) = \mathrm{cov}(X, Z) + \mathrm{cov}(Y, Z) = -1 + 2,$$

sind $X + Y$ *und* Z *nicht unabhängig.*

Übung 5.2.33 Eine Stoppuhr wird gestartet und stoppt automatisch zu einer zufälligen Zeit $T \sim Exp_1$. Wir warten bis zur Zeit 3 und beobachten zu diesem Zeitpunkt den Wert X, der auf der Stoppuhr angezeigt wird. Bestimme:

i) die Verteilungsfunktion von X und berechne $F_X(x)$ getrennt für $x < 3$ und $x \geq 3$;
ii) ob X absolut stetig ist;
iii) $E[X]$;
iv) $E[X \mid T]$;
v) ob X eine diskrete Zufallsvariable ist.

Lösung *Beachte, dass*

$$X = \min\{T, 3\} = T\mathbb{1}_{(T \leq 3)} + 3\mathbb{1}_{(T > 3)}.$$

i) *Wir haben* $P(X \leq 0) = 0$ *und*

$$
\begin{aligned}
P(X \leq x) \;=\;& P((X \leq x) \cap (T \leq 3)) + P((X \leq x) \cap (T > 3)) \\[2mm]
=\;& \begin{cases} P(T \leq x) = 1 - e^{-x} & \text{wenn } 0 \leq x < 3, \\ 1 & \text{wenn } x \geq 3. \end{cases}
\end{aligned}
$$

ii) X *ist nicht absolut stetig, weil die Verteilungsfunktion an der Stelle 3 unstetig ist.*
iii) *Wir haben*

$$E[X] = E\left[T\mathbb{1}_{(T \leq 3)} + 3\mathbb{1}_{(T > 3)}\right] = \int_0^3 te^{-t}dt + 3P(T > 3) = 1 - e^{-3}.$$

iv) X *ist* $\sigma(T)$*-messbar, weil es eine (messbare) Funktion von* T *ist. Folglich*

$$E[X \mid T] = X = \min\{T, 3\}.$$

v) *X ist keine diskrete Zufallsvariable, weil $P(X = 3) = P(T \geq 3)$ positiv und strikt kleiner als 1 ist, und $P(X = x) = 0$ für jedes $x \neq 3$.*

Übung 5.2.34 Überprüfe, ob die Funktion

$$\gamma(x, y) = \frac{e^{-x}}{e - 1} \mathbb{1}_A(x, y), \qquad A = \{(x, y) \in \mathbb{R}^2 \mid x + y > 0,\ 0 < y < 1\},$$

eine Dichte ist und betrachte (X, Y) mit Dichte $\gamma_{(X,Y)} = \gamma$. Begründe die Gültigkeit der Formel (ohne die Berechnungen durchzuführen)

$$\gamma_X(x) = \begin{cases} 0 & \text{wenn } x \leq -1, \\ \frac{(1+x)e^{-x}}{e-1} & \text{wenn } -1 < x < 0, \\ \frac{e^{-x}}{e-1} & \text{wenn } x \geq 0, \end{cases}$$

und bestimme:

  i) ob X und Y unabhängig sind;
 ii) die Dichte von Y^2;
iii) die bedingte Dichte $\gamma_{X|Y}$.

Lösung *Die Funktion γ ist messbar, nicht-negativ und hat ein Integral gleich eins. Der Ausdruck von γ_X kann aus der Formel*

$$\gamma_X(x) = \int_{\mathbb{R}} \gamma_{(X,Y)}(x, y)dy.$$

erhalten werden.

  i) *Da*

$$\gamma_Y(y) = \int_{\mathbb{R}} \gamma_{(X,Y)}(x, y)dx = \frac{e^y}{e - 1} \mathbb{1}_{[0,1]}(y),$$

erkennen wir, dass X, Y nicht unabhängig sind, weil die gemeinsame Dichte nicht das Produkt der Randdichten ist.

 ii) *Zuerst berechnen wir die CDF für $0 < z < 1$:*

$$F_{Y^2}(z) = P(Y^2 \leq z) = P(Y \leq \sqrt{z}) = \int_0^{\sqrt{z}} \frac{e^y}{e - 1}dy = \frac{e^{\sqrt{z}} - 1}{e - 1}.$$

Durch Differenzieren erhalten wir

$$\gamma_{Y^2}(z) = \frac{e^{\sqrt{z}}}{2(e - 1)\sqrt{z}} \mathbb{1}_{[0,1]}(z).$$

iii) *Wir haben*

$$\gamma_{X|Y}(x, y) = \frac{\gamma_{(X,Y)}(x, y)}{\gamma_Y(y)} \mathbb{1}_{(\gamma_Y > 0)}(y) = e^{-(x+y)} \mathbb{1}_A(x, y).$$

Übung 5.2.35 Sei $X = (X_1, X_2, X_3) \sim \mathcal{N}_{0,C}$ mit

$$C = \begin{pmatrix} 2 & 1 & -1 \\ 1 & 1 & -1 \\ -1 & -1 & 1 \end{pmatrix}$$

und betrachte die Zufallsvektoren $Y := (X_1, X_3)$ und $Z := (X_2, 2X_3)$. Bestimme:

 i) die Verteilungen von Y und Z, und gib an, ob sie absolut stetig sind;
 ii) ob Y und Z unabhängig sind;
 iii) die CHF φ_Z und gib an, ob sie auf $\mathbb{R}^2$ absolut integrierbar ist.

Lösung

 i) *Da*

$$Y = \alpha X, \qquad \alpha = \begin{pmatrix} 1 & 0 & 0 \\ 0 & 0 & 1 \end{pmatrix},$$

$$Z = \beta X, \qquad \beta = \begin{pmatrix} 0 & 1 & 0 \\ 0 & 0 & 2 \end{pmatrix},$$

haben wir $Y \sim \mathcal{N}_{0,\alpha C \alpha^*}$ *und* $Z \sim \mathcal{N}_{0,\beta C \beta^*}$ *mit*

$$\alpha C \alpha^* = \begin{pmatrix} 2 & -1 \\ -1 & 2 \end{pmatrix}, \qquad \beta C \beta^* = \begin{pmatrix} 1 & -2 \\ -2 & 4 \end{pmatrix}.$$

Daraus folgt, dass Y absolut stetig ist, während Z nicht absolut stetig ist, weil $\beta C \beta^*$ singulär ist.

 ii) *Y und Z sind nicht unabhängig. Da sie die zweite Komponente proportional zueinander ist. Setze $f(x_1, x_2) = x_2$: dann haben wir*

$$E\left[f(Y)f(Z)\right] = 2E\left[X_3^2\right] = 2$$

aber $E\left[f(Y)\right] = E\left[f(Z)\right] = 0$.

 iii) *Da $Z \sim \mathcal{N}_{0,\beta C \beta^*}$ haben wir*

$$\varphi_Z(\eta_1, \eta_2) = e^{-\frac{1}{2}\left(\eta_1^2 + 4\eta_2^2 - 4\eta_1\eta_2\right)}.$$

φ_Z ist nicht absolut integrierbar, sonst wäre Z nach dem Inversionstheorem absolut stetig.

Übung 5.2.36 Seien X, Y Zufallsvariablen mit Standardnormalverteilung, d.h., $X, Y \sim \mathcal{N}_{0,1}$, und $T \sim \mu := \frac{1}{2}(\delta_{-1} + \delta_1)$. Wir nehmen an, dass X, Y und T unabhängig sind.

i) Beweise, dass die Zufallsvariablen

$$Z := X + Y, \qquad W := X + TY,$$

die gleiche Verteilung haben;

ii) sind Z und W unabhängig?

iii) bestimme die gemeinsame CHF $\varphi_{(Z,W)}$.

Lösung

i) *Der Zufallsvektor (X, Y) hat eine bivariate Standardnormalverteilung (da X, Y nach Annahme unabhängig sind). Darüber hinaus haben wir*

$$Z = \alpha \begin{pmatrix} X \\ Y \end{pmatrix}, \qquad \alpha = \begin{pmatrix} 1 & 1 \end{pmatrix}$$

und daher haben wir $Z \sim \mathcal{N}_{0,\alpha I \alpha^*} = \mathcal{N}_{0,2}$, wobei wir mit I die 2×2 Einheitsmatrix bezeichnen. Durch Unabhängigkeit ist die gemeinsame Verteilung von X, Y und T die Produktverteilung

$$\mathcal{N}_{0,1} \otimes \mathcal{N}_{0,1} \otimes \mu$$

und daher haben wir für jede beschränkte $f \in m\mathcal{B}$

$$E[f(W)] = \int_{\mathbb{R}^3} f(x + ty) \left(\mathcal{N}_{0,1} \otimes \mathcal{N}_{0,1} \otimes \mu \right) (dx, dy, dt) =$$

(nach dem Satz von Fubini)

$$= \int_{\mathbb{R}} \left(\int_{\mathbb{R}} \left(\int_{\mathbb{R}} f(x + ty) \mathcal{N}_{0,1}(dx) \right) \mathcal{N}_{0,1}(dy) \right) \mu(dt)$$

$$= \frac{1}{2} \int_{\mathbb{R}} \left(\int_{\mathbb{R}} f(x + y) \mathcal{N}_{0,1}(dx) \right) \mathcal{N}_{0,1}(dy) + \frac{1}{2} \int_{\mathbb{R}} \left(\int_{\mathbb{R}} f(x - y) \mathcal{N}_{0,1}(dx) \right)$$
$$\mathcal{N}_{0,1}(dy)$$

(durch die Änderung der Variablen $z = -y$ im zweiten Integral)

$$= \int_{\mathbb{R}^2} f(x + y) \mathcal{N}_{0,1}(dx) \mathcal{N}_{0,1}(dy) = E[f(Z)].$$

Es folgt, dass Z und W beide die Verteilung $\mathcal{N}_{0,2}$ haben.

ii) *Z und W sind nicht unabhängig, weil*

$$\mathrm{cov}(Z, W) = E\left[(X + Y)(X + TY)\right]$$
$$= E\left[X^2\right] + E\left[(1 + T)XY\right] + E\left[TY^2\right] = 1$$

(durch die Unabhängigkeit von X, Y, T.

iii) *Die gemeinsame CHF ist gegeben durch*

$$\varphi_{(Z,W)}(\eta_1, \eta_2) = E\left[e^{i(\eta_1(X+Y)+\eta_2(X+TY))}\right]$$
$$= E\left[e^{i(\eta_1+\eta_2)(X+Y)}\mathbb{1}_{(T=1)}\right] + E\left[e^{i(\eta_1+\eta_2)X+i(\eta_1-\eta_2)Y}\mathbb{1}_{(T=-1)}\right] =$$

(durch Unabhängigkeit von X, Y, T)

$$= \frac{1}{2}\left(E\left[e^{i(\eta_1+\eta_2)(X+Y)}\right] + E\left[e^{i(\eta_1+\eta_2)X}\right] E\left[e^{i(\eta_1-\eta_2)Y}\right]\right) =$$

(da $X, Y \sim \mathcal{N}_{0,1}$ und $X + Y \sim \mathcal{N}_{0,2}$)

$$= \frac{1}{2}\left(e^{-(\eta_1+\eta_2)^2} + e^{-\eta_1^2-\eta_2^2}\right).$$

Übung 5.2.37 Betrachte die Funktion

$$\gamma(x, y) = \frac{1}{4}(ax + by + 1)\mathbb{1}_{[-1,1]\times[-1,1]}(x, y), \qquad (x, y) \in \mathbb{R}^2.$$

Bestimme:

i) für welche $a, b \geq 0$ die Funktion γ eine Dichte ist;
ii) die Dichte von X und Y unter der Annahme, dass γ die Dichte von (X, Y) ist;
iii) für welche $a, b \geq 0$ die Zufallsvariablen X und Y unabhängig sind.

Lösung

i) *γ ist eine messbare Funktion mit*

$$\iint_{\mathbb{R}^2} \gamma(x, y)dxdy = 1$$

für alle $a, b \geq 0$. Da $a, b \geq 0$, haben wir

$$\gamma(x, y) \geq \gamma(-1, -1) = -a - b + 1, \qquad (x, y) \in [-1, 1] \times [-1, 1]$$

und daher ist $\gamma \geq 0$, wenn $a + b \leq 1$.

ii)

$$\gamma_X(x) \;=\; \int_{-1}^{1} \gamma(x,y)\,dy = \frac{ax+1}{2}\,\mathbb{1}_{[-1,1]}(x),$$

$$\gamma_Y(y) \;=\; \int_{-1}^{1} \gamma(x,y)\,dx = \frac{by+1}{2}\,\mathbb{1}_{[-1,1]}(y).$$

iii) *X und Y sind genau dann unabhängig, wenn $\gamma(x,y) = \gamma_X(x)\gamma_Y(y)$, das heißt*

$$(ax+1)(by+1) = ax + by + 1$$

was bedeutet, dass $abxy = 0$, d. h. $a = 0$ oder $b = 0$.

Übung 5.2.38 Sei $X = (X_1, X_2, X_3) \sim \mathcal{N}_{0,C}$ mit

$$C = \begin{pmatrix} 2 & 1 & -1 \\ 1 & 1 & 0 \\ -1 & 0 & 1 \end{pmatrix}.$$

Bestimme für welche Werte von $a \in \mathbb{R}$:

i) $Y := (aX_1 + X_2, X_3)$ ist eine absolut stetige Zufallsvariable;
ii) $aX_1 + X_2$ und X_3 sind unabhängig;
iii) die CHF φ_Y ist absolut integrierbar auf $\mathbb{R}^2$.

Lösung

i) *Da*

$$Y = \alpha X, \qquad \alpha = \begin{pmatrix} a & 1 & 0 \\ 0 & 0 & 1 \end{pmatrix},$$

haben wir $Y \sim \mathcal{N}_{0,\alpha C \alpha^*}$ mit

$$\alpha C \alpha^* = \begin{pmatrix} 1 + 2a + 2a^2 & -a \\ -a & 1 \end{pmatrix}, \qquad \det(\alpha C \alpha^*) = (1+a)^2.$$

Nur für $a = -1$ ist die Matrix $\alpha C \alpha^*$ singulär, und für diesen Wert von a ist die Zufallsvariable Y nicht absolut stetig.

ii) *Sei $\alpha C \alpha^*$ die Kovarianzmatrix, dann haben wir, dass $aX_1 + X_2$ und X_3 unkorreliert (und daher unabhängig) sind, wenn $a = 0$.*

iii) *Da $Y \sim \mathcal{N}_{0,\alpha C \alpha^*}$ haben wir*

$$\varphi_Y(\eta) = e^{-\frac{1}{2}\langle C\alpha^*\eta, \alpha^*\eta\rangle}.$$

φ_Y ist nicht absolut integrierbar, wenn $a = -1$. Andernfalls wäre Y durch den Inversionssatz absolut stetig.

Übung 5.2.39 Seien $X \sim \mathcal{N}_{\mu,\sigma^2}$ und $Y \sim \mathrm{Be}_p$, mit $0 < p < 1$, unabhängige Zufallsvariablen. Sei außerdem $Z = X^Y$. Bestimme:

i) $E[Z]$;
ii) die Verteilungsfunktion von Z und ob Z absolut stetig ist;
iii) die CHF von Z und verwende diese, um $E[Z^2]$ zu berechnen.

Lösung

i) *Durch Unabhängigkeit haben wir*

$$E[Z] = \iint_{\mathbb{R}^2} x^y \mathcal{N}_{\mu,\sigma^2} \otimes \mathrm{Be}_p(dx, dy) =$$

(nach dem Satz von Fubini)

$$= p \int_{\mathbb{R}} x \mathcal{N}_{\mu,\sigma^2}(dx) + (1-p) \int_{\mathbb{R}} \mathcal{N}_{\mu,\sigma^2}(dx) = p\mu + (1-p).$$

ii) *Wir haben*

$$F_Z(z) = P(Z \le z) = P((Z \le z) \cap (Y = 1)) + P((Z \le z) \cap (Y = 0)) =$$

(durch Unabhängigkeit von X und Y)

$$= P(X \le z)P(Y = 1) + P(1 \le z)P(Y = 0) = pF_X(z) + (1-p)\mathbb{1}_{[1,+\infty[}(z).$$

Da F_Z bei $z = 1$ einen Sprung der Größe $1 - p$ hat, ist die Zufallsvariable Z nicht absolut stetig.

iii) *Wir haben*

$$\begin{aligned}
\varphi_Z(\eta) &= E\left[e^{i\eta Z}\right] = pE\left[e^{i\eta X}\right] + (1-p)E\left[e^{i\eta}\right] = p\varphi_X(\eta) + (1-p)e^{i\eta}, \\
\varphi_X(\eta) &= e^{i\mu\eta - \frac{\sigma^2\eta^2}{2}}.
\end{aligned}$$

Nach Theorem 2.5.20 haben wir

$$E\left[Z^2\right] = -\partial_\eta^2 \varphi_Z(\eta)|_{\eta=0} = p(\mu^2 + \sigma^2) + (1-p).$$

Übung 5.2.40 In der Pharmakologie ist die Halbwertszeit die benötigte Zeit (in Tagen), um die Menge eines Medikaments im Körper um 50 % zu reduzieren. Sei $T \sim Gamma_{2,1}$ die Halbwertszeit eines Antibiotikums nach der ersten Dosis und sei $S \sim \mathrm{Unif}_{[T,2T]}$ die Halbwertszeit bei der Annahme der zweiten Dosis. Bestimme:

i) die gemeinsame Dichte $\gamma_{(S,T)}$ und die Randdichte γ_S;
ii) den bedingten Erwartungswert von T gegeben $(S < 2)$.

iii) den bedingten Erwartungswert von T gegeben S (es reicht aus, die Formeln zu schreiben, ohne alle Berechnungen durchzuführen).

Lösung

i) *Nach Annahme,* $\gamma_T(t) = t e^{-t} \mathbb{1}_{\mathbb{R}_{\geq 0}}(t)$ *und* $\gamma_{S|T}(s, t) = \frac{1}{t} \mathbb{1}_{[t, 2t]}(s)$. *Aus der Formel* (4.31) *für die bedingte Dichte erhalten wir*

$$\gamma_{(S,T)}(s, t) = \gamma_{S|T}(s, t) \gamma_T(t) = e^{-t} \mathbb{1}_{[t, 2t] \times \mathbb{R}_{\geq 0}}(s, t) = e^{-t} \mathbb{1}_{\mathbb{R}_{\geq 0} \times [s/2, s]}(s, t)$$

und

$$\gamma_S(s) = \int_{\mathbb{R}} \gamma_{(S,T)}(s, t) dt = \int_{s/2}^{s} e^{-t} dt \, \mathbb{1}_{\mathbb{R}_{\geq 0}}(s) = \left(e^{-\frac{s}{2}} - e^{-s} \right) \mathbb{1}_{\mathbb{R}_{\geq 0}}(s).$$

ii) *Wir haben*

$$P(S < 2) = \int_0^2 \gamma_S(s) ds = \left(1 - \frac{1}{e} \right)^2 \approx 40\,\%,$$

$$E[T \mid S < 2] = \frac{1}{P(S < 2)} \int_0^2 \int_0^{+\infty} t \gamma_{(S,T)}(s, t) dt ds = \frac{2(e - 2)}{e - 1} \approx 0.84.$$

iii) *Zunächst,*

$$\gamma_{T|S}(t, s) = \frac{\gamma_{(S,T)}(s, t)}{\gamma_S(s)} \mathbb{1}_{(\gamma_S > 0)}(s) = \frac{e^{-t}}{e^{-\frac{s}{2}} - e^{-s}} \mathbb{1}_{\mathbb{R}_{\geq 0} \times [s/2, s]}(s, t).$$

Dann haben wir

$$E[T \mid S] = \int_0^{+\infty} t \gamma_{T|S}(t, S) dt = \frac{1}{2} \left(-\frac{S}{e^{S/2} - 1} + S + 2 \right).$$

Übung 5.2.41 Seien X und Y Zufallsvariablen mit gemeinsamer Dichte

$$\gamma_{(X,Y)}(x, y) = \frac{e^{-y|x|}}{\log 4} \mathbb{1}_{[1,2]}(y), \qquad (x, y) \in \mathbb{R}^2.$$

Bestimme:

i) die Randdichten;
ii) ob die Zufallsvariablen $Z := e^X$ und $W := e^Y$ unabhängig sind;
iii) $E[Y \mid X > 0]$.

Lösung

i) *Wir haben*

$$\gamma_X(x) = \int_{\mathbb{R}} \gamma_{(X,Y)}(x, y)dy = \frac{e^{-|x|} - e^{-2|x|}}{|x| \log 4},$$

$$\gamma_Y(y) = \int_{\mathbb{R}} \gamma_{(X,Y)}(x, y)dx = \frac{1}{y \log 2} \mathbb{1}_{]1,2]}(y).$$

ii) *Wenn Z und W unabhängig wären, dann wären auch $X = \log Z$ und $Y = \log W$ unabhängig. Allerdings sind X und Y nicht unabhängig, da die gemeinsame Dichte nicht gleich dem Produkt der Randdichten ist.*

iii) *Durch Symmetrie ist $P(X > 0) = \frac{1}{2}$ und wir haben*

$$E[Y \mid X > 0] = \frac{1}{P(X > 0)} \int_{(X>0)} Y dP = 2 \int_1^2 \frac{y}{\log 4} \int_0^{+\infty} e^{-y|x|} dx dy = \frac{1}{\log 2}.$$

Übung 5.2.42 Sei $(X, Y) \sim \mathcal{N}_{\mu,C}$ mit $\mu = (0, 0)$ und $C = \begin{pmatrix} 1 & 0 \\ 0 & 2 \end{pmatrix}$. Bestimme:

i) die Verteilung von (Y, X);

ii) die Verteilung und die CHF von (X, X). Ist es eine absolut stetige Zufallsvariable? Ist es wahr, dass

$$\lim_{|(\eta_1, \eta_2)| \to +\infty} \varphi_{(X,X)}(\eta_1, \eta_2) = 0?$$

iii) wenn (Y, X) und (X, X) unabhängig sind.

Lösung

i) *Da $\begin{pmatrix} Y \\ X \end{pmatrix} = \alpha \begin{pmatrix} X \\ Y \end{pmatrix}$ mit $\alpha = \begin{pmatrix} 0 & 1 \\ 1 & 0 \end{pmatrix}$, haben wir $(X, Y) \in \mathcal{N}_{(0,0),C_1}$ mit $C_1 = \alpha C \alpha^* = \begin{pmatrix} 2 & 0 \\ 0 & 1 \end{pmatrix}$.*

ii) *Ähnlich können wir zeigen, dass $(X, X) \in \mathcal{N}_{(0,0),C_2}$ mit $C_2 = \begin{pmatrix} 1 & 1 \\ 1 & 1 \end{pmatrix}$. In diesem Fall ist die Kovarianzmatrix entartet und (X, X) ist nicht absolut stetig. Wir haben*

$$\varphi_{(X,X)}(\eta_1, \eta_2) = e^{-\frac{1}{2}(\eta_1^2 + 2\eta_1\eta_2 + \eta_2^2)}$$

und $\varphi_{(X,X)}(\eta_1, -\eta_1) = 1$ für jedes $\eta_1 \in \mathbb{R}$; insbesondere, $\varphi_{(X,X)}$ konvergiert nicht gegen 0 im Grenzübergang.

iii) *Wenn (Y, X) und (X, X) unabhängig wären, dann wären auch ihre zweiten Komponenten, die beide gleich X sind, unabhängig.*

Übung 5.2.43 Sei

$$\Gamma(y) = \frac{1}{\sqrt{2\pi}} e^{-\frac{y^2}{2}}, \qquad y \in \mathbb{R},$$

die Standard-Gauß-Funktion.

i) Überprüfe, ob die Funktion

$$\gamma(x, y) = \mathbb{1}_H(x, y), \qquad H := \{(x, y) \in \mathbb{R}^2 \mid 0 \le x \le \Gamma(y)\}$$

eine Dichte ist;

ii) Seien X, Y Zufallsvariablen mit gemeinsamer Dichte γ. Bestimme die Randdichten γ_X und γ_Y. Sind X und Y unabhängig?

iii) man erinnere sich an die Formel (4.31) für die bedingte Dichte

$$\gamma_{X|Y}(x, y) := \frac{\gamma(x, y)}{\gamma_Y(y)}, \qquad x \in \mathbb{R}, \ y \in (\gamma_Y > 0).$$

Bestimme $\gamma_{X|Y}$ und den bedingten Erwartungswert $E\left[X^n \mid Y\right]$ für $n \in \mathbb{N}$.

Lösung

i) *γ ist eine messbare, nicht-negative Funktion und*

$$\iint_{\mathbb{R}^2} \gamma(x, y)\,dx\,dy = \int_{\mathbb{R}} \int_0^{\Gamma(y)} dx\,dy = \int_{\mathbb{R}} \Gamma(y)\,dy = 1.$$

ii) *Wir haben*

$$\gamma_X(x) = \int_{\mathbb{R}} \gamma(x, y)\,dy = 2\sqrt{-2\log\left(x\sqrt{2\pi}\right)}\,\mathbb{1}_{]0,\frac{1}{\sqrt{2\pi}}]}(x),$$

$$\gamma_Y(y) = \int_{\mathbb{R}} \gamma(x, y)\,dx = \Gamma(y).$$

X und Y sind nicht unabhängig, da die gemeinsame Dichte nicht das Produkt der Randdichten ist.

iii) *Wir haben*

$$\gamma_{X|Y}(x, y) = \frac{1}{\Gamma(y)} \mathbb{1}_H(x, y)$$

und

$$E\left[X^n \mid Y\right] = \int_{\mathbb{R}} x^n \gamma_{X|Y}(x, y) = \frac{1}{\Gamma(y)} \int_0^{\Gamma(y)} x^n\,dx = \frac{1}{n+1} \Gamma^n(y).$$

5.3 Folgen von Zufallsvariablen
Übung 5.3.1

i) Bestimme die Werte von $a, b \in \mathbb{R}$, sodass die Funktion

$$\gamma(x) = (2ax + b)\mathbb{1}_{[0,1]}(x), \qquad x \in \mathbb{R},$$

eine Dichte ist;

ii) betrachte eine Folge von Zufallsvariablen $(X_n)_{n \in \mathbb{N}}$ u. i. v. mit Dichte γ mit $b = 0$. Bestimme die Verteilungsfunktion von $\sqrt{n}X_1$ und von

$$Y_n = \min\{\sqrt{n}X_1, \ldots, \sqrt{n}X_n\};$$

iii) beweise, dass $(Y_n)_{n \in \mathbb{N}}$ schwach konvergiert und bestimme die Dichte der Grenzzufallsvariablen.

Lösung

i) *Durch die Bedingung*

$$1 = \int_{\mathbb{R}} \gamma(x)dx = \int_0^1 (2ax + b)dx = a + b$$

erhalten wir $b = 1 - a$. Außerdem muss γ nicht-negativ sein: Wenn $a \geq 0$, dann wird das Minimum von γ für $x = 0$ angenommen und wir haben die Bedingung $1 - a \geq 0$; wenn $a < 0$, dann wird das Minimum von γ für $x = 1$ angenommen und wir haben die Bedingung $a + 1 \geq 0$. Zusammenfassend ist γ eine Dichte für $|a| \leq 1$ und $b = 1 - a$.

ii) *Wir haben*

$$P(\sqrt{n}X_1 \leq x) = \begin{cases} 0 & \text{wenn } x < 0, \\ \int_0^{\frac{x}{\sqrt{n}}} 2y\,dy = \frac{x^2}{n} & \text{wenn } 0 \leq x < \sqrt{n}, \\ 1 & \text{wenn } x \geq \sqrt{n}. \end{cases}$$

Nach Proposition 2.6.9 haben wir

$$F_{Y_n}(x) = 1 - (1 - F_{\sqrt{n}X_1}(x))^n = \begin{cases} 0 & \text{wenn } x < 0, \\ 1 - \left(1 - \frac{x^2}{n}\right)^n & \text{wenn } 0 \leq x < \sqrt{n}, \\ 1 & \text{wenn } x \geq \sqrt{n}. \end{cases}$$

iii) *Wir haben*

$$\lim_{n \to \infty} F_{Y_n}(x) = F_Y(x) := \begin{cases} 0 & \text{wenn } x < 0, \\ 1 - e^{-x^2} & \text{wenn } x \geq 0, \end{cases}$$

und somit nach Theorem 3.3.3 $Y_n \xrightarrow{d} Y$ für $n \to \infty$ mit Y Dichte $\gamma_Y(x) = F'_Y(x) = 2xe^{-x^2} \mathbb{1}_{[0,+\infty[}(x)$.

Übung 5.3.2 Sei $(X_n)_{n \in \mathbb{N}}$ eine Folge von Zufallsvariablen mit Verteilung $X_n \sim \left(1 - \frac{1}{n}\right)\delta_0 + \frac{1}{n}\delta_n$. Bestimme:

i) den Mittelwert, die Varianz und die CHF von X_n;

ii) die CHF von $Z_n := \frac{X_n - 1}{\sqrt{n-1}}$ und folgere, dass $Z_n \xrightarrow{d} 0$ durch Lévys Kontinuitätstheorem;

iii) ob $Z_n \xrightarrow{L^2} 0$;

iv) ob $Z_n \xrightarrow{p} 0$.

Lösung

i) *Wir haben*

$$E[X_n] = 0 \cdot \left(1 - \frac{1}{n}\right) + n \cdot \frac{1}{n} = 1, \qquad var(X_n) = E\left[(X_n - 1)^2\right] = n - 1.$$

Darüber hinaus,

$$\varphi_{X_n}(\eta) = E\left[e^{i\eta X_n}\right] = 1 - \frac{1}{n} + \frac{1}{n}e^{i\eta n}.$$

ii) *Wir haben*

$$\begin{aligned}
\varphi_{Z_n}(\eta) &= e^{-i\frac{\eta}{\sqrt{n-1}}} E\left[e^{i\frac{\eta}{\sqrt{n-1}}X_n}\right] \\
&= e^{-i\frac{\eta}{\sqrt{n-1}}} \varphi_{X_n}\left(\frac{\eta}{\sqrt{n-1}}\right) \\
&= e^{-i\frac{\eta}{\sqrt{n-1}}} \left(1 - \frac{1}{n} + \frac{1}{n}e^{in\frac{\eta}{\sqrt{n-1}}}\right) \xrightarrow[n \to \infty]{} 1.
\end{aligned}$$

Jetzt ist die konstante Funktion 1 die CHF des Dirac-Deltas zentriert in Null, daher folgt das Ergebnis.

iii) *Wir haben*

$$\|Z_n\|_2^2 = E\left[Z_n^2\right] = \frac{1}{n-1}var(X_n) = 1$$

und daher gibt es keine Konvergenz in $L^2(\Omega, P)$.

iv) *Konvergenz in Wahrscheinlichkeit hält aufgrund Punkt vi) von Theorem 3.1.9.*

Übung 5.3.3 Sei $(X_n)_{n \in \mathbb{N}}$ eine Folge von u.i.v. Zufallsvariablen mit Verteilung $\text{Unif}_{[0,\lambda]}$, mit $\lambda > 0$. Bestimme:

i) die CDF der Z. v. nX_1 für $n \in \mathbb{N}$;

ii) die CDF der Z. v.

$$Y_n := \min\{nX_1, \ldots, nX_n\},$$

für $n \in \mathbb{N}$;

iii) die Verteilung des Grenzwertes von $(Y_n)_{n\in\mathbb{N}}$, erkenne, welche bemerkenswerte Verteilung es ist.

Lösung

i) *Wir haben*

$$F_{nX_1}(x) = P\left(X_1 \le \frac{x}{n}\right) = \begin{cases} 0 & \text{if } x \le 0, \\ \frac{x}{\lambda n} & \text{if } 0 < x < \lambda n, \\ 1 & \text{if } x \ge \lambda n. \end{cases}$$

ii) *Nach Proposition 2.6.9, haben wir*

$$F_{Y_n}(x) = 1 - (1 - F_{nX_1}(x))^n = \begin{cases} 0 & \text{if } x \le 0, \\ 1 - \left(1 - \frac{x}{\lambda n}\right)^n & \text{if } 0 < x < \lambda n, \\ 1 & \text{if } x \ge \lambda n. \end{cases}$$

iii) *Wir haben*

$$\lim_{n \to \infty} F_{Y_n}(x) = \begin{cases} 0 & \text{if } x \le 0, \\ 1 - e^{-\frac{x}{\lambda}} & \text{if } x > 0, \end{cases}$$

und somit nach Theorem 3.3.3 $Y_n \xrightarrow{d} Y \sim Exp_{\frac{1}{\lambda}}$ für $n \to \infty$.

Übung 5.3.4 Seien X und $(X_n)_{n\in\mathbb{N}}$ eine Z. v. und eine Folge von Zufallsvariablen, die jeweils auf einem Wahrscheinlichkeitsraum $(\Omega, \mathscr{F}, P)$ definiert sind, so dass $(X, X_n) \sim \text{Unif}_{[-1,1]\times[-1-\frac{1}{n},1+\frac{1}{n}]}$ für jedes $n \in \mathbb{N}$. Bestimme:

i) die Verteilung von X_n, für jedes $n \in \mathbb{N}$. Sind die Zufallsvariablen X und X_n unabhängig?

ii) $E[X]$, $E[X_n]$, $\text{var}(X)$ und $\text{var}(X_n)$;

iii) ob X_n zu X in $L^2(\Omega, P)$ konvergiert;

iv) ob $X_n \xrightarrow{d} X$;

v) ob $X_n \xrightarrow{P} X$.

Lösung

i) *Durch Integration der gemeinsamen Dichte sehen wir, dass $X_n \sim$ Unif$_{[-1-\frac{1}{n},1+\frac{1}{n}]}$. Die gemeinsame Dichte ist das Produkt der Randdichten, und daher sind X und X_n unabhängig.*

ii) *Es ist bekannt, dass $E[X] = E[X_n] = 0$, $var(X) = \frac{1}{3}$ und $var(X_n)$ $= \frac{1}{3}\left(1 + \frac{1}{n}\right)^2$.*

iii) *Wir haben*

$$E\left[(X-X_n)^2\right] = E\left[X^2\right] + E\left[X_n^2\right] - 2E\left[XX_n\right] =$$

(*aufgrund der Unabhängigkeit*)

$$= var(X) + var(X_n) = \frac{1}{3} + \frac{1}{3}\left(1 + \frac{1}{n}\right)^2$$

und daher gibt es keine Konvergenz in $L^2(\Omega, P)$.

iv) *Wir haben, dass*

$$\varphi_{X_n}(\omega) = \frac{e^{i\omega\left(1+\frac{1}{n}\right)} - e^{-i\omega\left(1+\frac{1}{n}\right)}}{2i\eta\left(1+\frac{1}{n}\right)}$$

punktweise gegen φ_X konvergiert, wenn $n \to \infty$. Alternativ, ohne die explizite Form von der CHF zu verwenden, genügt es einfach zu bemerken, dass

$$\lim_{n\to\infty} \varphi_{X_n}(\eta) = \lim_{n\to\infty} \int_{-1}^{1} e^{i\eta y}\gamma_{X_n}(y)dy = \frac{1}{2}\int_{-1}^{1} e^{i\eta y}dy = \varphi_X(\eta).$$

nach dem Satz der majorisierten Konvergenz. In jedem Fall haben wir nach dem Kontinuitätssatz von Lévy, dass $X_n \xrightarrow{d} X$.

v) *X_n konvergiert nicht in Wahrscheinlichkeit gegen X, da für jedes $0 < \varepsilon < 1$*

$$P(|X - X_n| \geq \varepsilon) = \iint_{|x-y|>\varepsilon} \gamma_{(X,X_n)}(x,y)dxdy$$

nicht gegen null konvergiert, wenn $n \to \infty$.

Übung 5.3.5 Sei $(X_n)_{n\in\mathbb{N}}$ eine Folge von Zufallsvariablen, sodass $X_n \sim Exp_{\frac{1}{n^\alpha}}$ mit $0 < \alpha \leq 1$.

i) Für jedes $0 < \alpha < 1$, bestimme, ob $Y_n := \frac{X_n-1}{n}$ in L^2 konvergiert;

ii) für $\alpha = 1$, konvergiert die Folge $(Y_n)_{n\in\mathbb{N}}$ in der Verteilung? Wenn ja, bestimme den Grenzwert.

Lösung

i) *Wir haben*

$$E\left[Y_n^2\right] = \frac{1}{n^2}\int_0^{+\infty} (t-1)^2 e^{-\frac{t}{n^\alpha}}\frac{dt}{n^\alpha} =$$

(*durch die Änderung der Variablen $\tau = \frac{t}{n^\alpha}$*)

$$= \frac{n^{2\alpha}}{n^2}\int_0^{+\infty} (\tau - n^{-\alpha})^2 e^{-\tau}d\tau = \frac{2n^{2a} - 2n^\alpha + 1}{n^2}$$

was gegen null konvergiert, wenn $n \to \infty$. *Alternativ und einfacher, ohne das Integral explizit zu berechnen, haben wir*

$$0 \le \frac{n^{2\alpha}}{n^2} \int_0^{+\infty} (\tau - n^{-\alpha})^2 e^{-\tau} d\tau \le \frac{c}{n^{2-2\alpha}} \longrightarrow 0, \quad c = \int_0^{+\infty} (\tau + 1)^2 e^{-\tau} d\tau.$$

ii) *Wir haben*

$$\varphi_{X_n}(\eta) = \frac{1}{1 - i\eta n^{\alpha}}$$

und, für $\alpha = 1$,

$$\varphi_{Y_n}(\eta) = e^{-\frac{i\eta}{n}} \varphi_{X_n}\left(\frac{\eta}{n}\right) = \frac{e^{-\frac{i\eta}{n}}}{1 - i\eta} \xrightarrow[n \to \infty]{} \frac{1}{1 - i\eta}.$$

Daher haben wir für $\alpha = 1$, *dass* $Y_n \xrightarrow{\ d\ } Y \sim Exp_1$.

Übung 5.3.6 Sei $X \in \mathcal{N}_{0,1}$ und betrachte die Folge

$$X_n = \frac{1}{n} - \sqrt{1 + \frac{1}{n}}X, \quad n \in \mathbb{N}.$$

Bestimme, ob:

i) $X_n \xrightarrow[n \to \infty]{d} X$;

ii) $X_n \xrightarrow[n \to \infty]{L^2} X$;

iii) $X_n \xrightarrow[n \to \infty]{a.s.} X$.

Lösung

i) *Wir haben* $X_n \sim \mathcal{N}_{\frac{1}{n}, 1 + \frac{1}{n}}$. Da

$$\varphi_{X_n}(\eta) = e^{i\frac{\eta}{n} - \frac{\eta^2}{2}\left(1 + \frac{1}{n}\right)} \xrightarrow[n \to \infty]{} e^{-\frac{\eta^2}{2}} = \varphi_X(\eta),$$

nach dem Kontinuitätssatz von Lévy, haben wir $X_n \xrightarrow{\ d\ } X$.

ii) *Wir haben*

$$E\left[(X_n - X)^2\right] = E\left[\left(\frac{1}{n} - \left(\sqrt{1 + \frac{1}{n}} + 1\right)X\right)^2\right]$$

$$= \frac{1}{n^2} + \left(\sqrt{1 + \frac{1}{n}} + 1\right)^2 E\left[X^2\right] \xrightarrow[n \to \infty]{} 4$$

und daher gibt es keine Konvergenz in L^2.

iii) *Für jedes $\omega \in \Omega$ haben wir*

$$X_n(\omega) \xrightarrow[n \to \infty]{} -X(\omega)$$

und daher gibt es keine fast sichere Konvergenz: X_n konvergiert gegen X nur auf dem vernachlässigbaren Ereignis $(X = 0)$.

Übung 5.3.7 Sei $(X_n)_{n \in \mathbb{N}}$ eine Folge von Zufallsvariablen mit $X_n \sim \text{Unif}_{[0,n]}$.

i) Untersuche die punktweise Konvergenz der Folge der CHFs φ_{X_n} und bestimme, ob $(X_n)_{n \in \mathbb{N}}$ schwach konvergiert;

ii) konvergiert $(X_n)_{n \in \mathbb{N}}$ fast sicher?

Lösung

i) *Wir haben*

$$\varphi_{X_n}(\eta) = E\left[e^{i\eta X_n}\right] = \begin{cases} 1 & \text{wenn } \eta = 0, \\ \frac{e^{i\eta n} - 1}{i\eta n} & \text{sonst.} \end{cases}$$

Beachte, dass φ_{X_n} eine stetige Funktion ist, da für jedes $n \in \mathbb{N}$

$$\lim_{\eta \to 0} \frac{e^{i\eta n} - 1}{i\eta n} = 1$$

gilt. Dann

$$\lim_{n \to \infty} \varphi_{X_n}(\eta) = \begin{cases} 1 & \text{wenn } \eta = 0, \\ 0 & \text{sonst,} \end{cases}$$

was nicht stetig in $\eta = 0$ ist. Daher konvergiert die Folge $(X_n)_{n \in \mathbb{N}}$ nach dem Lévy'schen Stetigkeitssatz nicht schwach.

ii) *Da $(X_n)_{n \in \mathbb{N}}$ nicht schwach konvergiert, konvergiert sie nach Theorem 3.1.9 auch nicht fast sicher.*

Übung 5.3.8 Betrachte die Funktion

$$F_p(x) := \left(1 - \frac{p}{p - 1 + e^x}\right) \mathbb{1}_{\mathbb{R}_{\geq 0}}(x), \qquad x \in \mathbb{R}.$$

i) Beweise, dass F_p eine kumulative Verteilungsfunktion für jedes $p \geq 0$ und nicht für $p < 0$ ist;

ii) Sei μ_p die Verteilung mit CDF F_p: für welche p ist μ_p absolut stetig?

iii) untersuche die schwache Konvergenz von μ_{p_n}, wenn $p_n \longrightarrow 0^+$ und wenn $p_n \longrightarrow 1$ und erkenne die Grenzverteilungen.

Lösung *Durch Differentiation*

$$F_p'(x) = \frac{pe^x}{(p-1+e^x)^2}\, \mathbb{1}_{\mathbb{R}\geq 0}(x),$$

sehen wir, dass F_p für $p \geq 0$ monoton steigend und für $p < 0$ abnehmend ist. Für $p = 0$, ist F_p die CDF der Dirac-Delta-Funktion zentriert in Null. Wenn $p > 0$, dann ist F_p eine absolut stetige Funktion auf $\mathbb{R}$:

$$F_p(x) = \int_0^x F_p'(y)dy, \qquad x \in \mathbb{R}.$$

Außerdem gilt $F_p(x) \equiv 0$ für $x < 0$ und

$$\lim_{x \to +\infty} F_p(x) = 1.$$

Wir haben

$$\lim_{p_n \to 0^+} F_{p_n}(x) = F_0(x), \qquad x \in \mathbb{R} \setminus \{0\}$$

mit 0 als einzigen Unstetigkeitspunkt von F_0: daher konvergiert μ_{p_n} nach Theorem 3.3.3 schwach gegen die Dirac-Delta-Funktion zentriert in Null. Wir haben

$$\lim_{p_n \to 1} F_{p_n}(x) = F_1(x) = 1 - e^{-x}, \qquad x \in \mathbb{R}$$

und daher konvergiert μ_{p_n} schwach gegen Exp_1.

Übung 5.3.9 Sei $(X_n)_{n \in \mathbb{N}}$ eine Folge von Zufallsvariablen mit Verteilung

$$X_n \sim \mu_n := \frac{1}{2n}\left(\delta_{-\sqrt{n}} + \delta_{\sqrt{n}}\right) + \left(1 - \frac{1}{n}\right) \mathrm{Unif}_{[-\frac{1}{n}, \frac{1}{n}]}, \qquad n \in \mathbb{N}.$$

Bestimme:

i) den Mittelwert und die Varianz von X_n;

ii) die CHF von X_n und folger, dass $X_n \xrightarrow{d} 0$;

iii) ob X_n auch in L^2 konvergiert.

Lösung

i) *Wir haben*

$$E\,[X_n] \;=\; 0, \quad var(X_n) = \int_{\mathbb{R}} x^2 \mu_n(dx) = 1 + \left(1 - \frac{1}{n}\right)\frac{n}{2}$$

$$\int_{-\frac{1}{n}}^{\frac{1}{n}} x^2 dx \;=\; 1 + \frac{1}{3n^2}\left(1 - \frac{1}{n}\right).$$

ii) *Unter Berücksichtigung des Ausdrucks der gleichförmigen CHF haben wir*

$$\varphi_{X_n}(\eta) = \frac{1}{2n}\left(e^{i\eta\sqrt{n}} + e^{-i\eta\sqrt{n}}\right) + \left(1 - \frac{1}{n}\right)\frac{e^{i\frac{\eta}{n}} - e^{-i\frac{\eta}{n}}}{i\eta\frac{2}{n}} \xrightarrow[n\to\infty]{} 1.$$

Jetzt ist die konstante Funktion 1 die CHF der Dirac-Delta-Funktion zentriert in Null, was die Behauptung durch den Lévy'schen Stetigkeitssatz beweist.

iii) *Es gibt keine Konvergenz in $L^2(\Omega, P)$, weil, wie in Punkt i) gesehen,*

$$\|X_n\|^2_{L^2(\Omega, P)} = var(X_n) \xrightarrow[n\to\infty]{} 1.$$

Anhang A
Dynkins Theoreme

Sei Ω eine generische nicht-leere Menge. Wie bereits in Abschn. 1.4.1 erwähnt, ist es schwierig, eine explizite Darstellung der σ-Algebra $\sigma(\mathscr{A})$ zu geben, die von einer Familie $\mathscr{A}$ von Teilmengen von Ω erzeugt wird. Die Ergebnisse dieses Abschnitts, die eher technischer Natur sind, ermöglichen es uns zu beweisen, dass wenn eine bestimmte Eigenschaft für die Elemente einer Familie $\mathscr{A}$ gilt, dann gilt sie auch für alle Elemente von $\sigma(\mathscr{A})$.

Definition A.0.1 (Monotone Mengenfamilie) Eine Familie $\mathscr{M}$ von Teilmengen von Ω ist eine monotone Familie, wenn sie die folgenden Eigenschaften hat:

i) $\Omega \in \mathscr{M}$;
ii) wenn $A, B \in \mathscr{M}$ und $A \subseteq B$, dann $B \setminus A \in \mathscr{M}$;
iii) wenn $(A_n)_{n \in \mathbb{N}}$ eine *wachsende* Folge von Elementen von $\mathscr{M}$ ist, dann $\bigcup_{n \in \mathbb{N}} A_n \in \mathscr{M}$.

Jede σ-Algebra ist eine monotone Familie, während das Umgekehrte nicht unbedingt zutrifft, da Eigenschaft iii) der „Abschluss bezüglich abzählbarer Vereinigung" nur für wachsende Folgen gilt, d. h., solche, dass $A_n \subseteq A_{n+1}$ für jedes $n \in \mathbb{N}$. Wir haben jedoch das folgende Ergebnis.

Lemma A.0.2 Wenn eine monotone Familie $\mathscr{M}$ $\cap$-abgeschlossen[1] ist, dann ist sie eine σ-Algebra.

Beweis Wenn $\mathscr{M}$ monoton ist, verifiziert sie die ersten beiden Eigenschaften der Definition einer σ-Algebra: es bleibt nur noch ii-b) von Definition 1.1.1 zu beweisen, d. h., dass die abzählbare Vereinigung von Elementen von $\mathscr{M}$ zu $\mathscr{M}$ gehört. Zuerst, seien $A, B \in \mathscr{M}$, da $A \cup B = (A^c \cap B^c)^c$, impliziert die Annahme des Abschlusses bezüglich der Schnittmenge, dass $A \cup B \in \mathscr{M}$. Jetzt, sei $(A_n)_{n \in \mathbb{N}}$ eine Folge von Elementen von $\mathscr{M}$. Nun definieren wir die Folge

---

[1] Das heißt so, dass $A \cap B \in \mathscr{M}$ für alle $A, B \in \mathscr{M}$.

© Der/die Autor(en), exklusiv lizenziert an Springer Nature Switzerland AG 2025
A. Pascucci, *Elementare Wahrscheinlichkeitstheorie I*,
https://doi.org/10.1007/978-3-031-98093-0

$$\bar{A}_n := \bigcup_{k=1}^{n} A_k, \qquad n \in \mathbb{N},$$

die wachsend ist und es gilt nach dem vorig gezeigten $\bar{A}_n \in \mathcal{M}$. Dann schließen wir daraus, dass

$$\bigcup_{n \in \mathbb{N}} A_n = \bigcup_{n \in \mathbb{N}} \bar{A}_n \in \mathcal{M}$$

nach iii) von Definition A.0.1. $\qquad\qquad\qquad\qquad\qquad\qquad\qquad\qquad\qquad\qquad\square$

Wir beobachten, dass die Schnittmenge von monotonen Familien eine monotone Familie ist. Sei $\mathcal{A}$ eine Familie von Teilmengen von Ω. Wir bezeichnen mit $\mathcal{M}(\mathcal{A})$ die Schnittmenge aller monotonen Familien, die $\mathcal{A}$ enthalten: wir sagen, dass $\mathcal{M}(\mathcal{A})$ die *von $\mathcal{A}$ erzeugte monotone Familie* ist, d.h., die kleinste monotone Familie, die $\mathcal{A}$ enthält.

Theorem A.0.3 (Erstes Dynkinsches Theorem) [!] Sei $\mathcal{A}$ eine Familie von Teilmengen von Ω. Wenn $\mathcal{A}$ $\cap$-abgeschlossen ist, dann ist $\mathcal{M}(\mathcal{A}) = \sigma(\mathcal{A})$.

Beweis $\sigma(\mathcal{A})$ ist monoton und daher $\sigma(\mathcal{A}) \supseteq \mathcal{M}(\mathcal{A})$. Umgekehrt, wenn wir beweisen, dass $\mathcal{M}(\mathcal{A})\cap$-abgeschlossen ist, dann folgt aus Lemma A.0.2, dass $\mathcal{M}(\mathcal{A})$ eine σ-Algebra ist und daher $\sigma(\mathcal{A}) \subseteq \mathcal{M}(\mathcal{A})$.

Wir beweisen dann, dass $\mathcal{M}(\mathcal{A})\cap$-abgeschlossen ist. Wir setzen

$$\mathcal{M}_1 = \{A \in \mathcal{M}(\mathcal{A}) \mid A \cap I \in \mathcal{M}(\mathcal{A}), \; \forall I \in \mathcal{A}\},$$

und beweisen, dass $\mathcal{M}_1$ eine monotone Familie ist: da $\mathcal{A} \subseteq \mathcal{M}_1$, folgt daraus $\mathcal{M}(\mathcal{A}) \subseteq \mathcal{M}_1$ und daher $\mathcal{M}(\mathcal{A}) = \mathcal{M}_1$. Wir haben:

 i) $\Omega \in \mathcal{M}_1$;
 ii) für alle $A, B \in \mathcal{M}_1$ mit $A \subseteq B$, haben wir

$$(B \setminus A) \cap I = (B \cap I) \setminus (A \cap I) \in \mathcal{M}(\mathcal{A}), \qquad I \in \mathcal{A},$$

und daher $B \setminus A \in \mathcal{M}_1$;
 iii) sei (A_n) eine wachsende Folge in $\mathcal{M}_1$. Wir bezeichnen durch A die Vereinigung der A_n. Dann haben wir

$$A \cap I = \bigcup_{n \geq 1} (A_n \cap I) \in \mathcal{M}(\mathcal{A}), \qquad I \in \mathcal{A},$$

und daher $A \in \mathcal{M}_1$.

Dies beweist, dass $\mathcal{M}(\mathcal{A}) = \mathcal{M}_1$. Jetzt setzen wir

$$\mathcal{M}_2 = \{A \in \mathcal{M}(\mathcal{A}) \mid A \cap I \in \mathcal{M}(\mathcal{A}), \; \forall I \in \mathcal{M}(\mathcal{A})\}.$$

Wir haben bereits bewiesen, dass $\mathscr{A} \subseteq \mathscr{M}_2$. Außerdem können wir auf ähnliche Weise beweisen, dass $\mathscr{M}_2$ eine monotone Familie ist: es folgt, dass $\mathscr{M}(\mathscr{A}) \subseteq \mathscr{M}_2$ und daher $\mathscr{M}(\mathscr{A}) = \mathscr{M}_2$, d. h., $\mathscr{M}(\mathscr{A})$ ist $\cap$-abgeschlossen. $\square$

Das folgende Ergebnis ist eine direkte Folge von Theorem A.0.3.

Korollar A.0.4 Sei $\mathscr{M}$ eine monotone Familie. Wenn $\mathscr{M}$ eine $\cap$-abgeschlossene Familie $\mathscr{A}$ enthält, dann enthält sie auch $\sigma(\mathscr{A})$.

Als zweites Korollar beweisen wir den Eindeutigkeitsteil von Carathéodorys Theorem 1.4.29 (siehe Bemerkung A.0.6).

Korollar A.0.5 [!] Seien μ, ν endliche Maße auf $(\Omega, \sigma(\mathscr{A}))$, wobei $\mathscr{A}$ eine $\cap$-geschlossene Familie und $\Omega \in \mathscr{A}$. Wenn $\mu(A) = \nu(A)$ für jedes $A \in \mathscr{A}$ dann $\mu = \nu$.

Beweis Sei

$$\mathscr{M} = \{A \in \sigma(\mathscr{A}) \mid \mu(A) = \nu(A)\}.$$

Wir überprüfen, dass $\mathscr{M}$ eine monotone Familie ist: aus Dynkins erstem Theorem wird folgen, dass $\mathscr{M} \supseteq \mathscr{M}(\mathscr{A}) = \sigma(\mathscr{A})$, was die Behauptung beweist.

Von den drei Bedingungen in Definition A.0.1 folgt i) dirket nach Annahme. Was ii) betrifft, wenn $A, B \in \mathscr{M}$ mit $A \subseteq B$ dann haben wir

$$\mu(B \setminus A) = \mu(B) - \mu(A) = \nu(B) - \nu(A) = \nu(B \setminus A)$$

und daher $(B \setminus A) \in \mathscr{M}$. Schließlich, wenn $(A_n)_{n \in \mathbb{N}}$ eine wachsende Folge in $\mathscr{M}$ und $A = \bigcup_{n \in \mathbb{N}} A_n$ ist, dann haben wir durch die Stetigkeit von unten der Maße (vgl. Proposition 1.1.32)

$$\mu(A) = \lim_{n \to \infty} \mu(A_n) = \lim_{n \to \infty} \nu(A_n) = \nu(A)$$

aus dem folgt, dass $A \in \mathscr{M}$ und dies schließt den Beweis ab. $\square$

Bemerkung A.0.6 Der Eindeutigkeitsteil von Carathéodorys Theorem 1.4.29 folgt leicht aus Korollar A.0.5: die Behauptung ist, dass wenn μ, ν σ-endliche Maße auf einer Algebra $\mathscr{A}$ sind und auf $\mathscr{A}$ übereinstimmen, dann stimmen sie auch auf $\sigma(\mathscr{A})$ überein.

Nach Annahme gibt es eine Folge $(A_n)_{n \in \mathbb{N}}$ in $\mathscr{A}$ so dass $\mu(A_n) = \nu(A_n) < \infty$ und $\Omega = \bigcup_{n \in \mathbb{N}} A_n$. Sei $n \in \mathbb{N}$ beliebig fest. Da $\mathscr{A} \cap$-geschlossen ist, ist es mit Hilfe von Korollar A.0.5 einfach zu beweisen, dass

$$\mu(A \cap A_n) = \nu(A \cap A_n), \quad \forall A \in \sigma(\mathscr{A}).$$

Mit Grenzübergang, folgt die These aus der Stetigkeit von unten der Maße.

Definition A.0.7 (Monotone Familie von Funktionen) Eine Familie $\mathscr{H}$ von *beschränkten* Funktionen, definiert auf einer Menge Ω mit Werten in $\mathbb{R}$, ist *monoton* wenn sie die folgenden Eigenschaften hat:

i) $\mathscr{H}$ ist ein reeller Vektorraum;
ii) die konstante Funktion 1 gehört zu $\mathscr{H}$;
iii) wenn $(X_n)_{n \in \mathbb{N}}$ eine Folge von nicht-negativen Funktionen in $\mathscr{H}$ ist, sodass $X_n \nearrow X$ und X beschränkt ist, dann gilt $X \in \mathscr{H}$.

Theorem A.0.8 (Zweites Dynkinsches Theorem) [!] Sei $\mathscr{A}$ eine $\cap$-geschlossene Familie von Teilmengen von Ω. Wenn $\mathscr{H}$ eine monotone Familie ist, die die Indikatorfunktionen von Elementen von $\mathscr{A}$ enthält, dann enthält $\mathscr{H}$ auch alle beschränkten und $\sigma(\mathscr{A})$-messbaren Funktionen.

Beweis Sei

$$\mathscr{M} = \{H \subseteq \Omega \mid \mathbb{1}_H \in \mathscr{H}\}.$$

Nach Annahme, $\mathscr{A} \subseteq \mathscr{M}$ und, unter Verwendung der Tatsache, dass $\mathscr{H}$ eine monotone Familie ist, ist es einfach zu beweisen, dass $\mathscr{M}$ eine monotone Familie von Mengen ist. Dann haben wir $\mathscr{M} \supseteq \mathscr{M}(\mathscr{A}) = \sigma(\mathscr{A})$, wobei die Gleichheit eine Folge von Dynkins erstem Theorem ist. Daher enthält $\mathscr{H}$ die Indikatorfunktionen von Elementen von $\sigma(\mathscr{A})$.

Sei $X \in m\sigma(\mathscr{A})$, nicht-negativ und beschränkt. Dann existiert nach Lemma 2.2.3 eine Folge $(X_n)_{n \in \mathbb{N}}$ von einfachen $\sigma(\mathscr{A})$-messbaren und nicht-negativen Funktionen, sodass $X_n \nearrow X$. Jedes X_n ist eine Linearkombination von Indikatorfunktionen von Elementen von $\sigma(\mathscr{A})$ und gehört daher zu $\mathscr{H}$, da $\mathscr{H}$ ein Vektorraum ist: nach Eigenschaft iii) von $\mathscr{H}$ haben wir, dass $X \in \mathscr{H}$ ist. Schließlich, um zu beweisen, dass jede $\sigma(\mathscr{A})$-messbare und beschränkte Funktion zu $\mathscr{H}$ gehört, ist es ausreichend, sie in die Summe ihrer positiven und negativen Teile zu zerlegen. $\qquad\square$

Anhang B
Absolute Stetigkeit

B.1 Radon-Nikodym-Theorem

In diesem Abschnitt vertiefen wir das Konzept der *absoluten Stetigkeit zwischen Maßen,* von dem wir einen speziellen Fall (absolute Stetigkeit bezüglich des Lebesgue-Maßes) in Abschn. 1.4.5 betrachtet haben. Als Hauptergebnis beweisen wir, dass die Existenz einer Dichte eine notwendige und hinreichende Bedingung für absolute Stetigkeit ist: dies ist der Inhalt des klassischen Radon-Nikodym-Theorems.

Definition B.1.1 Seien $\mu, \nu \, \sigma$-endliche Maße auf $(\Omega, \mathscr{F})$. Wir sagen, dass $\nu \, \mu$-absolut stetig auf $\mathscr{F}$ ist, und wir schreiben $\nu \ll \mu$, wenn jede μ-Nullmenge von $\mathscr{F}$ auch eine ν-Nullmenge ist. Wenn es wichtig ist, die betrachtete σ-Algebra anzugeben, schreiben wir auch

$$\nu \ll_{\mathscr{F}} \mu.$$

Offensichtlich, wenn $\mathscr{F}_1 \subseteq \mathscr{F}_2 \, \sigma$-Algebren sind, dann impliziert $\nu \ll_{\mathscr{F}_2} \mu \, \nu \ll_{\mathscr{F}_1} \mu$, aber das Umgekehrte ist im Allgemeinen nicht wahr.

Beispiel B.1.2 Definition 1.4.18 der absoluten Stetigkeit ist ein spezieller Fall der vorherigen Definition: Tatsächlich, wenn μ eine absolut stetige Verteilung ist, dann ist $\mu(H) = 0$ für jedes $H \in \mathscr{B}$, so dass $\mathrm{Leb}(H) = 0$ oder, mit anderen Worten,

$$\mu \ll_{\mathscr{B}} \mathrm{Leb}$$

das heißt, μ ist absolut stetig in Bezug auf das Lebesgue-Maß.

Theorem B.1.3 (Radon-Nikodym Theorem) [!] Wenn $\mu, \nu \, \sigma$-endliche Maße auf $(\Omega, \mathscr{F})$ sind und $\nu \ll \mu$, dann existiert $g \in m\mathscr{F}^{+}$ so dass

$$\nu(A) = \int_A g \, d\mu, \qquad A \in \mathscr{F}. \tag{B.1}$$

© Der/die Autor(en), exklusiv lizenziert an Springer Nature Switzerland AG 2025

A. Pascucci, *Elementare Wahrscheinlichkeitstheorie I,*

https://doi.org/10.1007/978-3-031-98093-0

Darüber hinaus, wenn $\tilde{g} \in m\mathscr{F}^+$ (B.1) erfüllt, dann ist $g = \tilde{g}$ fast überall in Bezug auf μ. Wir sagen, dass g eine *Dichte* (oder *Radon-Nikodym Ableitung*) von ν in Bezug auf μ ist und wir schreiben

$$d\nu = g d\mu \quad \text{oder} \quad g = \frac{d\nu}{d\mu} \quad \text{oder} \quad g = \frac{d\nu}{d\mu}\big|_{\mathscr{F}}.$$

Bemerkung B.1.4 Seien μ, ν Maße wie in der vorherigen Aussage, definiert auf $(\Omega, \mathscr{F})$, und $f \in m\mathscr{F}^+$: indem wir f mit einer steigenden Folge von einfachen nicht-negativen Funktionen approximieren, wie in Lemma 2.2.3, haben wir dank Beppo Levi's Theorem

$$\int_\Omega f d\nu = \lim_{n \to \infty} \int_\Omega f_n d\nu =$$

(durch (B.1) und mit $\frac{d\nu}{d\mu}$ als Radon-Nikodym Ableitung von ν in Bezug auf μ)

$$= \lim_{n \to \infty} \int_\Omega f_n \frac{d\nu}{d\mu} d\mu =$$

(wieder Anwendung von Beppo Levi's Theorem)

$$= \int_\Omega f \frac{d\nu}{d\mu} d\mu.$$

Daher gilt die folgende Formel für die Änderung des Maßes der Integration

$$\int_\Omega f d\nu = \int_\Omega f \frac{d\nu}{d\mu} d\mu$$

für jedes $f \in m\mathscr{F}^+$.

Beweis von Theorem B.1.3 **[Eindeutigkeit]** Wenn $g, \tilde{g} \in m\mathscr{F}^+$ (B.1) erfüllen, dann haben wir

$$\int_A (g - \tilde{g}) d\mu = 0, \qquad A \in \mathscr{F}. \tag{B.2}$$

Insbesondere, wenn wir $A = \{g - \tilde{g} > 0\} \in \mathscr{F}$ setzen, erhalten wir $\mu(A) = 0$, das heißt $g \leq \tilde{g}\,\mu$-fast überall, denn sonst hätten wir

$$\int_A (g - \tilde{g}) d\mu > 0$$

was (B.2) widerspricht. Ähnlich beweisen wir, dass $g \geq \tilde{g}\,\mu$-fast überall ist.

[Existenz] Zunächst nehmen wir an, dass μ, ν endlich sind. Wir geben einen Beweis basierend auf dem Riesz-Repräsentationstheorem[2] für lineare und stetige Funktionale auf einem Hilbertraum. Betrachte den linearen Operator

$$L(f) := \int_\Omega f \, d\mu$$

definiert auf dem Hilbertraum $L^2(\Omega, \mathscr{F}, \mu + \nu)$ ausgestattet mit dem üblichen inneren Produkt

$$\langle f, g \rangle = \int_\Omega f g \, d(\mu + \nu).$$

Der Operator L ist beschränkt und daher stetig: Tatsächlich, indem wir die Dreiecksungleichung anwenden und dann die Hölder-Ungleichung, haben wir

$$|L(f)| \le \int_\Omega |f| \, d\mu \le \int_\Omega |f| \, d(\mu + \nu) \le \|f\|_{L^2} \sqrt{(\mu + \nu)(\Omega)}.$$

Dann gibt es nach dem Riesz-Repräsentationstheorem ein $\varphi \in L^2(\Omega, \mathscr{F}, \mu + \nu)$, sodass

$$\int_\Omega f \, d\mu = \int_\Omega f \varphi \, d(\mu + \nu), \qquad f \in L^2(\Omega, \mathscr{F}, \mu + \nu). \tag{B.3}$$

Wir beweisen nun, dass $0 < \varphi < 1$ μ-fast überall gilt: Zu diesem Zweck seien $A_0 = \{\varphi < 0\}$, $A_1 = \{\varphi > 1\}$ und $f_i = \mathbb{1}_{A_i} \in L^2(\Omega, \mathscr{F}, \mu + \nu)$, für $i = 0, 1$. Wenn $\mu(A_i) > 0$ gelte, hätten wir aus (B.3)

$$\mu(A_0) = \int_\Omega f_0 \, d\mu = \int_{A_0} \varphi \, d(\mu + \nu) \le \int_{A_0} \varphi \, d\mu < 0,$$

$$\mu(A_1) = \int_\Omega f_1 \, d\mu = \int_{A_1} \varphi \, d(\mu + \nu) \ge \int_{A_1} \varphi \, d\mu > \mu(A_1),$$

was ein Widerspruch ist.

Nun ist (B.3) äquivalent zu

$$\int_\Omega f \varphi \, d\nu = \int_\Omega f (1 - \varphi) \, d\mu, \qquad f \in L^2(\Omega, \mathscr{F}, \mu + \nu),$$

---

[2] **Theorem B.1.5 (Riesz-Repräsentationstheorem).** Wenn L ein linearer und stetiger Operator auf einem Hilbertraum $(\mathbb{H}, \langle \cdot, \cdot \rangle)$ ist, dann existiert genau ein $y \in \mathbb{H}$, sodass

$$L(x) = \langle x, y \rangle, \qquad x \in \mathbb{H}.$$

Für den Beweis von Theorem B.1.5, und allgemeiner für eine einfache, aber vollständige Einführung in Hilberträume, siehe Kap. 4 in [162].

und nach Lemma 2.2.3 und dem Satz von Beppo Levi (der gilt, da $0 < \varphi < 1\mu$-fast überall und daher auch ν-fast überall), erstreckt sich diese Gleichheit auf jedes $f \in m\mathscr{F}^+$. Insbesondere für $f = \frac{\mathbb{1}_A}{\varphi}$ erhalten wir

$$\nu(A) = \int_A \frac{1-\varphi}{\varphi} d\mu, \qquad A \in \mathscr{F}.$$

Dies beweist die Behauptung mit $g = \frac{1-\varphi}{\varphi} \in m\mathscr{F}^+$.

Betrachte nun den allgemeinen Fall, in dem $\mu, \nu\,\sigma$-endlich sind. Dann gibt es eine wachsende Folge $(A_n)_{n\in\mathbb{N}}$ in $\mathscr{F}$, die Ω abdeckt und so ist, dass $(\mu + \nu)(A_n) < \infty$ für jedes $n \in \mathbb{N}$. Betrachte die endlichen Maße

$$\mu_n(A) := \mu(A \cap A_n), \quad \nu_n(A) := \nu(A \cap A_n), \qquad A \in \mathscr{F},\, n \in \mathbb{N}.$$

Es ist leicht zu sehen, dass $\nu_n \ll \mu_n$ und daher gibt es $g_n \in m\mathscr{F}^+$ so dass $\nu_n = g_n d\mu_n$. Darüber hinaus sehen wir in dem Beweis der Eindeutigkeit, dass $g_n = g_m$ auf A_n für $n \leq m$. Betrachte dann $g \in m\mathscr{F}^+$ definiert durch $g = g_n$ auf A_n. Für jedes $A \in \mathscr{F}$ haben wir

$$\nu(A \cap A_n) = \nu_n(A) = \int_A g_n d\mu_n = \int_{A \cap A_n} f d\mu$$

und die Behauptung folgt durch den Grenzübergang für $n \to +\infty$. $\qquad\square$

B.2 Darstellung von offenen Mengen in $\mathbb{R}$

Lemma B.2.1 Jede offene Teilmenge A von $\mathbb{R}$ kann als abzählbare Vereinigung disjunkter offener Intervalle geschrieben werden:

$$A = \biguplus_{n \geq 1}]a_n, b_n[. \tag{B.4}$$

Beweis Sei A eine offene Menge in $\mathbb{R}$. Für jedes $x \in A$ definieren wir

$$a_x = \inf\{a \in \mathbb{R} \mid \text{es existiert ein } b \text{ so dass } x \in]a_x, b[\subseteq A\} \quad \text{und}$$
$$b_x = \sup\{b \in \mathbb{R} \mid]a_x, b[\subseteq A\}.$$

Dann ist klar, dass $x \in I_x :=]a_x, b_x[\subseteq A$. Andererseits, wenn $x, y \in A$ und $x \neq y$, dann entweder $I_x \cap I_y = \emptyset$ oder $I_x \equiv I_y$. Tatsächlich, wenn zum Zwecke des Widerspruchs $I_x \cap I_y \neq \emptyset$ und $I_x \neq I_y$, dann wäre $I := I_x \cup I_y$ ein offenes Intervall, das in A enthalten ist und so dass $x \in I_x \subset I$: dies würde der Definition von a_x und b_x widersprechen.

Wir haben daher bewiesen, dass A als Vereinigung disjunkter offener Intervalle geschrieben werden kann: jedes von ihnen enthält eine andere rationale Zahl und ist daher eine abzählbare Vereinigung. $\qquad\square$

Bemerkung B.2.2 [!] Als Folge von Lemma B.2.1, haben wir, dass wenn μ eine Verteilung auf $\mathbb{R}$ ist und A eine offene Menge ist, dann haben wir durch (B.4)

$$\mu(A) = \sum_{n \geq 1} \mu(]a_n, b_n[).$$

Mit diesem Ergebnis kommen wir kombiniert mit Korollar 1.4.10 zu dem Schluss, dass zwei Verteilungen μ_1 und μ_2 auf $\mathbb{R}$ genau dann gleich sind, wenn $\mu_1(I) = \mu_2(I)$ für jedes offene Intervall I.

Lemma B.2.1 lässt sich nicht auf den mehrdimensionalen Fall verallgemeinern (oder gar auf den Fall eines generischen metrischen Raums). Es wäre natürlich, die Intervalle von $\mathbb{R}$ durch Scheiben zu ersetzen. Allerdings, indem wir dies tun, wird das Ergebnis sogar in Dimension eins falsch (zumindest wenn wir annehmen, dass der Radius der Scheiben endlich sein muss): betrachte zum Beispiel $A =]0, +\infty[$. Ebenso ist eine disjunkte Vereinigung von offenen Scheiben in $\mathbb{R}^2$ genau dann eine zusammenhängende Menge, wenn er aus einer einzigen Scheibe besteht: daher gibt es keine Hoffnung, eine generische zusammenhängende offene Menge in $\mathbb{R}^2$ als abzählbare Vereinigung von disjunkten offenen Scheiben darzustellen.

Im Beweis von Lemma B.2.1 haben wir die Dichte der rationalen Zahlen in $\mathbb{R}$ verwendet: angesichts der Feinheit der Argumente, muss man vorsichtig sein mit dem, was intuitiv erscheint, wie das folgende zeigt

Beispiel B.2.3 Sei $(x_n)_{n \in \mathbb{N}}$ eine Aufzählung der Punkte von $H :=]0, 1[\cap \mathbb{Q} \in \mathscr{B}$. Wähle $\varepsilon \in]0, 1[$ beliebig fest. Sei weiterhin $(r_n)_{n \in \mathbb{N}}$ eine Folge von positiven reellen Zahlen, sodass die Reihe

$$\sum_{n \geq 1} r_n < \frac{\varepsilon}{2}.$$

Wir definieren

$$A := \bigcup_{n \geq 1}]x_n - r_n, x_n + r_n[\cap]0, 1[.$$

Dann ist A offen, $H \subseteq A$ und durch Subadditivität (vgl. Proposition 1.1.22-ii))

$$\text{Leb}(A) \leq \sum_{n \geq 1} \text{Leb}(]x_n - r_n, x_n + r_n[) < \varepsilon.$$

Es folgt auch, dass A streng in $]0, 1[$ enthalten ist (weil es Lebesgue-Maß kleiner als 1 hat) obwohl es offen und dicht in $]0, 1[$ ist.

B.3   Differenzierbarkeit von Integralfunktionen

Der Ausgangspunkt der Ergebnisse in diesem Abschnitt ist der klassische Satz von
Lebesgue über die Differenzierbarkeit von monotonen Funktionen.

Theorem B.3.1 (Lebesgue) [!!] Jede monoton steigende Funktion

$$F : [a, b] \longrightarrow \mathbb{R}$$

ist fast überall differenzierbar und

$$\int_a^b F'(x)dx \leq F(b) - F(a). \tag{B.5}$$

Die Ungleichung in (B.5) kann streng sein (man denke an stückweise konstante
Funktionen): die Cantor-Vitali-Funktion des Beispiels 1.4.36 ist monoton, *stetig* und
erfüllt (B.5) mit einer strengen Ungleichung.

Der Standardbeweis von Theorem B.3.1 basiert auf dem Vitali'schen Überde-
ckungssatz und kann in [12], Theorem 14.18 gefunden werden. Ein weiterer di-
rekterer Beweis, aber unter der zusätzlichen Annahme der Stetigkeit, ist auf Riesz
zurückzuführen (vgl. Abschn. 1.3 in [157]).

Proposition B.3.2 Wenn $\gamma \in L^1([a, b])$ und

$$\int_a^x \gamma(t)dt = 0 \quad \text{für jedes } x \in [a, b],$$

dann ist $\gamma = 0$ fast überall.

Beweis Nach Annahme haben wir

$$\int_{x_0}^x \gamma(t)dt = \int_a^x \gamma(t)dt - \int_a^{x_0} \gamma(t)dt = 0 \quad a \leq x_0 < x \leq b.$$

Außerdem kann jede offene Menge $A \subseteq [a, b]$ nach Lemma B.2.1 in der Form (B.4)
geschrieben werden und daher

$$\int_A \gamma(t)dt = \sum_{n=1}^\infty \int_{a_n}^{b_n} \gamma(t)dt = 0. \tag{B.6}$$

Nun sei $H \in \mathscr{B}$ mit $H \subseteq [a, b]$: nach Proposition 1.4.9 über die Regularität von
Borel-Maßen, gibt es für jedes $n \in \mathbb{N}$ eine offene Menge A_n, sodass $H \subseteq A_n$ und
$\text{Leb}(A_n \setminus H) \leq \frac{1}{n}$. Dann haben wir

$$\int_H \gamma(t)dt = \int_{A_n} \gamma(t)dt - \int_{A_n \setminus H} \gamma(t)dt =$$

(nach (B.6))

$$= -\int_{A_n \setminus H} \gamma(t)dt \xrightarrow[n \to +\infty]{} 0$$

nach dem Satz der majorisierten Konvergenz. Daher ist $\int_H \gamma(t)dt = 0$ für jedes $H \in \mathscr{B}$.

Dann sei für jedes $n \in \mathbb{N} H_n = \{x \in [a,b] \mid \gamma(x) \geq \frac{1}{n}\} \in \mathscr{B}$: wir haben

$$0 = \int_{H_n} \gamma(t)dt \geq \frac{\mathrm{Leb}(H_n)}{n}$$

woraus folgt, dass $\mathrm{Leb}(H_n) = 0$ und daher auch

$$\{x \in [a,b] \mid \gamma(x) > 0\} = \bigcup_{n=1}^{\infty} H_n$$

Lebesgue-Maß null hat, d.h., $\gamma \leq 0$ fast überall. Ebenso beweisen wir, dass $\gamma \geq 0$ fast überall ist und dies schließt den Beweis ab. $\qquad\qquad\square$

Proposition B.3.3 Wenn

$$F(x) = F(a) + \int_a^x \gamma(t)dt, \qquad x \in [a,b],$$

mit $\gamma \in L^1([a,b])$, dann ist $F' = \gamma$ fast überall.

Beweis Ohne Einschränkung der Allgemeinheit können wir annehmen, dass $\gamma \geq 0$ fast überall (und daher ist F monoton steigend). Zunächst stellen wir fest, dass F stetig ist, da[3]

$$F(x+h) - F(x) = \int_x^{x+h} \gamma(t)dt \xrightarrow[h \to 0]{} 0$$

nach dem Satz der majorisierten Konvergenz.

Zunächst nehmen wir an, dass $\gamma \in L^\infty$: dann haben wir

$$\left| \frac{F(x+h) - F(x)}{h} \right| = \left| \frac{1}{h} \int_x^{x+h} \gamma(t)dt \right| \leq \|\gamma\|_\infty$$

---

[3] Wenn $h < 0$ definieren wir

$$\int_x^{x+h} \gamma(t)dt = -\int_{x+h}^x \gamma(t)dt.$$

und andererseits haben wir nach Lebesgues Theorem B.3.1, da F monoton steigend ist, dass es

$$\lim_{h \to 0} \frac{F(x+h) - F(x)}{h} = F'(x) \quad \text{fast überall}$$

gibt. Daher haben wir wieder durch den Satz der majorisierten Konvergenz, für $a < x_0 < x < b$

$$\int_{x_0}^{x} F'(t)dt = \lim_{h \to 0} \int_{x_0}^{x} \frac{F(t+h) - F(t)}{h} dt$$

$$= \lim_{h \to 0} \frac{1}{h} \left(\int_{x}^{x+h} F(t)dt - \int_{x_0}^{x_0+h} F(t)dt \right)$$

(da F stetig ist)

$$= F(x) - F(x_0).$$

Daraus folgt, dass

$$\int_{a}^{x} \big(F'(t) - \gamma(t)\big) dt = 0, \qquad x \in [a, b]$$

und daher, nach Proposition B.3.2, $F' = \gamma$ fast überall.

Betrachte nun den Fall, in dem $\gamma \in L^1([a, b])$. Für $n \in \mathbb{N}$, betrachte die Folge

$$\gamma_n(t) = \begin{cases} \gamma(t) & \text{wenn } 0 \le \gamma(t) \le n, \\ 0 & \text{wenn } \gamma(t) > n. \end{cases}$$

Dann haben wir $F = F_n + G_n$, wobei

$$F_n(x) = \int_{a}^{x} \gamma_n(t)dt, \qquad G_n(x) = \int_{a}^{x} \big(\gamma(t) - \gamma_n(t)\big) dt.$$

Einerseits ist G_n eine wachsende Funktion (und daher f.ü. differenzierbar mit $G_n' \ge 0$), da $\gamma - \gamma_n \ge 0$ und andererseits, wie gerade bewiesen, gibt es $F_n' = \gamma_n$ f.ü. Daher haben wir

$$F' = \gamma_n + G' \ge \gamma_n \quad \text{f.ü.}$$

und, wenn wir den Grenzwert für $n \to \infty$ nehmen, $F' \ge \gamma$ f.ü. Dann haben wir

$$\int_{a}^{b} F'(t)dt \ge \int_{a}^{b} \gamma(t)dt = F(b) - F(a).$$

Aber die entgegengesetzte Ungleichung ergibt sich aus Lebesgues Theorem B.3.1 (siehe (B.5)) und daher

$$\int_a^b F'(t)dt = F(b) - F(a).$$

Dann haben wir immer noch

$$\int_a^b \big(F'(t) - \gamma(t)\big)\, dt = 0$$

und, da $F' \geq \gamma$ f.ü., schließen wir, dass $F' = \gamma$ f.ü. $\qquad\square$

B.4 Absolut stetige Funktionen

Definition B.4.1 (Absolut stetige Funktion) Wir sagen, dass

$$F : [a, b] \longrightarrow \mathbb{R}$$

absolut stetig ist, und wir schreiben $F \in \mathrm{AC}([a, b])$, wenn es für jedes $\varepsilon > 0$ ein $\delta > 0$ gibt, so dass

$$\sum_{n=1}^{N} |F(b_n) - F(a_n)| < \varepsilon \tag{B.7}$$

für jede Wahl einer endlichen Anzahl disjunkter Intervalle $[a_n, b_n] \subseteq [a, b]$ gilt, so dass

$$\sum_{n=1}^{N} (b_n - a_n) < \delta.$$

Übung B.4.2 Beweise, dass wenn $F \in \mathrm{AC}([a, b])$, dann existiert für jedes $\varepsilon > 0$ ein $\delta > 0$, sodass

$$\sum_{n=1}^{\infty} |F(b_n) - F(a_n)| < \varepsilon$$

für jede Folge von disjunkten Intervallen $[a_n, b_n] \subseteq [a, b]$ gilt, sodass

$$\sum_{n=1}^{\infty} (b_n - a_n) < \delta.$$

Die Bedeutung von absolut stetigen Funktionen liegt in der Tatsache, dass *sie die Funktionen sind, für die der Hauptsatz der Differential- und Integralrechnung gilt.* Das Hauptergebnis dieses Abschnitts ist das folgende

Theorem B.4.3 [!] Eine Funktion F ist genau dann absolut stetig auf $[a, b]$, wenn F fast überall differenzierbar mit $F' \in L^1([a, b])$ ist und

$$F(x) = F(a) + \int_a^x F'(t)dt, \qquad x \in [a, b].$$

Wir stellen einige vorläufige Ergebnisse für den Beweis von Theorem B.4.3 auf.

Definition B.4.4 (Funktion von beschränkter Variation) Wir sagen, dass

$$F : [a, b] \longrightarrow \mathbb{R}$$

beschränkte Variation hat, und wir schreiben $F \in \mathrm{BV}([a, b])$, wenn

$$\bigvee_a^b (F) := \sup_{\sigma \in \mathscr{P}_{[a,b]}} \sum_{k=1}^q |F(t_k) - F(t_{k-1})| < \infty$$

wobei $\mathscr{P}_{[a,b]}$ die Menge der Partitionen σ des Intervalls $[a, b]$ bezeichnet, das heißt die Auswahl einer endlichen Anzahl von Punkten $\sigma = \{t_0, t_1, \ldots, t_q\}$, sodass

$$a = t_0 < t_1 < \cdots < t_q = b.$$

Eine Darstellung der Hauptergebnisse über Funktionen mit beschränkter Variation kann in [111] gefunden werden. Hier erinnern wir nur daran, dass für jedes $F \in \mathrm{BV}([a, b])$

$$\bigvee_a^b (F) = \bigvee_a^c (F) + \bigvee_c^b (F), \qquad c \in {]a, b[} \tag{B.8}$$

gilt und außerdem kann F als Differenz von *monoton steigenden* Funktionen in der folgenden Weise geschrieben werden: für $x \in [a, b]$

$$F(x) = u(x) - v(x), \qquad u(x) := \bigvee_a^x (F), \quad v(x) := u(x) - F(x). \tag{B.9}$$

Lemma B.4.5 Wenn $F \in \mathrm{AC}([a, b])$, dann $F \in \mathrm{BV}([a, b])$ und in der Zerlegung (B.9) sind die Funktionen u, v monoton steigend und absolut stetig.

Beweis Da $F \in \mathrm{AC}([a, b])$, gibt es ein $\delta > 0$, sodass

$$\sum_{n=1}^N |F(b_n) - F(a_n)| < 1$$

für jede Auswahl einer endlichen Anzahl von disjunkten Intervallen $[a_n, b_n] \subseteq [a, b]$ gilt, sodass

$$\sum_{n=1}^N (b_n - a_n) < \delta.$$

Dies impliziert, dass $F \in$ BV auf jedem Teilintervall von $[a, b]$ von Länge kleiner oder gleich δ ist. Dann folgt aus (B.8), dass $F \in$ BV$([a, b])$, indem man $[a, b]$ in eine endliche Anzahl von Intervallen von Länge kleiner oder gleich δ teilt.

Nun beweisen wir, dass $u \in$ AC$([a, b])$ (und daher auch $v \in$ AC$([a, b])$). Nach Annahme, $F \in$ AC$([a, b])$ und daher gibt es für ein gegebenes $\varepsilon > 0$ ein $\delta > 0$ wie in Definition B.4.1. Seien $[a_n, b_n] \subseteq [a, b]$, $n = 1, \ldots, N$, disjunkte Intervalle so dass

$$\sum_{n=1}^{N} (b_n - a_n) < \delta.$$

Wir haben

$$\sum_{n=1}^{N} (u(b_n) - u(a_n)) = \sum_{n=1}^{N} \bigvee_{a_n}^{b_n} (F) = \sum_{n=1}^{N} \sup_{\sigma \in \mathscr{P}_{[a_n,b_n]}} \sum_{k=1}^{q_n} \left| F(t_{n,k}) - F(t_{n,k-1}) \right| < \varepsilon$$

da, basierend auf (B.7),

$$\sum_{n=1}^{N} \sum_{k=1}^{q_n} \left| F(t_{n,k}) - F(t_{n,k-1}) \right| < \varepsilon$$

für jede Partition $(t_{n,0}, \ldots, t_{n,q_n}) \in \mathscr{P}_{[a_n,b_n]}$ gilt. $\square$

Beweis von Theorem B.4.3 Wenn F eine Darstellung

$$F(x) = F(a) + \int_a^x \gamma(t) dt, \qquad x \in [a, b],$$

mit $\gamma \in L^1([a, b])$ hat, dann ist F offensichtlich absolut stetig durch den Satz der majorisierten Konvergenz. Außerdem ist $F' = \gamma$ fast überall durch Proposition B.3.3.

Beweis von Theorem B.4.3 Wenn F eine Darstellung

$$F(x) = F(a) + \int_a^x \gamma(t) dt, \qquad x \in [a, b],$$

mit $\gamma \in L^1([a, b])$ hat, dann ist F offensichtlich absolut stetig nach dem Satz der majorisierten Konvergenz. Außerdem gilt $F' = \gamma$ f.ü. nach Proposition B.3.3.

Umgekehrt, wenn $F \in$ AC$([a, b])$ ist, können wir nach Lemma B.4.5 ohne Beschränkung der Allgemeinheit annehmen, dass F monoton steigend ist. Dann können wir das Maß μ_F betrachten, das wie in Theorem 1.4.33-i) wie folgt definiert ist:

$$\mu_F (]x, y]) = F(y) - F(x), \qquad a \le x < y \le b.$$

Wir müssen beweisen, dass μ_F absolut stetig bezüglich des Lebesgue-Maßes ist, d. h., $\mu_F \ll$ Leb. Betrachte $B \in \mathscr{B}$ mit $\mathrm{Leb}(B) = 0$: nach der Definition des Lebesgue-Maßes[4], gibt es für jedes $\delta > 0$ eine Folge $(]a_n, b_n])_{n \in \mathbb{N}}$ disjunkter Intervalle, so dass

$$A \supseteq B, \qquad \mathrm{Leb}(A) < \delta, \qquad A := \bigcup_{n=1}^{\infty}]a_n, b_n]). \tag{B.10}$$

Folglich gibt es für jedes $\varepsilon > 0$ ein $\delta > 0$ und ein A wie in (B.10), für das

$$\mu_F(B) \le \mu_F(A \cap [a, b]) \le \varepsilon$$

gilt, wobei die erste Ungleichung auf der Monotonie von μ_F beruht und die zweite darauf, dass $F \in AC([a, b])$ und $\mathrm{Leb}(A) < \delta$ ist (vgl. Übung B.4.2). Da ε beliebig war, folgt, dass $\mu_F(B) = 0$ und daher $\mu_F \ll$ Leb.

Nach dem Satz von Radon-Nikodym B.1.3 gibt es ein $\gamma \in L^1([a, b])$, sodass

$$F(x) - F(a) = \mu_F(]a, x]) = \int_a^x \gamma(t)dt, \qquad x \in [a, b],$$

und dank Satz B.3.3 schließen wir, dass $F' = \gamma$ fast überall. $\qquad\qquad \square$

---

[4] Wir erinnern daran, dass (vgl. (1.57))

$$\mathrm{Leb}(B) = \inf\{\mathrm{Leb}(A) \mid B \subseteq A \in \mathscr{U}\}$$

wobei $\mathscr{U}$ die Familie der abzählbaren Vereinigungen disjunkter Intervalle der Form $]a, b]$ bezeichnet.

Anhang C
Gleichgradige Integrierbarkeit

Wir führen ein nützliches Werkzeug zur Analyse von Folgen von Zufallsvariablen ein: den Vitali-Satz. Er erweitert den Satz der majorisierten Konvergenz. In diesem Abschnitt ist $X = (X_t)_{t \in I}$ eine Familie von Zufallsvariablen auf dem Raum $(\Omega, \mathscr{F}, P)$ mit Werten in $\mathbb{R}^d$, wobei I eine beliebige Menge von Indizes ist: wir bezeichnen X als einen *stochastischen Prozess*.

Definition C.0.1 (Gleichgradige Integrierbarkeit) Ein stochastischer Prozess $(X_t)_{t \in I}$ auf dem Raum $(\Omega, \mathscr{F}, P)$ ist *gleichgradig integrierbar*, wenn

$$\lim_{R \to \infty} \sup_{t \in I} E\left[|X_t| \mathbb{1}_{(|X_t| \geq R)}\right] = 0, \tag{C.1}$$

oder anders ausgedrückt, wenn für jedes $\varepsilon > 0$ ein $R > 0$ existiert, so dass $E\left[|X_t| \mathbb{1}_{(|X_t| \geq R)}\right] < \varepsilon$ für jedes $t \in I$.

Theorem C.0.2 (Vitali's Konvergenzsatz) Wenn $X_n \xrightarrow{\text{a.s.}} X$ und $(X_n)_{n \in \mathbb{N}}$ gleichgradig integrierbar ist, dann gilt $X_n \xrightarrow{L^1} X$.

Beweis Wir beweisen die Behauptung im Fall $X = 0$. Für ein festes $\varepsilon > 0$ gibt es ein $R > 0$, sodass $E\left[|X_n| \mathbb{1}_{(|X_n| \geq R)}\right] < \frac{\varepsilon}{2}$ für jedes $n \in \mathbb{N}$; außerdem gibt es durch den Satz der majorisierten Konvergenz ein $\bar{n}$, das von ε und R abhängt, so dass $E\left[|X_n| \mathbb{1}_{(|X_n| < R)}\right] < \frac{\varepsilon}{2}$ für jedes $n \geq \bar{n}$. Schlussendlich,

$$E\left[|X_n|\right] = E\left[|X_n| \mathbb{1}_{(|X_n| \geq R)}\right] + E\left[|X_n| \mathbb{1}_{(|X_n| < R)}\right] < \varepsilon$$

für jedes $n \geq \bar{n}$.

Wir werden gleich in Korollar C.0.5 sehen, dass die Summe von gleichgradig integrierbaren Prozessen gleichgradig integrierbar ist. Daher genügt es, den Prozess $Y_n = X_n - X$ zu betrachten, der gleichgradig integrierbar ist und für den $Y_n \xrightarrow{\text{a.s.}} 0$ gilt. $\qquad\square$

© Der/die Autor(en), exklusiv lizenziert an Springer Nature Switzerland AG 2025

A. Pascucci, *Elementare Wahrscheinlichkeitstheorie I*,

https://doi.org/10.1007/978-3-031-98093-0

Wir geben eine Charakterisierung der gleichgradig Integrierbarkeit.

Definition C.0.3 (Uniforme absolute Stetigkeit) Ein Prozess $(X_t)_{t\in I}$ auf dem Raum $(\Omega, \mathscr{F}, P)$ ist *uniform absolut stetig,* wenn für jedes $\varepsilon > 0$ ein $\delta > 0$ existiert, so dass $E\left[|X_t|\mathbb{1}_A\right] < \varepsilon$ für jedes $t \in I$ und $A \in \mathscr{F}$ gilt, so dass $P(A) < \delta$.

Proposition C.0.4 Die folgenden Eigenschaften sind äquivalent:

i)   der Prozess $(X_t)_{t\in I}$ ist gleichgradig integrierbar;
ii) der Prozess $(X_t)_{t\in I}$ ist gleichmäßig absolut stetig und $\sup\limits_{t\in I} E\left[|X_t|\right] < \infty$.

Beweis Wenn $(X_t)_{t\in I}$ gleichgradig integrierbar ist, existiert $R > 0$, so dass

$$\sup_{t\in I} E\left[|X_t|\mathbb{1}_{(|X_t|\geq R)}\right] \leq 1.$$

Dann haben wir

$$E\left[|X_t|\right] \leq 1 + E\left[|X_t|\mathbb{1}_{(|X_t|\leq R)}\right] \leq 1 + R.$$

Ebenso, gegeben $\varepsilon > 0$, existiert R, so dass $E\left[|X_t|\mathbb{1}_{(|X_t|\geq R)}\right] < \frac{\varepsilon}{2}$ für jedes $t \in I$: dann für jedes $A \in \mathscr{F}$ mit $P(A) < \frac{\varepsilon}{2R}$, haben wir

$$E\left[|X_t|\mathbb{1}_A\right] = E\left[|X_t|\mathbb{1}_{A\cap(|X_t|\geq R)}\right] + E\left[|X_t|\mathbb{1}_{A\cap(|X_t|<R)}\right] < \frac{\varepsilon}{2} + RP(A) < \varepsilon.$$

Umgekehrt, nach Annahme, gegeben $\varepsilon > 0$, existiert $\delta > 0$, so dass $E\left[|X_t|\mathbb{1}_A\right] < \varepsilon$ für jedes $t \in I$ und $A \in \mathscr{F}$ mit $P(A) < \delta$. Nach Markovs Ungleichung existiert R, so dass

$$P(|X_t| \geq R) \leq \frac{1}{R} \sup_{t\in I} E\left[|X_t|\right] < \delta$$

und folglich

$$E\left[|X_t|\mathbb{1}_{(|X_t|\geq R)}\right] < \varepsilon$$

für jedes $t \in I$. $\square$

Korollar C.0.5 Wenn $(X_t)_{t\in I}$ und $(Y_t)_{t\in I}$ gleichgradig integrierbar sind, dann ist $(X_t + Y_t)_{t\in I}$ gleichgradig integrierbar.

Beweis Mit der Charakterisierung, die in Proposition C.0.4 gegeben ist, ist die Überprüfung der Behauptung einfach. $\square$

Wir geben nun einige Beispiele.

Proposition C.0.6 Wenn es ein $Y \in L^1(\Omega, P)$ gibt, so dass $|X_t| \leq Y$ für jedes $t \in I$, dann ist $(X_t)_{t\in I}$ gleichgradig integrierbar.

Beweis Durch die absolute Stetigkeit der Erwartung (Korollar 2.2.13) gibt es für jedes $\varepsilon > 0$ ein $\delta > 0$, so dass $E\left[|Y|\mathbb{1}_A\right] < \varepsilon$ für jedes $A \in \mathscr{F}$, so dass $P(A) < \delta$. Nun haben wir nach Markovs Ungleichung

$$P(|X_t| \geq R) \leq \frac{E\left[|X_t|\right]}{R} \leq \frac{E\left[|Y|\right]}{R} < \delta, \qquad \text{wenn } R > \frac{E\left[|Y|\right]}{\delta}.$$

Dann

$$E\left[|X_t|\mathbb{1}_{(|X_t| \geq R|)}\right] \leq E\left[|Y|\mathbb{1}_{(|X_t| \geq R|)}\right] < \varepsilon.$$

$\square$

Aus Proposition C.0.6 folgern wir, dass:

- ein Prozess, der aus einer einzigen Zufallsvariable $X \in L^1(\Omega, P)$ besteht, ist gleichgradig integrierbar;
- der Satz der majorisierten Konvergenz ist ein Korollar des Vitali'schen Satzes.

Proposition C.0.7 Sei $X \in L^1(\Omega, \mathscr{F}, P)$ und $(\mathscr{F}_t)_{t \in I}$ eine Familie von Unter-σ-Algebren von $\mathscr{F}$. Der Prozess definiert durch $X_t = E\left[X \mid \mathscr{F}_t\right]$ ist gleichgradig integrierbar.

Beweis Der Beweis ähnelt dem von Lemma C.0.6. Fixiere $\varepsilon > 0$, lasse $\delta > 0$ so sein, dass $E\left[|X|\mathbb{1}_A\right] < \varepsilon$ für jedes $A \in \mathscr{F}$, so dass $P(A) < \delta$. Durch Kombination der Markov und Jensen Ungleichungen erhalten wir

$$P(|X_t| \geq R) \leq \frac{E\left[|X_t|\right]}{R} \leq \frac{E\left[|X|\right]}{R} < \delta, \qquad \text{wenn } R > \frac{E\left[|X|\right]}{\delta}.$$

Wiederum, durch Jensens Ungleichung, haben wir

$$E\left[|X_t|\mathbb{1}_{(|X_t| \geq R)}\right] \leq E\left[E\left[|X| \mid \mathscr{F}_t\right]\mathbb{1}_{(|X_t| \geq R)}\right] =$$

(durch die Eigenschaften der bedingten Erwartung, da $\mathbb{1}_{(|X_t| \geq R)} \in b\mathscr{F}_t$)

$$= E\left[|X|\mathbb{1}_{(|X_t| \geq R)}\right] < \varepsilon.$$

$\square$

Bemerkung C.0.8 [!] Proposition C.0.7 findet häufige Anwendung in der Analyse der Konvergenz spezifischer stochastischer Prozesse, die als *Martingale* bekannt sind. Die typische Situation ist, wenn es eine Folge $(X_n)_{n \in \mathbb{N}}$ gibt, die *punktweise* konvergiert; wenn X_n die Form $X_n = E\left[X \mid \mathscr{F}_n\right]$ für ein bestimmtes $X \in L^1(\Omega, P)$ und eine Familie $(\mathscr{F}_n)_{n \in \mathbb{N}}$ von Unter-σ-Algebren von $\mathscr{F}$ hat, dann impliziert Proposition C.0.7, dass $(X_n)_{n \in \mathbb{N}}$ gleichgradig integrierbar ist. Dann stellt Vitalis Konvergenzsatz sicher, dass $(X_n)_{n \in \mathbb{N}}$ auch in der L^1-Norm konvergiert.

Proposition C.0.9 Wenn es eine wachsende Funktion

$$\varphi : \mathbb{R}_{\geq 0} \longrightarrow \mathbb{R}_{\geq 0}$$

gibt, so dass $\lim\limits_{r \to +\infty} \frac{\varphi(r)}{r} = +\infty$ und $\sup\limits_{t \in I} E\left[\varphi(|X_t|)\right] < \infty$ dann ist $(X_t)_{t \in I}$ gleichgradig integrierbar.

Beweis Für jedes $\varepsilon > 0$ gibt es ein $r_\varepsilon > 0$, so dass $\frac{\varphi(r)}{r} > \frac{1}{\varepsilon}$ für jedes $r \geq r_\varepsilon$. Dann haben wir für $R > r_\varepsilon$

$$E\left[|X_t| \mathbb{1}_{(|X_t| \geq R)}\right] = E\left[\frac{|X_t|}{\varphi(|X_t|)} \varphi(|X_t|) \mathbb{1}_{(|X_t| \geq R)}\right] \leq \varepsilon \sup_{t \in I} E\left[\varphi(|X_t|)\right].$$

Da ε beliebig war, folgt die Behauptung. $\square$

Bemerkung C.0.10 Sei $p > 1$. Gemäß Proposition C.0.9 mit $\varphi(r) = r^p$, wenn $(X_t)_{t \in I}$ in der Norm $L^p(\Omega, P)$ beschränkt ist, was bedeutet, dass $\sup\limits_{t \in I} E\left[|X_t|^p\right] < \infty$, dann ist sie gleichgradig integrierbar.

Tabellen für die Hauptverteilungen

Name	Symbol	Verteilungsfunktion $\bar{\mu}(k)$	Erwartungswert	Varianz	Charakteristische Funktion	Eigenschaften: siehe Seite
Dirac Delta	δ_{x_0}	$\mathbb{1}_{\{x_0\}}(k)$	x_0	0	$e^{i x_0 \eta}$	61, 68, 128
Bernoulli	Be_p	$\begin{cases} p & \text{wenn } k = 1 \\ 1-p & \text{wenn } k = 0 \end{cases}$	p	$p(1-p)$	$1 + p\left(e^{i\eta} - 1\right)$	63, 104, 129, 191
Gleichverteilung	Unif_n	$\frac{1}{n}\,\mathbb{1}_{I_n}(k)$	$\frac{n+1}{2}$	$\frac{n^2-1}{12}$	$\frac{e^{i\eta}\left(e^{in\eta}-1\right)}{n\left(e^{i\eta}-1\right)}$	63
Binomial	$\mathrm{Bin}_{n,p}$	$\binom{n}{k} p^k (1-p)^{n-k},\, 0 \le k \le n$	np	$np(1-p)$	$\left(1 + p\left(e^{i\eta}-1\right)\right)^n$	27, 63, 105
Poisson	$\mathrm{Poisson}_\lambda$	$\frac{e^{-\lambda}\lambda^k}{k!},\, k \in \mathbb{N}_0$	λ	λ	$e^{\lambda\left(e^{i\eta}-1\right)}$	63, 106, 129, 135, 192
Geometrisch	Geom_p	$p(1-p)^{k-1},\, k \in \mathbb{N}$	$\frac{1}{p}$	$\frac{1-p}{p^2}$	$\frac{p}{e^{-i\eta}-1+p}$	108, 111
Hypergeometrisch	$\mathrm{Hyper}_{n,b,N}$	$\frac{\binom{b}{k}\binom{N-b}{n-k}}{\binom{N}{n}},\, 0 \le k \le n \wedge b$	$\frac{bn}{N}$	$\frac{bn(N-b)(N-n)}{N^2(N-1)}$		28, 110
Gleichverteilung auf $[a,b]$	$\mathrm{Unif}_{[a,b]}$	$\frac{1}{b-a}\,\mathbb{1}_{[a,b]}(x)$	$\frac{a+b}{2}$	$\frac{(b-a)^2}{12}$	$\frac{e^{ib\eta}-e^{ia\eta}}{i\eta(b-a)}$	66, 76, 165
Exponential	Exp_λ	$\lambda e^{-\lambda x}\,\mathbb{1}_{\mathbb{R}_{\ge 0}}$	$\frac{1}{\lambda}$	$\frac{1}{\lambda^2}$	$\frac{\lambda}{\lambda - i\eta}$	66, 69, 114, 111, 137, 195
Normalverteilung	$\mathcal{N}_{\mu,\sigma^2}$	$\frac{1}{\sqrt{2\pi\sigma^2}}e^{-\frac{1}{2}\left(\frac{x-\mu}{\sigma}\right)^2}$	μ	σ^2	$e^{i\mu\eta - \frac{\sigma^2\eta^2}{2}}$	66, 69, 112, 115, 136, 193
Gamma	$\mathrm{Gamma}_{\alpha,\lambda}$	$\frac{\lambda^\alpha e^{-\lambda x}}{\Gamma(\alpha) x^{1-\alpha}}\,\mathbb{1}_{\mathbb{R}>0}(x)$	$\frac{\alpha}{\lambda}$	$\frac{\alpha}{\lambda^2}$	$\left(\frac{\lambda}{\lambda - i\eta}\right)^\alpha$	114, 114, 136, 115
Chi-Quadrat mit n Freiheitsgraden	$\chi^2(n) = \mathrm{Gamma}_{\frac{n}{2},\frac{1}{2}}$	$\frac{1}{2^{\frac{n}{2}}\Gamma\left(\frac{n}{2}\right)}\frac{e^{-\frac{x}{2}}}{x^{1-\frac{n}{2}}}\,\mathbb{1}_{\mathbb{R}>0}(x)$	n	$2n$	$(1 - 2i\eta)^{-\frac{n}{2}}$	193, 115

Literatur

1. A. Agassi, *Open: An Autobiography* (Einaudi, 2011)
2. F. Antonelli, Backward-forward stochastic differential equations. Ann. Appl. Probab. **3**, 777–793 (1993)
3. A. Antonov, T. Misirpashaev, V. Piterbarg, Markovian projection on a heston model. J. Comput. Finance **13**, 23–47 (2009)
4. D. Applebaum, *Lévy processes and stochastic calculus*, Bd. 93 of Cambridge Studies in Advanced Mathematics (Cambridge University Press, Cambridge, 2004)
5. D.G. Aronson, The fundamental solution of a linear parabolic equation containing a small parameter. Ill. J. Math. **3**, 580–619 (1959)
6. P. Baldi, *Introduzione alla probabilit con elementi di statistica – Seconda edizione* (McGraw-Hill, 2012)
7. P. Baldi, *Stochastic calculus*, Universitext (Springer, Cham, 2017). An introduction through theory and exercises
8. M.T. Barlow, One-dimensional stochastic differential equations with no strong solution. J. Lond. Math. Soc. (2), **26**, 335–347 (1982)
9. E. Barucci, S. Polidoro, V. Vespri, Some results on partial differential equations and asian options. Math. Models Methods Appl. Sci. **11**, 475–497 (2001)
10. R.F. Bass, *Probabilistic techniques in analysis*, Probability and its Applications (New York) (Springer, New York, 1995)
11. R.F. Bass, *Stochastic processes*, Bd. 33 of Cambridge Series in Statistical and Probabilistic Mathematics (Cambridge University Press, Cambridge, 2011)
12. R.F. Bass, *Real Analysis for Graduate Students*, 2013. http://bass.math.uconn.edu/real.html
13. R.F. Bass, E. Perkins, A new technique for proving uniqueness for martingale problems. Astérisque **2009**, 47–53 (2010)
14. F. Baudoin, *An introduction to the geometry of stochastic flows* (Imperial College Press, London, 2004)
15. F. Baudoin, *Diffusion processes and stochastic calculus*, EMS Textbooks in Mathematics (European Mathematical Society (EMS), Zürich, 2014)
16. H. Bauer, *Probability theory*, Bd. 23 of De Gruyter Studies in Mathematics (Walter de Gruyter & Co., Berlin, 1996). Translated from the fourth (1991) German edition by Robert B. Burckel and revised by the author
17. M. Beiglböck, W. Schachermayer, B. Veliyev, A short proof of the Doob-Meyer theorem. Stoch. Process. Appl. **122**, 1204–1209 (2012)
18. A. Bensoussan, Stochastic maximum principle for distributed parameter systems. J. Frankl. Inst. **315**, 387–406 (1983)

© Der/die Autor(en), exklusiv lizenziert an Springer Nature Switzerland AG 2025   363
A. Pascucci, *Elementare Wahrscheinlichkeitstheorie I*,
https://doi.org/10.1007/978-3-031-98093-0

19. F. Biagini, M. Campanino, *Elements of probability and statistics*, Bd. 98 of Unitext (Springer, Cham, 2016). An introduction to probability with de Finetti's approach and to Bayesian statistics, Translated from the 2006 Italian original, La Matematica per il 3+2

20. P. Billingsley, *Probability and measure*, Wiley Series in Probability and Mathematical Statistics, 3. Aufl. (Wiley, New York, 1995). A Wiley-Interscience Publication

21. P. Billingsley, *Convergence of probability measures*, Wiley Series in Probability and Statistics: Probability and Statistics, 2. Aufl. (Wiley, New York, 1999). A Wiley-Interscience Publication

22. J.-M. Bismut, Théorie probabiliste du contrôle des diffusions. Mem. Am. Math. Soc., **4**, xiii+130 (1976)

23. T. Bjork, *Arbitrage theory in continuous time*, 2. Aufl. (Oxford University Press, Oxford, 2004)

24. F. Black, M. Scholes, The pricing of options and corporate liabilities. J. Polit. Econ. **81**, 637–654 (1973)

25. R.M. Blumenthal, R.K. Getoor, *Markov processes and potential theory*, Pure and Applied Mathematics, Bd. 29 (Academic Press, New York–London, 1968)

26. A. Borovykh, A. Pascucci, C.W. Oosterlee, Efficient computation of various valuation adjustments under local lévy models. SIAM J. Financ. Math. **9**, 251–273 (2018)

27. P. Brémaud, *Point processes and queues* (Springer, New York–Berlin, 1981). Martingale dynamics, Springer Series in Statistics

28. G. Brunick, S. Shreve, Mimicking an itô process by a solution of a stochastic differential equation. Ann. Appl. Probab. **23**, 1584–1628 (2013)

29. F. Caravenna, P. Dai Pra, *Probabilit – Un'introduzione attraverso modelli e applicazioni* (Springer, 2013)

30. R. Cesari, *Introduzione alla finanza matematica – Seconda edizione* (McGraw-Hill, 2012)

31. N. Champagnat, P.-E. Jabin, Strong solutions to stochastic differential equations with rough coefficients. Ann. Probab. **46**, 1498–1541 (2018)

32. P.-L. Chow, *Stochastic partial differential equations*, Advances in Applied Mathematics, 2. Aufl. (CRC Press, Boca Raton, FL, 2015)

33. K.L. Chung, J.L. Doob, Fields, optionality and measurability. Am. J. Math. **87**, 397–424 (1965)

34. D. Costantini, *Introduzione alla probabilità*, Testi e manuali della scienza contemporanea. Serie di logica matematica (Bollati Boringhieri, 1977)

35. P. Courrège, Générateur infinitésimal d'un semi-groupe de convolution sur $\mathbb{R}^n$, et formule de Lévy-Khinchine. Bull. Sci. Math. (2) **88**, 3–30 (1964)

36. J. C. Cox, *Notes on option pricing I: constant elasticity of variance diffusion*, Working paper (Stanford University, Stanford CA, 1975)

37. J.C. Cox, The constant elasticity of variance option pricing model. J. Portf. Manag. **23**, 15–17 (1997)

38. J.C. Cox, J.E. Ingersoll, S.A. Ross, The relation between forward prices and futures prices. J. Financ. Econ. **9**, 321–346 (1981)

39. D. Criens, P. Pfaffelhuber, T. Schmidt, The martingale problem method revisited. Electron. J. Probab. **28** (2023)

40. A.M. Davie, Uniqueness of solutions of stochastic differential equations. Int. Math. Res. Not. IMRN, (2007), pp. Art. ID rnm124, 26

41. D. Davydov, V. Linetsky, Pricing and hedging path-dependent options under the CEV process. Manag. Sci. **47**, 949–965 (2001)

42. E. De Giorgi, *Valore sapienziale della matematica*, in Dizionario interdisciplinare di Scienza e Fede (Urbaniana University Press, Citt Nuova, 1, 2002), S. 841–848

43. F.M. Dekking, C. Kraaikamp, H.P. Lopuhaä, L.E. Meester, *A modern introduction to probability and statistics*, Springer Texts in Statistics (Springer-Verlag London, Ltd., London, 2005). Understanding why and how

44. F. Delbaen, H. Shirakawa, A note on option pricing for the constant elasticity of variance model. Asia-Pac. Financ. Mark. **9**, 85–99 (2002). https://doi.org/10.1023/A:1022269617674

45. F. Delbaen, H. Shirakawa, A note on option pricing for the constant elasticity of variance model. Asia-Pac. Financ. Mark. **9**, 85–99 (2002)

46. M. Francesco, S. Diop, A. Pascucci, CDS calibration under an extended JDCEV model. Int. J. Comput. Math. **96**, 1735–1751 (2019)

47. M. Di Francesco, A. Pascucci, On a class of degenerate parabolic equations of Kolmogorov type. AMRX Appl. Math. Res. Express **3**, 77–116 (2005)

48. J. Dieudonné, Sur le théorème de Lebesgue-Nikodym. III. Ann. Univ. Grenoble. Sect. Sci. Math. Phys. (N.S.) **23**, 25–53 (1948)

49. J.L. Doob, *Stochastic processes* (Wiley, New York; Chapman & Hall, Limited, London, 1953)

50. D. Duffie, D. Filipović, W. Schachermayer, Affine processes and applications in finance. Ann. Appl. Probab. **13**, 984–1053 (2003)

51. R. Durrett, *Stochastic calculus*, Probability and Stochastics Series (CRC Press, Boca Raton, FL, 1996). A practical introduction

52. R. Durrett, *Essentials of stochastic processes*, Springer Texts in Statistics (Springer, Cham, 2016). Third edition [of MR2933766]

53. R. Durrett, *Probability: theory and examples*, Bd. 49 of Cambridge Series in Statistical and Probabilistic Mathematics (Cambridge University Press, Cambridge, 2019). https://services. math.duke.edu/~rtd/PTE/pte.html

54. V. D'Urso, F. Giusberti, *Esperimenti di psicologia – seconda edizione* (Zanichelli, 2000)

55. N. Karoui, S. Peng, M.C. Quenez, Backward stochastic differential equations in finance. Math. Financ. **7**, 1–71 (1997)

56. K.D. Elworthy, Y. Le Jan, X.-M. Li, *The geometry of filtering*, Frontiers in Mathematics (Birkhäuser, Basel, 2010)

57. L.C. Evans, *Partial differential equations*, Graduate Studies in Mathematics, Bd. 19, 2. Aufl. (American Mathematical Society, Providence, RI, 2010)

58. E.B. Fabes, D.W. Stroock, A new proof of Moser's parabolic Harnack inequality using the old ideas of Nash. Arch. Ration. Mech. Anal. **96**, 327–338 (1986)

59. A.M. Faden, The existence of regular conditional probabilities: necessary and sufficient conditions. Ann. Probab. **13**, 288–298 (1985)

60. E. Fedrizzi, F. Flandoli, Pathwise uniqueness and continuous dependence for SDEs with non-regular drift. Stochastics **83**, 241–257 (2011)

61. P.M.N. Feehan, C.A. Pop, On the martingale problem for degenerate-parabolic partial differential operators with unbounded coefficients and a mimicking theorem for itô processes. Trans. Am. Math. Soc. **367**, 7565–7593 (2015)

62. W. Feller, Zur theorie der stochastischen prozesse. Math. Ann. **113**, 113–160 (1937)

63. W. Feller, *An introduction to probability theory and its applications. Vol. II*, 2. Aufl. (Wiley, New York–London–Sydney, 1971)

64. A. Figalli, Existence and uniqueness of martingale solutions for SDEs with rough or degenerate coefficients. J. Funct. Anal. **254**, 109–153 (2008)

65. H. Fischer, *A history of the central limit theorem*, Sources and Studies in the History of Mathematics and Physical Sciences (Springer, New York, 2011). From classical to modern probability theory

66. F. Flandoli, *Regularity theory and stochastic flows for parabolic SPDEs*, Bd. 9 of Stochastics Monographs (Gordon and Breach Science Publishers, Yverdon, 1995)

67. F. Flandoli, *Random perturbation of PDEs and fluid dynamic models*, Bd. 2015 of Lecture Notes in Mathematics (Springer, Heidelberg, 2011). Lectures from the 40th Probability Summer School held in Saint-Flour, 2010, École d'Été de Probabilités de Saint-Flour. [Saint-Flour Probability Summer School]

68. A. Friedman, *Partial differential equations of parabolic type* (Prentice-Hall, Inc., Englewood Cliffs, N.J., 1964)

69. A. Friedman, *Stochastic differential equations and applications* (Dover Publications, Inc., Mineola, NY, 2006). Two volumes bound as one, Reprint of the 1975 and 1976 original published in two volumes

70. B. Fristedt, N. Jain, N. Krylov, *Filtering and prediction: a primer*, Bd. 38 of Student Mathematical Library (American Mathematical Society, Providence, RI, 2007)
71. M. Fujisaki, G. Kallianpur, H. Kunita, Stochastic differential equations for the non linear filtering problem. Osaka J. Math. **9**, 19–40 (1972)
72. D. Gilbarg, N.S. Trudinger, *Elliptic partial differential equations of second order*, Grundlehren der mathematischen Wissenschaften [Fundamental Principles of Mathematical Sciences], Bd. 224, 2. Aufl. (Springer, Berlin, 1983)
73. P. Glasserman, *Monte Carlo methods in financial engineering*, Bd. 53 of Applications of Mathematics (New York) (Springer, New York, 2004). Stochastic Modelling and Applied Probability
74. P. Glasserman, B. Yu, Number of paths versus number of basis functions in American option pricing. Ann. Appl. Probab. **14**, 2090–2119 (2004)
75. I. Goodfellow, Y. Bengio, A. Courville, *Deep Learning* (MIT Press, 2016). http://www.deeplearningbook.org
76. J. Guyon, P. Henry-Labordère, *Nonlinear option pricing* (CRC Press, Boca Raton, FL, 2014). Chapman & Hall/CRC Financial Mathematics Series
77. I. Gyöngy, Mimicking the one-dimensional marginal distributions of processes having an Itô differential. Probab. Theory Relat. Fields **71**, 501–516 (1986)
78. I. Gyöngy, N.V. Krylov, Existence of strong solutions for Itô's stochastic equations via approximations: revisited. Stoch. Partial Differ. Equ. Anal. Comput. **10**, 693–719 (2022)
79. M. Hairer, *LMS course on Stochastic PDEs* (Imperial College London, 2008). http://www.hairer.org/Teaching.html
80. P.R. Halmos, *Measure Theory* (D. Van Nostrand Company, Inc., New York, N. Y., 1950)
81. S. Heston, A closed-form solution for options with stochastic volatility with applications to bond and currency options. Rev. Financ. Stud. **6**, 327–343 (1993)
82. S.L. Heston, M. Loewenstein, G.A. Willard, Options and bubbles. Rev. Financ. Stud. **20**(2), 359–390 (2007)
83. L. Hörmander, Hypoelliptic second order differential equations. Acta Math. **119**, 147–171 (1967)
84. N. Ikeda, S. Watanabe, *Stochastic differential equations and diffusion processes*, Bd. 24 of North-Holland Mathematical Library (North-Holland Publishing Co., Amsterdam–New York; Kodansha, Ltd., Tokyo, 1981)
85. K. Itô, S. Watanabe, *Introduction to stochastic differential equations*, in Proceedings of the International Symposium on Stochastic Differential Equations (Res. Inst. Math. Sci., Kyoto Univ., Kyoto, 1976) (Wiley, New York–Chichester–Brisbane, 1978), S. i–xxx
86. J. Jacod, P. Protter, *Probability essentials*, Universitext (Springer, Berlin, 2000)
87. J. Jacod, A.N. Shiryaev, *Limit theorems for stochastic processes*, Grundlehren der Mathematischen Wissenschaften [Fundamental Principles of Mathematical Sciences], Bd. 288, 2. Aufl. (Springer, Berlin, 2003)
88. O. Kallenberg, *Foundations of modern probability*, Probability and its Applications (New York), 2. Aufl. (Springer, New York, 2002)
89. I. Karatzas, S.E. Shreve, *Brownian motion and stochastic calculus*, Graduate Texts in Mathematics, Bd. 113, 2. Aufl. (Springer, New York, 1991)
90. A. Klenke, *Probability theory*, Universitext, 2. Aufl. (Springer, London, 2014). A comprehensive course
91. A.N. Kolmogorov, Über die analytischen methoden in der wahrscheinlichkeitsrechnung. Math. Ann. **104**, 415–458 (1931)
92. A.N. Kolmogorov, *Selected works of A. N. Kolmogorov. Vol. III*, ed A.N. Shiryayev (Kluwer Academic Publishers Group, Dordrecht, 1993)
93. V.N. Kolokoltsov, *Markov processes, semigroups and generators*, Bd. 38 of De Gruyter Studies in Mathematics (Walter de Gruyter & Co., Berlin, 2011)
94. J. Komlós, A generalization of a problem of Steinhaus. Acta Math. Acad. Sci. Hungar. **18**, 217–229 (1967)

95. P. Kotelenez, *Stochastic ordinary and stochastic partial differential equations*, Bd. 58 of Stochastic Modelling and Applied Probability (Springer, New York, 2008). Transition from microscopic to macroscopic equations

96. N.V. Krylov, Itô's stochastic integral equations. Teor. Verojatnost. i Primenen **14**, 340–348 (1969)

97. N.V. Krylov, Correction to the paper „Itô's stochastic integral equations" (Teor. Verojatnost. i Primenen. 14 (1969), 340–348). Teor. Verojatnost. i Primenen. **17**, 392–393 (1972)

98. N.V. Krylov, The selection of a Markov process from a Markov system of processes, and the construction of quasidiffusion processes. Izv. Akad. Nauk SSSR Ser. Mat. **37**, 691–708 (1973)

99. N.V. Krylov, *Controlled diffusion processes*, Bd. 14 of Stochastic Modelling and Applied Probability (Springer, Berlin, 2009). Translated from the 1977 Russian original by A. B. Aries, Reprint of the 1980 edition

100. N.V. Krylov, M. Röckner, Strong solutions of stochastic equations with singular time dependent drift. Probab. Theory Relat. Fields **131**, 154–196 (2005)

101. N.V. Krylov, B.L. Rozovsky, The Cauchy problem for linear stochastic partial differential equations. Izv. Akad. Nauk SSSR Ser. Mat. **41**, 1329–1347, 1448 (1977)

102. N.V. Krylov, B.L. Rozovsky, *On the first integrals and Liouville equations for diffusion processes*, in Stochastic differential systems (Visegrád, 1980), Bd. 36 of Lecture Notes in Control and Information Sci. (Springer, Berlin–New York, 1981), S. 117–125

103. N.V. Krylov, B.L. Rozovsky, Characteristics of second-order degenerate parabolic Itô equations. Trudy Sem. Petrovsk. 153–168 (1982)

104. N.V. Krylov, A. Zatezalo, A direct approach to deriving filtering equations for diffusion processes. Appl. Math. Optim. **42**, 315–332 (2000)

105. H. Kunita, On backward stochastic differential equations. Stochastics **6**, 293–313 (1981/82)

106. H. Kunita, *Stochastic flows and stochastic differential equations*, Bd. 24 of Cambridge Studies in Advanced Mathematics (Cambridge University Press, Cambridge, 1990)

107. H. Kunita, *Stochastic flows and stochastic differential equations*, Bd. 24 of Cambridge Studies in Advanced Mathematics (Cambridge University Press, Cambridge, 1997). Reprint of the 1990 original

108. D. Lacker, M. Shkolnikov, J. Zhang, Inverting the Markovian projection, with an application to local stochastic volatility models. Ann. Probab. **48**, 2189–2211 (2020)

109. O.A. Ladyzhenskaia, V.A. Solonnikov, N.N. Ural'tseva, *Linear and quasilinear equations of parabolic type*, Translations of Mathematical Monographs, Bd. 23 (American Mathematical Society, Providence, R.I., 1968). Translated from the Russian by S. Smith

110. E. Lanconelli, *Lezioni di Analisi Matematica 1* (Pitagora Editrice Bologna, 1994)

111. E. Lanconelli, *Lezioni di Analisi Matematica 2* (Pitagora Editrice Bologna, 1995)

112. E. Lanconelli, *Lezioni di Analisi Matematica 2 – Seconda parte* (Pitagora Editrice Bologna, 1997)

113. E. Lanconelli, S. Polidoro, On a class of hypoelliptic evolution operators. Rend. Sem. Mat. Univ. Politec. Torino **52**, 29–63 (1994)

114. P. Langevin, Sur la theorie du mouvement Brownien. C.R. Acad. Sci. Paris **146**, 530–532 (1908)

115. E.B. Lee, L. Markus, *Foundations of optimal control theory*, 2. Aufl. (Robert E. Krieger Publishing Co., Inc, Melbourne, FL, 1986)

116. D.S. Lemons, *An introduction to stochastic processes in physics* (Johns Hopkins University Press, Baltimore, MD, 2002). Containing „On the theory of Brownian motion" by Paul Langevin, translated by Anthony Gythiel

117. G. Letta, *Probabilite elementare. Compendio di teorie. Problemi risolti* (Zanichelli, 1993)

118. E.E. Levi, Sulle equazioni lineari totalmente ellittiche alle derivate parziali. Rend. Circ. Mat. Palermo **24**, 275–317 (1907)

119. R.S. Liptser, A.N. *Shiryaev, Statistics of random processes. I*, Bd. 5 of Applications of Mathematics (New York) (Springer, Berlin, expanded ed., 2001). General theory, Translated from the 1974 Russian original by A. B. Aries, Stochastic Modelling and Applied Probability

120. W. Liu, M. Röckner, *Stochastic partial differential equations: an introduction*, Universitext (Springer, Cham, 2015)

121. S.V. Lototsky, B.L. Rozovsky, *Stochastic partial differential equations*, Universitext (Springer, Cham, 2017)

122. J. Ma, J. Yong, *Forward-backward stochastic differential equations and their applications*, Lecture Notes in Mathematics, Bd. 1702. (Springer, Berlin, 1999)

123. L. Mazliak, G. Shafer, *The splendors and miseries of martingales – Their history from the Casino to Mathematics*, Trends in the History of Science (Birkhäuser Cham, 2022)

124. S. Menozzi, Parametrix techniques and martingale problems for some degenerate Kolmogorov equations. Electron. Commun. Probab. **16**, 234–250 (2011)

125. P.-A. Meyer, *Probability and potentials* (Blaisdell Publishing Co. Ginn and Co., Waltham, Mass.-Toronto, Ont.-London, 1966)

126. P.-A. Meyer, Stochastic processes from 1950 to the present. J. Électron. Hist. Probab. Stat. **5**, 42 (2009). Translated from the French [MR1796860] by Jeanine Sedjro

127. P. Mörters, Y. Peres, *Brownian motion*, Bd. 30 of Cambridge Series in Statistical and Probabilistic Mathematics (Cambridge University Press, Cambridge, 2010). With an appendix by Oded Schramm and Wendelin Werner

128. D. Mumford, The dawning of the age of stochasticity. Atti Accad. Naz. Lincei Cl. Sci. Fis. Mat. Natur. Rend. Lincei (9) Mat. Appl. 107–125 (2000). Mathematics towards the third millennium (Rome, 1999)

129. J. Neveu, *Mathematical foundations of the calculus of probability*, Translated by Amiel Feinstein (Holden-Day Inc., San Francisco, Calif.–London-Amsterdam, 1965)

130. A.A. Novikov, A certain identity for stochastic integrals. Teor. Verojatnost. i Primenen. **17**, 761–765 (1972)

131. D. Nualart, *The Malliavin calculus and related topics*, Probability and its Applications (New York), 2. Aufl. (Springer, Berlin, 2006)

132. B. Oksendal, *Stochastic differential equations*, Universitext, 5. Aufl. (Springer, Berlin, 1998). An introduction with applications

133. O.A. Oleinik, E.V. Radkevic, *Second order equations with nonnegative characteristic form* (Plenum Press, New York–London, 1973). Translated from the Russian by Paul C. Fife

134. L.S. Ornstein, G.E. Uhlenbeck, On the theory of the Brownian motion. Phys. Rev. **36**, 823–841 (1930)

135. S. Pagliarani, A. Pascucci, The exact Taylor formula of the implied volatility. Financ. Stoch. **21**, 661–718 (2017)

136. S. Pagliarani, A. Pascucci, M. Pignotti, Intrinsic Taylor formula for Kolmogorov-type homogeneous groups. J. Math. Anal. Appl. **435**, 1054–1087 (2016)

137. E. Pardoux, *Équations aux dérivées partielles stochastiques de type monotone*, Séminaire sur les Équations aux Dérivées Partielles (1974–1975). III. Exp. No. 2, (1975), S. 10

138. E. Pardoux, Stochastic partial differential equations and filtering of diffusion processes. Stochastics **3**, 127–167 (1979)

139. E. Pardoux, *Stochastic partial differential equations*, Springer Briefs in Mathematics (Springer, Cham, 2021). An introduction

140. E. Pardoux, S.G. Peng, Adapted solution of a backward stochastic differential equation. Syst. Control Lett. **14**, 55–61 (1990)

141. E. Pardoux, A. Rascanu, *Stochastic differential equations, backward SDEs, partial differential equations*, Bd. 69 of Stochastic Modelling and Applied Probability (Springer, Cham, 2014)

142. A. Pascucci, *Calcolo stocastico per la finanza*, Bd. 33 of Unitext (Springer, Milano, 2008)

143. A. Pascucci, *PDE and martingale methods in option pricing*, Bd. 2 of Bocconi & Springer Series (Springer, Milan; Bocconi University Press, Milan, 2011)

144. A. Pascucci, *Probability Theory. Volume 2 – Stochastic calculus*, Unitext (Springer, Milan, 2024)

145. A. Pascucci, W.J. Runggaldier, *Financial mathematics*, Bd. 59 of Unitext (Springer, Milan, 2012). Theory and problems for multi-period models, Translated and extended version of the 2009 Italian original

146. J.A. Paulos, *A mathematician reads the newspaper* (Basic Books, New York, 2013). Paperback edition of the 1995 original with a new preface

147. G.A. Pavliotis, *Stochastic processes and applications*, Bd. 60 of Texts in Applied Mathematics (Springer, New York, 2014). Diffusion processes, the Fokker-Planck and Langevin equations

148. S.G. Peng, *A nonlinear Feynman-Kac formula and applications*, in Control theory, stochastic analysis and applications (Hangzhou, 1991) (World Sci. Publ., River Edge, NJ, 1991), S. 173–184

149. N. Pintacuda, *Probabilite* (Zanichelli, 1995)

150. W. Pogorzelski, Étude de la solution fondamentale de l'équation parabolique. Ricerche mat. **5**, 25–57 (1956)

151. S. Polidoro, Uniqueness and representation theorems for solutions of Kolmogorov-Fokker-Planck equations. Rend. Mat. Appl. (7) **15**, 535–560 (1995)

152. G. Pólya, Über den zentralen grenzwertsatz der wahrscheinlichkeitsrechnung und das momentenproblem. Math. Z. **8**, 171–181 (1920)

153. C. Prévôt, M. Röckner, *A concise course on stochastic partial differential equations*, Bd. 1905 of Lecture Notes in Mathematics (Springer, Berlin, 2007)

154. P.E. Protter, *Stochastic integration and differential equations*, Bd. 21 of Stochastic Modelling and Applied Probability (Springer, Berlin, 2005). Second edition. Version 2.1, Corrected third printing

155. C.E. Rasmussen, C.K.I. Williams, *Gaussian Processes for Machine Learning* (MIT Press, 2006). http://www.gaussianprocess.org/gpml/

156. D. Revuz, M. Yor, *Continuous martingales and Brownian motion*, Grundlehren der Mathematischen Wissenschaften [Fundamental Principles of Mathematical Sciences], Bd. 293, 3. Aufl. (Springer, Berlin, 1999)

157. F. Riesz, B. Sz.-Nagy, *Functional analysis* (Frederick Ungar Publishing Co., New York, 1955). Translated by Leo F. Boron

158. L.C.G. Rogers, D. Williams, *Diffusions, Markov processes, and martingales. Vol. 1*, Cambridge Mathematical Library (Cambridge University Press, Cambridge, 2000). Foundations, Reprint of the second (1994) edition

159. L.C.G. Rogers, D. Williams, *Diffusions, Markov processes, and martingales. Vol. 2*, Cambridge Mathematical Library (Cambridge University Press, Cambridge, 2000). Itô calculus, Reprint of the second (1994) edition

160. B.L. Rozovsky, *Stochastic evolution systems*, Bd. 35 of Mathematics and its Applications (Soviet Series) (Kluwer Academic Publishers Group, Dordrecht, 1990). Linear theory and applications to nonlinear filtering, (Translated from the Russian by A, Yarkho

161. B.L. Rozovsky, S.V. Lototsky, *Stochastic evolution systems*, Bd. 89 of Probability Theory and Stochastic Modelling (Springer, Cham, 2018). Linear theory and applications to non-linear filtering

162. W. Rudin, *Real and complex analysis*, 3. Aufl. (McGraw-Hill Book Co., New York, 1987)

163. D. Salsburg, *The Lady Tasting Tea: How Statistics Revolutionized Science in the Twentieth Century* (Henry Holt and Company, 2002)

164. R.L. Schilling, Sobolev embedding for stochastic processes. Expo. Math. **18**, 239–242 (2000)

165. R.L. Schilling, *Brownian motion—a guide to random processes and stochastic calculus*, De Gruyter Textbook (De Gruyter, Berlin, 2021). With a chapter on simulation by Björn Böttcher, Third edition [of 2962168]

166. A. Shaposhnikov, L. Wresch, *Pathwise vs. path-by-path uniqueness*, preprint. arXiv:2001.02869 (2020)

167. A.N. Shiryaev, *Probability. 1*, Bd. 95 of Graduate Texts in Mathematics, 3. Aufl. (Springer, New York, 2016). Translated from the fourth (2007) Russian edition by R P. Boas and D. M, Chibisov

168. A.N. Shiryaev, *Probability. 2*, Bd. 95 of Graduate Texts in Mathematics (Springer, New York, 2019). Third edition of [MR0737192], Translated from the 2007 fourth Russian edition by R. P. Boas and D. M. Chibisov

169. Y.G. Sinai, *Probability theory*, Springer Textbook (Springer, Berlin, 1992). An introductory course, Translated from the Russian and with a preface by D, Haughton

170. A.V. Skorokhod, *Studies in the theory of random processes. Translated from the Russian by Scripta Technica, Inc.* (Dover Publications, Mineola, NY, 2017) reprint of the 1965 edition ed

171. D.W. Stroock, *Markov processes from K. Itô's perspective*, Bd. 155 of Annals of Mathematics Studies (Princeton University Press, Princeton, NJ, 2003)

172. D.W. Stroock, *Partial differential equations for probabilists*, Bd. 112 of Cambridge Studies in Advanced Mathematics (Cambridge University Press, Cambridge, 2012). Paperback edition of the 2008 original

173. D.W. Stroock, S.R.S. Varadhan, Diffusion processes with continuous coefficients. I. Comm. Pure Appl. Math. **22**, 345–400 (1969)

174. D.W. Stroock, S.R.S. Varadhan, Diffusion processes with continuous coefficients. II. Comm. Pure Appl. Math. **22**, 479–530 (1969)

175. D.W. Stroock, S.R.S. Varadhan, *Multidimensional diffusion processes*, Classics in Mathematics (Springer, Berlin, 2006). Reprint of the 1997 edition

176. M. Struwe, *Variational methods*, Bd. 34 of Ergebnisse der Mathematik und ihrer Grenzgebiete. 3. Folge. A Series of Modern Surveys in Mathematics [Results in Mathematics and Related Areas. 3rd Series. A Series of Modern Surveys in Mathematics], 4. Aufl. (Springer, Berlin, 2008). Applications to nonlinear partial differential equations and Hamiltonian systems

177. K. Taira, *Semigroups, boundary value problems and Markov processes*, Springer Monographs in Mathematics, 2. Aufl. (Springer, Heidelberg, 2014)

178. H. Tanaka, Note on continuous additive functionals of the 1-dimensional Brownian path. Z. Wahrscheinlichkeitstheorie und Verw. Gebiete **1**, 251–257 (1962/63)

179. D. Trevisan, Well-posedness of multidimensional diffusion processes with weakly differentiable coefficients. Electron. J. Probab. **21**, Paper No. 22, 41 (2016)

180. A. Tychonoff, Théoremes d'unicité pour l'equation de la chaleur. Math. Sbornik **42**, 199–216 (1935)

181. J.A. van Casteren, *Markov processes, Feller semigroups and evolution equations*, Bd. 12 of Series on Concrete and Applicable Mathematics (World Scientific Publishing Co. Pte. Ltd., Hackensack, NJ, 2011)

182. O. Vasicek, An equilibrium characterization of the term structure. J. Financ. Econ. **5**, 177–188 (1977)

183. A.D. Ventcel, On equations of the theory of conditional Markov processes. Theory Probab. Appl. **10**, 357–361 (1965)

184. A.Y. Veretennikov, Strong solutions and explicit formulas for solutions of stochastic integral equations. Mat. Sb. (N.S.) **111**(153), 434–452, 480 (1980)

185. A.Y. Veretennikov, „Inverse diffusion,, and direct derivation of stochastic Liouville equations. Mat. Zametki **33**, 773–779 (1983)

186. A.Y. Veretennikov, *On backward filtering equations for SDE systems (direct approach)*, in Stochastic partial differential equations (Edinburgh, 1994), Bd. 216 of London Math. Soc. Lecture Note Ser. (Cambridge University Press, Cambridge, 1995), S. 304–311

187. G. Vitali, *Sul problema della misura dei gruppi di punti di una retta* (Tip. Gamberini e Parmeggiani, Bologna, 1905)

188. S. Watanabe, Analysis of wiener functionals (Malliavin calculus) and its applications to heat kernels. Ann. Probab. **15**, 1–39 (1987)

189. D. Williams, *Probability with martingales*, Cambridge Mathematical Textbooks (Cambridge University Press, Cambridge, 1991)

190. T. Yamada, S. Watanabe, On the uniqueness of solutions of stochastic differential equations. J. Math. Kyoto Univ. **11**, 155–167 (1971)

191. J. Yong, X.Y. Zhou, *Stochastic controls*, Bd. 43 of Applications of Mathematics (New York) (Springer, New York, 1999). Hamiltonian systems and HJB equations

192. J. Zabczyk, *Mathematical control theory—an introduction*, Systems & Control: Foundations & Applications (Birkhäuser/Springer, Cham, 2020). Second edition [of 2348543]

193. J. ZHANG, *Backward stochastic differential equations*, Bd. 86 of Probability Theory and Stochastic Modelling (Springer, New York, 2017). From linear to fully nonlinear theory
194. X. Zhang, Stochastic homeomorphism flows of SDEs with singular drifts and Sobolev diffusion coefficients. Electron. J. Probab. **16**, 38, 1096–1116 (2011)
195. A. Zolotukhin, S. Nagaev, V. Chebotarev, On a bound of the absolute constant in the Berry-Esseen inequality for i.i.d. Bernoulli random variables. Mod. Stoch. Theory Appl. **5**, 385–410 (2018)
196. A.K. Zvonkin, A transformation of the phase space of a diffusion process that will remove the drift. Mat. Sb. (N.S.) **93**(135), 129–149, 152 (1974)

Stichwortverzeichnis